新世纪普通高等教育基础类课程规划教材

（第二版）

# 概率论与数理统计

## Probability Theory and Mathematical Statistics

郑一　王玉敏　冯宝成　编

U0245129

 大连理工大学出版社

## 内容提要

本教材是总结编者多年的教学实践经验,按照国家优质教学资源建设质量工程的教材改革的精神,并根据教育部高等学校数学与统计学教学指导委员会审定的《概率论与数理统计课程教学基本要求》编写的。

本教材内容包括:随机事件与概率、随机变量及其分布、多维随机变量及其分布、随机变量的数字特征、大数定律和中心极限定理、数理统计的基本概念、参数估计、假设检验、回归分析、应用 MATLAB 软件等。教材末附有习题答案与提示、附录、术语索引和符号说明。

本教材突出了叙述详尽易懂、逻辑思路清晰、知识结构严密、例题习题较多、注重知识更新、培养科研思想、便于读者自学等特点,在遵照教学基本要求的前提下,拓展了概率论与数理统计学科的知识面和应用性。对超出课程教学基本要求的内容加注了 * ,供所需专业的学生选学。

本教材是理工科大学、师范和财经院校的非数学专业本科教育的概率论与数理统计课程的教材;本教材涵盖了《全国硕士研究生入学统一考试数学考试大纲》中概率论与数理统计部分的所有知识点,可作为大学生考研复习和研究生入学考试的参考用书;本教材也可供工程技术人员、科技工作者使用。

### 图书在版编目(CIP)数据

概率论与数理统计 / 郑一,王玉敏,冯宝成编. —
2 版. — 大连 : 大连理工大学出版社,2018.8(2021.7 重印)
新世纪普通高等教育基础类课程规划教材
ISBN 978-7-5685-1642-6

Ⅰ. ①概… Ⅱ. ①郑… ②王… ③冯… Ⅲ. ①概率论
—高等学校—教材②数理统计—高等学校—教材 Ⅳ.
①O21

中国版本图书馆 CIP 数据核字(2018)第 165093 号

大连理工大学出版社出版

地址:大连市软件园路 80 号　邮政编码:116023
发行:0411-84708842　邮购:0411-84708943　传真:0411-84701466
E-mail:dutp@dutp.cn　URL:http://dutp.dlut.edu.cn

丹东新东方彩色包装印刷有限公司印刷　　大连理工大学出版社发行

幅面尺寸:170mm×240mm　　　印张:19　　　字数:393 千字
2015 年 8 月第 1 版　　　　　　　　　　　2018 年 8 月第 2 版
2021 年 7 月第 8 次印刷

责任编辑:王晓历　　　　　　　　　　　　责任校对:王晓彤
封面设计:张　莹

ISBN 978-7-5685-1642-6　　　　　　　　定　价:42.00 元

# 第二版前言

本教材于 2015 年 8 月初版面世，三年来得到了许多同行的关心、支持，教材内容深受教师、学生的喜爱。虽然教材在每一次重印时，我们都力争对其完善，但为了使本教材的内容能够更好地呈现给读者，在大连理工大学出版社的支持和鼓励下，形成了本教材的第二版。

第二版教材内容具有如下特点：

（1）教材继续立足于教学的实用性和知识架构的逻辑性、先进性、系统性和思想性，不断改进立体化、数字化的教学资源包，满足教学各个环节的需要。

（2）针对教师在教学中遇到的问题，对教材部分内容进行了修改，以使教材内容更容易被读者理解、接受。

（3）考虑硕士研究生教育的快速发展以及读者学习的多层次需求，再版教材增加了 2016 年—2018 年全国硕士研究生入学考试"概率论与数理统计"部分的考试真题。

本次修订内容包括与本教材配套的 2016 年—2018年全国硕士研究生入学考试"概率论与数理统计"部分的考试真题详细解答与学习指导相关资料，读者可根据需要扫描封底二维码自行下载。

限于水平，不足之处在所难免，敬请读者和同行批评指正。

**编　者**

2018 年 8 月

所有意见和建议请发往：dutpbk@163.com

欢迎访问高教数字化服务平台：http://hep.dutpbook.com

联系电话：0411-84708462　84708445

# 第一版前言

概率论与数理统计是研究随机现象并发现与利用其统计规律的一门应用性学科，是广泛应用于工农业生产、自动控制、经济、管理、建筑、机械、教育、生物、医学、化学、林业、地质、气象等几乎所有社会和科学技术领域的定量和定性分析的科学体系。

为适应 21 世纪高等学校对综合型、创新型人才培养的需要，编者根据《教育部关于进一步加强高等学校本科教学工作的若干意见》的精神，按照国家优质教学资源建设质量工程对教材改革的要求，广泛吸收先进的教学经验，积极整合优秀教改成果，并结合多年来在大学各专业讲授概率论与数理统计课程积累的经验以及对深化教学改革、提高人才培养质量进行的积极思考和探索，针对当前本科学生的学习能力以及青年教师对课堂或网络教学的需求，将概率论与数理统计课程的教学资料进行了纸质资料与电子文档的整合，形成了教材(含数学实验)、学习指导书、授课教案(电子文档)、教与学多媒体课件(电子文档 2 份)、作业册与考试试卷及答案(电子文档)、基于 MATLAB 工具软件的数学实验视频(电子文档)等多方位、多角度、多层次的立体化和数字化的优质教学资源包，以期满足整个教学过程的所有的需求。

由上述"2 书 5 电子文档"组成的立体化、数字化的优质教学资料包的最大亮点是突出"5 既 5 又"：既最大限度地满足教学需求，又兼顾学以致用的学科特点；既满足课堂的教学需求，又能提供网络教学的素材；既注重培养解决问题的能力，又优先树立发现问题、分析问题的思想；既适合本科教育教学要求，又同时满足学生考研学习的需要；既注重概率论与数理统计的方法应用，又利用 MATLAB 工具软件进行随机数据处理与分析。本教材立足于教学的实用性和架构的完整性、先进性、系统性、理论性、思想性和逻辑性。在内容编排上，将学科知识与教学方法相结合，重视体现探究性学习和案例教学等现代先进的教育理念；注重启发学生自主学习，强化对探索、分析、应用、创新能力的培养；由浅入深、循序渐进地介绍了概率论和数

新世纪

理统计的基本概念、基本理论和基本方法;独到地总结了各章内容,有机地安排了各节思考题、习题和各章总习题。本教材具有以下特色:

1. 本教材体现了现代先进的教育理念,注重"提出问题—分析问题—建立理论—理论与方法应用"的科学研究思想。在知识教学上,采取案例式教学模式,问题呈现方式合理,能有效地调动学生积极思考、激发学生的潜能。理论与实践相结合的教学方法在本教材中得到充分的反映和展示。

2. 本教材的"章内容小结"综合性地总结提出问题、分析问题和解决问题的思路与方法。其内容包括研究问题的思路、释疑解惑和学习与研究方法三部分。

3. 重视知识更新,将新理论和考研真题纳入例题和习题。本教材将主观概率、混沌现象、事件相关性等与概率论与数理统计联系密切的新理论作为习题或者学习与研究方法引入教学。同时,选用了自 1995 年至 2015 年全国硕士研究生入学考试"概率论与数理统计"知识的大部分试题,使得本教材既满足日常的学习需求,又与考研复习同步结合,对了解本学科及其相关的新理论和提前准备考研复习大有裨益。

4. 突出重点,分散难点,按章按节合理组织思考题、习题与总习题。本教材除了由浅入深、循序渐进地介绍基本概念、基本理论和基本方法外,还适当地提升了例题质量,设立了例题之间的联系与对比问题,特别是设置了各节的思考题、习题和各章的总习题。

5. 利用 MATLAB 工具软件开展数学实验。实验篇介绍了 13 个既有实际背景又有典型意义的数学实验,内容涉及微积分知识、概率论与数理统计方法以及数据处理技术等。

本教材涵盖了《全国硕士研究生入学统一考试数学考试大纲》中概率论与数理统计部分的所有知识点,可作为高等学校非数学专业概率论与数理统计课程的教材;也可作为大学生考研复习和研究生入学考试的参考用书;还可供工程技术人员、科技工作者使用。

为适应现代教学手段,全面满足师生教学要求,本教材配备了立体化、数字化教学资源。具体内容包括:教学用多媒体课件、学生用多媒体课件、教师用教案、作业册与考试试卷及答案、数学实验视频。上述资料可通过扫描封底二维码或者登录网址" http://www.dutpgz.cn/book.asp? sid=171"免费获取。

本教材在编写过程中,得到了青岛理工大学以及理学院领导和专家的支持和鼓励,特别是孙志和、戚云松、赵洪亮、范兴奎、隋思涟、孟东沅、陈倩华、陈健、李齐、姚道洪等多位同事对本教材给予了热忱帮助并提出了修改建议,在此谨致谢忱。

在编写本教材的过程中,编者参考、引用和改编了国内外出版物中的相关资料以及网络资源,在此表示深深的谢意!相关著作权人看到本教材后,请与出版社联系,出版社将按照相关法律的规定支付稿酬。

限于水平,书中也许仍有疏漏和不妥之处,敬请专家和读者批评指正,以使教材日臻完善。

编　者

2015 年 8 月

所有意见和建议请发往:dutpbk@163.com

欢迎访问高教数字化服务平台:http://hep.dutpbook.com

联系电话:0411-84708462　84708445

# 目 录

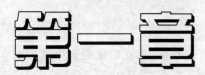

# 随机事件与概率

从客观普遍存在的大量的随机现象出发,考察随机试验及其随机事件,本章将介绍样本空间、基本事件、和事件、积事件、差事件、对立事件、完备事件组或划分等基本概念,提出概率的统计定义和公理化定义,研究概率的基本性质,重点考察古典概型的概率问题,分析随机事件的条件概率,构建随机事件的独立性基础理论.本章内容是概率论与数理统计学科产生的实际来源和发展的理论基础.

## 第一节 随机试验

### 一、确定性现象与随机现象

先从实例来分析自然界和人类社会活动中存在的两类不同的现象.

**例 1.1.1** 考察下列现象:

(1) 在一个标准大气压下,水加热到 100℃就沸腾;

(2) 向上抛掷 10 000 次 1 元硬币,硬币必然下落;

(3) 同性电荷相斥,异性电荷相吸;

(4) 三角形两边之和大于第三边.

这些现象都是在一定条件下必然发生的现象.

**例 1.1.2** 分析下列现象:

(1) 在一个标准大气压下,20℃的水结冰;

(2) 每天早晨太阳从西方升起;

(3) 在实数范围内,$x^2 < 0$.

这些现象都是在一定条件下不可能发生的现象.

我们把这种在保持条件不变的情况下,进行重复试验或观察,其结果总是确定的现象称为**确定性现象**.

与此同时,在自然界和人类社会活动中,人们还发现可能会发生不同结果的另一类现象.

**例 1.1.3** 分析下列现象:

(1) 掷一颗质地均匀的骰子,观察出现的点数;

(2) 将质地均匀的一枚硬币投掷一次,其结果可能是正面(我们常把有币值的一面称作正面)朝上,也可能是反面朝上;

(3) 在产品中任取一件产品,可能取到合格品,也可能取到不合格品;

(4) 彩票摇奖抽号机中装有标号从 1 到 30 的 30 只乒乓球,从抽号机中任意抽取 1 只球,观察其号数.

对于例 1.1.3 所描述的各种现象进行归纳与分析,可以看出:发生的结果预先可以知道但事前又不能完全确定.我们把这种在保持条件不变的情况下,进行重复试验或观察,并不总是出现相同结果的现象称为**随机现象**.

## 二、随机试验及其统计规律性

例 1.1.3 中所述试验均具有以下三个特点:

(1) **试验可以在相同条件下重复进行;**

(2) **试验的所有可能结果是事先明确可知的,并且不止一个;**

(3) **每次试验之前不能确定哪一个结果一定会出现.**

**我们把具有上述三个特点的试验,称为随机试验**(random experiment),也简称**为试验**(experiment),通常用 $E$ 表示.

随机试验是一个含义较广的术语,它包括对随机现象进行观察、测量、记录或进行科学实验等.本书提到的试验都是指随机试验.

对于随机试验,人们发现:发生的结果并非是杂乱无章的,而是有规律可循的.例如,大量重复地抛掷一枚硬币,得到正面朝上的次数与正面朝下的次数大致都是抛掷总次数的一半;同一门炮发射多发炮弹射击同一目标的弹着点按照一定的规律分布.在大量的重复的随机试验中,发生的结果所呈现出的固有规律性,就是我们所说的随机现象的**统计规律性**.概率论与数理统计正是研究和揭示随机现象统计规律性的一门数学学科.

# 思考题

1. 能不能认为"在各种现象中,若不是确定性现象就一定是随机现象"?

2. 随机试验有三个特点,怎样判断一项试验是不是随机试验?

# 习题 1-1

1. 在下列各种现象中,哪些是随机现象;哪些是确定性现象;哪些既不是随机现象,也不是确定性现象?

(1) 同一条生产线上生产的灯泡的寿命;

(2) 每期体育彩票的中奖号码;

(3) 在一个标准大气压下水冷却到 0℃ 便会结冰;

(4) 蝴蝶效应:假如在巴西的一只蝴蝶扇动了一下翅膀引起了气流的变化,这个气流变化逐级增加,两个星期后可能会导致美国德克萨斯州的一场暴风.也就是说,试验的条件对结果的影响特别敏感,或者说试验不可重复,结果不可预测.

2. 在下列各种试验中,哪些是随机试验,哪些不是随机试验?

(1) 将质地均匀的一枚硬币投掷 1 万次,观察正面或反面朝上的情况;

(2) 从一箱产品中任意抽取 1 件,观察其是否是合格品;

(3) 考察明年国民经济增长率的大小;

(4) 考察一种新研制的产品的销售市场;

(5) 考察湍流变化情况.

# 第二节　样本空间及随机事件

## 一、样本空间与随机事件的概念

对于随机试验,人们感兴趣的是试验结果,即每次随机试验后所发生的结果.

我们将随机试验 $E$ 的每一个可能的结果,称为随机试验 $E$ 的一个**样本点**(sample point),通常记作 $\omega$.

把随机试验 $E$ 的所有样本点组成的集合叫作试验 $E$ 的**样本空间**(sample space),通常用字母 $\Omega$ 表示,也记为 $\Omega=\{\omega\}$.

**例 1.2.1**　$E_1$:一口袋中装有红、白两种颜色的 10 只乒乓球,从袋中任意抽取 1 只球,观察其颜色.

令 $\omega_1$ 表示"取得红球",$\omega_2$ 表示"取得白球",则样本空间

$$\Omega=\{\omega_1,\omega_2\}.$$

**例 1.2.2**　$E_2$:掷一枚质地均匀的骰子,观察出现的点数.

"出现 $i$ 点($i=1,2,\cdots,6$)"是 $E_2$ 的样本点,所以样本空间可简记为

$$\Omega=\{1,2,\cdots,6\}.$$

**例 1.2.3**　$E_3$：在一批灯泡中任意抽取一只，测试其使用寿命.

"测得灯泡使用寿命为 $t$ h($0\leqslant t<+\infty$)"是 $E_3$ 的样本点，所以样本空间可表示为

$$\Omega=\{t\,|\,0\leqslant t<+\infty\}.$$

**例 1.2.4**　$E_4$：将质地均匀的一枚硬币投掷两次，观察正面或反面朝上的情况.

试验 $E_4$ 的全部样本点是：(正,正),(正,反),(反,正),(反,反),其中(正,正)表示"掷第一次硬币正面朝上,掷第二次硬币正面朝上",依此类推,则样本空间为

$$\Omega=\{(正,正),(正,反),(反,正),(反,反)\}.$$

习惯上,人们常用数字或者符号来表示具有实际意义的试验结果.

从例 1.2.1～例 1.2.4 可以看到：样本空间可以是一维点集或多维点集,可以是离散点集,也可以是某个区间或区域,可以是有限集或无限集(对应地称为**有限样本空间**或**无限样本空间**).为了数学处理的方便,还可以把样本空间人为地相应扩大.例如,在例 1.2.3 中,可以取 $\Omega=[0,+\infty)$,若有必要,甚至可以取成 $\Omega=(-\infty,+\infty)$.

在实际问题中,人们常常需要研究由样本空间中满足某些条件的样本点组成的集合,即关心那些满足某些条件的样本点在试验后是否会出现.

我们把随机试验 $E$ 的样本空间 $\Omega$ 中满足某些条件的子集称为**随机事件**(**random event**),简称**事件**(**event**).通常用 $A,B,C,\cdots$ 表示.特别地,仅由一个样本点 $\omega$ 组成的单点集$\{\omega\}$叫作随机试验 $E$ 的**基本事件**(**elementary event**).若试验后的结果 $\omega\in A$,则称**事件 $A$ 发生**,否则称**事件 $A$ 不发生**.

依上述定义,样本空间 $\Omega$ 也是它自己的子集,因而也是随机事件,它叫**必然事件**(**certain event**)；空集$\varnothing$中不含样本空间 $\Omega$ 的任何样本点,它叫**不可能事件**(**impossible event**).

例如,在例 1.2.2 中,设 $A$ 表示{掷一枚骰子,出现的点数小于或等于 6},则 $A$ 是必然事件；设 $B$ 表示{出现 8 点},则 $B$ 是空集,因而是不可能事件；设 $C$ 表示{出现 2 点},则 $C=\{2\}$ 是基本事件,当然也是随机事件；设 $D$ 表示{出现偶数点},则事件 $D=\{2,4,6\}$.若实际掷出"2 点",我们便说事件 $D$ 发生了.

## 二、随机事件与集合的对应关系

实际上,我们已经建立了集合与随机事件之间的对应关系,如表 1-1 所示.

表 1-1　　　　　　随机事件与集合的对应关系

| 记号 | 概率论中含义 | 集合论中含义 |
|---|---|---|
| $\Omega$ | 必然事件或样本空间 | 全集(全体元素构成的集合) |
| $\varnothing$ | 不可能事件 | 空集(不含任何元素的集合) |
| $\omega\in\Omega$ | $\omega$ 为样本点 | $\omega$ 为全集 $\Omega$ 中的元素 |

（续表）

| 记号 | 概率论中含义 | 集合论中含义 |
|---|---|---|
| $\{\omega\}$ | 基本事件 | 元素 $\omega$ 构成的单点集合 |
| $A \subset \Omega$ | $A$ 为某一随机事件 | $A$ 为全集 $\Omega$ 的某一子集 |
| $\omega \in A$ | 说明事件 $A$ 发生 | $\omega$ 为集合 $A$ 中某一元素 |

说明：$A$ 为全集 $\Omega$ 的某一子集，有些书也记为 $A \subseteq \Omega$．我们用符号 $\subset$ 表示子集关系.

将试验发生的每一个可能的结果即样本点看作集合的元素，所有的样本点（元素）构成样本空间（集合）；样本空间中满足某些条件的子集表示随机事件，仅由一个样本点组成的单元素集表示基本事件；必然事件看作全集，不可能事件看作空集；将样本点属于集合表示该事件发生等，就可以将随机事件之间的关系和运算归结为集合之间的关系和运算. 这样的处理方法，不仅对研究随机事件的关系和运算是方便的，而且对研究随机事件发生的可能性大小的数量指标——概率——的运算也是非常有益的. 这种把所研讨的问题对应到另外一种熟知的理论体系，再把该理论体系的相关结果反映到当前问题的方法是科学研究中的一种重要的、行之有效的方法，一般称为"映射—反演法".

## 三、事件之间的关系与运算

在一个样本空间 $\Omega$ 中，可以包含许多的随机事件. 研究随机事件的规律，往往是通过对简单事件规律的研究去发现更为复杂事件的规律. 为此，我们引入事件之间的一些重要关系和运算. 由于任一随机事件是样本空间的子集，所以事件之间的关系及运算与集合之间的关系及运算是完全类似的.

设试验 $E$ 的样本空间为 $\Omega$，$A$，$B$，$A_k(k=1,2,\cdots)$ 是试验 $E$ 的一些事件，因此它们都是 $\Omega$ 的子集.

### 1. 事件的包含及相等

如果"事件 $A$ 的发生必然导致事件 $B$ 的发生"，则称事件 $B$ **包含**事件 $A$，也称 $A$ 是 $B$ 的**子事件**(sub-event)，记作

$$A \subset B \text{ 或 } B \supset A.$$

在例 1.2.2 中，设 $A=\{2,4,6\}$，$B=\{1,2,4,6\}$，显然 $A \subset B$，即事件 $A$ 是事件 $B$ 的子事件.

注意，对任一事件 $A$，都有子事件关系

$$\varnothing \subset A \subset \Omega.$$

我们给出事件包含关系的一个直观的**几何解释**：平面矩形区域表示样本空间 $\Omega$，圆形区域 $A$ 与圆形区域 $B$ 分别表示事件 $A$ 与事件 $B$. 由于 $A$ 中的所用样本点全部属于 $B$，所以事件 $B$ 包含事件 $A$，即 $A \subset B \subset \Omega$. 见图 1-1.

如果有 $A{\subset}B$ 且 $B{\subset}A$,则称事件 $A$ 与事件 $B$
**相等**,记作 $A=B$.

易知,相等的两个事件 $A,B$ 总是同时发生或
同时不发生;$A=B$ 并不意味着 $A,B$ 是相同的一
个事件.

**2. 事件的和(并)**

"事件 $A$ 与 $B$ 中至少有一个事件发生"这样
的事件称为事件 $A$ 与 $B$ 的**和事件**(**union of e-
vents**),记作

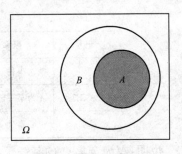

**图 1-1　子事件 $A{\subset}B$ 关系**

$$A{\bigcup}B \text{ 或 } A+B.$$

可见,$A{\bigcup}B$ 由所有属于 $A$ 中的或属于 $B$ 中
的样本点组成.事件 $A$ 与 $B$ 的和事件 $A{\bigcup}B$ 对应
集合 $A$ 与 $B$ 的并.其几何意义如图 1-2 阴影部分
所示.

例如,在掷一枚骰子试验中,若设事件 $A=$
$\{2,3,5,6\}$,事件 $B=\{2,4\}$,则和事件为
$$C=A{\bigcup}B=\{2,3,4,5,6\}.$$
即,和事件 $C$ 表示{掷出的点数大于 1 点}.

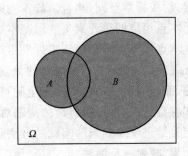

**图 1-2　和事件 $A{\bigcup}B$ 关系**

和事件可以推广到有限个事件与可列无限个事件之和的情形:

对于"事件 $A_1,A_2,\cdots,A_n$ 中至少有一个发生"这一事件,我们称为 $A_1,A_2,\cdots,$
$A_n$ 的**和事件**,用 $A_1{\bigcup}A_2{\bigcup}\cdots{\bigcup}A_n$ 表示,简记为

$$\bigcup_{i=1}^{n}A_i.$$

对于"可列无限个事件 $A_1,A_2,\cdots,A_n,\cdots$ 中至少有一个发生"这一事件,我们称
为 $A_1,A_2,\cdots,A_n,\cdots$ 的**和事件**,用 $A_1{\bigcup}A_2{\bigcup}\cdots{\bigcup}A_n{\bigcup}\cdots$ 表示,简记为

$$\bigcup_{i=1}^{\infty}A_i.$$

**3. 事件的积(交)**

"事件 $A$ 与 $B$ 同时发生"这样的事件称为事件 $A$ 与 $B$ 的**积(或交)事件**(**product
of events**),记作

$$A{\bigcap}B \text{ 或 } AB.$$

$AB$ 由既属于 $A$ 又属于 $B$ 的样本点组成.如果将事件用集合表示,则事件 $A$ 与
$B$ 的积事件 $AB$ 对应集合 $A$ 与 $B$ 的交.其几何意义如图 1-3 中的阴影部分所示.

例如,在掷骰子试验中,若设事件 $A=\{2,3,5,6\}$,事件 $B=\{2,4\}$,则积事件为
$$C=A{\bigcap}B=\{2\}.$$
即,积事件 $C$ 表示{掷出的点数是 2 点}.

类似地,也可以将积事件推广到有限个与可列无限个事件之积的情形:

用 $A_1 \bigcap A_2 \bigcap \cdots \bigcap A_n$ 或 $\bigcap\limits_{i=1}^{n} A_i$ 表示 $A_1, A_2, \cdots,$ $A_n$ 同时发生的事件；

用 $A_1 \bigcap A_2 \bigcap \cdots \bigcap A_n \bigcap \cdots$ 或 $\bigcap\limits_{i=1}^{\infty} A_i$ 表示 $A_1,$ $A_2, \cdots, A_n, \cdots$ 同时发生的事件.

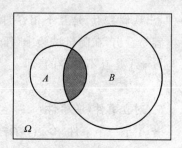

图 1-3 积事件 $A \bigcap B$ 关系

**4. 事件的差**

"事件 $A$ 发生而事件 $B$ 不发生"这样的事件称为事件 $A$ 与 $B$ 的**差事件**(difference of events)，记作

$$A - B.$$

$A - B$ 由所有属于 $A$ 而不属于 $B$ 的样本点组成. 其几何意义如图 1-4 中的阴影部分所示.

例如，在掷骰子试验中，若设事件 $A = \{2, 3, 5, 6\}$，事件 $B = \{2, 4\}$，则差事件为

$$A - B = \{3, 5, 6\}.$$

即，差事件 $A - B$ 表示{掷出的点数为 3 点，5 点和 6 点}.

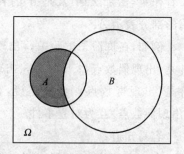

图 1-4 差事件 $A - B$ 关系

由差事件的定义可知：

对于任意的事件 $A$，有

$$A - A = \varnothing, A - \Omega = \varnothing, A - B = A - AB.$$

**5. 事件互不相容**

"事件 $A$ 与事件 $B$ 不能同时发生"，也就是说，$AB$ 是一个不可能事件，即

$$AB = \varnothing,$$

此时称事件 $A$ 与 $B$ 是**互不相容**或**互斥事件**(incompatible events).

$A$ 与 $B$ 互不相容等价于它们没有相同的样本点，即没有公共的样本点. 若用集合表示事件，则 $A$ 与 $B$ 互不相容即为 $A$ 与 $B$ 是不相交的，如图 1-5 所示.

如果 $n$ 个事件 $A_1, A_2, \cdots, A_n$ 中，任意两个事件都不可能同时发生，即

$$A_i A_j = \varnothing, i \neq j, i, j = 1, 2, \cdots, n,$$

则称这 $n$ 个事件 $A_1, A_2, \cdots, A_n$ 是**两两互不相容**的，或**两两互斥**的.

例如，在掷骰子试验中，事件{出现奇数点}与

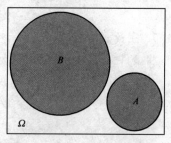

图 1-5 事件 $A$ 与 $B$ 互不相容关系

事件{出现偶数点}是互不相容的事件.

容易看出,在随机试验中,任何两个不同的基本事件都是互不相容的;任一事件 $A$ 与 $B-A$ 是互不相容的,即

$$A \bigcap (B-A) = \varnothing .$$

### 6. 对立事件(逆事件)

若 $A$ 是一个事件,令 $\overline{A} = \Omega - A$, $\overline{A}$ (有些书记作 $A^c$) 称为 $A$ 的**对立事件**(opposi-cal events)或事件 $A$ 的**逆事件**.

也就是说, $\overline{A}$ 是由样本空间 $\Omega$ 中所有不属于 $A$ 中的样本点构成的. 如果把事件 $A$ 看作集合,那么 $\overline{A}$ 就是 $A$ 的补集. 图 1-6 中的阴影部分表示 $\overline{A}$.

例如,在掷骰子试验中,{出现奇数点}的逆事件是{出现偶数点};反过来,{出现偶数点}的逆事件是{出现奇数点}. 也就是说,{出现奇数点}与{出现偶数点}互为对立事件.

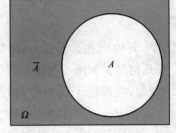

图 1-6  $A$ 的对立事件 $\overline{A}$

容易知道:

在一次试验中,若 $A$ 发生,则 $\overline{A}$ 必不发生,反之亦然; $A$ 与 $\overline{A}$ 中必然有一个发生,且仅有一个发生,即事件 $A$ 与 $\overline{A}$ 满足关系

$$A \bigcap \overline{A} = \varnothing , A \bigcup \overline{A} = \Omega .$$

对任意的事件 $A , B$ ,有

$$A - B = A\overline{B} .$$

必然事件 $\Omega$ 与不可能事件 $\varnothing$ 既是对立事件,又是互不相容事件.

**注意**  若事件 $A , B$ 互为对立事件,则事件 $A , B$ 必互不相容;但是,若事件 $A , B$ 互不相容,则事件 $A , B$ 未必互为对立事件.

例如,在掷骰子试验中,样本空间 $\Omega = \{1,2,3,4,5,6\}$ ,若 $A = \{2,4\}$ , $B = \{1,3,5\}$ ,则 $A$ 与 $B$ 互不相容. 但是,事件 $B$ 不是 $A$ 的对立事件, $A$ 的对立事件 $\overline{A} = \{1,3,5,6\}$ .

### 7. 完备事件组(划分)

将事件 $A$ 与 $\overline{A}$ 的关系推广到 $n$ 个事件的情形:

如果 $n$ 个事件 $A_1 , A_2 , \cdots , A_n$ 中有且仅有一个发生,即

$$A_1 \bigcup A_2 \bigcup \cdots \bigcup A_n = \Omega ,$$
$$A_i A_j = \varnothing , i \neq j , i , j = 1 , 2 , \cdots , n ,$$

则称这 $n$ 个事件 $A_1 , A_2 , \cdots , A_n$ 构成一个**完备事件组**,又称为样本空间 $\Omega$ 的一个**划分**(partition). 见图 1-7.

例如,在掷骰子试验中,样本空间为

$$\Omega=\{1,2,3,4,5,6\},$$

试验 $E$ 的一组事件 $A=\{2,4\},B=\{1,3,5\},C=\{6\}$ 构成样本空间 $\Omega$ 的一个划分. 若记 $D=\{5,6\}$,则事件 $A$,$B,D$ 不构成完备事件组.

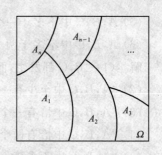

图 1-7　样本空间 $\Omega$ 的一个划分

## 四、事件运算法则

由事件关系与运算的定义可以看出,它们与集合的关系与运算是一致的. 因此,集合的运算性质对事件的运算也都适用.

事件的运算法则有:

(1) **交换律**

$$A\cup B=B\cup A,AB=BA.$$

(2) **结合律**

$$A\cup B\cup C=A\cup(B\cup C)=(A\cup B)\cup C,$$
$$ABC=(AB)C=A(BC).$$

(3) **分配律**

$$A(B\cup C)=AB\cup AC,$$
$$A\cup(BC)=(A\cup B)(A\cup C).$$

(4) **互反律**

$$\overline{\overline{A}}=A.$$

(5) **对偶律**

$$\overline{A\cup B}=\overline{A}\,\overline{B},\quad \overline{AB}=\overline{A}\cup\overline{B},$$

也就是

$$\overline{A\cup B}=\overline{A}\cap\overline{B},\quad \overline{A\cap B}=\overline{A}\cup\overline{B}.$$

对于 $n$ 个事件 $A_1,A_2,\cdots,A_n$,有

$$\overline{\bigcup_{i=1}^{n}A_i}=\bigcap_{i=1}^{n}\overline{A}_i,\quad \overline{\bigcap_{i=1}^{n}A_i}=\bigcup_{i=1}^{n}\overline{A}_i.$$

对于可列无限个事件 $A_1,A_2,\cdots,A_n,\cdots$,关系式也成立:

$$\overline{\bigcup_{i=1}^{\infty}A_i}=\bigcap_{i=1}^{\infty}\overline{A}_i,\quad \overline{\bigcap_{i=1}^{\infty}A_i}=\bigcup_{i=1}^{\infty}\overline{A}_i.$$

**例 1.2.5**　设 $A,B,C$ 是三个事件,用 $A,B,C$ 的运算关系表示下列事件:

(1) $B,C$ 都发生,而 $A$ 不发生;

(2) $A,B,C$ 中至少有一个发生;

(3) $A,B,C$ 中恰有一个发生;

(4) $A,B,C$ 中恰有两个发生;

(5) $A,B,C$ 中不多于一个发生;

(6) $A,B,C$ 中不多于两个发生.

**解**　(1) "$B,C$ 都发生,而 $A$ 不发生"表示为 $\overline{A}BC$;

(2) "$A,B,C$ 中至少有一个发生"表示为 $A\cup B\cup C$;

(3) "$A,B,C$ 中恰有一个发生"表示为 $A\overline{B}\overline{C}\cup\overline{A}B\overline{C}\cup\overline{A}\overline{B}C$;

(4) "$A,B,C$ 中恰有两个发生"表示为 $AB\overline{C}\cup A\overline{B}C\cup\overline{A}BC$;

(5) "$A,B,C$ 中不多于一个发生"表示为 $\overline{A}\overline{B}\overline{C}\cup A\overline{B}\overline{C}\cup\overline{A}B\overline{C}\cup\overline{A}\overline{B}C$;

(6) "$A,B,C$ 中不多于两个发生"表示为 $\overline{ABC}$,也就是 $\overline{A}\cup\overline{B}\cup\overline{C}$.

# 思考题

1. 如何理解必然事件和不可能事件?

2. 完备事件组的实际意义是什么? 提出这一概念的用途有哪些?

3. 对偶律揭示了哪几种事件的运算关系? 试分别用语言和数学公式表述.

# 习题 1-2

1. 写出下列各题中随机事件的样本空间:

(1) 一袋中装有 5 只球,其中有 3 只白球和 2 只黑球,从袋中任意取一球,观察其颜色.

(2) 从(1)的袋中每次取出一个球,不放回地任意取两次,观察其颜色.

(3) 从(1)的袋中不放回地任意取 3 只球,记录取到的黑球个数.

(4) 生产产品直到有 10 件正品为止,记录生产产品的总件数.

2. 设 $A,B,C$ 是三个随机事件,试以 $A,B,C$ 的运算关系来表示下列各事件:

(1) 仅有 $A$ 发生;

(2) $A,B,C$ 中至少有一个发生;

(3) $A,B,C$ 中恰有一个发生;

(4) $A,B,C$ 中最多有一个发生;

(5) $A,B,C$ 都不发生;

(6) $A$ 不发生,$B,C$ 中至少有一个发生.

3. 事件 $A_i$ 表示某射手第 $i$ 次($i=1,2,3$)击中目标,试用文字叙述下列事件:

(1) $A_1\cup A_2$;　　　(2) $A_1\cup A_2\cup A_3$;　　　(3) $\overline{A}_3$;

(4) $A_2 - A_3$；　　　(5) $\overline{A_2 \cup A_3}$；　　　(6) $\overline{A_1 A_2}$.

4. 某射手向指定目标射击三枪,分别用 $A_1, A_2, A_3$ 表示第一、第二、第三枪击中目标.试用 $A_1, A_2, A_3$ 表示以下事件:

(1) 只有第一枪击中;

(2) 至少有一枪击中;

(3) 至少有两枪击中;

(4) 三枪都未击中.

5. 已知 $A, B$ 是样本空间 $\Omega$ 中的两个事件,且 $\Omega = \{a, b, c, d, e, f, g, h\}$, $A = \{b, d, f, h\}$, $B = \{b, c, d, e, f, g\}$. 试求:

(1) $AB$;　(2) $A \cup B$;　(3) $A - B$;　(4) $\overline{A}$.

6. 已知 $A, B$ 是样本空间 $\Omega$ 中的两个随机事件,且 $\Omega = \{x \mid 1 < x < 9\}$, $A = \{x \mid 4 \leqslant x < 6\}$, $B = \{x \mid 3 < x \leqslant 7\}$. 试求:

(1) $AB$;　(2) $A \cup B$;　(3) $B - A$;　(4) $\overline{A}$.

7. 设 $A, B, C$ 是任意三个随机事件,利用事件的运算法则,简化下列事件:

(1) $\overline{A}BC \cup A\overline{B}C \cup AB\overline{C} \cup ABC$;

(2) $(\overline{A} \cup B)(A \cup B)(\overline{A} \cup \overline{B})(A \cup \overline{B})$.

# 第三节　频率与概率

我们观察一项随机试验所发生的各个结果,就其一次具体的试验而言,每一事件出现与否都带有很大的偶然性,似乎没有规律可言.但是在大量的重复试验后,就会发现:某些事件发生的可能性大些,另外一些事件发生的可能性小些,而有些事件发生的可能性大致相同.例如,一个箱子中装有 100 只产品,其中 95 只是合格品,5 只是次品.从其中任意取出一只,则取到合格品的可能性就比取到次品的可能性大.假如这 100 只产品中的合格品与次品都是 50 只,则取到合格品与取到次品的可能性就应该相同.所以,一个事件发生的可能性大小是它本身所固有的一种客观的度量.很自然,人们希望用一个数来描述事件发生的可能性大小,而且事件发生的可能性大,这个数就大;事件发生的可能性小,这个数就小.

为此,我们首先引入熟悉的"频率"的概念,它描述了事件在相同条件下重复多次试验所发生的频繁程度,进而引出表征事件在一次试验中发生的可能性大小的数量指标——概率.

## 一、频率

**引例**　在同样条件下,多次抛一枚质地均匀的硬币,考察"正面朝上"的次数.这个试验在历史上曾经有多人做过,得到如表 1-2 所示的数据.

表 1-2　　　　　　投掷硬币试验数据

| 实验者 | 投掷次数 $n$ | 出现正面次数 $n_A$（频数） | 频率 $\frac{n_A}{n}$ |
|---|---|---|---|
| 蒲丰① | 4 040 | 2 048 | 0.506 9 |
| 皮尔逊② | 12 000 | 6 019 | 0.501 6 |
| 皮尔逊 | 24 000 | 12 012 | 0.500 5 |
| 罗曼诺夫斯基③ | 80 640 | 40 941 | 0.507 7 |

由引例可以看到:频率在 0.5 附近摆动,当 $n$ 增大时,逐渐稳定于 0.5.

**定义 1**　在相同的条件下,进行了 $n$ 次试验,在这 $n$ 次试验中,事件 $A$ 发生的次数 $n_A$ 称为事件 $A$ 发生的<u>频数</u>;比值 $\frac{n_A}{n}$ 称为事件 $A$ 发生的<u>频率</u>(frequency),并记为 $f_n(A)$.

显然,频率具有下列性质:

**性质 1　非负性**:$0 \leqslant f_n(A) \leqslant 1$.

**性质 2　规范性**:设 $\Omega$ 为必然事件,则 $f_n(\Omega) = 1$.

**性质 3　可加性**:若事件 $A$,$B$ 互不相容,则
$$f_n(A \cup B) = f_n(A) + f_n(B).$$

经验表明:虽然在 $n$($n$ 为固定常数)次试验中,事件 $A$ 出现的次数 $n_A$ 不确定,因而事件 $A$ 的频率 $\frac{n_A}{n}$ 也不确定,但是当试验重复多次时,事件 $A$ 出现的频率具有一定的稳定性.这种频率的稳定性,说明随机事件发生的可能性大小是事件本身固有的,用一个常数来表示事件 $A$ 发生的可能性大小比较恰当.这是我们下面给出概率的统计定义的客观基础.

## 二、概率的统计定义

**定义 2**　在试验条件不变的情况下,重复做 $n$ 次试验,当试验次数 $n$ 充分大时,事件 $A$ 发生的频率 $\frac{n_A}{n}$ 稳定在某一常数 $p$,则称这个常数 $p$ 为事件 $A$ 在一次试验中发生的<u>概率</u>(probability),记作 $P(A)$.即
$$P(A) = p.$$

数 $P(A)$ 就是在一次试验中对事件 $A$ 发生的可能性大小的一种数量描述.我们

---

① 蒲丰(G. L. L. Buffon,1707—1788):英国博物学家,著有《自然史》(1—36 卷).

② 皮尔逊(K. Pearson,1857—1936):英国统计学家,现代统计学的创始人之一.

③ 罗曼诺夫斯基(W. Y. Romanovski,1879—1954):乌兹别克统计学家.

习惯称定义 2 是**概率的统计定义**. 例如,在引例中用概率是 0.5 来描述掷一枚匀质硬币"正面朝上"出现的可能性大小.

用概率的统计定义来估计概率的方法,在过去和现在解决了不少问题,但它们在理论上存在缺陷,在应用上也有局限性. 例如,在实际问题中往往无法满足概率统计定义中要求的试验次数的"充分大",也不清楚试验次数应该大到什么程度,因此概率的统计定义不能作为数学意义上的定义.

## 三、概率的公理化定义及其性质

在概率论发展的历史上,曾有过概率的古典定义和几何定义(见第四节)、概率的统计定义. 这些定义各适合一类随机现象. 那么如何给出适合一切随机现象的概率的最一般的定义呢? 1900 年数学家希尔伯特[1]提出要建立概率的公理化定义以解决这个问题,即以最少的几条本质特性出发去刻画概率的概念. 1933 年数学家柯尔莫戈洛夫[2]首次提出了概率的公理化定义,这个定义既概括了历史上几种概率定义中的共同特性,又避免了各自的局限性和含混之处,不管什么随机现象,只有满足定义中的三条公理,才能说它是概率. 这一公理化定义迅速获得举世公认,是概率论发展史上的一个里程碑. 有了这个公理化定义以后,概率论得到了很快的发展.

**定义 3**　设 $E$ 是随机试验,$\Omega$ 是 $E$ 的样本空间. 若对于 $E$ 的每一随机事件 $A$,有确定的实数 $P(A)$ 与之对应,如果集合函数 $P(\cdot)$ 满足下列条件:

(1) **非负性**: 对于每一事件 $A$,有 $P(A) \geqslant 0$;

(2) **规范性**: 对于必然事件 $\Omega$,有 $P(\Omega) = 1$;

(3) **可列可加性**: 对于两两互不相容的可列无限个事件 $A_1, A_2, \cdots, A_n, \cdots$,有

$$P(A_1 \cup A_2 \cup \cdots \cup A_n \cup \cdots) = P(A_1) + P(A_2) + \cdots + P(A_n) + \cdots, \qquad (3.1)$$

则实数 $P(A)$ 称为事件 $A$ 的**概率**(probability).

上面讲过的"频率"定义、"概率"统计定义都满足这个定义中的条件要求,它们都是这个**概率的公理化定义**范围内的特殊情形. 在第五章中将证明(参见第 134 页定理 3),当试验次数 $n \to \infty$ 时频率 $f_n(A)$ 在一定的意义下接近概率 $P(A)$.

由概率的公理化定义,可以推得概率的一些重要性质.

**性质 1**　$P(\varnothing) = 0$.

**证明**　令 $A_n = \varnothing, n = 1, 2, \cdots$,则 $\bigcup\limits_{n=1}^{\infty} A_n = \varnothing$,并且 $A_i A_j = \varnothing (i \neq j, i, j = 1, 2, \cdots)$. 由概率的可列可加性 (3.1) 式得

---

① 希尔伯特(D. Hilbert, 1862—1943): 德国数学家, 希尔伯特是对二十世纪数学有深刻影响的数学家之一. 主要研究内容有: 不变式理论、代数数域理论、几何基础、积分方程、物理学、一般数学基础.

② 柯尔莫戈洛夫(А. Н. Колмогоров, 1903—1987): 著名俄罗斯数学家, 莫斯科大学教授, 苏联科学院院士, 概率论和函数论一个学派的奠基人.

$$P(\varnothing) = P(\bigcup_{n=1}^{\infty} A_n) = \sum_{n=1}^{\infty} P(A_n) = \sum_{n=1}^{\infty} P(\varnothing),$$

由概率的非负性知 $P(\varnothing) \geqslant 0$，因此，由上式得到 $P(\varnothing)=0$.

**性质 2（有限可加性）** 对于两两互不相容的 $n$ 个事件 $A_1,A_2,\cdots,A_n$，则有

$$P(A_1 \bigcup A_2 \bigcup \cdots \bigcup A_n) = P(A_1) + P(A_2) + \cdots + P(A_n). \tag{3.2}$$

**特别地，对于互不相容的两个事件 $A,B$，有**

$$P(A \bigcup B) = P(A) + P(B). \tag{3.3}$$

如果三个事件 $A_1,A_2,A_3$ 两两互斥，则

$$P(A_1 \bigcup A_2 \bigcup A_3) = P(A_1) + P(A_2) + P(A_3). \tag{3.4}$$

**证明** 令 $A_{n+1}=A_{n+2}=\cdots=\varnothing$，由假设即得 $A_iA_j=\varnothing(i\neq j,i,j=1,2,\cdots)$. 由概率的可列可加性(3.1)式得

$$P(A_1 \bigcup A_2 \bigcup \cdots \bigcup A_n) = P(\bigcup_{i=1}^{\infty} A_i) = \sum_{i=1}^{\infty} P(A_i) = \sum_{i=1}^{n} P(A_i) + \sum_{i=n+1}^{\infty} P(A_i)$$

$$= \sum_{i=1}^{n} P(A_i) + 0 = P(A_1) + P(A_2) + \cdots + P(A_n),$$

(3.2)式得证.

**性质 3（概率减法公式）** 设 $A,B$ 为两个任意事件，则有

$$P(B-A) = P(B) - P(AB). \tag{3.5}$$

特别地，若 $A \subset B$，则有

$$P(B-A) = P(B) - P(A). \tag{3.6}$$

**证明** $B=AB \bigcup (B-A)$，且 $AB(B-A)=\varnothing$（参见图 1-4），由概率的有限可加性(3.6)式得到

$$P(B) = P(AB) + P(B-A),$$

移项，(3.5)式得证.

**推论 1（保序性）** 若 $A \subset B$，则

$$P(A) \leqslant P(B).$$

**证明** 由概率的非负性，得 $P(B-A) \geqslant 0$. 由(3.6)式得到

$$P(A) \leqslant P(B).$$

**性质 4** 对于任意事件 $A$，都有

$$P(A) \leqslant 1.$$

**证明** 因为对于任意事件 $A$，都有 $A \subset \Omega$，由概率的保序性和规范性，得到

$$P(A) \leqslant P(\Omega) = 1.$$

可见，对于任意事件 $A$，概率的有界关系为

$$0 \leqslant P(A) \leqslant 1. \tag{3.7}$$

**性质 5（对立事件的概率）** 设 $\overline{A}$ 是随机事件 $A$ 的对立事件，则有

$$P(\overline{A}) = 1 - P(A), \tag{3.8}$$

或者
$$P(A)=1-P(\overline{A}).$$

**证明**　因为 $A\cup\overline{A}=\Omega$,且 $A\overline{A}=\varnothing$,由规范性和有限可加性(3.3)式得到
$$1=P(\Omega)=P(A\cup\overline{A})=P(A)+P(\overline{A}).$$

**性质 6(概率加法公式)**　对于任意的事件 $A,B$,有
$$P(A\cup B)=P(A)+P(B)-P(AB).\tag{3.9}$$

**证明**　因为 $A\cup B=A\cup(B-AB)$,且 $A(B-AB)=\varnothing$(参见图 1-2),又有 $AB\subset B$,由有限可加性(3.3)式和概率减法公式(3.5)式得到
$$P(A\cup B)=P(A)+P(B-AB)=P(A)+P(B)-P(AB).$$

**推论 2**　对任意的事件 $A,B$,有
$$P(A\cup B)\leqslant P(A)+P(B).$$

**证明**　因为 $P(AB)\geqslant 0$,由概率加法公式(3.9)式即得.

性质 6 还可以用数学归纳法推广到任意有限个事件的情形:

对于 $n$ 个事件 $A_1,A_2,\cdots,A_n$,有关系式
$$P(A_1\cup A_2\cup A_3\cup\cdots\cup A_n)=\sum_{i=1}^{n}P(A_i)-\sum_{1\leqslant i<j\leqslant n}P(A_iA_j)+\sum_{1\leqslant i<j<k\leqslant n}P(A_iA_jA_k)+$$
$$\cdots+(-1)^{n-1}P(A_1A_2\cdots A_n).\tag{3.10}$$

特别地,设 $A_1,A_2,A_3$ 是三个事件,则有(参见图 1-8)
$$P(A_1\cup A_2\cup A_3)=P(A_1)+P(A_2)+P(A_3)-P(A_1A_2)-P(A_1A_3)$$
$$-P(A_2A_3)+P(A_1A_2A_3).\tag{3.11}$$

(3.11)式是三个事件和的**概率加法公式**.

例 1.3.1　某城市共发行 $A,B,C$ 三种报纸.调查表明,居民家庭中订购 $C$ 报的占 30%,同时订购 $A,B$ 两报的占 10%,同时订购 $A$ 报和 $C$ 报或者 $B$ 报和 $C$ 报的各占 8%,5%,三种报纸都订的占 3%.今在该城市中任找一居民家庭,问:

(1) 该户只订 $A$ 和 $B$ 两种报纸的概率是多少?

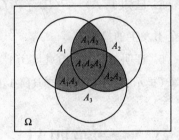

**图 1-8**　和事件 $A_1\cup A_2\cup A_3$ 关系

(2) 该户只订 $C$ 报的概率是多少?

**解**　设 $A,B,C$ 分别表示{居民家庭订购 $A,B,C$ 报},则 $P(C)=0.3$,$P(AB)=0.1$,$P(AC)=0.08$,$P(BC)=0.05$,$P(ABC)=0.03$.

(1) $P(AB\overline{C})=P(AB-C)=P(AB-ABC)=P(AB)-P(ABC)$
$$=0.1-0.03=0.07.$$

(2) $P(\overline{A}\overline{B}C)=P(C-(A\cup B))=P(C-C(A\cup B))$
$$=P(C)-P(AC\cup BC)$$
$$=P(C)-[P(AC)+P(BC)-P(ABC)]$$
$$=0.3-(0.08+0.05-0.03)=0.2.$$

# 思考题

1. 如何认识事件发生的频率与概率的关系?

2. 概率加法公式和减法公式对事件要求的条件是什么? 试分别用语言和数学公式表述.

# 习题 1-3

1. 设 $P(AB)=P(\overline{AB})$, 且 $P(A)=p$, 求 $P(B)$.

2. 已知 $P(A)=0.4$, $P(B)=0.3$, $P(A\bigcup B)=0.4$, 求 $P(A\overline{B})$.

3. 设 $A,B$ 为随机事件, $P(A)=0.7$, $P(A-B)=0.3$, 求 $P(\overline{AB})$.

4. 设 $A,B$ 是两个事件, 且 $P(A)=0.6$, $P(B)=0.7$. 问:

(1) 在什么条件下 $P(AB)$ 取到最大值, 最大值是多少?

(2) 在什么条件下 $P(AB)$ 取到最小值, 最小值是多少?

5. 已知 $P(A)=P(B)=P(C)=\dfrac{1}{4}$, $P(AB)=0$, $P(AC)=P(BC)=\dfrac{1}{12}$, 求 $A,B,C$ 全不发生的概率.

6. 证明: $P[(A\bigcap\overline{B})\bigcup(B\bigcap\overline{A})]=P(A)+P(B)-2P(A\bigcap B)$.

(提示: 注意 $A\bigcap\overline{B}$ 与 $B\bigcap\overline{A}$ 互斥, 且 $P(A\bigcap\overline{B})=P(A-AB)=P(A)-P(AB)$)

# 第四节　古典概型与几何概率

在古代, 人们利用研究对象的物理或几何性质所具有的对称性确定了计算概率的一种方法.

例如, 在抛掷硬币试验中, 令 $\omega_1$ 表示"出现正面", $\omega_2$ 表示"出现反面", 则样本空间 $\Omega=\{\omega_1,\omega_2\}$ 中有两个样本点, $\omega_1$ 和 $\omega_2$ 发生的可能性是相等的, 因而可以规定

$$P(\{\omega_1\})=P(\{\omega_2\})=\frac{1}{2},$$

即"出现正面"和"出现反面"的概率各占一半.

下面我们给出等可能概型定义及其概率计算公式.

## 一、古典概型及其概率计算

**定义 1**　如果随机试验 $E$ 满足下述条件：

（1）试验结果的个数是有限的，

（2）每个基本事件的发生是等可能的，

则称这个试验为**古典概型**（classical probability model），又称为**等可能概型**.

**定理**　在古典概型中，任一随机事件 $A$ 包含的基本事件数 $k$ 与样本空间 $\Omega$ 包含的基本事件总数 $n$ 的比值，等于随机事件 $A$ 的概率 $P(A)$，即

$$P(A) = \frac{k}{n} = \frac{\text{事件 } A \text{ 包含的基本事件数}}{\Omega \text{ 包含的基本事件总数}}. \tag{4.1}$$

（4.1）式就是事件 $A$ 的**古典概率公式**（classical probability formula）.

容易验证，由上式确定的概率满足概率公理化定义.

**证明**　设事件 $A$ 包含的 $k$ 个基本事件为 $\{\omega_{i_1}\}, \{\omega_{i_2}\}, \cdots, \{\omega_{i_k}\}$，由等可能性知

$$P(\{\omega_{i_1}\}) = P(\{\omega_{i_2}\}) = \cdots = P(\{\omega_{i_k}\}) = \frac{1}{n}.$$

又由于基本事件 $\{\omega_{i_1}\}, \{\omega_{i_2}\}, \cdots, \{\omega_{i_k}\}$ 两两互不相容，由概率有限可加性（3.2）式得到

$$P(A) = \sum_{j=1}^{k} P(\{\omega_{i_j}\}) = \sum_{j=1}^{k} \frac{1}{n} = \frac{k}{n}.$$

下面举一些应用公式（4.1）计算概率的例子.

**例 1.4.1**　有 100 件产品，其中有 10 件是次品，其余为合格品. 每次随机取 1 件，共取 5 件. 计算：

（1）5 件都是合格品的概率；

（2）至少有一件是次品的概率.

**解**　设 $A$ 表示事件 $\{5$ 件产品都是合格品$\}$，则 $\overline{A}$ 表示 $\{5$ 件产品中至少有一件是次品$\}$.

可以分为两种情形：（1）第一次取出产品后考察"是否合格"，然后放回，搅拌后再抽取第二件产品，继续考察"是否合格"，依此进行下去，这种抽取方式称为**放回抽样**. 放回抽样通常采取"一次性抽取"5 件产品的方式；（2）第一次取出产品后考察"是否合格"，不作放回处理，接着再抽取第二件产品，继续考察"是否合格"，依此进行下去，这种抽取方式称为**不放回抽样**.

（1）放回抽样的情况

从 100 件产品中一件一件地任取 5 件的所有可能取法有 $100^5$ 种，即基本事件总数 $n = 100^5$.

取 5 个都是合格品的所有可能取法有 $90^5$ 种，即 $A$ 包含的基本事件数为 $k = 90^5$，

所以　　　　　　　　　　　$P(A) = \dfrac{k}{n} = \dfrac{90^5}{100^5} \approx 0.590\ 5.$

由对立事件概率公式(3.8)得到,事件{至少有一件是次品}的概率为
$$P(\overline{A})=1-P(A)=1-0.590\ 5=0.409\ 5.$$

(2) 不放回抽样的情况

在 100 件产品中顺次取出 5 件产品的所有可能取法有 $A_{100}^5$ 种,故基本事件总数 $n=A_{100}^5$.

同理,$A$ 包含的基本事件数 $k=A_{90}^5$.

所以,抽取到 5 件合格品的概率为
$$P(A)=\frac{k}{n}=\frac{A_{90}^5}{A_{100}^5}=0.583\ 8.$$

若认为从 100 件产品中一次性地任取 5 件,则所有可能取法有 $C_{100}^5$ 种,即基本事件总数 $n=C_{100}^5$.

5 件都是合格品的所有可能取法有 $C_{90}^5 C_{10}^0$ 种,即 $A$ 包含的基本事件数为 $k=C_{90}^5 C_{10}^0$,

所以
$$P(A)=\frac{k}{n}=\frac{C_{90}^5 C_{10}^0}{C_{100}^5}\approx 0.583\ 8.$$

事件{至少有一件是次品}的概率
$$P(\overline{A})=1-P(A)=1-0.583\ 8=0.416\ 2.$$

可见,放回抽样与不放回抽样的事件概率并不相同.

**例 1.4.2**　一袋中装有 $N$ 个球,其中 $m$ 个是红球,剩下的为白球.现从袋中任取出 $n(n\leqslant N)$ 个球,问其中恰有 $k(k\leqslant m)$ 个红球的概率是多少?

**解**　从 $N$ 个球中任取 $n$ 个球的所有可能的取法共有 $C_N^n$ 种.设 $X$ 表示{取出的 $n$ 个球中红球的数量},则{恰有 $k$ 个红球}的事件可表示为{$X=k$},在 $m$ 个红球中取 $k$ 个红球的取法有 $C_m^k$ 种,在其余 $N-m$ 个白球中取 $n-k$ 个白球的取法有 $C_{N-m}^{n-k}$ 种,依乘法原理,在 $n$ 个球中恰有 $k$ 个红球的所有取法 $C_m^k C_{N-m}^{n-k}$ 种.因此所求概率为

$$P\{X=k\}=\frac{C_m^k C_{N-m}^{n-k}}{C_N^n}. \tag{4.2}$$

显然,$X$ 可能的取值为 $0,1,\cdots,m$.像这样 $X$ 取值的概率模型称为**超几何分布**(**hypergeometric distribution**),记作
$$X\sim H(N,m,n).$$

(4.2)式称为超几何分布的概率公式.在后面的学习中我们会经常用到它.

## 二、几何概率

在概率论的发展初期,人们就认识到,仅假定样本空间为有限样本空间是不够的,有时需要处理有无穷多个样本点的情形.

我们先看下面两个例子.

**引例**　在区间[0,2]上随机地任意产生一个数 $x$,求 $x$ 小于 1.2 的概率.

我们认为"随机数 $x$ 在区间[0,2]上任何一处出现的机会均等",其概率应只与

区间[0,1.2]的长度有关,概率应该为区间[0,1.2]长度与区间[0,2]长度之比,即概率应该等于$\frac{1.2-0}{2-0}=0.6$.

描述这些随机试验的样本空间 $\Omega$,都是欧氏空间的一个区间或区域,其样本点在区域 $\Omega$ 内具有"等可能分布"的特点. 设区域 $A \subset \Omega$,如果样本点落入 $A$ 中,我们就说事件 $A$ 发生了. 这样可作以下定义.

**定义 2**  设 $\Omega$ 为欧氏空间的一个区域,以 $m(\Omega)$ 表示 $\Omega$ 的度量(一维为长度,二维为面积,三维为体积等). $A \subset \Omega$ 是 $\Omega$ 中一个可以度量的子集,定义

$$P(A) = \frac{m(A)}{m(\Omega)} \tag{4.3}$$

**为事件 $A$ 发生的概率,称其为几何概率.**

**例 1.4.3**  某货运码头仅能容一船卸货,而甲、乙两船在该码头卸货时间分别需要 1 h 和 2 h. 设甲、乙两船在 24 h 内随时可能到达,求它们中任何一船都不需要等待码头空出的概率,也就是船只到达后即可立即卸货的概率.

**解**  设 $x,y$ 分别为甲、乙两船的到达时刻,则 $(x,y)$ 为一个样本点,从而样本空间

$\Omega=\{(x,y)|0\leqslant x\leqslant 24, 0\leqslant y\leqslant 24\}$(单位:h).

又设 $A$ 为所求事件,则由题意易知

$A=\{(x,y)|x-y>2$ 或 $y-x>1, (x,y)\in\Omega\}$,

如图 1-9 中阴影部分所示.

于是所求概率为

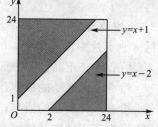

图 1-9  例 1.4.3 事件 $A$ 与 $\Omega$ 关系(阴影部分对应 $A$)

$$P(A) = \frac{m(A)}{m(\Omega)} = \frac{\frac{1}{2}\times 23^2 + \frac{1}{2}\times 22^2}{24\times 24} \approx 0.879\ 3.$$

**例 1.4.4**  从区间[0,1]中任取三个随机数,求三数之和不大于 1 的概率.

**解**  设 $x,y,z$ 分别表示此三个数,则易知样本空间

$\Omega=\{(x,y,z)|0\leqslant x\leqslant 1, 0\leqslant y\leqslant 1, 0\leqslant z\leqslant 1\}$,

这是三维空间中一个棱长为 1 的正方体. 设 $A$ 表示{三数之和不大于 1},则有

$A=\{(x,y,z)\in\Omega|x+y+z\leqslant 1, x\geqslant 0, y\geqslant 0, z\geqslant 0\}$,

$A$ 中样本点组成如图 1-10 中锥体 $O$-$BCD$.

所以

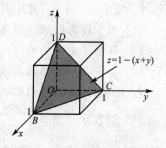

图 1-10  例 1.4.4 事件 $A$ 与 $\Omega$ 关系

$$P(A) = \frac{m(A)}{m(\Omega)} = \frac{\frac{1}{3}\times\frac{1}{2}\times 1}{1} = \frac{1}{6}.$$

# 思考题

1. 如何理解古典概型概率和几何概率之间的共性与各自特点?

2. 对于不可能事件 $\varnothing$ ,一定有 $P(\varnothing)=0$. 是否可以由 $P(A)=0$ 推出事件 $A=\varnothing$? 分古典概型概率和几何概率来讨论.

# 习题 1-4

1. 掷三个均匀硬币,若 $A=\{$出现两个正面,一个反面$\}$,求 $P(A)$.

2. 从一副除去两张王牌的 52 张扑克牌中,任意抽取 5 张,求其中没有 K 字牌的概率.

3. 袋中装有编号为 1,2,3,4,5,6,7 的 7 张卡片,今从袋中任取 3 张卡片,求所取出的 3 张卡片中没有编号 4 的概率.

4. 从由 45 件正品、5 件次品组成的产品中任取 3 件. 求:

(1) 恰有 1 件次品的概率;

(2) 恰有 2 件次品的概率;

(3) 至少有 1 件次品的概率;

(4) 至多有 1 件次品的概率;

(5) 至少有 2 件次品的概率.

5. 从 5 双不同的鞋子中任取 4 只,问这 4 只鞋子中至少有两只配成一双的概率是多少?

6. 袋中有 9 个球,其中有 4 个白球和 5 个黑球. 现从中任取两个球. 求:

(1) 两个均为白球的概率;

(2) 两个球中一个是白球,另一个是黑球的概率;

(3) 至少有一个黑球的概率.

7. 在区间 $(0,1)$ 中随机地取两个数,求下列事件的概率:

(1) 两数之和小于 $\dfrac{6}{5}$;

(2) 两数之积小于 $\dfrac{1}{4}$;

(3) 以上两个条件同时满足;

(4) 两数之差的绝对值小于 $\dfrac{1}{2}$.

8. 两人约定上午 9 点到 10 点在某公园会面,试求一人要等另一人半小时以上的概率.

9. 把 10 本书随意地放在书架上,求其中指定的 5 本书放在一起的概率.

10. 面对考试试卷上的 10 道"4 选 1"的单项选择题,某考生心存侥幸,试图用随机的方式答题.试求下列事件的概率:

(1) 恰好有 2 题回答正确;

(2) 至少有 2 题回答正确;

(3) 无一题回答正确;

(4) 全部回答正确.

# 第五节　条件概率

在自然界及人类的活动中,存在着许多互相联系、互相影响的事件.除了要分析随机事件 $B$ 发生的概率 $P(B)$ 外,有时我们还要提出附加的限制条件,也就是要分析"在事件 $A$ 已经发生的前提下事件 $B$ 发生的概率",我们记为 $P(B|A)$.这就是**条件概率问题**.

## 一、条件概率及其计算公式

先考虑下述问题.

**引例**　设 100 件产品中有 5 件不合格品,而 5 件不合格品中 3 件是次品,2 件是废品.现从 100 件产品中任取一件,假定每件产品被抽到的可能性都相同.求:(1)$A=\{$抽到的产品是次品$\}$的概率;(2)$B=\{$抽到的产品是不合格品$\}$的概率;(3)$A|B=\{$在抽到的产品是不合格品的条件下,产品是次品$\}$的概率.

计算得到:(1)的答案是 $P(A)=\dfrac{3}{100}$,(2)的答案是 $P(B)=\dfrac{5}{100}$,(3)的答案是 $P(A|B)=\dfrac{3}{5}$.

分析可知,事件 $AB=\{$抽到的产品是不合格品,并且是次品$\}$.由于 100 件产品中只有 3 件既是不合格品又是次品,因而 $P(AB)=\dfrac{3}{100}$.

通过简单运算,总有关系式

$$P(A|B)=\frac{3}{5}=\frac{\dfrac{3}{100}}{\dfrac{5}{100}}=\frac{P(AB)}{P(B)}.$$

由此出发,我们可以给出条件概率的一般定义.

**定义**　设 $A,B$ 为随机试验 $E$ 的两个事件,且 $P(A)>0$,则称

$$P(B|A)=\frac{P(AB)}{P(A)} \tag{5.1}$$

为在事件 $A$ 发生的条件下事件 $B$ 发生的<u>条件概率</u>,或称为 $B$ 关于 $A$ 的<u>条件概率</u>（conditional probability）.

用上述定义可以验证,条件概率满足概率公理化定义的三个条件.

由条件概率的定义,在 $P(A)>0$ 条件下,易知下列性质成立：

**性质 1**　对于不可能事件 $\varnothing$,有 $P(\varnothing|A)=0$.

**性质 2（对立事件的条件概率）**　对于任何事件 $B$ 和它的对立事件 $\bar{B}$,仍然成立
$$P(B|A)=1-P(\bar{B}|A). \tag{5.2}$$

**性质 3（条件概率加法公式）**　对于随机事件 $B_1,B_2$ 和 $A$,条件概率加法公式成立：
$$P(B_1\bigcup B_2|A)=P(B_1|A)+P(B_2|A)-P(B_1B_2|A). \tag{5.3}$$

特别地,当 $B_1,B_2$ 互不相容时,条件概率加法公式变成
$$P(B_1\bigcup B_2|A)=P(B_1|A)+P(B_2|A). \tag{5.4}$$

性质 1,2,3 的证明,可以通过条件概率的定义公式（5.1）得到.

**例 1.5.1**　设某种动物由出生算起活到 20 岁的概率为 0.8,活到 25 岁的概率为 0.4.如果一只动物现在已经活到 20 岁,问它能活到 25 岁的概率是多少？

**解**　设 $A=\{$该动物活到 20 岁$\}$,$B=\{$该动物活到 25 岁$\}$,则 $P(A)=0.8$,$P(B)=0.4$.

因为 $B\subset A$,所以 $P(AB)=P(B)=0.4$.

所以,我们得到
$$P(B|A)=\frac{P(AB)}{P(A)}=\frac{0.4}{0.8}=0.5.$$

可见,在活到 20 岁的条件下,该动物活到 25 岁的概率（等于 0.5）要比从出生算起活到 25 岁的概率（题设 0.4）大.

## 二、概率乘法公式

条件概率表明了 $P(A)$,$P(AB)$,$P(B|A)$ 三个量之间的关系,由条件概率的定义（5.1）式立即得到下述重要定理.

**定理 1（概率乘法定理）**　对于任意的事件 $A,B$,

(1) 若 $P(A)>0$,则有
$$P(AB)=P(A)P(B|A). \tag{5.5}$$

(2) 若 $P(B)>0$,则有
$$P(AB)=P(B)P(A|B). \tag{5.6}$$

上面两个等式都称为**概率乘法公式**.

用数学归纳法可以证明,概率乘法公式可以推广到有限个事件的情形：

**推论**　设 $A_1,A_2,\cdots,A_n$ 是 $n(n\geqslant2)$ 个事件,且 $P(A_1A_2\cdots A_{n-1})>0$,则有
$$P(A_1A_2\cdots A_{n-1}A_n)=P(A_1)P(A_2|A_1)P(A_3|A_1A_2)\cdots P(A_n|A_1A_2\cdots A_{n-1}).$$
$$\tag{5.7}$$

**特别地,当 $n=3$ 时,对于三个事件 $A,B,C$,若 $P(AB)>0$,则有**

$$P(ABC)=P(A)P(B|A)P(C|AB). \tag{5.8}$$

**例 1.5.2** 今有 3 箱货物,其中甲厂生产的有 2 箱,乙厂生产的有 1 箱.已知甲厂生产的每箱中装有 98 个合格品,不合格品有 2 个;而乙厂生产的 1 箱中装有 90 个合格品,不合格品有 10 个.现从 3 箱中任取 1 箱,再从这一箱中任取 1 件产品.问:

(1) 这件产品是甲厂生产的合格品的概率是多少?

(2) 这件产品是合格品的概率又是多少?

(3) 已知取出的是合格品,那么这件合格品是甲厂生产的概率是多少呢?

**解** 设 $A=\{$所取产品为合格品$\}$, $B_1=\{$所取产品由甲厂生产$\}$, $B_2=\{$所取产品由乙厂生产$\}$.

(1) 我们要求的是 $A$ 和 $B_1$ 同时发生的概率,即 $P(AB_1)$.

显然,$P(B_1)=\dfrac{2}{3}$, $P(A|B_1)$ 是在"取甲厂生产的一箱"的条件下取到合格品的概率,其概率应为

$$P(A|B_1)=\frac{98}{100}=\frac{49}{50}.$$

由概率乘法公式(5.6),得到

$$P(AB_1)=P(B_1)P(A|B_1)=\frac{2}{3}\times\frac{49}{50}=\frac{49}{75}\approx0.653\,3.$$

(2) 我们要求的是 $A$ 发生的概率,即 $P(A)$.显然,取出的合格品与选自哪一箱有关.

因为 $A=A\Omega=A(B_1\bigcup B_2)=AB_1\bigcup AB_2$,又 $(AB_1)(AB_2)=\varnothing$,所以,由概率加法公式(3.3)和概率乘法公式(5.6)得到

$$P(A)=P(AB_1)+P(AB_2)=P(B_1)P(A|B_1)+P(B_2)P(A|B_2).$$

由于 $P(B_1)=\dfrac{2}{3}$, $P(A|B_1)=\dfrac{98}{100}$, $P(B_2)=\dfrac{1}{3}$, $P(A|B_2)=\dfrac{90}{100}$,所以

$$P(A)=P(B_1)P(A|B_1)+P(B_2)P(A|B_2)=\frac{2}{3}\times\frac{98}{100}+\frac{1}{3}\times\frac{90}{100}=\frac{143}{150}\approx0.953\,3.$$

(3) 问题是计算"事件 $A$ 发生条件下 $B_1$ 发生"的概率,即条件概率 $P(B_1|A)$.

$$P(B_1|A)=\frac{P(AB_1)}{P(A)}=\frac{49/75}{143/150}\approx0.685\,3.$$

可见,$P(AB_1)$ 与 $P(A|B_1)$ 完全不同:前者表示$\{$产品是甲厂生产的又是合格品$\}$的概率(等于 $\dfrac{49}{75}$);后者是$\{$在甲厂生产的一箱中取出合格品$\}$的条件概率(等于 $\dfrac{49}{50}$).

问题(2)是计算受到多个影响关系的事件 $A$ 的概率.人们经常把事件 $A$ 分解为若干个互不相容的简单事件之和 $A=AB_1\bigcup AB_2$,然后计算这些简单事件的概率,最后再利用概率加法公式和乘法公式就可得到所求的结果.这里所涉及的公式构成了**全概率公式**.

## 三、全概率公式

**定理 2**(全概率公式(**complete probability formula**)) 设试验 $E$ 的样本空间为

$\Omega, B_1, B_2, \cdots, B_n$ 为 $\Omega$ 的一个划分,且 $P(B_i)>0 (i=1,2,\cdots,n)$,则对 $E$ 的任一事件 $A$,有

$$P(A)=P(B_1)P(A|B_1)+P(B_2)P(A|B_2)+\cdots+P(B_n)P(A|B_n),$$

或简记为
$$P(A)=\sum_{i=1}^{n}P(B_i)P(A|B_i). \tag{5.9}$$

**证明**　参见图 1-11.因为

$A=A\Omega=A(B_1\cup B_2\cup\cdots\cup B_n)=AB_1\cup AB_2\cup\cdots\cup AB_n,$
又假设 $P(B_i)>0 (i=1,2,\cdots,n)$,且 $(AB_i)(AB_j)=$
$\varnothing, i\neq j, i,j=1,2,\cdots,n$,则由概率加法公式(3.2)和
概率乘法公式(5.6)得到

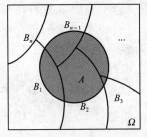

图 1-11　事件 $A$ 及其划分关系

$P(A)=P(AB_1)+P(AB_2)+\cdots+P(AB_n)$
$\qquad =P(B_1)P(A|B_1)+P(B_2)P(A|B_2)+\cdots$
$\qquad\quad +P(B_n)P(A|B_n).$

全概率公式给出了我们计算"受到多个影响关系的事件"概率的公式:假设 $B_1$,$B_2,\cdots,B_n$ 是 $\Omega$ 的一个划分,并且已知事件 $B_i$ 的概率 $P(B_i)$(它们是试验前的已知概率,称为**先验概率(prior probability)**)及事件 $A$ 在 $B_i$ 已发生的条件下的条件概率 $P(A|B_i), i=1,2,\cdots,n$,则由全概率公式(5.9)就可算出 $P(A)$.

正如例 1.5.2 的问题(3)所述,现在的问题是:我们进行了一次试验,已知事件 $A$ 确实发生了,则对于事件 $B_i(i=1,2,\cdots,n)$ 的概率应给予重新估计,也就是要计算事件 $B_i$ 在事件 $A$ 已发生的条件下的条件概率 $P(B_i|A)$(它们是试验后的事件概率,常称为**后验概率(posterior probability)**).下面介绍的贝叶斯公式就给出了计算后验概率 $P(B_i|A)$ 的公式.

## 四、贝叶斯(Bayes)公式

**定理 3**(贝叶斯[①](Bayes)公式)　设试验 $E$ 的样本空间为 $\Omega$. $A$ 为 $E$ 的事件,$B_1$,$B_2,\cdots,B_n$ 为样本空间 $\Omega$ 的一个划分,且 $P(A)>0, P(B_i)>0(i=1,2,\cdots,n)$,则

$$P(B_j|A)=\frac{P(B_j)P(A|B_j)}{P(A)}=\frac{P(B_j)P(A|B_j)}{\displaystyle\sum_{i=1}^{n}P(B_i)P(A|B_i)}, j=1,2,\cdots,n. \tag{5.10}$$

(5.10)式称为**贝叶斯公式(Bayesian formula)**,亦称为**逆概率公式**,或**后验概率公式**.

**证明**　由条件概率的定义(5.1)式、概率乘法公式(5.5)及全概率公式(5.9)即得

$$P(B_j|A)=\frac{P(B_jA)}{P(A)}=\frac{P(B_j)P(A|B_j)}{\displaystyle\sum_{i=1}^{n}P(B_i)P(A|B_i)}, j=1,2,\cdots,n.$$

---

① 贝叶斯(Thomas Bayes,1702~1763):英国数学家.贝叶斯首先将归纳推理法用于概率论基础理论,并创立了贝叶斯统计理论,对于统计决策函数、统计推断、统计的估算等做出了贡献.贝叶斯所采用的许多术语被沿用至今.

贝叶斯公式提供了一种重要的统计方法：就是充分利用试验后的信息逐步修正对事件概率的估计. 如果运用得当，在用概率方法进行决策时，就不必在一个很长的过程中搜集决策所必需的全部信息，只需在事物或现象的发展过程中不断地捕捉新的信息，逐步修正对有关事件概率的估计，以便作出正确或满意决策. 贝叶斯公式还提供了一种重要的统计思想，它是现代贝叶斯理论的基础.

在(5.9)式和(5.10)式中取 $n=2$，并将 $B_1$ 记为 $B$，此时 $B_2$ 就是 $\bar{B}$，那么，全概率公式和贝叶斯公式分别成为

$$P(A)=P(B)P(A\mid B)+P(\bar{B})P(A\mid\bar{B}), \tag{5.11}$$

$$P(B\mid A)=\frac{P(AB)}{P(A)}=\frac{P(B)P(A\mid B)}{P(B)P(A\mid B)+P(\bar{B})P(A\mid\bar{B})}. \tag{5.12}$$

这两个公式是常用的.

**例 1.5.3**　某厂甲、乙、丙三个车间生产同一种产品，其产量分别占全厂总产量的 $40\%,38\%,22\%$，经检验知各车间的次品率分别为 $0.04,0.03,0.05$. 现从该种产品中任意抽取一件进行检查.

(1) 求这件产品是次品的概率；

(2) 已知抽得的一件产品是次品，问此次品来自甲、乙、丙各车间的概率分别是多少？

**解**　设 $A$ 表示{取到的产品是一件次品}，$B_i(i=1,2,3)$ 分别表示{所取到的产品来自甲、乙、丙车间}. 易知，$B_1,B_2,B_3$ 是样本空间 $\Omega$ 的一个划分，且

$$P(B_1)=0.4, P(B_2)=0.38, P(B_3)=0.22,$$
$$P(A\mid B_1)=0.04, P(A\mid B_2)=0.03, P(A\mid B_3)=0.05.$$

(1) 由全概率公式可得

$$\begin{aligned}P(A)&=P(B_1)P(A\mid B_1)+P(B_2)P(A\mid B_2)+P(B_3)P(A\mid B_3)\\&=0.4\times0.04+0.38\times0.03+0.22\times0.05\\&=0.038\,4.\end{aligned}$$

(2) 由贝叶斯公式分别得到

$$P(B_1\mid A)=\frac{P(B_1)P(A\mid B_1)}{P(A)}=\frac{0.4\times0.04}{0.038\,4}=\frac{5}{12}\approx0.417,$$

$$P(B_2\mid A)=\frac{P(B_2)P(A\mid B_2)}{P(A)}=\frac{0.38\times0.03}{0.038\,4}=\frac{19}{64}\approx0.297,$$

$$P(B_3\mid A)=\frac{P(B_3)P(A\mid B_3)}{P(A)}=\frac{0.22\times0.05}{0.038\,4}=\frac{55}{192}\approx0.286.$$

由此可见，虽然丙车间的次品率最高（次品率为 $0.05$），但是，根据贝叶斯公式得到的结果可知，次品来自甲车间的可能性却是最大（概率为 $0.417$）.

# 思考题

1. 在实际应用中，如何寻找全概率公式和贝叶斯公式中的完备事件组或样本空

间的一个划分?

2. 在哪些实际问题中,可以应用全概率公式或贝叶斯公式解题?

# 习题 1-5

1. 已知 $P(A)=0.5,P(B)=0.4,P(A\cup B)=0.6$,求 $P(A|B)$.

2. 设 $P(A)=0.5,P(B)=0.4,P(A|\bar{B})=0.6$,求 $P(A|A\cup\bar{B})$.

3. 证明条件概率的性质 1,2,3.

4. 证明:若 $P(A|B)>P(A)$,则 $P(B|A)>P(B)$.

5. 证明:若 $P(A)=a,P(B)=b(b>0)$,则 $P(A|B)\geqslant\dfrac{a+b-1}{b}$.

6. 证明:若 $P(A)>0$,则 $P(B|A)\geqslant 1-\dfrac{P(\bar{B})}{P(A)}$.

7. 设 $A,B,C$ 是三个随机事件,且 $A,C$ 互不相容,$P(AB)=\dfrac{1}{2},P(C)=\dfrac{1}{3}$,计算 $P(AB|\bar{C})$.

8. 已知事件 $A$ 的概率 $P(A)=0.5$,事件 $B$ 的概率 $P(B)=0.6$,以及条件概率 $P(B|A)=0.8$,求 $A$ 与 $B$ 的和事件的概率.

9. 掷两颗骰子,已知两颗骰子点数之和为 7,求其中一颗为 1 点的概率.

10. 口袋中有 $b$ 个黑球,$r$ 个红球,从中任取一个,放回后再放入同颜色的球 $a$ 个. 设 $B_i=\{$第 $i$ 次取到黑球$\},i=1,2,3,4$,求 $P(B_1B_2\bar{B_3}\bar{B_4})$.

11. 设 $n$ 个签中有 $m(1\leqslant m\leqslant n)$ 个标有"中",不放回依次随机抽签. 证明第 $i(1\leqslant i\leqslant n)$ 次抽中的概率是 $\dfrac{m}{n}$,即虽然抽取有先后顺序,但是每次抽中的概率均相等.

12. 两批相同的产品,各有 12 件和 10 件,在每批产品中有 1 件废品. 今从第一批中抽取 1 件放入第二批中,然后再从第二批中抽取 1 件. 求从第二批中抽取的是废品的概率.

13. 在三个箱子中,第一箱装有 4 个黑球,1 个白球;第二箱装有 3 个黑球,3 个白球;第三箱装有 3 个黑球,5 个白球. 现任取一箱,再从该箱中任取一球.

(1) 求取出的球是白球的概率;

(2) 若取出的为白球,求该球取自第二箱的概率.

# 第六节　事件与试验的独立性

为了更好地理解这一节,我们在第五节引例中增加问题(3):

**引例**　设某盒中有 5 件产品,其中 3 件合格品,2 件次品. 现每次任取一件,不放

回地取两次. 求:

(1) $A$＝｛第一次取到合格品｝的概率;

(2) $B$＝｛第一次取到合格品的条件下第二次又取到合格品｝的概率;

(3) $C$＝｛第二次取到合格品｝的概率.

可知, $P(A)=\dfrac{3}{5}$, $P(C|A)=\dfrac{3-1}{5-1}=\dfrac{1}{2}$, $P(C|\overline{A})=\dfrac{3}{4}$. 由全概率公式得

$$P(C)=P(A)P(C|A)+P(\overline{A})P(C|\overline{A})=\dfrac{3}{5}.$$

可见,
$$P(C|A)\neq P(C).$$

上述问题是不放回抽样. 如果抽取方式改变成"从中任取两次,每次抽取一件"这样的放回抽样,则 $P(C)=\dfrac{3}{5}$, $P(C|A)=\dfrac{3}{5}$. 可见

$$P(C|A)=\dfrac{3}{5}=P(C).$$

这说明事件 $A$ 的发生不影响事件 $C$ 发生的概率. 从直观上讲,这是很自然的,因为是放回抽样,第一次抽到的产品是否合格实际上不影响第二次抽到的产品. 在这种场合,可以说事件 $A$ 与事件 $C$ 的发生具有某种"独立性".

## 一、随机事件的独立性

现在,我们提出这样一个问题:如果事件 $B$ 发生的概率不受事件 $A$ 发生的影响,那么会出现什么样的结果呢? 事实上,事件 $B$ 发生的概率不受事件 $A$ 发生的影响,也就意味着有

$$P(B|A)=P(B).$$

这时乘法公式就有了更自然的形式:

$$P(AB)=P(A)P(B|A)=P(A)P(B).$$

**定义 1**　设 $A,B$ 是两个事件,如果满足等式

$$P(AB)=P(A)P(B), \tag{6.1}$$

则称事件 $A$ 与 $B$ 是相互独立的,简称事件 $A,B$ 独立(independent).

**定理 1**　设 $A,B$ 是两事件,且 $P(A)>0$. 若 $A,B$ 相互独立,则 $P(B|A)=P(B)$. 反之亦然.

本定理的证明由独立性定义和条件概率公式(5.1)式即得.

定理 1 揭示了独立性与条件概率之间的关系.

关于独立性还有下述定理:

**定理 2**　如果事件 $A$ 与 $B$ 相互独立,则下列各对事件 $A$ 与 $\overline{B}$,$\overline{A}$ 与 $B$,$\overline{A}$ 与 $\overline{B}$ 都是相互独立的.

**证明**　由于 $A$ 与 $B$ 相互独立,故 $P(AB)=P(A)P(B)$. 得到

$$P(A\overline{B})=P(A-AB)=P(A)-P(AB)=P(A)-P(A)P(B)$$
$$=P(A)[1-P(B)]=P(A)P(\overline{B}),$$

因此, $A$ 与 $\bar{B}$ 相互独立. 关于 $\bar{A}$ 与 $B$ 和 $\bar{A}$ 与 $\bar{B}$ 的独立性同理可证.

定理 2 还可叙述为: 若四对事件 $A$ 与 $B$, $A$ 与 $\bar{B}$, $\bar{A}$ 与 $B$, $\bar{A}$ 与 $\bar{B}$ 中有一对相互独立, 则另外三对也相互独立, 即这四对事件或者都相互独立, 或者都不相互独立.

**例 1.6.1**　甲、乙两射手在同样条件下进行射击, 他们击中目标的概率分别是 0.9 和 0.8. 如果两个射手同时发射, 问目标被击中的概率是多少?

**解**　设 $A=\{$甲击中目标$\}$, $B=\{$乙击中目标$\}$, $C=\{$目标被击中$\}$.

于是 $P(A)=0.9$, $P(B)=0.8$. 又因为 $C=A\bigcup B$, 且 $A,B$ 相互独立, 故

$$P(C)=P(A\bigcup B)=P(A)+P(B)-P(AB)$$
$$=P(A)+P(B)-P(A)P(B)$$
$$=0.9+0.8-0.9\times0.8=0.98.$$

事件的独立性概念, 可以推广到三个和三个以上的事件的情形.

**定义 2**　设 $A_1,A_2,\cdots,A_n$ 是 $n(n\geqslant2)$ 个事件, 如果对于任意的两个不同事件 $A_i$, $A_j$ 有

$$P(A_iA_j)=P(A_i)P(A_j),\quad i\neq j,i,j=1,2,\cdots,n, \tag{6.2}$$

则称这 $n$ 个事件是<u>两两独立的</u>.

**定义 3**　设 $A_1,A_2,\cdots,A_n$ 是 $n(n\geqslant2)$ 个事件, 如果对于其中任意的 $k(2\leqslant k\leqslant n)$ 个不同事件 $A_{i_1},A_{i_2},\cdots,A_{i_k}$, 都有

$$P(A_{i_1}A_{i_2}\cdots A_{i_k})=P(A_{i_1})P(A_{i_2})\cdots P(A_{i_k}), \tag{6.3}$$

则称这 $n$ 个事件<u>相互独立</u>.

由定义 2 和定义 3 可以得到以下常用的定理.

**定理 3**　(1) 若 $n(n\geqslant2)$ 个事件 $A_1,A_2,\cdots,A_n$ 相互独立, 则其中任意 $k(2\leqslant k\leqslant n)$ 个事件也是相互独立的.

(2) 若 $n(n\geqslant2)$ 个事件 $A_1,A_2,\cdots,A_n$ 相互独立, 则将 $A_1,A_2,\cdots,A_n$ 中任意多个事件换成它们的对立事件, 所得的 $n$ 个事件仍相互独立.

**证明**　(1) 由独立性定义 3 可直接推出.

(2) 从直观上看是显然的. 对于 $n=2$ 时, 在定理 2 中已作了证明, 一般的情况用数学归纳法容易证得, 此处略.

对于三个事件 $A_1,A_2,A_3$ 两两独立, 仅要求下面三个等式同时成立:

$$P(A_1A_2)=P(A_1)P(A_2),$$
$$P(A_1A_3)=P(A_1)P(A_3),$$
$$P(A_2A_3)=P(A_2)P(A_3).$$

若 $A_1,A_2,A_3$ 相互独立, 除了上面三个等式外还要满足

$$P(A_1A_2A_3)=P(A_1)P(A_2)P(A_3)$$

成立.

一般情况下, 前面三个等式成立并不蕴涵第四个等式成立. 即, 三个事件 $A_1,A_2,A_3$ 相互独立一定有这三个事件两两独立; 反之, 三个事件 $A_1,A_2,A_3$ 两两独立不一定推得这三个事件相互独立. 参见思考题 1.

## 二、试验的独立性与伯努利试验

利用事件的独立性可以定义两个或多个试验的独立性.

**定义 4**　将试验 $E$ 在相同条件下重复进行 $n$ 次,如果将第 $i$ 次试验的结果记成 $A_i(i=1,2,\cdots,n)$,总有 $A_1,A_2,\cdots,A_n$ 相互独立,即每次试验结果出现的概率都不依赖于其他各次试验的结果,则说这 $n$ 次试验是相互独立的,简称试验独立.

"重复试验"是指在每次试验中 $P(A)=p$ 保持不变.

如果 $n$ 次独立重复试验中,每次试验的可能结果为两个:$A$ 或 $\overline{A}$,则称这种试验为 $n$ 重伯努利(Bernoulli)试验.

例如,掷 $n$ 枚硬币、掷 $n$ 颗骰子、检查 $n$ 个产品是否合格等,都是 $n$ 重独立重复试验.

**例 1.6.2**　假设每次试验成功的概率为 $p(0<p<1)$.

(1) 计算 $n$ 次独立重复试验至少有一次成功的概率 $\alpha_n$;

(2) 要求"独立重复试验直到至少有一次成功为止"的把握不低于概率 $q_n$,计算所需试验的次数 $n$.

**解**　记 $A_i=\{$第 $i$ 次试验成功$\}(i=1,2,\cdots,n),A=\{n$ 次试验至少有一次成功$\}$.则 $A=A_1\cup A_2\cup\cdots\cup A_n$.

于是 $P(A_i)=p,P(\overline{A_i})=1-p$,且 $A_1,A_2,\cdots,A_n$ 相互独立.

(1) 由于 $\overline{A_1\cup A_2\cup\cdots\cup A_n}=\overline{A_1}\overline{A_2}\cdots\overline{A_n}$,由定理 3 的结论(2)知 $\overline{A_1},\overline{A_2},\cdots,\overline{A_n}$ 也是相互独立的,所以

$$\begin{aligned}\alpha_n&=P(A)=1-P(\overline{A})=1-P(\overline{A_1}\overline{A_2}\cdots\overline{A_n})\\&=1-P(\overline{A_1})P(\overline{A_2})\cdots P(\overline{A_n})\\&=1-(1-p)^n.\end{aligned}$$

(2) 设所需试验的次数为 $n$.注意到 $A=A_1\cup A_2\cup\cdots\cup A_n$,于是问题要求 $n$ 满足

$$\alpha_n=P(A)=P(A_1\cup A_2\cup\cdots\cup A_n)\geqslant q_n.$$

由问题(1)知 $P(A)=1-(1-p)^n$,即要求 $1-(1-p)^n\geqslant q_n$,也就是

$$(1-p)^n\leqslant 1-q_n.$$

解之,得

$$n\geqslant\frac{\lg(1-q_n)}{\lg(1-p)}.$$

由此可见,当 $n\to\infty$ 时,$\alpha_n\to 1$.这说明,只要一个事件 $A$ 的概率 $p$ 不是 0,甚至非常小,当试验次数 $n$ 无限增大时,它(以概率 1)迟早会发生,或说出现.也就是说,小概率事件迟早会发生的.

如果考虑每次试验成功的概率 $p=0.15$,"至少成功一次"的把握不低于 $q_n=95\%$,则

$$n\geqslant\frac{\lg(1-0.95)}{\lg(1-0.15)}\approx 18.4331.$$

即至少需要进行 $n=19$ 次试验.

# 思考题

1. 将一枚硬币独立地掷两次,引进事件:$A_1=\{$掷第一次出现正面$\}$,$A_2=\{$掷第二次出现正面$\}$,$A_3=\{$正、反面各出现一次$\}$,证明事件 $A_1,A_2,A_3$ 两两独立.问事件 $A_1,A_2,A_3$ 是否一定相互独立呢?

2. 若事件 $A,B$ 相互独立,问事件 $A,B$ 一定互斥吗?

# 习题 1-6

1. 设事件 $A$ 与 $B$ 相互独立,证明 $\overline{A}$ 与 $\overline{B}$ 相互独立.

2. 设 $A,B,C$ 三事件相互独立,试证 $A \cup B$ 与 $C$ 相互独立.

3. 设 $A,B$ 是两个事件,其中 $A$ 的概率不等于 0 和 1,证明 $P(B|A)=P(B|\overline{A})$ 是事件 $A$ 与 $B$ 独立的充分必要条件.

4. 已知事件 $A,B$ 相互独立,且 $P(A \cup B)=a$,$P(A)=b(0 \leqslant b < 1)$,求 $P(B)$.

5. 某人向同一目标独立重复射击,每次射击命中目标的概率为 $p(0 < p < 1)$,求此人第 4 次射击时恰好是第 2 次命中目标的概率.

6. 甲、乙两人各自独立地重复向同一目标射击,已知甲命中目标的概率为 0.7,乙命中目标的概率为 0.8.求:

(1) 甲、乙两人同时命中目标的概率;

(2) 恰有一人命中目标的概率;

(3) 目标被命中的概率.

7. 设某型号的高射炮,每门炮发射一发炮弹击中飞机的概率为 0.6.现配置若干门炮独立地各发射一发炮弹,问欲以 99% 的把握击中来犯的一架敌机,至少需配置几门高射炮?

# 第一章内容小结

## 一、研究问题的思路

从客观存在的两类现象——确定性现象和随机现象——出发,考察了随机试验及其三个特点.将随机试验的每一个基本结果定义为样本点,所有的样本点组成样本空间,样本空间的每一个子集定义为随机事件,从而将集合论的基本理论引入到概率论中.

对于随机事件,首先,研究了事件之间的各种关系,提出了和事件、积事件、差事件、对立事件、互不相容事件等概念.其次,定义了在一次试验中事件发生的可能性大小的数量指标——概率.第三,重点求解了诸如抽样模型、全概率模型、独立性等问题的概率问题.第四,分析了两个事件发生的"先后"影响关系——条件概率问题.第五,分析了两个事件或多个事件的"横向"影响关系,建立了事件的独立性理论.

## 二、释疑解惑

(1) **事件互不相容与事件对立的关系**

若两个事件对立,则这两个事件一定互不相容.但是,若两个事件互不相容,这两个事件未必对立.

(2) **事件互不相容与事件独立的关系**

二者之间没有确定的逻辑关系.事件互不相容表示两个事件不能同时发生,事件相互独立表示事件的发生互不影响.

(3) **事件两两独立与事件相互独立的关系**

若多个事件相互独立,则这些事件一定两两独立.若多个事件不两两独立,则这些事件一定不相互独立.但是,事件两两独立推不出这些事件相互独立.

(4) **不可能事件和必然事件的概率问题**

若已知 $A$ 为不可能事件,则必有 $P(A)=0$.但是,由 $P(A)=0$,推不出来 $A$ 为不可能事件.

若已知 $A$ 为必然事件,则必有 $P(A)=1$.但是,由 $P(A)=1$,推不出来 $A$ 为必然事件.

(5) **理论概率与试验频率**

概率是描述随机事件在一次试验中发生的可能性大小的一个常数,它不随试验次数增大而变动.而频率是随试验次数而变动的.在试验次数比较大时,人们常用频率来近似代替概率.

## 三、学习与研究方法

(1) **映射反演法**

将随机事件看作集合,用已经掌握的集合理论建立和分析随机事件间的各种关系与运算法则.

(2) **抽象概括法**

从日常"频率"概念抽象为随机事件的"概率"定义.

这是从普通的常用的"概念"提炼为严格的数学意义上的"定义"的常用方法.

(3) **与这种"客观概率"体系对应的有"主观概率"理论体系**

主观概率的应用主要是经济决策问题.例如原材料涨价的机会有多大? 市场容量处于某个范围的机会有多大? 这些都需要数量上的估计.然而,事情本身又不可能进行大量的重复试验.主观概率还广泛应用于数据分析.在许多情况下,我们对某件事情做出估计和判断,需凭我们事先掌握的数据.但有些时候,我们掌握的数据不完全,因此需要和主观判断结合起来进行估计与判断.

（4）**混沌现象**

在客观世界中,除了确定性现象和随机现象之外,还存在着混沌现象等其他现象.混沌现象是指发生在确定性系统中的貌似随机的不规则运动,其行为主要表现为不确定性——不可重复、不可预测.例如,蝴蝶效应、湍流、昆虫繁衍、机床切削金属时的振动或打印机机头因冲击而引起的振动等,都是混沌现象.

（5）**并不是样本空间的任何子集都是随机事件**

严格地说,随机事件是指 $\Omega$ 中的满足某些条件的子集.当 $\Omega$ 是由有限个样本点或可列无限个样本点组成时,每个子集都可以作为一个随机事件.需要注意的是,人们已经证明:在单位正方形中确实存在"不具有面积"的子集,这种集合称作**"不可测集"**.这样,"不具有面积的集合"无法确定一个实数 $P(\cdot)$ 与之对应.因此,这类"不具有面积的集合"就无法定义集合函数——概率 $P(\cdot)$.说"样本空间 $\Omega$ 的任何子集都是随机事件"就不准确、不正确.幸运的是,这种不可容许的子集在实际应用中几乎不会遇到.因此,概率论中都有约定:讲到的随机事件都是假定它是容许考虑的那种子集.

# 总习题一

## A 组

1. 在房间里有 10 个人,分别佩戴从 1 号到 10 号的纪念章,任选 3 人记录其纪念章的号码.求:

（1）最小号码为 5 的概率;

（2）最大号码为 5 的概率.

2. 50 只铆钉随机地取来用在 10 个部位上,其中有 3 个铆钉强度太弱.每个部件用 3 只铆钉.若将 3 只强度太弱的铆钉都装在一个部件上,则这个部件强度就太弱.问发生一个部件强度太弱的概率是多少?

3. 某人花钱买了 $A,B,C$ 三种不同的奖券各一张.已知各种奖券中奖是相互独立的,中奖的概率分别为 $P(A)=0.03,P(B)=0.01,P(C)=0.02$.如果只要有一种奖券中奖此人就一定赚钱,求此人赚钱的概率.

4. 一批产品由 95 件正品和 5 件次品组成,先后从中抽取两件,第一次取出后不再放回.求:

（1）第一次抽得正品且第二次抽得次品的概率;

（2）抽得一件为正品,一件为次品的概率.

5. 甲、乙、丙三人同时对某飞机进行射击,三人击中的概率分别为 $0.4,0.5,0.7$.

飞机被一人击中而被击落的概率为 0.2,被两人击中而被击落的概率为 0.6,若三人都击中,飞机必定被击落.求该飞机被击落的概率.

6. 在空战中甲机先向乙机开火,击落乙机的概率为 0.2;若乙机未被击落就还击,击落甲机的概率为 0.3;若甲机未被击落,则再次进攻乙机,击落乙机的概率为 0.4.求在这个回合中甲机被击落的概率和乙机被击落的概率.

7. 据以往资料表明,某一个三口之家患某种传染病的概率有以下规律:

$$P(孩子得病)=0.6, P(母亲得病|孩子得病)=0.5,$$
$$P(父亲得病|母亲及孩子得病)=0.4.$$

求母亲及孩子得病但父亲未得病的概率.

8. 某种产品的商标为"MAXAM",其中有两个字母脱落,有人捡起随意放回.求放回后仍为"MAXAM"的概率.

9. 一个机床有 $\frac{1}{3}$ 的时间加工零件 $A$,其余时间加工零件 $B$.加工零件 $A$ 时,停车的概率为 0.3,加工零件 $B$ 时停车的概率为 0.4.求这个机床停车的概率.

10. 设 50 件产品中有 5 件为次品,其余为合格品.每次抽一件,不放回地抽取 3 件. $A_i$ 表示"第 $i$ 次抽到次品"$(i=1,2,3)$,求 $P(A_1)$,$P(A_1A_2)$,$P(A_1\overline{A_2}A_3)$.

11. 今有 3 箱货物,其中甲厂生产的有 2 箱,乙厂生产的有 1 箱.已知甲厂生产的每箱中装有 98 个合格品,不合格品有 2 个;而乙厂生产的 1 箱中装有 90 个合格品,不合格品有 10 个.现从 3 箱中任取 1 箱,从这一箱中任取 1 件产品.问这件产品是甲厂生产的合格品的概率是多少?

12. 设有一箱同类型的产品是由三家工厂生产的.已知其中有 $\frac{1}{2}$ 的产品是第一家工厂生产的,其他二厂各生产 $\frac{1}{4}$. 又知第一、第二家工厂生产的产品中有 2% 是次品,第三家工厂生产的产品中有 4% 是次品.现从此箱中任取一件产品,求取到的是次品的概率.

13. 要验收一批共 100 台的微机.验收方案规定:自该批微机中任取 3 台,分别进行独立测试,如果 3 台中至少有 1 台是次品,则拒绝接收这批微机.由于测试技术和水平的缘故,1 台次品被查出为次品的概率为 0.95,而一台正品被查出为次品的概率为 0.01.如果这 100 台微机中有 4 台次品,试问这批微机被接收的概率是多少?

14. 一种新方法对某种特定疾病的诊断准确率是 90%(有病被正确诊断和没病被正确诊断的概率都是 90%).

(1) 如果群体中这种病的发病率是 0.1%,甲在身体普查中被诊断患病,问甲真正患病的概率是多少?

(2) 如果甲复查时又被诊断有病,问他真正有病的概率是多少?

(3) 如果人群的发病率不变,诊断的准确率提高到 99%,甲在身体普查中被诊断患病,问甲真正患病的概率是多少?

15. 设有来自三个地区的各 10 名、15 名和 25 名考生的报名表,其中女生的报名表分别为 3 份、7 份和 5 份.随机地取一个地区的报名表,从中先后抽取两份.

(1) 求先抽到的一份是女生报名表的概率 $p$;

(2) 已知后抽到的一份是男生表,求先抽到的一份是女生报名表的概率 $q$.

16. 某厂自动生产设备在生产前需进行调整.假定调整良好时,合格品为 90%;如果调整不成功,则合格品有 30%.若调整成功的概率为 75%,某日调整后试生产,发现第一个产品合格.问设备被调整好的概率是多少?

17. 将两份信息分别编码为 $A$ 和 $B$ 传递出去.接收站收到时,$A$ 被误收作 $B$ 的概率为 0.02,而 $B$ 被误收作 $A$ 的概率为 0.01,$A$ 与 $B$ 传送的频繁程度为 2∶1.若接收站收到的信息是 $A$,问原发信息是 $A$ 的概率是多少?

18. 1950 年某地区曾对 50 岁～60 岁的男性公民进行调查,肺癌病人中吸烟的比例是 99.7%,无肺癌人中吸烟的比例是 95.8%.如果整个人群的肺癌发病概率是 $p=10^{-4}$,求吸烟人群中的肺癌发病率和不吸烟人群中的肺癌发病率及其二者比例.

## B 组

1. 设随机事件 $A,B$ 满足关系 $A \supset B$,则下列表述正确的是(    ).

(A) 若 $A$ 发生,则 $B$ 必发生.    (B) $A,B$ 同时发生.

(C) 若 $A$ 发生,则 $B$ 必不发生.    (D) 若 $A$ 不发生,则 $B$ 一定不发生.

2. 设 $A$ 表示"甲种商品畅销,乙种商品滞销",其对立事件 $\bar{A}$ 表示(    ).

(A) 甲种商品滞销,乙种商品畅销.    (B) 甲种商品畅销,乙种商品畅销.

(C) 甲种商品滞销,乙种商品滞销.    (D) 甲种商品滞销,或者乙种商品畅销.

3. 设 $A,B$ 为任意两个事件,则下列关系正确的是(    ).

(A) $P(A-B)=P(A)-P(B)$.    (B) $P(A \bigcup B)=P(A)+P(B)$.

(C) $P(AB)=P(A)P(B)$.    (D) $P(A)=P(AB)+P(A\bar{B})$.

4. 若两个随机事件 $A$ 和 $B$ 同时出现的概率 $P(AB)=0$,则下列结论中正确的是(    ).

(A) $A$ 和 $B$ 互不相容.    (B) $AB$ 一定是不可能事件.

(C) $AB$ 不一定是不可能事件.    (D) $P(A)=0$ 或 $P(B)=0$.

5. 在 5 件产品中,有 3 件一等品和 2 件二等品.若从中任取 2 件,那么以 0.7 为概率的事件是(    ).

(A) 都不是一等品.    (B) 恰有 1 件一等品.

(C) 至少有 1 件一等品.    (D) 至多有 1 件一等品.

6. 设随机事件 $A,B$ 满足 $P(A|B)=1$,则下列结论正确的是(    ).

(A) $A$ 是必然事件.    (B) $B$ 是必然事件.

(C) $AB=B$.    (D) $P(AB)=P(B)$.

7. 设 $A,B$ 为两个随机事件,且 $0<P(A)<1$,则下列命题正确的是(    ).

(A) 若 $P(A\bar{B})=P(A)$,则 $A,B$ 互斥.

(B) 若 $P(\bar{B}|A)=1$,则 $P(AB)=0$.

(C) 若 $P(AB)+P(\overline{AB})=1$,则 $A,B$ 为对立事件.

(D) 若 $P(B|A)=1$,则 $B$ 为必然事件.

8. 设随机事件 $A$ 与 $B$ 互不相容,且有 $P(A)>0,P(B)>0$,则下列关系成立的是(    ).

(A) $A,B$ 相互独立.　　　　　(B) $A,B$ 不相互独立.

(C) $A,B$ 互为对立事件.　　　　(D) $A,B$ 不互为对立事件.

9. 设事件 $A$ 与 $B$ 独立,则下列说法错误的是(    ).

(A) $A$ 与 $\overline{B}$ 独立.　　　　　(B) $\overline{A}$ 与 $\overline{B}$ 独立.

(C) $P(\overline{A}B)=P(\overline{A})P(B)$.　　(D) $A$ 与 $B$ 一定互斥.

10. 设事件 $A$ 与 $B$ 相互独立,且 $0<P(B)<1$,则下列说法错误的是(    ).

(A) $P(A|B)=P(A)$.　　　　　(B) $P(\overline{A}\overline{B})=P(\overline{A})P(\overline{B})$.

(C) $A$ 与 $B$ 一定互斥.　　　　(D) $P(A\cup B)=P(A)+P(B)-P(A)P(B)$.

11. 设事件 $A,B$ 相互独立,$P(B)=0.5,P(A-B)=0.3$ 则 $P(B-A)=$(    ).

(A) 0.1.　　　(B) 0.2.　　　(C) 0.3.　　　(D) 0.4.

12. 若 $A,B$ 为任意两个随机事件,则(    ).

(A) $P(AB)\leqslant P(A)P(B)$.　　(B) $P(AB)\geqslant P(A)P(B)$.

(C) $P(AB)\leqslant\dfrac{P(A)+P(B)}{2}$.　　(D) $P(AB)\geqslant\dfrac{P(A)+P(B)}{2}$.

13. 设 $A,B$ 为随机事件,若 $0<P(A)<1,0<P(B)<1$,则 $P(A|B)>P(A|\overline{B})$ 成立的充分必要条件是(    ).

(A) $P(B|A)>P(B|\overline{A})$.　　(B) $P(B|A)<P(B|\overline{A})$.

(C) $P(\overline{B}|A)>P(B|\overline{A})$.　　(D) $P(\overline{B}|A)<P(B|\overline{A})$.

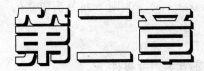

# 随机变量及其分布

在第一章中,我们利用集合论的思想研究了随机事件及其概率等问题.为了更广泛地利用数学工具研究随机事件及其概率,进一步扩大概率论与数理统计的应用领域,本章将引入随机变量这一基本概念.随机事件可以通过随机变量来描述,因此,研究随机事件及其概率问题就转化为研究随机变量的概率分布问题,并且随机变量及其概率分布的研究也扩大了对随机事件及其概率问题的研究.本章将介绍分布律、分布函数、概率密度等定义,利用数学分析的方法研究一维离散型随机变量与连续型随机变量的概率分布理论与方法.

## 第一节 随机变量的概念

在实际问题中,可以用数量来表示随机试验的结果,由此就产生了随机变量的概念.

(1) 有些试验结果本身与数值有关.

**例 2.1.1** 在记录某电话传呼台一小时内收到的呼叫次数中,设 $X$ 表示"一小时内传呼台收到的呼叫次数",则 $X$ 可能的取值为 $0,1,2,\cdots$. 随机事件{呼叫次数超过20 次}可以表示为

$$\{X>20\}.$$

相应地,概率可以表示为

$$P\{X>20\}.$$

**例 2.1.2** 记录炮弹的弹着点到靶心的距离.把这个距离用 $X$ 表示,则事件{到靶心距离在 0.5 m 与 3 m 之间}可以表示为

$$\{0.5\leqslant X\leqslant 3\}.$$

相应地,概率可以表示为

$$P\{0.5\leqslant X\leqslant 3\}.$$

（2）在有些试验中,试验结果看起来与数值无关,但我们可以引进一个变量来表示它的各种结果.也就是说,把试验结果数值化.正如裁判员在运动场上不称呼运动员的名字而称呼号码一样,二者建立了一种对应关系,这种对应关系在数学上理解为定义了一个实值函数.

**例 2.1.3**　掷一枚硬币,样本空间 $\Omega=\{$正面,反面$\}$,定义

$$X=X(\omega)=\begin{cases}1, & \omega=\text{正面},\\ 0, & \omega=\text{反面}.\end{cases}$$

于是事件{掷硬币出现正面}表示为

$$\{X=1\}.$$

因此

$$P\{X=1\}=\frac{1}{2}.$$

**定义**　设随机试验的样本空间为 $\Omega$. $X=X(\omega)(\omega\in\Omega)$ 是定义在样本空间 $\Omega$ 上的**实值单值函数**,称 $X=X(\omega)$ 为**随机变量**（random variable）.

图 2-1 画出了样本点 $\omega$ 与随机变量 $X=X(\omega)$ 对应的示意图.

随机变量通常用大写字母 $X,Y,Z$ 或希腊字母 $\xi,\eta$ 等表示,而表示随机变量所取的值时,一般采用小写字母 $x,y,z$ 等.有了随机变量,随机试验中的各种事件就可以通过随机变量的关系式表达出来.

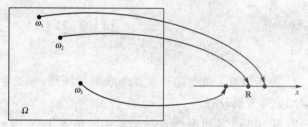

图 2-1　样本点 $\omega$ 与随机变量 $X(\omega)$ 对应

**例 2.1.4**　设随机试验 $E$ 的样本空间为 $\Omega$. $A$ 是样本空间 $\Omega$ 的任一子集,即试验 $E$ 的任一随机事件.定义随机变量

$$X(\omega)=\begin{cases}1, & \omega\in A,\\ 0, & \omega\notin A,\end{cases}\quad \text{或者简记为}\quad X=\begin{cases}1, & A\ \text{发生},\\ 0, & A\ \text{不发生}.\end{cases}$$

通常称上述随机变量 $X=X(\omega)$ 为随机事件 $A$ 的**指示函数**,又称为随机事件 $A$ 的**示性函数**.记为

$$I_A(\omega)=\begin{cases}1, & \omega\in A,\\ 0, & \omega\notin A,\end{cases}\quad \text{或者}\quad I_A=\begin{cases}1, & A\ \text{发生},\\ 0, & A\ \text{不发生}.\end{cases}$$

指示函数建立了随机事件 $A$ 与随机变量 $I_A$ 之间的联系.利用随机变量来研究随机事件时常用指示函数 $I_A$.

随机变量概念的产生是概率论发展史上的重大事件.引入随机变量后,对随机现

象统计规律的研究,就由对事件及事件概率的研究扩大为对随机变量及其取值规律的研究,因此可以广泛地应用高等数学、线性代数等数学工具.

我们通常研究两类随机变量:

(1) **离散型随机变量**:所有取值可以逐个一一列举出来.如"取到次品的个数""收到的呼叫次数"等.

(2) **连续型随机变量**:取值充满某个区间或区域.例如,"电视机的寿命"、实际问题中常遇到的"测量误差"等.

**注意**　存在着既不是离散型随机变量,也不是连续型随机变量的随机变量.

# 思考题

1. 随机变量与普通函数之间有哪些联系与区别?
2. 随机变量应该分为哪些类型?

# 习题 2-1

1. 分析随机变量与随机事件的联系与区别:从二者包含关系、表示含义和利用数学知识等方面分析.

2. 类比一个随机事件 $A$ 的指示函数的定义,定义一个关于两个随机事件 $A, B$ 的指示函数 $X(A, B)$ 或说随机变量 $X(A, B)$.

# 第二节　离散型随机变量及其常见的概率分布

## 一、离散型随机变量及其分布律

设 $X$ 是一个随机变量,它可能取的值是有限个或可列无限个.为了描述随机变量 $X$,我们不仅需要知道随机变量 $X$ 的取值,而且还要知道 $X$ 取每个值的概率.

**引例**　在第一章第四节例 1.4.1 中增加问题(3):有 100 件产品,其中有 10 件是次品,其余为合格品.任取 5 件.计算:

(1) 5 件都是合格品的概率;

(2) 至少有一件是次品的概率;

(3) 5 件中包含次品的概率.

对于问题(3),用 $X$ 表示抽到的次品数.则 $X$ 的取值是 0,1,2,3,4,5. $X$ 取每个

值的概率分别为

$$P\{X=0\}=\frac{C_{10}^0 C_{90}^5}{C_{100}^5}=\frac{697}{1\ 194}, \quad P\{X=1\}=\frac{C_{10}^1 C_{90}^4}{C_{100}^5}=\frac{691}{2\ 036},$$

$$P\{X=2\}=\frac{C_{10}^2 C_{90}^3}{C_{100}^5}=\frac{199}{2\ 834}, \quad P\{X=3\}=\frac{C_{10}^3 C_{90}^2}{C_{100}^5}=\frac{49}{7\ 676},$$

$$P\{X=4\}=\frac{C_{10}^4 C_{90}^1}{C_{100}^5}=\frac{15}{59\ 752}, \quad P\{X=5\}=\frac{C_{10}^5 C_{90}^0}{C_{100}^5}=\frac{1}{298\ 760}.$$

且满足等式

$$\sum_{i=0}^{5} P\{X=i\} = 1.$$

这样,我们就掌握了次品个数 $X$ 这个随机变量所有取值的概率分布规律.

**定义** 设随机变量 $X$ 一切可能的取值为 $x_1, x_2, \cdots, x_n, \cdots$,且 $X$ 取各个值的概率为

$$p_k=P\{X=x_k\}, \quad k=1,2,3,\cdots, \tag{2.1}$$

则称 $X$ 是**离散型随机变量**(discrete random variable),称(2.1)式为随机变量 $X$ 的**概率函数或概率分布**(probability distribution),亦简称为随机变量 $X$ 的**分布律**(discrete law).

由概率定义可知,分布律 $P\{X=x_k\}=p_k, k=1,2,\cdots$,满足下列两条性质:

(1) $p_k \geqslant 0, k=1,2,\cdots$; $\tag{2.2}$

(2) $\sum_k p_k = 1.$ $\tag{2.3}$

可以验证,满足上述两条性质的数列 $\{p_k\}$ 可以作为某一离散型随机变量的分布律.

离散型随机变量的分布律的表示方法有如下三种形式:

(1) 公式法:可以用一个公式统一表示为 $P\{X=x_k\}=p_k, k=1,2,\cdots$.

(2) 列表法:可以用表格清楚地表示为

| $X$ | $x_1$ | $x_2$ | $\cdots$ | $x_k$ | $\cdots$ |
|-----|-------|-------|----------|-------|----------|
| $P$ | $p_1$ | $p_2$ | | $p_k$ | $\cdots$ |

(3) 图示法:为了分析方便,一般把 $x_1, x_2, \cdots, x_k, \cdots$ 从小到大排列.用图 2-2 表示 $X$ 的概率分布及比较概率的大小.

图 2-2 中竖线段的高度代表 $X$ 在该点取值的概率.

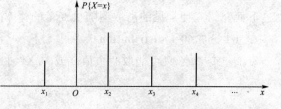

图 2-2 随机变量 $X$ 的概率分布

**例 2.2.1** 某篮球运动员投篮得分的概率是 0.9,求他两次独立投篮投中次数 $X$ 的分布律.

解    $X$ 可能取值为 $0,1,2$,有
$$P\{X=0\}=(1-0.9)\times(1-0.9)=0.01,$$
$$P\{X=1\}=2\times0.9\times0.1=0.18,$$
$$P\{X=2\}=0.9\times0.9=0.81.$$

上述 $X$ 的分布律通常写成如下表格形式:

| $X$ | 0 | 1 | 2 |
|---|---|---|---|
| $P$ | 0.01 | 0.18 | 0.81 |

**例 2.2.2**    某电子线路 $AB$ 中装有两个并联的继电器,如图 2-3 所示.假设这两个继电器是否接通具有随机性,且彼此独立.已知每个继电器接通的概率为 0.8,记 $X$ 为线路中接通的继电器的个数.求:

**图 2-3    并联系统**

(1) $X$ 的分布律;

(2) 线路 $AB$ 接通的概率.

解    (1) 记 $A_i=\{$第 $i$ 个继电器接通$\}$,$i=1,2$.所以事件 $A_1$ 和 $A_2$ 相互独立,且 $P(A_1)=P(A_2)=0.8$.

下面求 $X$ 的分布律.显然,$X$ 可能取 $0,1,2$ 三个值.

因此,$X$ 的分布律为
$$P\{X=0\}=P(\overline{A_1}\overline{A_2})=(1-0.8)\times(1-0.8)=0.04,$$
$$P\{X=1\}=P(A_1\overline{A_2}\bigcup\overline{A_1}A_2)=0.8\times(1-0.8)+(1-0.8)\times0.8=0.32,$$
$$P\{X=2\}=P(A_1A_2)=0.8\times0.8=0.64.$$

(2) 因为系统是并联电路,所以,当且仅当至少有一个继电器接通时线路 $AB$ 就接通.所求概率为
$$P\{X\geqslant1\}=1-P\{X=0\}=1-0.04=0.96.$$

## 二、常见的三种离散型随机变量的概率分布

下面介绍三种常见的离散型随机变量的概率分布.

**1. 0-1 分布(0-1 distribution)**

设随机变量 $X$ 只可能取两个值 0 或 1,$X=1$ 的概率为 $p(0<p<1)$,它的分布律是
$$P\{X=k\}=p^k(1-p)^{1-k},k=0,1,\qquad(2.4)$$
则称 $X$ 服从 **0-1 分布**或**两点分布**(**double point distribution**).

0-1 分布的分布律也可写成

| $X$ | 0 | 1 |
|---|---|---|
| $P$ | $1-p$ | $p$ |

注意,对于一个随机试验,如果它的样本空间只包含两个样本点,即 $\Omega=\{\omega_1,\omega_2\}$,我们总能在 $\Omega$ 上定义一个服从 0-1 分布的随机变量

$$X=X(\omega)=\begin{cases}0, & \omega=\omega_1, \\ 1, & \omega=\omega_2,\end{cases}$$

用 $X(\omega)$ 来描述随机试验的结果. 例如,对新生婴儿的性别进行登记,检查产品的质量是否合格,某车间的电力消耗是否超过负荷,以及前面多次讨论过的"抛硬币"试验等,都可以用服从 0-1 分布的随机变量来描述. 0-1 分布是经常遇到的一种重要分布.

**2. 二项分布(Binomial distribution)**

$n$ 重伯努利试验是一种很重要的数学模型. 它有广泛的应用,是研究与应用最多的模型之一.

**定理 1**　设随机变量 $X$ 表示 $n$ 重伯努利试验中事件 $A$ 发生的次数,事件 $A$ 在每次试验中发生的概率是 $p$,则在 $n$ 次试验中 $A$ 恰好发生 $k$ 次的概率为

$$C_n^k p^k (1-p)^{n-k}. \tag{2.5}$$

若记 $q=1-p$,则有

$$P\{X=k\}=C_n^k p^k q^{n-k}, k=0,1,2,\cdots,n. \tag{2.6}$$

**证明**　$X$ 所有可能取的值为 $0,1,2,\cdots,n$. 由于各次试验是相互独立的,因此事件 $A$ 在指定的 $k(0\leqslant k\leqslant n)$ 次试验中发生,在其余 $n-k$ 次试验中 $A$ 不发生(例如在前 $k$ 次试验中发生,而后 $n-k$ 次试验中不发生)的概率为

$$\underbrace{p \cdot p \cdot \cdots \cdot p}_{k\text{个}} \cdot \underbrace{(1-p) \cdot (1-p) \cdot \cdots \cdot (1-p)}_{n-k\text{个}}=p^k(1-p)^{n-k}.$$

这种指定的方式共有 $C_n^k$ 种,它们是两两互不相容的. 由概率加法公式(3.2)得到,在 $n$ 次试验中 $A$ 恰好发生 $k$ 次的概率为

$$C_n^k p^k (1-p)^{n-k}.$$

记 $q=1-p$,即有

$$P\{X=k\}=C_n^k p^k q^{n-k}, k=0,1,2,\cdots,n.$$

显然

$$P\{X=k\}\geqslant 0, k=0,1,2,\cdots,n,$$

$$\sum_{k=0}^{n} P\{X=k\}=\sum_{k=0}^{n}C_n^k p^k q^{n-k}=(p+q)^n=1.$$

即 $P\{X=k\}=C_n^k p^k q^{n-k}, k=0,1,2,\cdots,n$ 满足条件(2.2)式和(2.3)式,这表明 $P\{X=k\}=C_n^k p^k q^{n-k}, k=0,1,2,\cdots,n$ 是随机变量的概率分布.

注意到 $C_n^k p^k q^{n-k}$ 刚好是二项式 $(p+q)^n$ 的展开式中出现 $p^k$ 的那一项,因此我们称随机变量 $X$ 服从参数为 $n,p$ 的二项分布,记为

$$X \sim B(n,p).$$

显然,若 $X \sim B(n,p)$,则 $P\{X=k\}$ 表示在 $n$ 次独立重复试验中事件 $A$ 恰好发生 $k$ 次的概率;$P\{X \leqslant k\}$ 表示 $A$ 发生的次数不超过 $k$ 的概率;$P\{X \geqslant k\}$ 表示 $A$ 至少发生 $k$ 次的概率.

特别地,当 $n=1$ 时,二项分布化为

$$P\{X=k\}=p^k q^{1-k}, q=1-p, k=0,1.$$

这就是 0-1 分布.所以 0-1 分布通常也写成

$$X \sim B(1,p).$$

**例 2.2.3** 已知某产品的次品率为 0.04,现有这样一批产品 100 件.

(1) 求这批产品中不少于 4 件次品的概率.

(2) 问这 100 件产品中恰有 $k(k=0,1,\cdots,100)$ 件次品的概率是多少?

**解** 我们将检查一件产品看作是进行一次试验,则检查 100 件产品相当于做 100 重伯努利试验.以 $X$ 记 100 件产品中次品的件数,则有 $X \sim B(100,0.04)$.

(1) 用二项分布概率公式计算:因为 $X \sim B(100,0.04)$,所以

$$P\{4 \leqslant X \leqslant 100\} = \sum_{k=4}^{100} C_{100}^k \times 0.04^k \times 0.96^{100-k}$$

$$= 1 - \sum_{k=0}^{3} C_{100}^k \times 0.04^k \times 0.96^{100-k} \approx 0.570\ 5.$$

(2) 依题意,应计算概率分布律

$$P\{X=k\}=C_{100}^k (0.04)^k (0.96)^{100-k}, k=0,1,\cdots,100.$$

将计算部分结果列表如下:

| | | |
|---|---|---|
| $P\{X=0\}=0.016\ 9$ | $P\{X=1\}=0.070\ 3$ | $P\{X=2\}=0.145\ 0$ |
| $P\{X=3\}=0.197\ 3$ | $P\{X=4\}=0.199\ 4$ | $P\{X=5\}=0.159\ 5$ |
| $P\{X=6\}=0.105\ 2$ | $P\{X=7\}=0.058\ 9$ | $P\{X=8\}=0.028\ 5$ |
| $P\{X=9\}=0.012\ 1$ | $P\{X=10\}=0.004\ 6$ | $P\{X=11\}=0.001\ 6$ |
| $P\{X=k\}<0.00\ 1,$当 $k \geqslant 12$ 时. | | |

为了对本题的结果有一个直观了解,我们做出上述分布律的图形,如图 2-4 所示.

从图 2-4 中看到,当 $k$ 增加时,概率 $P\{X=k\}$ 先是随之增加,直至达到最大值(在本例中当 $k=4$ 时取到最大值),随后单调减少.我们指出,一般地,对于固定的 $n$ 及 $p$,二项分布 $B(n,p)$ 都具有这一性质.

**定理 2** 若 $X \sim B(n,p)$,则当 $(n+1)p$ 是整数时,$X$ 取 $(n+1)p$ 及 $(n+1)p-1$ 时概率达到最大;当 $(n+1)p$ 不是整数时,$X$ 取 $[(n+1)p]$(即 $(n+1)p$ 的整数部分)时概率达到最大.

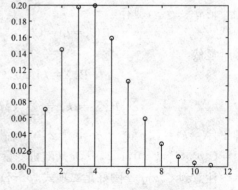

图 2-4　例 2.2.3 随机变量的概率分布

其证明见本节习题 10.

例如,在例 2.2.3 中,在 100 件产品中最可能被抽到的次品件数为

$$[(100+1)\times 0.04]=[4.04]=4.$$

### 3. 泊松[①]分布(Poisson distribution)

设随机变量 $X$ 所有可能取的值为 $0,1,2,\cdots$,若其分布律为

$$P\{X=k\}=\frac{\lambda^k e^{-\lambda}}{k!},k=0,1,2,\cdots, \qquad (2.7)$$

其中 $\lambda>0$ 是常数,则称 $X$ 服从参数为 $\lambda$ 的泊松(Poisson)分布,记作

$$X\sim P(\lambda).$$

易知,$P\{X=k\}\geqslant 0,k=0,1,2,\cdots$,且有

$$\sum_{k=0}^{\infty}P\{X=k\}=\sum_{k=0}^{\infty}\frac{\lambda^k e^{-\lambda}}{k!}=e^{-\lambda}\sum_{k=0}^{\infty}\frac{\lambda^k}{k!}=e^{-\lambda}\cdot e^{\lambda}=1.$$

即 $P\{X=k\}$ 满足分布律条件(2.2)式和(2.3)式,因此是随机变量的概率分布.

泊松分布 $P(\lambda)$ 中的参数 $\lambda$ 的意义将在第四章第二节说明.

服从泊松分布的随机变量在实际应用中是很多的.例如:一本书一页中的印刷错误字数,某地区在一天内邮递遗失的信件数,某一医院在一天内的急诊病人数,某一地区一段时间间隔内发生交通事故的次数,在一段时间间隔内某种放射性物质发出的并经过计数器的 $\alpha$ 粒子数等,都服从泊松分布.泊松分布也是概率论中的一种重要分布.

泊松分布还有一个非常实用的特性,即可以用泊松分布作为二项分布的一种近似.在二项分布 $B(n,p)$ 中,当 $n$ 较大时,计算量是令人烦恼的.而在 $p$ 较小时使用以下的泊松定理,可以减少二项分布中的计算量.

**定理 3**(泊松(Poisson)定理)　在 $n$ 重伯努利试验中,事件 $A$ 在一次试验中发生的概率为 $p_n$(与实验次数 $n$ 有关),如果当 $n\to\infty$ 时,有 $np_n\to\lambda$,则

$$\lim_{n\to\infty}C_n^k p_n^k(1-p_n)^{n-k}=\frac{\lambda^k}{k!}e^{-\lambda}.$$

**证明**　记 $np_n=\lambda_n$,即 $p_n=\lambda_n/n$.我们可得

$$C_n^k p_n^k(1-p_n)^{n-k}=\frac{n(n-1)\cdots(n-k+1)}{k!}\left(\frac{\lambda_n}{n}\right)^k\left(1-\frac{\lambda_n}{n}\right)^{n-k}$$

$$=\frac{\lambda_n^k}{k!}\left(1-\frac{1}{n}\right)\left(1-\frac{2}{n}\right)\cdots\left(1-\frac{k-1}{n}\right)\left(1-\frac{\lambda_n}{n}\right)^{n-k}$$

---

① 泊松(S. D. Poisson,1781—1840):法国数学家、力学家和物理学家,科学院院士.在他的《关于判断犯罪现象的概率研究》(1837 年)一书中,包含著名的泊松三定理:泊松定理,泊松大数定律和泊松中心极限定理(见第五章).

对固定的 $k$ 有

$$\lim_{n\to\infty}\lambda_n=\lambda,$$

$$\lim_{n\to\infty}\left(1-\frac{\lambda_n}{n}\right)^{n-k}=\mathrm{e}^{-\lambda},$$

$$\lim_{n\to\infty}\left(1-\frac{1}{n}\right)\cdots\left(1-\frac{k-1}{n}\right)=1.$$

所以

$$\lim_{n\to\infty}\mathrm{C}_n^k p_n^k (1-p_n)^{n-k}=\frac{\lambda^k}{k!}\mathrm{e}^{-\lambda}$$

对任意的 $k(k=0,1,2,\cdots)$ 成立. 定理得证.

由于泊松定理是在 $np_n\to\lambda$ 条件下获得的,故在计算二项分布 $B(n,p)$ 时,当 $n$ 很大且 $p$ 很小,而乘积 $\lambda=np$ 大小适中时,可以用泊松分布作近似,即

$$\mathrm{C}_n^k p_n^k (1-p_n)^{n-k}\approx\frac{(np)^k}{k!}\mathrm{e}^{-np},k=0,1,2\cdots \qquad (2.8)$$

**例 2.2.4**　用泊松定理再计算例 2.2.3 问题(1):在次品率为 0.04 的 100 件产品中,求这批产品中不少于 4 件次品的概率.

**解**　用 $X$ 表示 100 件产品中的次品数,则 $X\sim B(100,0.04)$.

利用二项分布概率公式计算例 2.2.3 问题(1)得到

$$P\{4\leqslant X\leqslant100\}\approx0.570\ 5.$$

现用泊松定理计算:由于 $\lambda=np=100\times0.04=4$,则有

$$P\{4\leqslant X\leqslant100\}\approx1-\sum_{k=0}^{3}\frac{4^k}{k!}\mathrm{e}^{-4}\approx1-0.0183\times\left(1+4+8+\frac{32}{3}\right)=0.566\ 9.$$

可见,当 $n$ 较大且 $p$ 较小时,用泊松定理计算比用二项分布计算更简单些.

# 思考题

1. 离散型随机变量分布律具有哪些性质?
2. 满足哪些条件的数列 $\{p_k\}$ 可以看作某个离散型随机变量的分布律?

# 习题 2-2

1. 设 $A$ 为任一随机事件,且 $P(A)=p(0<p<1)$. 定义随机变量

$$X=\begin{cases}1, & A\ \text{发生},\\ 0, & A\ \text{不发生}.\end{cases}$$

写出随机变量 $X$ 的分布律.

2. 已知随机变量 $X$ 只能取 $-1,0,1,2$ 四个值,且取这四个值的相应概率依次为 $\frac{1}{2c}, \frac{3}{4c}, \frac{5}{8c}, \frac{7}{16c}$. 试确定常数 $c$,并计算条件概率 $P\{X<1|X\neq 0\}$.

3. 设随机变量 $X$ 服从参数为 $2,p$ 的二项分布,随机变量 $Y$ 服从参数为 $3,p$ 的二项分布,若 $P\{X\geqslant 1\}=\frac{5}{9}$,求 $P\{Y\geqslant 1\}$.

4. 在三次独立的重复试验中,每次试验成功的概率相同,已知至少成功一次的概率为 $\frac{19}{27}$,求每次试验成功的概率.

5. 若 $X$ 服从参数为 $\lambda$ 的泊松分布,且 $P\{X=1\}=P\{X=3\}$,求 $\lambda$.

6. 有 1 000 件产品,其中 900 件是正品,其余是次品. 现从中任取 1 件,有放回地取 5 次,试求这 5 件产品中所含次品数 $X$ 的分布律.

7. 袋中装有 5 只球,编号为 $1,2,3,4,5$. 在袋中同时取 3 只球,以 $X$ 表示取出的 3 只球中的最大号码,写出随机变量 $X$ 的分布律.

8. 设在 15 只同类型的零件中有 2 只是次品,其余为正品. 在其中取 3 次,每次任取一只零件,作不放回抽样. 以 $X$ 表示取出次品的只数.

(1) 求 $X$ 的分布律;

(2) 画出分布律的图形.

9. (1) 甲向一个目标射击,直到第一次击中为止. 用 $U$ 表示射击停止时的射击次数. 如果甲每次击中目标的概率是 $p(0<p<1)$,则 $U$ 有分布律

$$P\{U=k\}=q^{k-1}p, \quad k=1,2,\cdots,p+q=1,$$

称 $U$ 服从参数为 $p$ 的**几何分布**(geometric distribution).

(2) 甲向一个目标射击,直到击中 $r$ 次为止. 用 $U$ 表示射击停止时的射击次数. 如果甲每次击中目标的概率是 $p(0<p<1)$,则 $U$ 有分布律

$$P\{U=k\}=C_{k-1}^{r-1}q^{k-r}p^r, \quad k=r,r+1,\cdots,p+q=1,$$

该分布为参数为 $r,p$ 的**负二项分布**,也称为**帕斯卡分布**.

(3) 引入 $Y=U-r$,则 $Y$ 是射击停止时,射击失败的次数. $Y$ 有如下分布

$$P\{Y=k\}=C_{k+r-1}^{r-1}q^k p^r, \quad k=0,1,\cdots,p+q=1,$$

这时称 $Y$ 服从参数为 $r,p$ 的**负二项分布**,也称为**帕斯卡分布**.

试推导几何分布、负二项分布(帕斯卡分布)的分布律.

10. 证明服从二项分布的随机变量取最可能成功次数的定理 2.

# 第三节　随机变量的分布函数

## 一、分布函数的概念

在处理实际问题中,人们常常关心的是随机变量 $X$ 落入某个区间 $(a,b]$ 的概率. 例如:考察青年能否参军是看他的身高是否达到标准,而不是关心其身高是否刚好等于某个数值.

下面我们引入随机变量 $X$ 的分布函数的概念.

**定义**　设 $X$ 是一个随机变量(包括离散型及非离散型), $x$ 是任意实数,称实值函数

$$F(x)=P\{X \leqslant x\} \quad (-\infty<x<+\infty),\qquad (3.1)$$

为随机变量 $X$ 的分布函数(distribution function),有时也记为 $F_X(x)$.

由这个定义知,若 $F(x)$ 是 $X$ 的分布函数,注意到差事件概率关系

$$P\{a<X \leqslant b\}=P\{X \leqslant b\}-P\{X \leqslant a\},$$

则有

$$P\{a<X \leqslant b\}=F(b)-F(a).\qquad (3.2)$$

这个式子对 $(-\infty,+\infty)$ 内的任何实数 $a,b$ $(a<b)$ 都是成立的,常用来求 $X$ 落入区间 $(a,b]$ 内的概率.

分布函数与随机变量不同,它是一个普通的实函数,正是通过它,我们才能用数学分析的方法来研究随机变量.

如果将 $X$ 看成是数轴上的随机点的坐标,那么,分布函数 $F(x)$ 在 $x$ 处的函数值就表示 $X$ 落在区间 $(-\infty,x]$ 上的概率.

## 二、分布函数的性质

**定理**　设 $F(x)$ 是随机变量 $X$ 的分布函数,则

(1) $0 \leqslant F(x) \leqslant 1$.

(2) $F(x)$ **单调不减**,即当 $x_1<x_2$ 时, $F(x_1) \leqslant F(x_2)$.

(3) $F(-\infty)=\lim\limits_{x \to -\infty} F(x)=0$, $\quad F(+\infty)=\lim\limits_{x \to +\infty} F(x)=1$.

(4) $F(x)$ **右连续**,即对任意实数 $x$,有 $F(x+0)=\lim\limits_{t \to x^{+}} F(t)=F(x)$.

性质(1),(2),(3)用分布函数的定义和(3.2)式易于证明,性质(4)证明[1]从略.

可以证明[2],若某一函数 $F(x)$ 满足上面的性质(1),(2),(3)和(4),则必存在一个随机变量 $X$ 以 $F(x)$ 为其分布函数.

## 三、离散型随机变量的分布函数

我们通过例题来建立离散型随机变量的分布函数的求法.

**例 2.3.1** 设随机变量 $X$ 的分布律为

| $X$ | $-1$ | $2$ | $3$ |
|-----|------|-----|-----|
| $P$ | $\frac{1}{4}$ | $\frac{1}{2}$ | $\frac{1}{4}$ |

(1) 计算概率 $P\{X\leqslant1\},P\{2\leqslant X<4\},P\{X>1\,|\,X\leqslant2\}$；

(2) 求 $X$ 的分布函数.

**解**　(1) 上述概率可以直接通过 $X$ 的分布律求出：

$$P\{X\leqslant1\}=P\{X=-1\}=\frac{1}{4};$$

$$P\{2\leqslant X<4\}=P\{X=2\}+P\{X=3\}=\frac{1}{2}+\frac{1}{4}=\frac{3}{4};$$

$$P\{X>1\,|\,X\leqslant2\}=\frac{P\{X>1,X\leqslant2\}}{P\{X\leqslant2\}}=\frac{P\{1<X\leqslant2\}}{P\{X\leqslant2\}}=\frac{1/2}{1/4+1/2}=\frac{2}{3}.$$

(2) 根据分布函数的定义 $F(x)=P\{X\leqslant x\}$ 及 $X$ 的分布律,将 $-\infty<x<+\infty$ 分解为区间 $(-\infty,-1),[-1,2),[2,3)$ 和 $[3,+\infty)$. 所以,

当 $x<-1$ 时,$F(x)=P(\varnothing)=0$；

当 $-1\leqslant x<2$ 时,$F(x)=P\{X=-1\}=\frac{1}{4}$；

当 $2\leqslant x<3$ 时,$F(x)=P\{X=-1\}+P\{X=2\}=\frac{1}{4}+\frac{1}{2}=\frac{3}{4}$；

当 $x\geqslant3$ 时,$F(x)=P(\Omega)=1.$

即

$$F(x)=\begin{cases}0, & x<-1,\\[2mm]\dfrac{1}{4}, & -1\leqslant x<2,\\[2mm]\dfrac{3}{4}, & 2\leqslant x<3,\\[2mm]1, & x\geqslant3.\end{cases}$$

$F(x)$ 的图形如图 2-5 所示,它是一条阶梯形的曲线,在 $x=-1,2,3$ 处的跳跃值分别等于概率 $\frac{1}{4},\frac{1}{2},\frac{1}{4}$.

我们也可以借助于分布函数来计算有关随机变量 $X$ 的关系式的概率：

$$P\{-2<X\leqslant2.5\}=F(2.5)-F(-2)$$

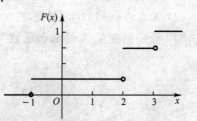

**图 2-5　离散型随机变量分布函数图形和特性**

$$=\frac{3}{4}-0=\frac{3}{4}.$$

一般地,设离散型随机变量 $X$ 的分布律为

$$p_k=P\{X=x_k\},k=1,2,\cdots,$$

则由概率公理化定义的可列可加性(3.1)式得到 $X$ 的分布函数为

$$F(x)=P\{X\leqslant x\}=P(\bigcup_{x_k\leqslant x}\{X=x_k\})=\sum_{x_k\leqslant x}P\{X=x_k\}.$$

所以

$$F(x)=\sum_{x_k\leqslant x}P\{X=x_k\}=\sum_{x_k\leqslant x}p_k. \tag{3.3}$$

$F(x)$ 是一个右连续的函数,在 $X=x_k(k=1,2,\cdots)$ 处的跳跃值等于概率 $p_k=P\{X=x_k\}$.

# 思考题

1. 随机变量的分布函数有哪些性质?
2. 随机变量的分布函数与普通函数之间有哪些联系与区别?

# 习题 2-3

1. 设 $X$ 的分布律为

| $X$ | $-1$ | $0$ | $1$ |
|---|---|---|---|
| $P$ | 0.15 | 0.20 | 0.65 |

求 $X$ 的分布函数 $F(x)$,并计算概率 $P\{X<0\}$,$P\{X<2\}$,$P\{-2\leqslant X<1\}$.

2. 设随机变量 $X$ 的分布函数为

$$F(x)=A+B\arctan x,-\infty<x<+\infty.$$

求:(1) 常数 $A$ 与 $B$;

(2) $X$ 落在 $(-1,1]$ 内的概率.

3. 设随机变量 $X$ 的分布函数为

$$F(x)=\begin{cases}0, & x<-1,\\0.4, & -1\leqslant x<1,\\0.8, & 1\leqslant x<3,\\1, & x\geqslant 3.\end{cases}$$

写出 $X$ 的表格形式的分布律.

4. 设随机变量 $X$ 的分布函数为

$$F(x)=\begin{cases}0, & x<0,\\ \dfrac{x}{2}, & 0\leqslant x<2,\\ 1, & x\geqslant2,\end{cases}$$

求 $P\{X\leqslant-1\}$，$P\{0.3<X\leqslant0.7\}$ 和 $P\{0<X\leqslant2\}$.

5. 假设随机变量 $X$ 的绝对值不大于 1；$P\{X=-1\}=\dfrac{1}{8}$，$P\{X=1\}=\dfrac{1}{4}$；在事件 $\{-1<X<1\}$ 出现的条件下，$X$ 在 $(-1,1)$ 内任一子区间上取值的条件概率与该区间的长度成正比.

(1) 求 $X$ 的分布函数 $F(x)=P\{X\leqslant x\}$；

(2) 求 $X$ 取负值的概率 $p$.

6. 假设一大型设备在任何长为 $t$ 的时间内发生故障的次数 $N(t)$ 服从参数为 $\lambda t$ 的泊松分布.

(1) 求相继两次故障之间的时间间隔 $T$ 的概率分布；

(2) 求设备在已经无故障工作 8 小时的情形下，再无故障运行 8 小时的概率 $Q$.

# 第四节　连续型随机变量及其概率密度

若随机变量 $X$ 的所有的可能取值充满一个区间，那么就不能像离散型随机变量那样，以指定它取每个值的概率的方式给出其概率分布，而是通过给出"概率密度"的方式来研究其概率分布.

## 一、连续型随机变量的概率密度

定义　设 $F(x)$ 是随机变量 $X$ 的分布函数，如果存在一个非负可积函数 $f(x)$，使得对于任意的实数 $x$，有

$$F(x)=P\{X\leqslant x\}=\int_{-\infty}^{x}f(t)\mathrm{d}t, x\in(-\infty,+\infty),\qquad(4.1)$$

则称 $X$ 为连续型随机变量(continuous random variable)，其中函数 $f(x)$ 称为 $X$ 的概率密度，又称为概率密度函数(probability density function).

连续型随机变量 $X$ 的分布函数 $F(x)$ 与概率密度 $f(x)$ 的关系的几何解释如图 2-6 所示.

由上述定义可知，概率密度 $f(x)$ 具有以下性质：

(1) $f(x)\geqslant0, x\in(-\infty,+\infty)$.

(2) $\int_{-\infty}^{+\infty}f(x)\mathrm{d}x=1$.

性质(2)说明，介于曲线 $y=f(x)$ 与 $Ox$ 轴之间的面积等于 1(见图 2-7).

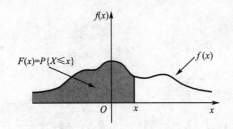

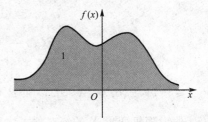

**图 2-6　分布函数 $F(x)$ 与概率密度 $f(x)$ 关系**　　**图 2-7** $\int_{-\infty}^{+\infty} f(x)\mathrm{d}x = 1$ 的几何意义

可以验证,对于满足性质(1)和(2)的函数 $f(x)$,作函数 $G(x) = \int_{-\infty}^{x} f(t)\mathrm{d}t, x \in (-\infty, +\infty)$,得到 $G(x)$ 是某一个随机变量 $X$ 的分布函数,而 $f(x)$ 是随机变量 $X$ 的概率密度.

概率密度 $f(x)$ 除了满足上述性质(1),(2)外,常用的性质还有:

(3) **对于任意实数** $x_1, x_2 (x_1 < x_2)$,

$$P\{x_1 < X \leqslant x_2\} = F(x_2) - F(x_1) = \int_{x_1}^{x_2} f(x)\mathrm{d}x. \tag{4.2}$$

性质(3)告诉我们,随机变量(看作一个点)$X$ 落在区间 $(x_1, x_2]$ 上的概率 $P\{x_1 < X \leqslant x_2\}$ 等于曲线 $y = f(x)$ 在区间 $(x_1, x_2]$ 上的曲边梯形的面积(见图 2-8).

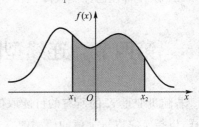

更一般地,对于直线上任一区间或由若干个不相交的区间组成的区域 $A$,随机变量 $X$ 在**区域 $A$ 中取值的概率为**

**图 2-8**　$P\{x_1 < X \leqslant x_2\} = \int_{x_1}^{x_2} f(x)\mathrm{d}x$ 的几何意义

$$P\{X \in A\} = \int_A f(x)\mathrm{d}x. \tag{4.3}$$

上式由(4.2)式和积分区间可加性立即得到.

(4) **若 $f(x)$ 在点 $x$ 处连续**,则有

$$F'(x) = f(x).$$

这是因为对于 $f(x)$ 的连续点 $x$,总有

$$F'(x) = \lim_{\Delta x \to 0^+} \frac{F(x + \Delta x) - F(x)}{\Delta x} = \lim_{\Delta x \to 0^+} \frac{\int_x^{x+\Delta x} f(t)\mathrm{d}t}{\Delta x} = f(x).$$

上式还告诉我们,$X$ 的概率密度 $f(x)$ 在 $x$ 这一点的值,恰好是 $X$ 落在区间 $(x, x + \Delta x]$ 上的概率 $F(x + \Delta x) - F(x)$ 与区间长度 $\Delta x$ 之比的极限.若不计高阶无穷小,有

$$F(x + \Delta x) - F(x) = P\{x < X \leqslant x + \Delta x\} \approx f(x)\Delta x.$$

它表示随机变量 $X$ 取值落入区间 $(x, x + \Delta x]$ 的概率近似等于 $f(x)\Delta x$.

(5) **连续型随机变量 $X$ 取任一指定值的概率为 0,即**
$$P\{X = a\} = 0,$$
$a$ 为任一常数.

这是因为
$$P\{X = a\} = \lim_{\varepsilon \to 0^+} \int_{a-\varepsilon}^{a} f(x)\mathrm{d}x = \int_{a}^{a} f(x)\mathrm{d}x = 0.$$

因此,对连续型随机变量 $X$,(4.2) 式成为
$$P\{x_1 < X \leqslant x_2\} = P\{x_1 \leqslant X < x_2\} = P\{x_1 < X < x_2\} = P\{x_1 \leqslant X \leqslant x_2\}. \tag{4.4}$$

(6) **连续型随机变量的分布函数 $F(x)$ 是处处连续的.**

由定义即可看出这个结论是对的. 而本章第三节定义(3.1) 式得到的分布函数 $F(x)$ 仅是右连续的.

应该注意到,性质(5),(6) 这两点对离散型随机变量是不成立的.

下面我们通过举例说明连续型随机变量的分布函数、概率密度和有关问题的概率的求法.

**例 2.4.1** 设连续型随机变量 $X$ 的概率密度
$$f(x) = \begin{cases} \dfrac{k}{\sqrt{1-x^2}}, & |x| < 1, \\ 0, & |x| \geqslant 1. \end{cases}$$

试求:(1) 常数 $k$;

(2) $P\{|X| \leqslant 0.5\}$;

(3) $X$ 的分布函数.

**解** (1) 因为 $\displaystyle\int_{-\infty}^{+\infty} f(x)\mathrm{d}x = 1$,故由反常积分计算得到
$$\int_{-\infty}^{+\infty} f(x)\mathrm{d}x = \int_{-1}^{1} \frac{k}{\sqrt{1-x^2}}\mathrm{d}x = k\arcsin x\Big|_{-1}^{1} = k\pi,$$

所以
$$k = \frac{1}{\pi}.$$

(2) 所求概率
$$P\{|X| \leqslant 0.5\} = P\{-0.5 \leqslant X \leqslant 0.5\} = \int_{-0.5}^{0.5} f(x)\mathrm{d}x$$
$$= \int_{-0.5}^{0.5} \frac{\mathrm{d}x}{\pi\sqrt{1-x^2}} = \frac{1}{3}.$$

(3) 因为 $F(x) = \displaystyle\int_{-\infty}^{x} f(t)\mathrm{d}t$,得到:

当 $x < -1$ 时,
$$F(x) = \int_{-\infty}^{x} f(t)\mathrm{d}t = \int_{-\infty}^{x} 0\mathrm{d}t = 0;$$

当 $-1 \leqslant x < 1$ 时,

$$F(x) = \int_{-\infty}^{x} f(t)\mathrm{d}t = \int_{-\infty}^{-1} 0\mathrm{d}t + \int_{-1}^{x} \frac{\mathrm{d}t}{\pi \sqrt{1-t^2}}$$

$$= \frac{1}{\pi} \arcsin t \Big|_{-1}^{x} = \frac{1}{2} + \frac{1}{\pi} \arcsin x;$$

当 $x \geqslant 1$ 时,$F(x) = \int_{-\infty}^{x} f(t)\mathrm{d}t = \int_{-\infty}^{-1} 0\mathrm{d}t + \int_{-1}^{1} \frac{\mathrm{d}t}{\pi \sqrt{1-t^2}} + \int_{1}^{x} 0\mathrm{d}t = 1.$

综合上述分析,得到 $X$ 的分布函数为

$$F(x) = \begin{cases} 0, & x < -1, \\ \dfrac{1}{2} + \dfrac{1}{\pi} \arcsin x, & -1 \leqslant x < 1, \\ 1, & x \geqslant 1. \end{cases}$$

## 二、常用的三种连续型随机变量的分布

常用的连续型随机变量的分布有均匀分布、指数分布和正态分布.

### 1. 均匀分布(Uniform distribution)

若连续型随机变量 $X$ 的概率密度为

$$f(x) = \begin{cases} \dfrac{1}{b-a}, & a < x < b, \\ 0, & 其他. \end{cases} \tag{4.5}$$

则称 $X$ 在区间 $(a,b)$ 上服从均匀分布,记为

$$X \sim U(a,b),$$

$a,b$ 为分布参数,且 $a < b$.

显然,均匀分布的分布函数为

$$F(x) = \begin{cases} 0, & x < a, \\ \dfrac{x-a}{b-a}, & a \leqslant x < b, \\ 1, & x \geqslant b. \end{cases} \tag{4.6}$$

均匀分布的概率密度 $f(x)$ 及分布函数 $F(x)$ 的图像分别如图 2-9,2-10 所示.

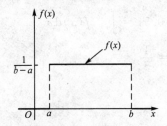

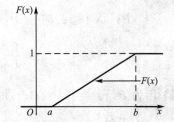

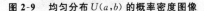

图 2-9　均匀分布 $U(a,b)$ 的概率密度图像　　　图 2-10　均匀分布 $U(a,b)$ 的分布函数图像

若 $X \sim U(a,b)$,则对于满足 $a \leqslant c < d \leqslant b$ 的 $c,d$,总有

$$P\{c < X < d\} = \int_c^d f(x)\mathrm{d}x = \frac{d-c}{b-a}.$$

可见,若随机变量 $X$ 在区间 $(a,b)$ 上服从均匀分布,则 $X$ 落入该区间中任一相等长度的子区间内的概率相同,即 $X$ 落入任何子区间的概率仅与该区间的长度成正比,而与其位置无关.此性质进一步说明了第一章第四节中几何概率定义的合理性.

均匀分布常见于下列情形:某一事件等可能地在某一时间段发生;在数值计算中,由于进行四舍五入,小数点后某一位小数舍入的误差.例如对小数点后第一位是按四舍五入原则得到时,那么一般认为误差在 $(-0.05, 0.05)$ 上服从均匀分布.

**例 2.4.2** 测量一个工件的长度,要求准确到毫米,即若以厘米为计算单位,小数点后第一位数字是按"四舍五入"的原则得到.求由此产生的测量误差 $X$ 的概率密度,并求某次测量中,其误差的绝对值小于 0.03 的概率.

**解** 由题意,可以认为测量误差 $X$(单位:cm) 在区间 $(-0.05, 0.05)$ 上服从均匀分布,故知 $X$ 的概率密度为

$$f(x) = \begin{cases} 10, & -0.05 < x < 0.05, \\ 0, & \text{其他.} \end{cases}$$

所求概率为

$$P\{|X| < 0.03\} = \int_{-0.03}^{0.03} f(x)\mathrm{d}x = \int_{-0.03}^{0.03} 10\mathrm{d}x = 10 \times 0.06 = 0.6.$$

**2. 指数分布(Exponential distribution)**

若连续型随机变量 $X$ 的概率密度为

$$f(x) = \begin{cases} \lambda \mathrm{e}^{-\lambda x}, & x > 0, \\ 0, & \text{其他,} \end{cases} \tag{4.7}$$

其中 $\lambda > 0$ 是一常数,则称 $X$ 服从参数为 $\lambda$ 的指数分布,记为

$$X \sim E(\lambda).$$

易知指数分布的分布函数为

$$F(x) = \begin{cases} 1 - \mathrm{e}^{-\lambda x}, & x > 0, \\ 0, & x \leqslant 0. \end{cases} \tag{4.8}$$

指数分布常用于可靠性分析研究中,如元件的寿命、动植物的寿命、服务系统的服务时间等.

**例 2.4.3** 多年统计表明,某厂生产的电视机的寿命 $X \sim E(0.2)$(单位:万小时).

(1) 某人购买了一台该厂生产的电视机,问其寿命超过 4 万小时的概率是多少?

(2) 某单位一次购买了 10 台这种电视机,问至少有 2 台寿命大于 4 万小时的概率是多少?

(3) 若已知一台电视机的寿命大于 4 万小时,问这台电视机的寿命大于 5 万小时的概率是多少?

**解**　由题设知,随机变量 $X$ 的概率密度为

$$f(x) = \begin{cases} 0.2e^{-0.2x}, & x > 0, \\ 0, & x \leqslant 0. \end{cases}$$

(1) 电视机寿命超过 4 万小时的概率为

$$P\{X > 4\} = \int_4^{+\infty} 0.2e^{-0.2x}dx = -e^{-0.2x}\Big|_4^{+\infty} = e^{-0.8} \approx 0.449\ 3.$$

(2) 设 $Y$ 表示 10 台电视机中寿命大于 4 万小时的台数,则 $Y$ 服从二项分布. 由 (1) 的结果得到 $Y \sim B(10, e^{-0.8})$. 于是

$$P\{Y \geqslant 2\} = 1 - P\{Y = 0\} - P\{Y = 1\}$$
$$\approx 1 - C_{10}^0 \cdot (0.449\ 3)^0 \cdot (0.550\ 7)^{10} - C_{10}^1 \cdot (0.449\ 3)^1 \cdot (0.550\ 7)^9$$
$$\approx 0.976\ 5.$$

(3) 这是求条件概率 $P\{X > 5 \mid X > 4\}$.

$$P\{X > 5 \mid X > 4\} = \frac{P\{X > 4, X > 5\}}{P\{X > 4\}}$$
$$= \frac{P\{X > 5\}}{P\{X > 4\}} = \frac{e^{-1.0}}{e^{-0.8}} = e^{-0.2}.$$

### 3. 正态分布(Normal distribution)

正态分布是在 19 世纪前叶由高斯[①](Gauss)加以推广,所以又称为**高斯分布** (**Gaussian distribution**).

正态分布是概率论与数理统计中最常用也是最重要的一种概率分布,它在解决实际问题中有着广泛的应用. 经验表明,当一个变量受到大量微小的、互相独立的随机因素影响时,这个变量往往服从或近似服从正态分布. 这种现象在第五章第二节中得到理论证明.

在正常条件下,各种产品的质量指标,如零件的尺寸,纤维的强度和张力,农作物的产量,小麦的穗长和株高,测量误差,射击目标的水平或垂直偏差,信号噪声等,都服从或近似服从正态分布.

#### (1) 正态分布的定义

若连续型随机变量 $X$ 的概率密度为

$$f(x) = \frac{1}{\sqrt{2\pi}\sigma}e^{-\frac{(x-\mu)^2}{2\sigma^2}}, -\infty < x < +\infty, \tag{4.9}$$

则称 $X$ 服从参数为 $\mu, \sigma^2$ 的正态分布,记为

$$X \sim N(\mu, \sigma^2),$$

其中 $\mu$ 和 $\sigma(\sigma > 0)$ 都是常数. $f(x)$ 所确定的曲线称为**正态曲线(normal curve)**.

---

① 高斯(K. F. Gauss, 1777—1855):德国数学家、物理学家和天文学家. 他在物理学、天文学、测地学等领域都有很大的成就. 在数学的许多方面都有重要贡献,他在概率论和数理统计方面的主要成就是:(1) 最小二乘法(1809);(2) 提出了正态分布和正态分布曲线;(3) 奠定了误差理论的基础.

（2）**正态分布的图形特点**

正态分布的概率密度图像见图 2-11.

从图 2-11 容易看出：

（i）正态曲线是一条关于 $x = \mu$ 对称的钟形曲线；

（ii）概率密度 $f(x)$ 在 $x = \mu$ 处达到最大值 $f(\mu) = \dfrac{1}{\sqrt{2\pi}\sigma}$；

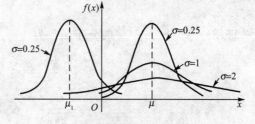

图 2-11　正态分布的概率密度及参数 $\mu, \sigma$ 含义

（iii）正态曲线在 $x = \mu \pm \sigma$ 处有两个拐点；

（iv）当 $x \to \pm\infty$ 时，正态曲线以 $x$ 轴为渐近线.

（v）参数 $\mu$ 决定正态曲线的中心位置：当 $\mu$ 取不同值时，图像将会发生左右方向平移；参数 $\sigma$ 决定正态曲线的陡峭程度：当 $\sigma$ 较大时，曲线较平坦；当 $\sigma$ 较小时，曲线较陡峭.

（3）**分布函数**

设 $X \sim N(\mu, \sigma^2)$，则随机变量 $X$ 的分布函数是

$$F(x) = \frac{1}{\sqrt{2\pi}\sigma} \int_{-\infty}^{x} e^{-\frac{(x-\mu)^2}{2\sigma^2}} \, \mathrm{d}x, \quad -\infty < x < +\infty. \tag{4.10}$$

（4）**标准正态分布**

当 $\mu = 0, \sigma = 1$ 时，得到的正态分布 $N(0,1)$ 称为**标准正态分布**（**standard normal distribution**）. 其概率密度和分布函数常用 $\varphi(x)$ 和 $\Phi(x)$ 表示. 即

$$\varphi(x) = \frac{1}{\sqrt{2\pi}} e^{-\frac{x^2}{2}}, \quad -\infty < x < +\infty, \tag{4.11}$$

$$\Phi(x) = \frac{1}{\sqrt{2\pi}} \int_{-\infty}^{x} e^{-\frac{x^2}{2}} \, \mathrm{d}x, \quad -\infty < x < +\infty. \tag{4.12}$$

关于 $\varphi(x)$ 的图像和 $\Phi(x)$ 的几何意义见图 2-12.

关于标准正态分布函数 $\Phi(x)$ 和概率密度 $\varphi(x)$ 有以下性质：

（i）$\Phi(0) = 0.5$，$\varphi(0) = \dfrac{1}{\sqrt{2\pi}}$；

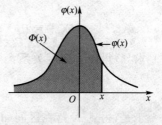

图 2-12　标准正态分布概率密度 $\varphi(x)$ 和分布函数 $\Phi(x)$ 关系

（ii）$\Phi(-x) = 1 - \Phi(x)$，$\varphi(-x) = \varphi(x)$.

标准正态分布的重要性在于：任何一个正态分布 $N(\mu, \sigma^2)$ 都可以通过线性变换转化为标准正态分布. 它的依据是下面的定理：

**定理**　设 $X \sim N(\mu, \sigma^2)$，则标准化随机变量

$$X^* = \frac{X - \mu}{\sigma} \sim N(0, 1).$$

**证明**　$X^* = \frac{X - \mu}{\sigma}$ 的分布函数为

$$P\{X^* \leqslant x\} = P\left\{\frac{X - \mu}{\sigma} \leqslant x\right\} = P\{X \leqslant \mu + \sigma x\}$$

$$= \frac{1}{\sqrt{2\pi}\sigma} \int_{-\infty}^{\mu + \sigma x} e^{-\frac{(t-\mu)^2}{2\sigma^2}} \, dt,$$

令 $\frac{t - \mu}{\sigma} = u$，得

$$P\{X^* \leqslant x\} = \frac{1}{\sqrt{2\pi}} \int_{-\infty}^{x} e^{-\frac{u^2}{2}} \, du = \Phi(x),$$

由此知

$$X^* = \frac{X - \mu}{\sigma} \sim N(0, 1).$$

根据本定理，只要将标准正态分布的分布函数制成表格，就可以解决正态分布的概率计算问题.

（5）**标准正态分布表及正态分布的概率计算**

书末附有标准正态分布表（见第 275 页附录四）. 借助于该表，可以解决正态分布的概率计算问题. 表中给的是当 $x \geqslant 0$ 时 $\Phi(x)$ 的值. 对于 $x < 0$ 时，用关系式

$$\Phi(x) = 1 - \Phi(-x) \tag{4.13}$$

计算.

（i）若 $X \sim N(0, 1)$，则 $X$ 落在区间 $(a, b]$ 内的概率为

$$P\{a < X \leqslant b\} = \Phi(b) - \Phi(a). \tag{4.14}$$

特别地，

$$P\{|X| \leqslant a\} = 2\Phi(a) - 1 \, (a > 0). \tag{4.15}$$

（ii）若 $X \sim N(\mu, \sigma^2)$，则 $\frac{X - \mu}{\sigma} \sim N(0, 1)$，且有分布函数关系：

$$F(x) = P\{X \leqslant x\} = P\left\{\frac{X - \mu}{\sigma} \leqslant \frac{x - \mu}{\sigma}\right\} = \Phi\left(\frac{x - \mu}{\sigma}\right). \tag{4.16}$$

求导，得概率密度关系：

$$f(x) = \frac{1}{\sigma} \varphi\left(\frac{x - \mu}{\sigma}\right). \tag{4.17}$$

于是，得到 $X$ 落在区间 $(a, b]$ 的概率计算公式：

$$P\{a < X \leqslant b\} = P\left\{\frac{a - \mu}{\sigma} < \frac{X - \mu}{\sigma} \leqslant \frac{b - \mu}{\sigma}\right\} = \Phi\left(\frac{b - \mu}{\sigma}\right) - \Phi\left(\frac{a - \mu}{\sigma}\right). \tag{4.18}$$

（iii）$3\sigma$ 准则：

当 $X \sim N(\mu, \sigma^2)$ 时，有

$$P\{|X-\mu|\leqslant\sigma\}=0.6826,$$
$$P\{|X-\mu|\leqslant 2\sigma\}=0.9544,$$
$$P\{|X-\mu|\leqslant 3\sigma\}=0.9974.$$

这表明，$X$ 的取值几乎全部集中在区间 $[\mu-3\sigma,\mu+3\sigma]$ 内．这在统计学上称作 $3\sigma$ **准则**（也称为**三倍标准差原则**）．

（6）**标准正态分布的上 $\alpha$ 分位点**

为了便于今后在数理统计中的应用，对于服从标准正态分布的随机变量，我们引出上 $\alpha$ 分位点的定义．

设 $X\sim N(0,1)$，对于给定的正数 $\alpha(0<\alpha<1)$，若数 $z_\alpha$ 满足条件

$$P\{X>z_\alpha\}=\alpha, \tag{4.19}$$

则称数 $z_\alpha$ 为标准正态分布的**上 $\alpha$ 分位点**．

标准正态分布的上 $\alpha$ 分位点的几何关系如图 2-13 所示．特别地，由 $\varphi(x)$ 图像的对称性知道

$$z_{1-\alpha}=-z_\alpha. \tag{4.20}$$

显然，由 $P\{X>z_\alpha\}=\alpha$ 得到

$$\Phi(z_\alpha)=P\{X\leqslant z_\alpha\}=1-\alpha. \tag{4.21}$$

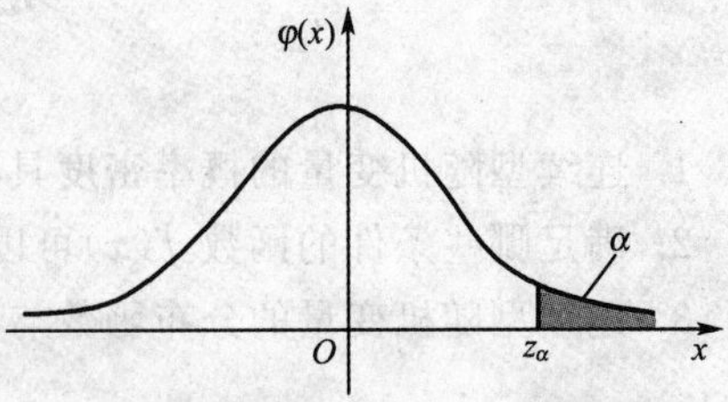

图 2-13　标准正态分布上 $\alpha$ 分位点 $z_\alpha$

上述公式常用来反查标准正态分布表确定上分位点 $z_\alpha$．查第 275 页附录四得到，$z_{0.025}=1.96$．

**例 2.4.4**　设随机变量 $X\sim N(3,2^2)$．

（1）计算 $P\{2<X\leqslant 5\}$，$P\{|X|>2\}$；

（2）确定 $c$ 使得 $3P\{X>c\}=P\{X\leqslant c\}$；

（3）设 $d$ 满足 $P\{X>d\}\geqslant 0.9$，问 $d$ 至多为多少？

**解**　（1）利用(4.18)式，查标准正态分布表，得到

$$P\{2<x\leqslant 5\}=\Phi\left(\frac{5-3}{2}\right)-\Phi\left(\frac{2-3}{2}\right)=\Phi(1)-\Phi(-0.5)=0.5328,$$

$$\begin{aligned}P\{|X|>2\}&=P\{X>2\}+P\{X<-2\}\\&=1-\Phi\left(\frac{2-3}{2}\right)+\Phi\left(\frac{-2-3}{2}\right)=0.6977.\end{aligned}$$

（2）由 $3P\{X>c\}=P\{X\leqslant c\}$，得 $3(1-P\{X\leqslant c\})=P\{X\leqslant c\}$，即

$$P\{X\leqslant c\}=0.75.$$

由于
$$P\{X\leqslant c\}=P\left\{\frac{X-3}{2}\leqslant\frac{c-3}{2}\right\}=\Phi\left(\frac{c-3}{2}\right),$$

所以 $\Phi\left(\frac{c-3}{2}\right)=0.75$，反查正态分布表知 $\Phi(0.675)=0.75$．因为正态分布函数 $\Phi(x)$ 是单调递增函数，因此得到 $\frac{c-3}{2}=0.675$，于是 $c=4.35$．

(3) $P\{X>d\}\geqslant 0.9$ 即 $1-\Phi\left(\dfrac{d-3}{2}\right)\geqslant 0.9$，也就是

$$\Phi\left(-\dfrac{d-3}{2}\right)\geqslant 0.9=\Phi(1.282).$$

利用正态分布函数 $\Phi(x)$ 单调递增性，当且仅当 $-\dfrac{d-3}{2}\geqslant 1.282$ 时成立 $P\{X>d\}\geqslant$ 0.9.

解得

$$d\leqslant 3-2\times 1.282=0.436.$$

即满足 $P\{X>d\}\geqslant 0.9$ 关系式的 $d$ 至多为 0.436.

# 思考题

1. 连续型随机变量的概率密度具有哪些性质？
2. 满足哪些条件的函数 $f(x)$ 可以看作某个连续型随机变量的概率密度？
3. 连续型随机变量的分布函数与其概率密度之间的关系有哪些？

# 习题 2-4

1. 设连续型随机变量 $X$ 服从参数为 $\lambda$ 的指数分布，要使 $P\{k<X<2k\}=\dfrac{1}{4}$ 成立，应当怎样选择常数 $k$？

2. 设随机变量 $X$ 有概率密度

$$f(x)=\begin{cases}4x^{3}, & 0<x<1,\\ 0, & \text{其他,}\end{cases}$$

要使 $P\{X\geqslant a\}=P\{X<a\}$ 成立，应当怎样选择常数 $a$？

3. 设连续型随机变量 $X$ 的分布函数为

$$F(x)=\begin{cases}0, & x<0,\\ x^{2}, & 0\leqslant x<1,\\ 1, & x\geqslant 1,\end{cases}$$

求:(1) $X$ 的概率密度；

(2) $P\{0.3<X<0.7\}$.

4. 设随机变量 $X$ 的概率密度为

$$f(x)=\begin{cases}2x, & 0\leqslant x\leqslant 1,\\ 0, & \text{其他,}\end{cases}$$

求 $P\left\{X\leqslant\dfrac{1}{2}\right\}$ 与 $P\left\{\dfrac{1}{4}<X\leqslant2\right\}$.

5. 设连续型随机变量 $X$ 具有概率密度

$$f(x)=\begin{cases}x, & 0<x\leqslant1,\\ A-x, & 1<x\leqslant2,\\ 0, & \text{其他}.\end{cases}$$

求:(1) 常数 $A$;

(2) 随机变量 $X$ 的分布函数.

6. 设随机变量 $Y$ 服从参数为 1 的指数分布,$a$ 为常数且大于零,计算条件概率 $P\{Y\leqslant a+1|Y>a\}$.

7. 以 $X$ 表示某商店从早晨开始营业起直到第一个顾客到达的等待时间,$X$ 的分布函数是

$$F_X(x)=\begin{cases}1-\mathrm{e}^{-0.4x}, & x>0,\\ 0, & x\leqslant0.\end{cases}$$

(1) 计算 $P\{X<2\},P\{0<X\leqslant3\},P\left\{2<X<\dfrac{5}{2}\right\}$;

(2) 求概率密度 $f_X(x)$.

8. 一质点 $M$ 在区间 $[3,7]$ 上随机游动,对每个 $x\in[3,7]$,该质点落入区间 $[3,x]$ 内的概率与该区间长度的平方成正比. 以 $X$ 表示该质点到原点的距离. 求:

(1) $X$ 的分布函数;

(2) $X$ 的概率密度;

(3) $P\{4\leqslant X\leqslant5\}$.

9. 设随机变量 $X$ 的概率密度为

$$f(x)=\begin{cases}\dfrac{1}{4}(x+1), & 0<x<2,\\ 0, & \text{其他},\end{cases}$$

对 $X$ 独立观察 3 次,求至少有 2 次的结果大于 1 的概率.

10. 某种型号电子元件的寿命 $X$(单位:h)具有以下的概率密度

$$p(x)=\begin{cases}\dfrac{1\,000}{x^2}, & x>1\,000,\\ 0, & \text{其他}.\end{cases}$$

现有一大批此种元件(设各元件工作相互独立). 问

(1) 任取 1 只,其寿命大于 1 500 h 的概率是多少?

(2) 任取 4 只,4 只寿命都大于 1 500 h 的概率是多少?

(3) 任取 4 只,4 只中至少有一只寿命大于 1 500 h 的概率是多少?

(4) 若已知一只元件的寿命大于 1 500 h,问该元件的寿命大于 2 000 h 的概率是多少?

11. 某电子元件的使用寿命 $X$ 服从参数为 $\lambda = \dfrac{1}{1\,000}$ 的指数分布,其分布函数为

$$F(x) = \begin{cases} 1 - e^{\frac{-x}{1\,000}}, & x > 0, \\ 0, & x \leqslant 0. \end{cases}$$

(1) 求随机变量 $X$ 的概率密度 $f(x)$;

(2) 求这类元件使用寿命超过 1 000 h 的概率.

12. 设 $X \sim U(0,5)$,求关于 $x$ 的方程 $4x^2 + 4Xx + 2 = 0$ 有实根的概率.

13. 设随机变量 $X \sim N(2, \sigma^2)$,若 $P\{0 < X < 4\} = 0.3$,求 $P\{X < 0\}$.

14. 设 $X$ 是非负连续型随机变量,则 $X$ 服从指数分布的充分必要条件是:对任意的 $s, t \geqslant 0$,有

$$P\{X > s+t \mid X > s\} = P\{X > t\}.$$

上述性质称为**无后效性**. 无后效性是指数分布的特征,试证明之.

# 第五节　随机变量函数的分布

在实际问题中,人们常常需要计算随机变量函数的概率问题. 例如,已知 $t = t_0$ 时刻噪声电压 $V$ 的分布,求功率 $W = \dfrac{V^2}{R}$($R$ 为电阻)的分布就需要由随机变量 $V$ 的分布得到. 一般地,设随机变量 $X$ 的分布已知,又设随机变量 $X$ 的函数为 $Y = g(X)$(其中 $y = g(x)$ 是连续函数),如何"由 $X$ 的分布求出函数 $Y$ 的分布",这个问题无论在实际问题中还是在理论研究上都是很重要的.

## 一、离散型随机变量函数的分布

我们通过例题来建立求解离散型随机变量函数的概率分布的方法.

**例 2.5.1**　设随机变量 $X$ 的分布律为

| $X$ | $-1$ | $0$ | $1$ |
| --- | --- | --- | --- |
| $P$ | 0.3 | 0.5 | 0.2 |

求：(1) 随机变量 $Y = 2X + 3$ 的概率分布;

(2) 随机变量 $Y = X^2$ 的概率分布.

**解**　(1) 当 $X$ 取值 $-1, 0, 1$ 时,$Y$ 对应取值 $1, 3, 5$,而且 $X$ 取某值与 $Y$ 取其对应值是两个同时发生的事件,因此两者具有相同的概率.

所以,随机变量 $Y$ 的概率分布为

| Y | 1 | 3 | 5 |
|---|---|---|---|
| P | 0.3 | 0.5 | 0.2 |

（2）随机变量 $Y = X^2$ 的概率分布为

| Y | 0 | 1 |
|---|---|---|
| P | 0.5 | 0.5 |

这是因为

$$P\{Y=0\} = P\{X=0\} = 0.5,$$

$$P\{Y=1\} = P\{(X=-1)\bigcup(X=1)\} = P\{X=-1\} + P\{X=1\} = 0.3 + 0.2 = 0.5.$$

一般地，若 $Y = g(X)$ 是离散型随机变量 $X$ 的函数，$X$ 服从的分布律为

| X | $x_1$ | $x_2$ | $\cdots$ | $x_k$ | $\cdots$ |
|---|---|---|---|---|---|
| P | $p_1$ | $p_2$ | $\cdots$ | $p_k$ | $\cdots$ |

则随机变量 $X$ 的函数 $Y = g(X)$ 服从分布

| Y | $g(x_1)$ | $g(x_2)$ | $\cdots$ | $g(x_k)$ | $\cdots$ |
|---|---|---|---|---|---|
| P | $p_1$ | $p_2$ | $\cdots$ | $p_k$ | $\cdots$ |

如果 $g(x)$ 为非严格单调函数，则 $g(x_1), g(x_2), \cdots, g(x_k), \cdots$ 中有一些可能是相同的，把它们对应的概率求和并项即可.

## 二、连续型随机变量函数的分布

我们还是通过例题来建立求解连续型随机变量函数的概率分布的方法，仍然选用单调函数 $Y = 2X+3$ 及非单调函数 $Y = X^2$ 为例.

**例 2.5.2**　设随机变量 $X$ 具有概率密度 $f_X(x)(-\infty < x < +\infty)$，求：

（1）随机变量 $Y = 2X+3$ 的概率密度；

（2）随机变量 $Y = X^2$ 的概率密度.

**解**　分别设 $X, Y$ 的分布函数为 $F_X(x), F_Y(y)$.

（1）$Y = 2X+3$ 的分布函数

$$F_Y(y) = P\{Y \leqslant y\} = P\{2X+3 \leqslant y\} = P\left\{X \leqslant \frac{y-3}{2}\right\} = F_X\left(\frac{y-3}{2}\right).$$

于是随机变量 $Y = 2X+3$ 的概率密度

$$f_Y(y) = \frac{\mathrm{d}F_Y(y)}{\mathrm{d}y} = \frac{\mathrm{d}F_X(u)}{\mathrm{d}u} \cdot \frac{\mathrm{d}u}{\mathrm{d}y}\bigg|_{u=(y-3)/2}$$

$$= f_X\left(\frac{y-3}{2}\right) \cdot \left(\frac{y-3}{2}\right)'$$

$$= \frac{1}{2} f_X\left(\frac{y-3}{2}\right).$$

（2）注意到 $Y = X^2 \geqslant 0$，所以当 $y < 0$ 时，事件 $\{X^2 \leqslant y\} = \varnothing$. 因此，

$$F_Y(y) = P\{Y \leqslant y\} = P\{X^2 \leqslant y\} = 0.$$

当 $y > 0$ 时,有

$$\begin{aligned}
F_Y(y) &= P\{Y \leqslant y\} = P\{X^2 \leqslant y\} \\
&= P\{-\sqrt{y} \leqslant X \leqslant \sqrt{y}\} \\
&= F_X(\sqrt{y}) - F_X(-\sqrt{y}).
\end{aligned}$$

对 $y$ 求导,可得随机变量 $Y$ 的概率密度

$$f_Y(y) = \frac{\mathrm{d}F_Y(y)}{\mathrm{d}y} = \begin{cases} \dfrac{1}{2\sqrt{y}} \left[ f_X(\sqrt{y}) + f_X(-\sqrt{y}) \right], & y > 0, \\ 0, & y \leqslant 0. \end{cases}$$

特别地,已知 $X \sim N(0,1)$,其概率密度为

$$f_X(x) = \frac{1}{\sqrt{2\pi}} e^{-\frac{x^2}{2}}, \quad -\infty < x < +\infty,$$

则随机变量 $Y = 2X + 3$ 的概率密度

$$f_Y(y) = \frac{1}{2} f_X\left(\frac{y-3}{2}\right) = \frac{1}{2\sqrt{2\pi}} e^{-\frac{(y-3)^2}{8}}, \quad -\infty < y < +\infty.$$

而随机变量 $Y = X^2$ 的概率密度为

$$f_Y(y) = \begin{cases} \dfrac{1}{\sqrt{2\pi}} y^{-\frac{1}{2}} e^{-\frac{y}{2}}, & y > 0, \\ 0, & y \leqslant 0. \end{cases}$$

我们称 $Y$ 服从**自由度为 1 的 $\chi^2$ 分布**,常记为

$$Y \sim \chi^2(1).$$

我们得到常用的**结论**:

**若** $X \sim N(0,1)$,**则** $Y = X^2 \sim \chi^2(1)$.

通过例 2.5.2,我们可以总结出在连续型随机变量 $X$ 的分布函数或概率密度已知的情况下求随机变量函数 $Y = g(X)$ 的分布函数或概率密度的一般方法:

设 $X$ 有概率密度 $f_X(x)$,随机变量 $Y = g(X)$(其中 $y = g(x)$ 是连续函数).

(1) 先确定 $Y$ 的值域 $R(Y)$.

(2) 对任意 $y \in R(Y)$,求出 $Y$ 的分布函数

$$F_Y(y) = P\{Y \leqslant y\} = P\{g(X) \leqslant y\} = P\{X \in G(y)\} = \int_{G(y)} f_X(x)\mathrm{d}x.$$

这里,$G(y)$ 由不等式 $g(X) \leqslant y$ 解出.

(3) 对 $F_Y(y)$ 求导,可得 $Y$ 的概率密度 $f_Y(y)$,$y \in R(Y)$.

(4) 对 $f_Y(y)$ 加以分段总结,当 $y \notin R(Y)$ 或 $F_Y(y)$ 不可导时,取 $f_Y(y) = 0$.

下面给出一个定理,在满足定理条件时可直接求出随机变量函数的概率密度.

**定理**　设随机变量 $X$ 具有概率密度 $f_X(x)$,又设函数 $y = g(x)$ 严格单调且其反函数 $g^{-1}(y)$ 有连续导数,则 $Y = g(X)$ 也是一个连续型随机变量,它的概率密度为

$$f_Y(y) = \begin{cases} f_X[g^{-1}(y)] \cdot |[g^{-1}(y)]'|, & \alpha < y < \beta, \\ 0, & \text{其他}. \end{cases} \quad (5.1)$$

其中区间 $(\alpha, \beta)$ 为 $y$ 的值域.

此定理的证明与前面例 2.5.2 的解题思路类似,请读者自证(参见本节习题 7).

**例 2.5.3**　设随机变量 $X \sim N(\mu, \sigma^2)$,试证明 $X$ 的线性函数 $Y = aX + b(a \neq 0)$ 也服从正态分布,且 $Y = aX + b \sim N(a\mu + b, a^2\sigma^2)$.

**证明**　$X$ 的概率密度为

$$f_X(x) = \frac{1}{\sqrt{2\pi}\sigma} e^{-\frac{(x-\mu)^2}{2\sigma^2}}, \quad -\infty < x < +\infty.$$

现在 $y = g(x) = ax + b$,由这一关系式解得

$$x = g^{-1}(y) = \frac{y-b}{a}, \text{且有} [g^{-1}(y)]' = \frac{1}{a}.$$

由(5.1)式

$$f_Y(y) = \begin{cases} f_X[g^{-1}(y)] \cdot |[g^{-1}(y)]'|, & \alpha < y < \beta, \\ 0, & \text{其他}, \end{cases}$$

得到 $Y = aX + b$ 的概率密度为

$$f_Y(y) = \frac{1}{|a|} f_X\left(\frac{y-b}{a}\right), \quad -\infty < y < +\infty,$$

即

$$f_Y(y) = \frac{1}{|a|} \frac{1}{\sqrt{2\pi}\sigma} e^{-\frac{\left(\frac{y-b}{a}-\mu\right)^2}{2\sigma^2}} = \frac{1}{\sqrt{2\pi}|a|\sigma} e^{-\frac{(y-b-a\mu)^2}{2(a\sigma)^2}}, \quad -\infty < y < +\infty.$$

因此

$$Y = aX + b \sim N(a\mu + b, a^2\sigma^2).$$

注意,该例的结论常当做定理应用,请读者留意.

# 思考题

1. 求连续型随机变量的分布函数和概率密度的步骤有哪些?

2. 已知随机变量 $X \sim N(0, 1)$,是否有 $Y = -X \sim N(0, 1)$? 而 $X + Y$ 服从什么分布? 这个例子可以说明哪些问题?

# 习题 2-5

1. 设 $X \sim N(1, 2)$,$Z = 2X + 3$,求 $Z$ 所服从的分布函数及概率密度.

2. 已知随机变量 $X$ 的分布律为

| $X$ | $-1$ | 0 | 1 | 3 | 7 |
|---|---|---|---|---|---|
| $P$ | 0.37 | 0.05 | 0.2 | 0.13 | 0.25 |

(1) 求 $Y=2-X$ 的分布律；

(2) 求 $Y=3+X^2$ 分布律.

3. 已知随机变量 $X$ 的概率密度为

$$f_X(x)=\begin{cases}\dfrac{1}{2x\ln2}, & 1<x<4, \\ 0, & 其他,\end{cases}$$

且 $Y=2-X$,试求 $Y$ 的概率密度.

4. 设随机变量 $X$ 在 $(0,1)$ 上服从均匀分布,求随机变量 $Y=-2\ln X$ 的概率密度.

5. 设随机变量 $X$ 服从区间 $(-2,2)$ 上的均匀分布,求随机变量 $Y=X^2$ 的概率密度.

6. 设随机变量 $X$ 的概率密度为

$$f(x)=\begin{cases}\dfrac{1}{3\sqrt[3]{x^2}}, & x\in[1,8], \\ 0, & 其他.\end{cases}$$

$F(x)$ 是 $X$ 的分布函数,求随机变量 $Y=F(X)$ 的分布函数.

7. 证明本节计算随机变量单调函数的概率密度的定理.

8. 设连续型随机变量 $X$ 有严格单调增加的分布函数 $F(x)$,试求随机变量 $X$ 的函数 $Y=F(X)$ 的分布函数与概率密度,并指出 $Y$ 所服从的分布类型.

9. 设随机变量 $X$ 的概率密度为

$$f(x)=\begin{cases}\dfrac{1}{9}x^2, & 0<x<3, \\ 0, & 其他.\end{cases}$$

令随机变量

$$Y=\begin{cases}2, & X\leqslant1, \\ X, & 1<X<2, \\ 1, & X\geqslant2.\end{cases}$$

(1) 求 $Y$ 的分布函数；

(2) 求概率 $P\{X\leqslant Y\}$.

# 第二章内容小结

## 一、研究问题的思路

在第一章中,我们研究了随机试验的结果及其结果出现的可能性大小等问题,也就是研究了随机事件及其概率问题.为了充分利用数学工具研究随机事件及其概率,在本章一开始引入了随机变量这一基本概念.随机事件 $A$ 可以通过随机变量 $X$ 来描述,因此,研究随机事件及其概率问题就转化为研究随机变量的概率分布问题,并且随机变量及其概率分布的研究也拓宽了对随机事件及其概率问题的研究.

对于离散型随机变量 $X$,首先,我们研究了 $X$ 的概率分布,即 $X$ 取什么值以及取这些值的概率大小,其中重点研究了三种常用的离散型随机变量服从的 0-1 分布、二项分布和泊松分布.然后,换另外一个角度同样研究概率分布问题,提出了随机变量的分布函数的方法.之后,考虑了离散型随机变量 $X$ 的函数 $g(X)$ 的概率分布问题.

对于连续型随机变量 $X$,同离散型随机变量 $X$ 并行研究,先后讨论了概率密度、分布函数和随机变量函数的概率分布问题,其中重点研究了三种重要的常用的连续型随机变量的分布——均匀分布、指数分布和正态分布.

## 二、释疑解惑

**(1) 关于随机变量 $X$ 取一点 $a$ 的概率 $P\{X=a\}$**

对于连续型随机变量 $X$,一定有 $P\{X=a\}=0$.

对于一般的随机变量 $X$, $P\{X=a\}=0$ 不一定成立,应是

$$P\{X=a\}=F(a)-F(a-0).$$

**(2) 随机变量 $X$ 落入某个区间的概率问题**

(i) 设 $X$ 是离散型随机变量,$F(x)$ 为 $X$ 的分布函数,则

$$P\{a<X\leqslant b\}=F(b)-F(a),$$
$$P\{a\leqslant X\leqslant b\}=F(b)-F(a)+P\{X=a\},$$
$$P\{a<X<b\}=F(b)-F(a)-P\{X=b\},$$
$$P\{a\leqslant X<b\}=F(b)-F(a)-P\{X=b\}+P\{X=a\}.$$

(ii) 设 $X$ 是连续型随机变量,$f(x)$ 为 $X$ 的概率密度,$F(x)$ 为 $X$ 的分布函数,则

$$P\{a<X\leqslant b\} = P\{a\leqslant X\leqslant b\} = P\{a<X<b\} = P\{a\leqslant X<b\}$$
$$= F(b)-F(a) = \int_a^b f(x)\mathrm{d}x.$$

即对于连续型随机变量 $X$,是否包含区间端点不会改变 $X$ 的概率.

**(3) 改变概率密度在有限个点的函数值不影响概率**

由定义 $F(x)=P\{X\leqslant x\}=\int_{-\infty}^x f(t)\mathrm{d}t, x\in(-\infty,+\infty)$ 知道,改变概率密度

$f(x)$ 在有限个点的函数值不影响分布函数 $F(x)$ 的取值,或者说不影响概率 $P\{X\leqslant x\}$. 因此,在计算处理上并不在乎改变概率密度在个别点上的值. 这个结果在两方面得到应用:

(i) 区间端点: $P\{x_1 < X \leqslant x_2\} = P\{x_1 \leqslant X < x_2\} = P\{x_1 < X < x_2\} = P\{x_1 \leqslant X \leqslant x_2\} = \displaystyle\int_{x_1}^{x_2} f(x)\mathrm{d}x$;

(ii) 有限个不连续点或分段点: 对于函数 $F(x)$ 是分段函数计算导数 $f(x)$ 时,根据高等数学知识,计算 $f(x) = F'(x)$ 应该分别计算 $F(x)$ 在分段点处的左、右极限. 在计算概率密度 $f(x)$ 时常常忽略分段点处的处理,直接利用结果:

$$f(x) = \begin{cases} F'(x), & x\text{ 是连续点}, \\ 0, & \text{其他}. \end{cases}$$

参见例 2.5.2.

## 三、学习与研究方法

**(1) 事件数量化**

引入随机变量,将试验结果以及随机事件数量化,从而可以广泛地利用数学分析的知识来分析问题和解决问题.

**(2) 综合交叉分析**

存在既非离散型随机变量又非连续型随机变量的随机变量.

**(3) 改变定义或定理条件**

如果改变分布函数 $F(x) = P\{X \leqslant x\}$ 的定义,例如定义随机变量 $X$ 的分布函数为

$$F_0(x) = P\{X < x\},$$

那么分布函数 $F_0(x)$ 会出现许多与分布函数 $F(x) = P\{X \leqslant x\}$ 不同的结论. 二者关系是

$$F(x) = F_0(x) + P\{X = x\}.$$

# 总习题二

## A 组

1. 在一盒 10 只电子管中有 8 只正品和 2 只次品. 从中任取 2 只,求所取 2 只中次品的分布律.

2. 一批产品中有 20％ 的次品,现进行有放回抽样,共抽取 5 件样品. 分别计算这 5 件样品中恰好有 3 件次品及至多有 3 件次品的概率.

3. 一办公楼装有 5 个同类型的供水设备. 调查表明,在任一时刻 $t$ 每个设备被使用的概率为 0.1. 问在同一时刻,

(1) 恰有两个设备被使用的概率是多少?

(2) 至少有 1 个设备被使用的概率是多少?

(3) 至多有 3 个设备被使用的概率是多少?

(4) 至少有 3 个设备被使用的概率是多少?

4. 将一颗骰子抛掷两次,以 $X$ 表示两次中得到的比较小的点数,试求 $X$ 的分布律.

5. 设某一地区男子身高大于 180 cm 的概率为 0.04. 从这一地区随机地找 100 个男子测量其身高. 求至少有 5 人身高大于 180 cm 的概率.

6. 某机器生产的零件长度 $X \sim N(10.05, 0.06^2)$,规定长度在 $10.05 \pm 0.12$ 内为合格品. 现从中任取一件,求此零件不合格的概率.

7. 设随机变量 $X$ 的概率密度为

$$f(x) = \begin{cases} \dfrac{k}{\theta} e^{-\frac{x}{\theta}}, & x \geqslant 0, \\ 0, & x < 0, \end{cases}$$

且已知 $P\{X > 1\} = \dfrac{1}{2}$,求常数 $k, \theta$.

8. 设连续型随机变量 $X$ 的分布函数为

$$F_X(x) = \begin{cases} 0, & x < 1, \\ \ln x, & 1 \leqslant x < e, \\ 1, & x \geqslant e. \end{cases}$$

(1) 计算 $P\{X < 2\}$, $P\{0 < X \leqslant 3\}$, $P\left\{2 < X < \dfrac{5}{2}\right\}$;

(2) 求概率密度 $f_X(x)$.

9. 某产品的某一质量指标 $X \sim N(160, \sigma^2)$,若要求 $P\{120 \leqslant X \leqslant 200\} \geqslant 0.8$,问允许 $\sigma$ 最大是多少?

10. 设随机变量 $X$ 的概率密度为

$$f(x) = A e^{-|x|}, \quad -\infty < x < +\infty.$$

试求:(1) 常数 $A$;

(2) $P\{0 < X < 1\}$;

(3) $X$ 的分布函数.

11. 设随机变量 $X$ 的概率密度为

$$f(x) = \begin{cases} 2x, & 0 < x < 1, \\ 0, & 其他. \end{cases}$$

现对 $X$ 进行 $n$ 次独立重复观测,以 $V_n$ 表示观测值不大于 0.1 的次数,试求随机变量 $V_n$ 的概率分布.

12. 假设某地区成年男性的身高(单位:cm)$X \sim N(170, 7.69^2)$.

(1) 求该地区成年男性的身高超过 175 cm 的概率;

(2) 公共汽车车门的高度是按成年男性与车门上框碰头的概率要求不超过 0.01 来设计的,问车门高度应如何设计?

13. 设随机变量 $X$ 服从参数为 $\lambda = 1$ 的指数分布 $E(\lambda)$,$a$ 和 $b$ 是正常数,称 $Y = (X/a)^{1/b}$ 服从参数为 $a, b$ 的**威布尔分布**,记作 $Y \sim W(a, b)$. 计算威布尔分布 $Y = (X/a)^{1/b}$ 的概率密度.

14. 设随机变量 $X \sim N(\mu, \sigma^2)$,称 $Y = e^X$ 服从参数为 $\mu, \sigma^2$ 分布为**对数正态分布**. 计算对数正态分布 $Y = e^X$ 的概率密度.

## B 组

1. 设 $f(x) = \begin{cases} 2x, & x \in [0, c], \\ 0, & x \notin [0, c]. \end{cases}$ 如果 $c = ($　　$)$,则函数 $f(x)$ 是某一随机变量的概率密度.

(A) $\dfrac{1}{3}$.　　　　　　(B) $\dfrac{1}{2}$.　　　　　　(C) 1.　　　　　　(D) $\dfrac{3}{2}$.

2. 设 $X \sim N(0, 1)$,又常数 $c$ 满足 $P\{X \geqslant c\} = P\{X < c\}$,则 $c$ 等于(　　).

(A) 1.　　　　　　(B) 0.　　　　　　(C) $\dfrac{1}{2}$.　　　　　　(D) $-1$.

3. 下列函数中可以作为某一随机变量的概率密度的是(　　).

(A) $f(x) = \begin{cases} \cos x, & x \in [0, \pi], \\ 0, & \text{其他}. \end{cases}$
　　　　(B) $f(x) = \begin{cases} \dfrac{1}{2}, & |x| < 2, \\ 0, & \text{其他}. \end{cases}$

(C) $f(x) = \begin{cases} \dfrac{1}{\sqrt{2\pi}\sigma} e^{-\frac{(x-\mu)^2}{2\sigma^2}}, & x \geqslant 0, \\ 0, & x < 0. \end{cases}$
　　(D) $f(x) = \begin{cases} e^{-x}, & x \geqslant 0, \\ 0, & x < 0. \end{cases}$

4. 设随机变量 $X \sim N(\mu, 4^2)$,$Y \sim N(\mu, 5^2)$,$P_1 = P\{X \leqslant \mu - 4\}$,$P_2 = P\{Y \geqslant \mu + 5\}$,则(　　).

(A) 对任意的实数 $\mu$,$P_1 = P_2$.　　　　(B) 对任意的实数 $\mu$,$P_1 < P_2$.

(C) 只对实数 $\mu$ 的个别值,有 $P_1 = P_2$.　　(D) 对任意的实数 $\mu$,$P_1 > P_2$.

5. 设随机变量 $X$ 的概率密度为 $f(x)$,且 $f(x) = f(-x)$,$F(x)$ 为 $X$ 的分布函数,则对任意实数 $a$,有(　　).

(A) $F(-a) = 1 - \displaystyle\int_0^a f(x)\,\mathrm{d}x$.　　　　(B) $F(-a) = \dfrac{1}{2} - \displaystyle\int_0^a f(x)\,\mathrm{d}x$.

(C) $F(-a) = F(a)$.　　　　　　　　　　(D) $F(-a) = 2F(a) - 1$.

6. 设随机变量 $X$ 服从正态分布 $N(\mu_1, \sigma_1^2)$，$Y$ 服从正态分布 $N(\mu_2, \sigma_2^2)$，且 $P\{|X-\mu_1|<1\}>P\{|Y-\mu_2|<1\}$，则下式中成立的是（　　）.

(A) $\sigma_1<\sigma_2$.　　　　　　　　　　(B) $\sigma_1>\sigma_2$.

(C) $\mu_1<\mu_2$.　　　　　　　　　　(D) $\mu_1>\mu_2$.

7. 设随机变量 $X$ 服从正态分布 $N(0,1)$，对给定的正数 $\alpha(0<\alpha<1)$，数 $u_\alpha$ 满足 $P\{X>u_\alpha\}=\alpha$. 若 $P\{|X|<x\}=\alpha$，则 $x$ 等于（　　）.

(A) $u_{\alpha/2}$.　　　　(B) $u_{1-\alpha/2}$.　　　　(C) $u_{(1-\alpha)/2}$.　　　　(D) $u_{1-\alpha}$.

8. 设 $X$ 的分布函数为 $F(x)$，则 $Y=3X+1$ 的分布函数 $G(y)$ 为（　　）.

(A) $F\left(\dfrac{1}{3}y-\dfrac{1}{3}\right)$.　　　　　　　　(B) $F(3y+1)$.

(C) $3F(y)+1$.　　　　　　　　(D) $\dfrac{1}{3}F(y)-\dfrac{1}{3}$.

9. 设 $X\sim N(0,1)$，令 $Y=-X-2$，则 $Y\sim$（　　）.

(A) $N(-2,-1)$.　　(B) $N(0,1)$.　　(C) $N(-2,1)$.　　(D) $N(2,1)$.

10. 设 $X_1, X_2, X_3$ 是随机变量，且 $X_1\sim N(0,1)$，$X_2\sim N(0,2^2)$，$X_3\sim N(5,3^2)$，$p_i=P\{-2\leqslant X_i\leqslant 2\}(i=1,2,3)$，则（　　）.

(A) $p_1>p_2>p_3$.　　　　　　　　(B) $p_2>p_1>p_3$.

(C) $p_3>p_1>p_2$.　　　　　　　　(D) $p_1>p_3>p_2$.

11. 设随机变量 $X$ 的概率密度 $f(x)$ 满足 $f(1+x)=f(1-x)$，且 $\int_0^2 f(x)\mathrm{d}x=0.6$，则 $P\{X<0\}=$（　　）.

(A) 0.2.　　　　(B) 0.3.　　　　(C) 0.4.　　　　(D) 0.5.

12. 设随机变量 $X\sim N(\mu,\sigma^2)(\sigma>0)$，记 $p=P\{X\leqslant\mu+\sigma^2\}$，则（　　）.

(A) $p$ 随着 $\mu$ 的增加而增加.　　　　(B) $p$ 随着 $\sigma$ 的增加而增加.

(C) $p$ 随着 $\mu$ 的增加而减少.　　　　(D) $p$ 随着 $\sigma$ 的增加而减少.

多维随机
量及其分布

# 多维随机变量及其分布

在第二章中,我们研究了一维离散型随机变量与连续型随机变量的概率分布的理论与方法.在本章,我们将一维的概率分布的理论与方法推广到以二维随机变量为主要内容的多维随机变量的概率分布的情形,并研究多维情形才具有的边缘分布、条件分布及随机变量独立性的理论与方法,深入研究两个随机变量函数的概率分布问题.

## 第一节　二维随机变量及其边缘分布

在很多随机现象中,进行一次随机试验通常需要同时考察几个随机变量.例如,发射一枚炮弹,需要同时研究弹着点的横坐标和纵坐标;考察某地区学龄前儿童的发育情况时,要同时考察身高和体重等多个因素.

一般来说,这些随机变量之间存在着某种联系,因而既需要单独研究每个随机变量,又需要把它们作为一个整体来研究.

**定义 1**　设 $E$ 是一个随机试验,它的样本空间是 $\Omega$,

$$X_1 = X_1(\omega), X_2 = X_2(\omega), \cdots, X_n = X_n(\omega)$$

是定义在 $\Omega$ 上的随机变量,由它们构成的一个 $n$ 维向量 $(X_1, X_2, \cdots, X_n)$ 称为 $n$ 维随机向量(random vector),或 $n$ 维随机变量.

**例 3.1.1**　同时抛一枚 5 分硬币和一枚 2 分硬币,设

$$X = \begin{cases} 1, & 5 \text{ 分硬币正面朝上,} \\ 0, & 5 \text{ 分硬币反面朝上,} \end{cases} \qquad Y = \begin{cases} 1, & 2 \text{ 分硬币正面朝上,} \\ 0, & 2 \text{ 分硬币反面朝上,} \end{cases}$$

则 $(X, Y)$ 是一个二维随机变量,描述了掷 5 分硬币和 2 分硬币的各种可能结果.

**例 3.1.2**　设靶心为平面直角坐标系原点,弹着点坐标为 $(X, Y)$.弹着点离靶心距离不超过 1 个单位长的随机事件可表示为

$$\{(X, Y) \mid X^2 + Y^2 \leqslant 1\}.$$

我们着重研究二维情形,其中大部分结果可以推广到 $n$ 维情形.

## 一、二维随机变量的分布函数及其边缘分布函数

类似于一维随机变量的分布函数,可以定义二维随机变量的分布函数.

**定义 2**　设 $(X,Y)$ 是二维随机变量,对任意实数 $x,y$,二元函数

$$F(x,y)=P\{(X\leqslant x)\bigcap(Y\leqslant y)\}=P\{X\leqslant x,Y\leqslant y\} \tag{1.1}$$

称为二维随机变量 $(X,Y)$ 的**分布函数**(**distribution function**),或称为随机变量 $X$ 和 $Y$ 的**联合分布函数**(**joint distribution function**).

如果将二维随机变量 $(X,Y)$ 看成是平面上随机点的坐标,那么分布函数

$$F(x,y)=P\{X\leqslant x,Y\leqslant y\}$$

表示随机点 $(X,Y)$ 落在以点 $(x,y)$ 为顶点而位于该点左下方的无穷矩形域内的概率,其中 $(x,y)$ $\in \mathbf{R}^2$,见图 3-1.

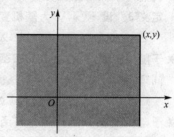

**图 3-1**　$P\{X\leqslant x,Y\leqslant y\}$ 的几何意义

依照上述几何解释和概率减法公式及概率的有限可加性,对随机点 $(X,Y)$ 落入矩形区域

$$I=\{(X,Y)\,|\,x_1<X\leqslant x_2,y_1<Y\leqslant y_2\}$$

的概率,可以直接按照下面的运算公式计算:

$$P\{(X,Y)\in I\}=F(x_2,y_2)-F(x_1,y_2)-F(x_2,y_1)+F(x_1,y_1). \tag{1.2}$$

其几何关系见图 3-2.

二维随机变量的分布函数有与一维随机变量分布函数类似的**性质**:

(1) $F(x,y)$ 是变量 $x$ 和 $y$ 的不减函数.

即,对于任意固定的 $y$,当 $x_2>x_1$ 时,$F(x_2,y)\geqslant F(x_1,y)$;

对于任意固定的 $x$,当 $y_2>y_1$ 时,$F(x,y_2)\geqslant F(x,y_1)$.

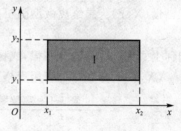

**图 3-2**　$P\{(X,Y)\in I\}$ 的几何意义

(2) $F(x,y)$ 对每个自变量右连续.

即　　　　　$F(x,y)=F(x+0,y),F(x,y)=F(x,y+0).$

也就是 $F(x,y)$ 关于 $x$ 右连续,关于 $y$ 也右连续.

(3) $0\leqslant F(x,y)\leqslant 1$;

并且,对于任意固定的 $y$,$F(-\infty,y)=0$;

对于任意固定的 $x$,$F(x,-\infty)=0$;

$$F(-\infty,-\infty)=0,\quad F(+\infty,+\infty)=1.$$

证明参见参考文献[3].

利用(1.2)式立即得到下列结论:

(4) 对于任意的 $x_1 < x_2$, $y_1 < y_2$, 有

$$F(x_2, y_2) - F(x_1, y_2) - F(x_2, y_1) + F(x_1, y_1) \geqslant 0.$$

上面四个式子可以从几何上加以说明. 例如, 在图 3-1 中将无穷矩形的右面边界向左无限平移(即 $x \to -\infty$), 则{随机点$(X, Y)$落在这个矩形内}这一事件趋于不可能事件, 因此其概率趋于 0, 即有 $F(-\infty, y) = 0$; 又如当 $x \to +\infty$, $y \to +\infty$ 时, 图 3-1 中的无穷矩形扩展到全平面, 故{随机点$(X, Y)$落在这个矩形内}的概率趋于 1, 即 $F(+\infty, +\infty) = 1$.

我们再来探讨随机变量 $X, Y$ 各自的分布函数与联合分布函数之间的关系.

**定义 3** 设 $F(x, y)$ 为随机变量 $X$ 和 $Y$ 的联合分布函数. 我们称

$$F_X(x) = P\{X \leqslant x\} = P\{X \leqslant x, -\infty < Y < +\infty\} = F(x, +\infty) \quad (x \in \mathbf{R}) \quad (1.3)$$

为关于随机变量 $X$ 的**边缘分布函数**(marginal distribution function).

同理, 称

$$F_Y(y) = F(+\infty, y) \quad (y \in \mathbf{R}) \quad (1.4)$$

为关于随机变量 $Y$ 的**边缘分布函数**(marginal distribution function).

因此, 如果已知联合分布函数 $F(x, y)$, 则边缘分布函数 $F_X(x)$ 和 $F_Y(y)$ 就被唯一确定.

## 二、二维离散型随机变量的联合分布律与边缘分布律

**定义 4** 若二维随机变量$(X, Y)$所有可能取的值是有限对或可列无限对, 则称 $(X, Y)$ 为**二维离散型随机变量**.

设$(X, Y)$为二维离散型随机变量, 其所有可能取值为$(x_i, y_j)$, $i, j = 1, 2, \cdots$, 令

$$p_{ij} = P\{X = x_i, Y = y_j\}, \quad i, j = 1, 2, \cdots, \quad (1.5)$$

则称上式为$(X, Y)$的**分布律**, 或称为 $X$ 和 $Y$ 的**联合分布律**.

$(X, Y)$的分布律也可用表格形式给出, 见表 3-1.

表 3-1 离散型随机变量$(X, Y)$的概率分布

| X〱Y | $x_1$ | $x_2$ | $\cdots$ | $x_i$ | $\cdots$ |
|---|---|---|---|---|---|
| $y_1$ | $p_{11}$ | $p_{21}$ | $\cdots$ | $p_{i1}$ | $\cdots$ |
| $y_2$ | $p_{12}$ | $p_{22}$ | $\cdots$ | $p_{i2}$ | $\cdots$ |
| $\vdots$ | $\vdots$ | $\vdots$ | | $\vdots$ | |
| $y_j$ | $p_{1j}$ | $p_{2j}$ | $\cdots$ | $p_{ij}$ | $\cdots$ |
| $\vdots$ | $\vdots$ | $\vdots$ | | $\vdots$ | $\vdots$ |

**例 3.1.3** 设随机变量 $X$ 在 $1, 2, 3, 4$ 四个整数中等可能地取一个值, 另一个随机变量 $Y$ 在 $1, 2, \cdots, X$ 中等可能取一整数值. 求:

(1) $P\{Y = 2\}$;

(2) 二维随机变量$(X,Y)$的分布律.

**解**　(1) 本题涉及两次随机试验,可用全概率公式去解决:

$$P\{Y=2\}=P\{X=1\}P\{Y=2|X=1\}+P\{X=2\}P\{Y=2|X=2\}$$
$$+P\{X=3\}P\{Y=2|X=3\}+P\{X=4\}P\{Y=2|X=4\}$$
$$=\frac{1}{4}\times\left(0+\frac{1}{2}+\frac{1}{3}+\frac{1}{4}\right)=\frac{13}{48}.$$

(2) 由概率乘法公式求得$(X,Y)$的分布律:由题意知$\{X=i,Y=j\}$的取值情况是:$i=1,2,3,4,j$取不大于$i$的正整数. 于是得到

$$P\{X=i,Y=j\}=P\{X=i\}P\{Y=j|X=i\}$$
$$=\frac{1}{4}\cdot\frac{1}{i},i=1,2,3,4,j\leqslant i.$$

于是$(X,Y)$的分布律为

| $Y$ ＼ $X$ | 1 | 2 | 3 | 4 |
|---|---|---|---|---|
| 1 | $\frac{1}{4}$ | $\frac{1}{8}$ | $\frac{1}{12}$ | $\frac{1}{16}$ |
| 2 | 0 | $\frac{1}{8}$ | $\frac{1}{12}$ | $\frac{1}{16}$ |
| 3 | 0 | 0 | $\frac{1}{12}$ | $\frac{1}{16}$ |
| 4 | 0 | 0 | 0 | $\frac{1}{16}$ |

二维离散型随机变量$(X,Y)$的分布函数 $F(x,y)$ 与分布律的关系是:

$$F(x,y)=P\{X\leqslant x,Y\leqslant y\}$$
$$=\sum_{x_i\leqslant x}\sum_{y_j\leqslant y}P\{X=x_i,Y=y_j\}$$
$$=\sum_{x_i\leqslant x}\sum_{y_j\leqslant y}p_{ij},i,j=1,2,\cdots. \tag{1.6}$$

二维离散型随机变量的分布律具有下列**性质**:

(1) $0\leqslant p_{ij}\leqslant 1,i,j=1,2,\cdots.$

(2) $\sum_i\sum_j p_{ij}=1.$

(3) $P\{X=x_i\}=\sum_j P\{X=x_i,Y=y_j\}=\sum_j p_{ij}=p_{i\cdot},$ $\tag{1.7}$

$$P\{Y=y_j\}=\sum_i P\{X=x_i,Y=y_j\}=\sum_i p_{ij}=p_{\cdot j}. \tag{1.8}$$

分别称 $p_{i\cdot},i=1,2,\cdots$ 和 $p_{\cdot j},j=1,2,\cdots$ 为$(X,Y)$关于 $X$ 和 $Y$ 的**边缘分布律**.
这里 $p_{i\cdot}$ 表示对 $p_{ij}$ 的第二个足标 $j$ 求和,$p_{\cdot j}$ 表示对 $p_{ij}$ 的第一个足标 $i$ 求和.

二维离散型随机变量$(X,Y)$的分布律及其边缘分布律可用表格表示如下:

表 3-2 离散型随机变量$(X,Y)$的分布律与边缘分布律

| X \ Y | $x_1$ | $x_2$ | ... | $x_i$ | ... | $p._{\cdot j}$ |
|---|---|---|---|---|---|---|
| $y_1$ | $p_{11}$ | $p_{21}$ | ... | $p_{i1}$ | ... | $p_{\cdot 1}$ |
| $y_2$ | $p_{12}$ | $p_{22}$ | ... | $p_{i2}$ | ... | $p_{\cdot 2}$ |
| ⋮ | ⋮ | ⋮ | | ⋮ | | ⋮ |
| $y_j$ | $p_{1j}$ | $p_{2j}$ | ... | $p_{ij}$ | ... | $p_{\cdot j}$ |
| ⋮ | ⋮ | ⋮ | | ⋮ | | ⋮ |
| $p_{i\cdot}$ | $p_{1\cdot}$ | $p_{2\cdot}$ | ... | $p_{i\cdot}$ | ... | 1 |

表中最后一行表示$(X,Y)$关于 $X$ 的边缘分布律,最后一列表示$(X,Y)$关于 $Y$ 的边缘分布律.通常将边缘分布律写在联合分布律表格的边缘上,如表 3-2 所示,这就是"边缘分布律"这个名词的来源.

**例 3.1.4** 继续求例 3.1.3 问题的关于 $X$ 和 $Y$ 边缘分布律.

**解** 依上述定义,得到二维随机变量$(X,Y)$的关于 $X$ 和 $Y$ 的边缘分布律,如下表所示.

| X \ Y | 1 | 2 | 3 | 4 | $P\{Y=j\}=p_{\cdot j}$ |
|---|---|---|---|---|---|
| 1 | $\frac{1}{4}$ | $\frac{1}{8}$ | $\frac{1}{12}$ | $\frac{1}{16}$ | $\frac{25}{48}$ |
| 2 | 0 | $\frac{1}{8}$ | $\frac{1}{12}$ | $\frac{1}{16}$ | $\frac{13}{48}$ |
| 3 | 0 | 0 | $\frac{1}{12}$ | $\frac{1}{16}$ | $\frac{7}{48}$ |
| 4 | 0 | 0 | 0 | $\frac{1}{16}$ | $\frac{1}{16}$ |
| $P\{X=i\}=p_{i\cdot}$ | $\frac{1}{4}$ | $\frac{1}{4}$ | $\frac{1}{4}$ | $\frac{1}{4}$ | 1 |

通过上述边缘分布,可以验证:

(1) 这里 $P\{X=i\}=p_{i\cdot}=\frac{1}{4}$,$i=1,2,3,4$,说明"随机变量 $X$ 在 1,2,3,4 四个整数中等可能地取一个值".

(2) 这里 $P\{Y=2\}=p_{\cdot 2}=\frac{13}{48}$,与例 3.1.3 利用全概率公式计算得到的相符.

## 三、二维连续型随机变量的概率密度及其边缘概率密度

与一维连续型随机变量的定义类似,我们给出二维连续型随机变量的定义:

**定义 5** 对于二维随机变量$(X,Y)$的分布函数 $F(x,y)$,如果存在非负可积的函数 $f(x,y)$,使得对于任意实数 $x$ 和 $y$,有

$$F(x,y)=\int_{-\infty}^{x}\int_{-\infty}^{y}f(s,t)\mathrm{d}s\mathrm{d}t, \tag{1.9}$$

则称$(X,Y)$是**二维连续型随机变量**(continuous random variable),函数 $f(x,y)$ 称为

$(X,Y)$ 的**概率密度**，或称为随机变量 $X$ 和 $Y$ 的**联合概率密度**（**joint probability density**）.

按定义，概率密度 $f(x,y)$ 具有以下**性质**：

(1) $f(x,y) \geqslant 0$.

(2) $\displaystyle\int_{-\infty}^{+\infty}\int_{-\infty}^{+\infty} f(x,y)\mathrm{d}x\mathrm{d}y = 1$. $\qquad\qquad$ (1.10)

(3) 设 $G$ 是 $xOy$ 平面上的区域，点 $(X,Y)$ 落在 $G$ 内的概率为

$$P\{(X,Y) \in G\} = \iint\limits_G f(x,y)\mathrm{d}x\mathrm{d}y. \qquad (1.11)$$

(4) 若 $f(x,y)$ 在点 $(x,y)$ 处连续，则有

$$\frac{\partial^2 F(x,y)}{\partial x \partial y} = f(x,y). \qquad (1.12)$$

在几何上，$z = f(x,y)$ 的图像表示空间曲面 $\Sigma$. 由性质(2)，(3)可知，介于曲面 $\Sigma$ 和 $xOy$ 平面的空间区域的体积为 1；$P\{(X,Y) \in G\}$ 的值等于以 $G$ 为底，以曲面 $z = f(x,y)$ 为顶面的曲顶柱体体积. 见图 3-3.

与二维离散型随机变量相似，二维连续型随机变量也有边缘概率密度的概念.

对于连续型随机变量 $(X,Y)$，设它的概率密度为 $f(x,y)$. 由于

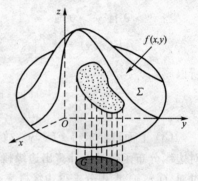

**图 3-3**　概率密度 $f(x,y)$ 及概率 $P\{(X,Y) \in G\}$ 的几何意义

$$F_X(x) = F(x, +\infty) = \int_{-\infty}^{x}\int_{-\infty}^{+\infty} f(x,y)\mathrm{d}x\mathrm{d}y$$

$$= \int_{-\infty}^{x}\left[\int_{-\infty}^{+\infty} f(x,y)\mathrm{d}y\right]\mathrm{d}x,$$

从而可知，$X$ 是连续型随机变量，且其相应的概率密度为

$$f_X(x) = \int_{-\infty}^{+\infty} f(x,y)\mathrm{d}y. \qquad (1.13)$$

同理，$Y$ 也是连续型随机变量，其相应的概率密度为

$$f_Y(y) = \int_{-\infty}^{+\infty} f(x,y)\mathrm{d}x. \qquad (1.14)$$

分别称 $f_X(x)$，$f_Y(y)$ 为二维随机变量 $(X,Y)$ 关于 $X$ 和关于 $Y$ 的**边缘概率密度**（**marginal probability density**）.

**例 3.1.5**　设二维随机变量 $(X,Y)$ 的概率密度为

$$f(x,y) = \begin{cases} Ae^{-2(x+y)}, & x > 0, y > 0, \\ 0, & 其他. \end{cases}$$

(1) 确定常数 $A$；

(2) 求 $(X,Y)$ 的分布函数；

(3) 求关于 $X$ 和 $Y$ 的边缘概率密度 $f_X(x), f_Y(y)$;

(4) 计算概率 $P\{X < 1, Y < 2\}$;

(5) 计算概率 $P\{X + Y < 1\}$.

**解**　(1) 由联合概率密度的性质,应有

$$1 = \int_{-\infty}^{+\infty} \int_{-\infty}^{+\infty} f(x, y) \mathrm{d}x \mathrm{d}y = \int_0^{+\infty} \int_0^{+\infty} A\mathrm{e}^{-2(x+y)} \mathrm{d}x \mathrm{d}y = \frac{A}{4},$$

故得

$$A = 4.$$

(2) 由概率密度的定义知,分布函数 $F(x, y) = \int_{-\infty}^x \int_{-\infty}^y f(x, y) \mathrm{d}x \mathrm{d}y$. 下面,我们来分块计算分布函数 $F(x, y)$.

当 $x \leqslant 0$ 或 $y \leqslant 0$ 时, $f(x, y) = 0$, 故

$$F(x, y) = 0.$$

当 $x > 0$ 且 $y > 0$ 时,

$$F(x, y) = \int_0^x \left[ \int_0^y 4\mathrm{e}^{-2(x+y)} \mathrm{d}y \right] \mathrm{d}x = (1 - \mathrm{e}^{-2x})(1 - \mathrm{e}^{-2y}).$$

所以

$$F(x, y) = \begin{cases} (1 - \mathrm{e}^{-2x})(1 - \mathrm{e}^{-2y}), & x > 0, y > 0, \\ 0, & \text{其他}. \end{cases}$$

(3) 上面已经求得 $F(x, y)$,故可先由(1.3) 式和(1.4) 式求得边缘分布函数,再对边缘分布函数求导计算出边缘概率密度. 也可以直接利用(1.13) 式和(1.14) 式通过对 $f(x, y)$ 求积分求得边缘概率密度.

$X$ 的边缘分布函数为

$$F_X(x) = F(x, +\infty) = \begin{cases} 1 - \mathrm{e}^{-2x}, & x > 0, \\ 0, & x \leqslant 0. \end{cases}$$

所以,关于 $X$ 的边缘概率密度为

$$f_X(x) = F_X'(x) = \begin{cases} 2\mathrm{e}^{-2x}, & x > 0, \\ 0, & x \leqslant 0. \end{cases}$$

同理,关于 $Y$ 的边缘概率密度为

$$f_Y(y) = \begin{cases} 2\mathrm{e}^{-2y}, & y > 0, \\ 0, & y \leqslant 0. \end{cases}$$

(4) $P\{X < 1, Y < 2\} = F(1, 2) = (1 - \mathrm{e}^{-2})(1 - \mathrm{e}^{-4})$.

(5) 由(1.11) 式,

$$P\{X + Y < 1\} = \iint_{x+y<1} f(x, y) \mathrm{d}x \mathrm{d}y = \iint_{\substack{x+y<1 \\ x>0, y>0}} 4\mathrm{e}^{-2(x+y)} \mathrm{d}x \mathrm{d}y$$

$$= \int_0^1 \left[ \int_0^{1-x} 4\mathrm{e}^{-2(x+y)} \mathrm{d}y \right] \mathrm{d}x = 1 - 3\mathrm{e}^{-2}.$$

**例 3.1.6**　设二维随机变量 $(X, Y)$ 的概率密度为

$$f(x,y) = \frac{1}{2\pi\sigma_1\sigma_2\sqrt{1-\rho^2}}\exp\left\{-\frac{1}{2(1-\rho^2)}\left[\frac{(x-\mu_1)^2}{\sigma_1^2}\right.\right.$$

$$\left.\left.-2\rho\frac{(x-\mu_1)(y-\mu_2)}{\sigma_1\sigma_2}+\frac{(y-\mu_2)^2}{\sigma_2^2}\right]\right\},$$

$$-\infty < x < +\infty, -\infty < y < +\infty, \tag{1.5}$$

其中 $\mu_1, \mu_2, \sigma_1, \sigma_2, \rho$ 都是常数，且 $\sigma_1 > 0, \sigma_2 > 0, -1 < \rho < 1$.

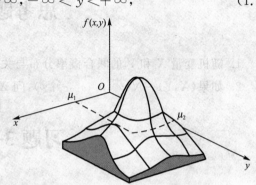

我们称 $(X,Y)$ 服从参数为 $\mu_1$, $\mu_2, \sigma_1^2, \sigma_2^2, \rho$ 的二维正态分布，记为

$$(X,Y) \sim N(\mu_1, \mu_2; \sigma_1^2, \sigma_2^2; \rho).$$

参见图 3-4. 试求它的边缘概率密度.

**图 3-4　二维正态分布概率密度图像**

**解**　因为

$$f_X(x) = \int_{-\infty}^{+\infty} f(x,y)\mathrm{d}y, \text{注意}$$

到

$$\frac{(y-\mu_2)^2}{\sigma_2^2} - 2\rho\frac{(x-\mu_1)(y-\mu_2)}{\sigma_1\sigma_2} = \left(\frac{y-\mu_2}{\sigma_2} - \rho\frac{x-\mu_1}{\sigma_1}\right)^2 - \rho^2\frac{(x-\mu_1)^2}{\sigma_1^2},$$

于是

$$f_X(x) = \frac{1}{2\pi\sigma_1\sigma_2\sqrt{1-\rho^2}}e^{-\frac{(x-\mu_1)^2}{2\sigma_1^2}}\int_{-\infty}^{+\infty}e^{-\frac{1}{2(1-\rho^2)}\left(\frac{y-\mu_2}{\sigma_2}-\rho\frac{x-\mu_1}{\sigma_1}\right)^2}\mathrm{d}y.$$

令

$$t = \frac{1}{\sqrt{1-\rho^2}}\left(\frac{y-\mu_2}{\sigma_2} - \rho\frac{x-\mu_1}{\sigma_1}\right),$$

则有

$$f_X(x) = \frac{1}{2\pi\sigma_1}e^{-\frac{(x-\mu_1)^2}{2\sigma_1^2}}\int_{-\infty}^{+\infty}e^{-\frac{t^2}{2}}\mathrm{d}t,$$

得到

$$f_X(x) = \frac{1}{\sqrt{2\pi}\sigma_1}e^{-\frac{(x-\mu_1)^2}{2\sigma_1^2}}, -\infty < x < +\infty.$$

同理

$$f_Y(y) = \frac{1}{\sqrt{2\pi}\sigma_2}e^{-\frac{(y-\mu_2)^2}{2\sigma_2^2}}, -\infty < y < +\infty.$$

分析上面的推理，我们得到如下常用的定理：

**定理**：若 $(X,Y) \sim N(\mu_1, \mu_2; \sigma_1^2, \sigma_2^2; \rho)$，则 $X \sim N(\mu_1, \sigma_1^2), Y \sim N(\mu_2, \sigma_2^2)$.

可见，二维正态分布的两个边缘分布都是一维正态分布，并且都不依赖于参数 $\rho$，亦即对于给定的 $\mu_1, \mu_2, \sigma_1, \sigma_2$，不同的 $\rho$ 对应不同的二维正态分布，但它们的边缘分布却都是一样的.

这一事实表明:仅由关于 $X$ 和关于 $Y$ 的边缘分布,一般来说是不能确定随机变量 $X$ 和 $Y$ 的联合分布的.

# 思考题

1. 随机变量 $X$ 和 $Y$ 的联合概率分布与关于各自的边缘分布的关系有哪些?

2. 如果 $(X,Y) \sim N(\mu_1, \mu_2; \sigma_1^2, \sigma_2^2; \rho)$,问 $X$ 和 $Y$ 服从什么分布呢?

# 习题 3-1

1. 设二维随机变量 $(X,Y)$ 的概率密度为

$$f(x,y) = \begin{cases} 1, & 0<x<1, 0<y<2x, \\ 0, & \text{其他}. \end{cases}$$

求:(1) $(X,Y)$ 的边缘概率密度 $f_X(x), f_Y(y)$;

(2) $P\left\{Y \leqslant \dfrac{1}{2} \middle| X \leqslant \dfrac{1}{2}\right\}$.

2. 设某班车起点站上客人数 $X$ 服从参数为 $\lambda$ 的泊松分布,每位乘客在中途下车的概率为 $p(0<p<1)$,且中途下车与否相互独立. 以 $Y$ 表示在中途下车人数. 求:

(1) 发车时有 $n$ 个乘客的条件下,中途有 $m$ 人下车的概率;

(2) 二维随机变量 $(X,Y)$ 的概率分布.

3. 一盒子中有 3 只黑球、2 只红球和 2 只白球,在其中任取 4 只球. 以 $X$ 表示取到黑球的只数,以 $Y$ 表示取到红球的只数. 求 $X$ 和 $Y$ 的联合分布律.

4. 设随机变量 $(X,Y)$ 的概率密度为

$$f(x,y) = \begin{cases} k(6-x-y), & 0<x<2, 2<y<4, \\ 0, & \text{其他}. \end{cases}$$

求:(1) 常数 $k$;

(2) $P\{X<1, Y<3\}$;

(3) $P\{X<1.5\}$;

(4) $P\{X+Y \leqslant 4\}$.

5. 二维随机变量 $(X,Y)$ 的概率密度为

$$f(x,y) = \begin{cases} kxy, & x^2 \leqslant y \leqslant 1, 0 \leqslant x \leqslant 1, \\ 0, & \text{其他}. \end{cases}$$

试确定 $k$,并求 $P\{(X,Y) \in G\}$,其中区域 $G: x^2 \leqslant y \leqslant x, 0 \leqslant x \leqslant 1$.

6. 一射手进行射击,击中目标的概率为 $p(0<p<1)$,射击直至击中 2 次目标时为止. 令 $X$ 表示首次击中目标所需要的射击次数,$Y$ 表示总共所需要的射击次数. 求二维随机变量 $(X,Y)$ 的分布律.

7. 将一枚硬币掷 3 次,以 $X$ 表示前两次出现正面的次数,以 $Y$ 表示 3 次中出现正面的次数,求 $(X,Y)$ 的分布律及关于 $X$ 和 $Y$ 的边缘分布律.

8. 设二维随机变量 $(X,Y)$ 的概率密度为

$$f(x,y)=\begin{cases}4.8y(2-x), & 0\leqslant x\leqslant 1,0\leqslant y\leqslant x,\\ 0, & \text{其他.}\end{cases}$$

求关于 $X$ 和 $Y$ 的边缘概率密度.

9. 假设随机变量 $U$ 在区间 $[-2,2]$ 上服从均匀分布,随机变量

$$X=\begin{cases}-1, & \text{若 } U\leqslant -1,\\ 1, & \text{若 } U>-1,\end{cases} \qquad Y=\begin{cases}-1, & \text{若 } U\leqslant 1,\\ 1, & \text{若 } U>1.\end{cases}$$

求:(1) $X$ 和 $Y$ 的联合分布律;

(2) $P\{X+Y\leqslant 1\}$.

# 第二节　条件分布

考察二维随机变量 $(X,Y)$ 时,常常需要考虑已知其中一个随机变量取得某值的条件下,求另一个随机变量取值的概率. 为此,我们由随机事件的条件概率很自然地引出条件概率分布的概念.

## 一、离散型随机变量的条件分布律

设 $(X,Y)$ 是一个二维离散型随机变量,其分布律为

$$P\{X=x_i,Y=y_j\}=p_{ij}, \quad i,j=1,2,\cdots,$$

$(X,Y)$ 关于 $X$ 和 $Y$ 的边缘分布律分别为

$$P\{X=x_i\}=p_{i.}=\sum_j p_{ij},i=1,2,\cdots,$$

$$P\{Y=y_j\}=p_{.j}=\sum_i p_{ij},j=1,2,\cdots.$$

我们由随机事件的条件概率给出随机变量的条件概率分布的概念.

**定义**　对于固定的 $j$,若 $P\{Y=y_j\}>0$,则称

$$P\{X=x_i\,|\,Y=y_j\}=\frac{P\{X=x_i,Y=y_j\}}{P\{Y=y_j\}}=\frac{p_{ij}}{p_{.j}}, \quad i=1,2,\cdots \tag{2.1}$$

为在 $Y=y_j$ 条件下随机变量 $X$ 的条件分布律.

同样,对于固定的 $i$,若 $P\{X=x_i\}>0$,则称

$$P\{Y=y_j\,|\,X=x_i\}=\frac{P\{X=x_i,Y=y_j\}}{P\{X=x_i\}}=\frac{p_{ij}}{p_{i.}},j=1,2,\cdots \tag{2.2}$$

为在 $X=x_i$ 条件下随机变量 $Y$ 的条件分布律.

**例 3.2.1**　设某工厂每天工作时间 $X$ 可分为 6 小时、8 小时、10 小时和 12 小时,工人的工作效率 $Y$ 可以按 50%、70%、90% 分为三类.已知 $(X,Y)$ 的概率分布为

| Y ＼ X | 6 | 8 | 10 | 12 |
|---|---|---|---|---|
| 0.5 | 0.014 | 0.036 | 0.058 | 0.072 |
| 0.7 | 0.036 | 0.216 | 0.180 | 0.043 |
| 0.9 | 0.072 | 0.180 | 0.079 | 0.014 |

如果以工作效率不低于 70% 的概率越大越好作为评判标准,问每天工作时间以几个小时为最好?

**解**　先求 $(X,Y)$ 的关于 $X$ 的边缘分布律:

| X | 6 | 8 | 10 | 12 |
|---|---|---|---|---|
| $P_i.$ | 0.122 | 0.432 | 0.317 | 0.129 |

下面分别考虑 $X$ 等于 6,8,10,12 时 $Y$ 的条件分布律,即

$$P\{Y=y_j \mid X=x_i\} = \frac{P\{X=x_i, Y=y_j\}}{P\{X=x_i\}},$$

其中 $x_i=6,8,10,12; y_j=0.5,0.7,0.9$.

计算可得下表数据:

| Y | 0.5 | 0.7 | 0.9 |
|---|---|---|---|
| $P\{Y=y_j \mid X=6\}$ | 0.115 | 0.295 | 0.590 |
| $P\{Y=y_j \mid X=8\}$ | 0.083 | 0.500 | 0.417 |
| $P\{Y=y_j \mid X=10\}$ | 0.183 | 0.568 | 0.249 |
| $P\{Y=y_j \mid X=12\}$ | 0.558 | 0.333 | 0.109 |

从上表可以看出:在 $P\{Y \geqslant 0.7 \mid X=x_i\}$ 的值中,当 $x_i=8$ 时,概率

$$P\{Y \geqslant 0.7 \mid X=x_i\} = 1 - P\{Y < 0.7 \mid X=x_i\} = 1 - 0.083 = 0.917$$

最大,即每天工作 8 小时,工作效率达到最优.

## 二、连续型随机变量的条件分布

对二维连续型随机变量,我们也想定义分布函数 $P\{X \leqslant x \mid Y=y\}$.但是,由于概率 $P\{Y=y\}=0$,因此不能像离散型随机变量那样简单地定义了.容易想到:设 $A$ 为某一事件,$Y$ 为随机变量,其分布函数为 $F_Y(y)$,设 $P\{y < Y \leqslant y+\varepsilon\} > 0(\varepsilon > 0)$,则由

条件概率公式可知

$$P\{A\,|\,y<Y\leqslant y+\varepsilon\}=\frac{P\{A,y<Y\leqslant y+\varepsilon\}}{P\{y<Y\leqslant y+\varepsilon\}}.$$

如果当 $\varepsilon\rightarrow0^+$ 时上式极限存在,则称此极限为事件 $A$ 在条件 $Y=y$ 下发生的**条件概率**(conditional probability),即

$$P\{A\,|\,Y=y\}=\lim_{\varepsilon\rightarrow0^+}\frac{P\{A,y<Y\leqslant y+\varepsilon\}}{P\{y<Y\leqslant y+\varepsilon\}}.$$

设 $X$ 为随机变量,取事件 $A$ 为 $\{X\leqslant x\}$,则称

$$P\{X\leqslant x\,|\,Y=y\} \tag{2.3}$$

为随机变量 $X$ 在条件 $Y=y$ 下的**条件分布函数**(conditional distribution function),记作 $F_{X|Y}(x\,|\,y)$.

设 $(X,Y)$ 为二维连续型随机变量,分布函数为 $F(x,y)$,其概率密度为 $f(x,y)$ 且连续,则

$$F_{X|Y}(x\,|\,y)=\lim_{\varepsilon\rightarrow0^+}P\{X\leqslant x\,|\,Y\leqslant y+\varepsilon\}=\lim_{\varepsilon\rightarrow0^+}\frac{F(x,y+\varepsilon)-F(x,y)}{F_Y(y+\varepsilon)-F_Y(y)}.$$

由拉格朗日中值定理,可知

$$F_{X|Y}(x\,|\,y)=\lim_{\varepsilon\rightarrow0^+}\frac{F_y'(x,\xi)\cdot\varepsilon}{F_Y'(\eta)\cdot\varepsilon}\quad(\xi,\eta\ 都在\ y\ 与\ y+\varepsilon\ 之间)$$

$$=\lim_{\varepsilon\rightarrow0^+}\frac{F_y'(x,\xi)}{F_Y'(\eta)}=\frac{F_y'(x,y)}{F_Y'(y)}=\frac{\frac{\partial}{\partial y}\int_{-\infty}^y\left[\int_{-\infty}^x f(s,t)\,\mathrm{d}s\right]\mathrm{d}t}{f_Y(y)}$$

$$=\frac{\int_{-\infty}^x f(s,y)\,\mathrm{d}s}{f_Y(y)}=\int_{-\infty}^x\frac{f(s,y)}{f_Y(y)}\,\mathrm{d}s.$$

上式就是在给定条件 $Y=y$ 下随机变量 $X$ 的**条件分布函数**. 而 $\frac{f(x,y)}{f_Y(y)}$ 称为在给定条件 $Y=y$ 下 $X$ 的**条件概率密度**(conditional probability density),记为

$$f_{X|Y}(x\,|\,y)=\frac{f(x,y)}{f_Y(y)}.$$

同理,可得出 $F_{Y|X}(y\,|\,x)=\int_{-\infty}^y\frac{f(x,t)}{f_X(x)}\mathrm{d}t$,得到 $X=x$ 下 $Y$ 的**条件概率密度**

$$f_{Y|X}(y\,|\,x)=\frac{f(x,y)}{f_X(x)}.$$

综上所述,我们得到**常用的关系**(在各个表达式有意义的条件下):

$$(1)\ F_{X|Y}(x\,|\,y)=\int_{-\infty}^x\frac{f(x,y)}{f_Y(y)}\,\mathrm{d}x=\int_{-\infty}^x f_{X|Y}(x\,|\,y)\,\mathrm{d}x; \tag{2.4}$$

$$F_{Y|X}(y\,|\,x)=\int_{-\infty}^y\frac{f(x,y)}{f_X(x)}\,\mathrm{d}y=\int_{-\infty}^y f_{Y|X}(y\,|\,x)\,\mathrm{d}y. \tag{2.5}$$

(2) $f_{X|Y}(x|y) = \dfrac{f(x,y)}{f_Y(y)}$ 或 $f(x,y) = f_Y(y)f_{X|Y}(x|y)$; （2.6）

$f_{Y|X}(y|x) = \dfrac{f(x,y)}{f_X(x)}$ 或 $f(x,y) = f_X(x)f_{Y|X}(y|x)$. （2.7）

(3) $F'_{X|Y}(x|y) = f_{X|Y}(x|y)$, $\quad F'_{Y|X}(y|x) = f_{Y|X}(y|x)$. （2.8）

利用条件概率密度的概念,我们可以给出随机变量情形的全概率公式和贝叶斯公式.

将(2.6)和(2.7)式右端联合概率密度公式再求积分,就得到**概率密度形式的全概率公式**:

$$f_X(x) = \int_{-\infty}^{+\infty} f_Y(y)f_{X|Y}(x|y)\,\mathrm{d}y,$$ （2.9）

$$f_Y(y) = \int_{-\infty}^{+\infty} f_X(x)f_{Y|X}(y|x)\,\mathrm{d}x.$$ （2.10）

将(2.6),(2.7),(2.9),(2.10)式互相带入,得到**概率密度形式的贝叶斯公式**:

$$f_{X|Y}(x|y) = \frac{f_X(x)f_{Y|X}(y|x)}{\displaystyle\int_{-\infty}^{+\infty} f_X(x)f_{Y|X}(y|x)\,\mathrm{d}x},$$ （2.11）

$$f_{Y|X}(y|x) = \frac{f_Y(y)f_{X|Y}(x|y)}{\displaystyle\int_{-\infty}^{+\infty} f_Y(y)f_{X|Y}(x|y)\,\mathrm{d}y}.$$ （2.12）

注意,虽然由边际分布无法得到联合分布,但(2.6),(2.7)式说明,由边际分布和条件分布就可以得到联合分布.

**例 3.2.2**　设 $G$ 是平面上的有界区域,其面积为 $A$. 若二维随机变量 $(X,Y)$ 具有概率密度

$$f(x,y) = \begin{cases} \dfrac{1}{A}, & (x,y) \in G, \\ 0, & \text{其他,} \end{cases}$$

则称 $(X,Y)$ 在 $G$ 上服从**二维均匀分布**. 现设二维随机变量 $(X,Y)$ 在圆域 $x^2 + y^2 \leqslant 1$ 上服从均匀分布,求条件概率密度 $f_{X|Y}(x|y)$.

**解**　由题设,随机变量 $(X,Y)$ 具有概率密度

$$f(x,y) = \begin{cases} \dfrac{1}{\pi}, & x^2 + y^2 \leqslant 1, \\ 0, & \text{其他.} \end{cases}$$

因此边缘概率密度为

$$f_Y(y) = \int_{-\infty}^{+\infty} f(x,y)\,\mathrm{d}x$$

$$= \begin{cases} \dfrac{2}{\pi} \sqrt{1-y^2}, & -1 \leqslant y \leqslant 1, \\ 0, & \text{其他}. \end{cases}$$

于是,当 $-1 < y < 1$ 时,有条件概率密度

$$f_{X|Y}(x|y) = \frac{f(x,y)}{f_Y(y)} = \begin{cases} \dfrac{1}{2\sqrt{1-y^2}}, & -\sqrt{1-y^2} \leqslant x \leqslant \sqrt{1-y^2}, \\ 0, & \text{其他}. \end{cases}$$

由此可见,$X,Y$ 的边缘分布都不是均匀分布,但是条件分布都是均匀分布. 这与例 3.1.6 的结论不同:二维正态分布的两个边缘分布都是一维正态分布.

**例 3.2.3** 深入对比例 3.1.3 离散型随机变量的类似问题:设随机变量 $X$ 在区间 $(0,1)$ 上随机地取值,当观察到 $X = x(0 < x < 1)$ 时,随机变量 $Y$ 在区间 $(0,x)$ 上随机地取值,求 $Y$ 的概率密度 $f_Y(y)$.

**解**　由题意,$X$ 具有概率密度

$$f_X(x) = \begin{cases} 1, & 0 < x < 1, \\ 0, & \text{其他}. \end{cases}$$

对于任意给定的值 $x(0 < x < 1)$,在 $X = x$ 的条件下,$Y$ 的条件概率密度为

$$f_{Y|X}(y|x) = \begin{cases} \dfrac{1}{x}, & 0 < y < x, \\ 0, & \text{其他}. \end{cases}$$

由 (2.7) 式得到 $X$ 和 $Y$ 的联合概率密度为

$$f(x,y) = f_X(x) f_{Y|X}(y|x) = \begin{cases} \dfrac{1}{x}, & 0 < y < x < 1, \\ 0, & \text{其他}. \end{cases}$$

因此,关于 $Y$ 的概率密度为

$$f_Y(y) = \int_{-\infty}^{+\infty} f(x,y) \mathrm{d}x$$

$$= \begin{cases} -\ln(y), & 0 < y < 1, \\ 0, & \text{其他}. \end{cases}$$

# 思考题

1. 离散型随机变量 $X$ 和 $Y$ 的联合分布律与边缘分布律、条件分布律的关系有哪些? 试分别用语言和数学公式表述.

2. 连续型随机变量 $X$ 和 $Y$ 的联合概率密度与边缘概率密度、条件概率密度的

关系有哪些？试分别用语言和数学公式表述.

# 习题 3-2

1. 设 $(X,Y)$ 的分布律为

| X\Y | 1 | 2 | 3 |
|---|---|---|---|
| 1 | 0.1 | 0.3 | 0 |
| 2 | 0 | 0 | 0.2 |
| 3 | 0.1 | 0.1 | 0 |
| 4 | 0 | 0.2 | 0 |

求：(1) 在条件 $X=2$ 下 $Y$ 的条件分布律；

(2) $P\{X \geqslant 2 | Y \leqslant 2\}$.

2. 设平面区域 $D$ 由曲线 $y = \dfrac{1}{x}$ 及直线 $y=0, x=1, x=e^2$ 所围成，二维随机变量 $(X,Y)$ 在区域 $D$ 上服从均匀分布，求 $(X,Y)$ 关于 $X$ 的边缘概率密度在 $x=2$ 处的值.

3. 设随机变量 $(X,Y)$ 的概率密度为

$$f(x,y) = \begin{cases} c, & |y| < -x, -1 < x < 0, \\ 0, & \text{其他.} \end{cases}$$

求常数 $c$ 与条件概率密度 $f_{Y|X}(y|x), f_{X|Y}(x|y)$.

4. 设 $G$ 是由直线 $y=x, y=3, x=1$ 所围成的三角形区域，二维随机变量 $(X,Y)$ 在 $G$ 上服从二维均匀分布. 求：

(1) $(X,Y)$ 的联合概率密度；

(2) $P\{Y-X \leqslant 1\}$；

(3) 关于 $X$ 的边缘概率密度.

5. 设随机变量 $X$ 在区间 $(0,1)$ 内服从均匀分布，在 $X=x(0<x<1)$ 的条件下，随机变量 $Y$ 在区间 $(0,x)$ 内服从均匀分布. 求：

(1) 随机变量 $X$ 和 $Y$ 的联合概率密度；

(2) $Y$ 的概率密度；

(3) 概率 $P\{X+Y>1\}$.

# 第三节 随机变量的独立性

## 一、两个随机变量的独立性

随机变量的独立性是概率论与数理统计中的一个很重要的概念和非常实用的方法,它是由随机事件的相互独立性引申而来的.

我们知道,两个事件 $A$ 与 $B$ 是相互独立的,当且仅当它们满足

$$P(AB) = P(A)P(B).$$

由此,可引出两个随机变量的相互独立性.

设 $X, Y$ 为两个随机变量,于是 $\{X \leqslant x\}, \{Y \leqslant y\}$ 为两个随机事件,则这两个事件 $\{X \leqslant x\}, \{Y \leqslant y\}$ 相互独立,相当于下式成立

$$P\{X \leqslant x, Y \leqslant y\} = P\{X \leqslant x\}P\{Y \leqslant y\},$$

或写成分布函数形式    $F(x, y) = F_X(x)F_Y(y).$

**定义 1** 设 $X, Y$ 是两个随机变量,其联合分布函数为 $F(x, y)$. 若对任意的 $x, y$,

$$F(x, y) = F_X(x)F_Y(y),$$

则称随机变量 $X$ 与 $Y$ <u>相互独立</u>(**mutually independent**).

依据上述定义可知,随机变量 $X$ 与 $Y$ 相互独立就是指对任意实数 $x, y$,随机事件 $\{X \leqslant x\}$ 与 $\{Y \leqslant y\}$ 相互独立.

具体地,对离散型与连续型随机变量的独立性,可分别用分布律与概率密度描述.

**定理 1**

(1) 离散型随机变量 $X$ 与 $Y$ 相互独立的充要条件是:

对于 $(X, Y)$ 的所有可能取的值 $(x_i, y_j)$,都有

$$P\{X = x_i, Y = y_j\} = P\{X = x_i\}P\{Y = y_j\}, i, j = 1, 2, \cdots. \tag{3.1}$$

也就是    $p_{ij} = p_{i \cdot} \cdot p_{\cdot j}, i, j = 1, 2, \cdots$

(2) 连续型随机变量 $X$ 与 $Y$ 相互独立的充要条件是

$$f(x, y) = f_X(x)f_Y(y) \tag{3.2}$$

几乎处处成立[①]. 其中 $f(x, y)$ 是 $X$ 和 $Y$ 的联合概率密度,$f_X(x)$ 和 $f_Y(y)$ 分别是关于 $X$ 和 $Y$ 的边缘概率密度.

该定理的证明参见参考文献[4].

**例 3.3.1** 设随机变量 $(X, Y)$ 的分布律及边缘分布律如下表所示:

---

[①] 数学上的术语"几乎处处成立"的含义是,在平面(或直线)上除去"面积(或长度)"为零的集合以外,等式或结论处处成立.

| Y \ X | 0 | 1 | $p_{\cdot j}$ |
|---|---|---|---|
| 1 | $\frac{1}{6}$ | $\frac{1}{3}$ | $\frac{1}{2}$ |
| 2 | $\frac{1}{6}$ | $\frac{1}{3}$ | $\frac{1}{2}$ |
| $p_{i\cdot}$ | $\frac{1}{3}$ | $\frac{2}{3}$ | 1 |

问离散型随机变量 $X$ 与 $Y$ 是否相互独立?

**解**　$P\{X=0,Y=1\}=\dfrac{1}{6}=P\{X=0\}P\{Y=1\}$,

$P\{X=0,Y=2\}=\dfrac{1}{6}=P\{X=0\}P\{Y=2\}$,

$P\{X=1,Y=1\}=\dfrac{1}{3}=P\{X=1\}P\{Y=1\}$,

$P\{X=1,Y=2\}=\dfrac{1}{3}=P\{X=1\}P\{Y=2\}$,

因此,随机变量 $X,Y$ 是相互独立的.

**例 3.3.2**　继续解读第 83 页例 3.2.2:已知二维随机变量 $(X,Y)$ 的概率密度为

$$f(x,y)=\begin{cases}\dfrac{1}{\pi}, & x^2+y^2\leqslant 1,\\[2mm] 0, & \text{其他}.\end{cases}$$

问连续型随机变量 $X$ 与 $Y$ 是否相互独立?

**解**　由例 3.2.2 已知关于 $Y$ 的边缘概率密度为

$$f_Y(y)=\begin{cases}\dfrac{2}{\pi}\sqrt{1-y^2}, & -1\leqslant y\leqslant 1,\\[2mm] 0, & \text{其他}.\end{cases}$$

由 $x$ 和 $y$ 的对称性,得到关于 $X$ 的边缘概率密度为

$$f_X(x)=\begin{cases}\dfrac{2}{\pi}\sqrt{1-x^2}, & -1\leqslant x\leqslant 1,\\[2mm] 0, & \text{其他}.\end{cases}$$

可见,对于任意的 $x$ 和 $y$,有关系

$$f_X(x)f_Y(y)\neq f(x,y).$$

因此,$X$ 与 $Y$ 不相互独立.

**定理 2**　设 $(X,Y)\sim N(\mu_1,\mu_2;\sigma_1^2,\sigma_2^2;\rho)$,则 $X$ 与 $Y$ 相互独立的充要条件是 $\rho=0$.

**证明**　由例 3.1.6 知道,其边缘概率密度 $f_X(x)$ 和 $f_Y(y)$ 的乘积为

$$f_X(x)f_Y(y)=\dfrac{1}{2\pi\sigma_1\sigma_2}\exp\left\{-\dfrac{1}{2}\left[\dfrac{(x-\mu_1)^2}{\sigma_1^2}+\dfrac{(y-\mu_2)^2}{\sigma_2^2}\right]\right\}.$$

因此,如果 $\rho=0$,则对于所有的实数 $x$ 和 $y$,有

$$f(x,y)=f_X(x)f_Y(y),$$

即 $X$ 与 $Y$ 相互独立.

反之,如果 $X$ 与 $Y$ 相互独立,由于 $f(x,y),f_X(x),f_Y(y)$ 都是连续函数,故对于所有的 $x$ 和 $y$ 有

$$f(x,y)=f_X(x)f_Y(y).$$

即

$$\frac{1}{2\pi\sigma_1\sigma_2\sqrt{1-\rho^2}}\exp\left\{-\frac{1}{2(1-\rho^2)}\left[\frac{(x-\mu_1)^2}{\sigma_1^2}-2\rho\frac{(x-\mu_1)(y-\mu_2)}{\sigma_1\sigma_2}+\frac{(y-\mu_2)^2}{\sigma_2^2}\right]\right\}$$

$$=\frac{1}{2\pi\sigma_1\sigma_2}\exp\left\{-\frac{1}{2}\left[\frac{(x-\mu_1)^2}{\sigma_1^2}+\frac{(y-\mu_2)^2}{\sigma_2^2}\right]\right\}.$$

特别地,令 $x=\mu_1,y=\mu_2$,由上方等式得到

$$\frac{1}{2\pi\sigma_1\sigma_2\sqrt{1-\rho^2}}=\frac{1}{2\pi\sigma_1\sigma_2},$$

从而 $\rho=0$.

## 二、$n$ 维随机变量的相关理论

关于多维随机变量的有关概念与理论,可由二维随机变量的一些概念与理论推广得到.

$n$ 维随机变量 $(X_1,X_2,\cdots,X_n)$ 的**分布函数**定义为

$$F(x_1,x_2,\cdots,x_n)=P\{X_1\leqslant x_1,X_2\leqslant x_2,\cdots,X_n\leqslant x_n\}, \tag{3.3}$$

其中 $x_1,x_2,\cdots,x_n$ 为任意实数.

若存在非负函数 $f(x_1,x_2,\cdots,x_n)$,使得对于任意实数 $x_1,x_2,\cdots,x_n$ 有

$$F(x_1,x_2,\cdots,x_n)=\int_{-\infty}^{x_1}\int_{-\infty}^{x_2}\cdots\int_{-\infty}^{x_n}f(x_1,x_2,\cdots,x_n)\mathrm{d}x_1\mathrm{d}x_2\cdots\mathrm{d}x_n, \tag{3.4}$$

则称 $(X_1,X_2,\cdots,X_n)$ 为 $n$ 维连续型随机变量,称 $f(x_1,x_2,\cdots,x_n)$ 为随机变量 $(X_1,X_2,\cdots,X_n)$ 的**概率密度(probability density)**.

设 $(X_1,X_2,\cdots,X_n)$ 的分布函数 $F(x_1,x_2,\cdots,x_n)$ 为已知,则 $(X_1,X_2,\cdots,X_n)$ 的 $k$ $(1\leqslant k\leqslant n)$ 维边缘分布函数就随之确定.例如 $(X_1,X_2,\cdots,X_n)$ 关于 $X_1$ 和关于 $(X_1,X_2)$ 的边缘分布函数分别为

$$F_{X_1}(x_1)=F(x_1,+\infty,+\infty,\cdots,+\infty),$$

$$F_{X_1,X_2}(x_1,x_2)=F(x_1,x_2,+\infty,+\infty,\cdots,+\infty).$$

又若 $f(x_1,x_2,\cdots,x_n)$ 是 $(X_1,X_2,\cdots,X_n)$ 的概率密度,则 $(X_1,X_2,\cdots,X_n)$ 关于 $X_1$ 和关于 $(X_1,X_2)$ 的**边缘概率密度**分别为

$$f_{X_1}(x_1)=\int_{-\infty}^{+\infty}\int_{-\infty}^{+\infty}\cdots\int_{-\infty}^{+\infty}f(x_1,x_2,\cdots,x_n)\mathrm{d}x_2\mathrm{d}x_3\cdots\mathrm{d}x_n, \tag{3.5}$$

$$f_{X_1,X_2}(x_1,x_2)=\int_{-\infty}^{+\infty}\int_{-\infty}^{+\infty}\cdots\int_{-\infty}^{+\infty}f(x_1,x_2,\cdots,x_n)\mathrm{d}x_3\mathrm{d}x_4\cdots\mathrm{d}x_n. \tag{3.6}$$

**定义 2**　设 $n$ 维随机变量 $(X_1,X_2,\cdots,X_n)$ 的分布函数为 $F(x_1,x_2,\cdots,x_n)$,

$F_{X_1}(x_1), F_{X_2}(x_2), \cdots, F_{X_n}(x_n)$ 分别为关于 $X_1, X_2, \cdots, X_n$ 的边缘分布函数. 若对于所有的实数 $x_1, x_2, \cdots, x_n$ 有

$$F(x_1, x_2, \cdots, x_n) = F_{X_1}(x_1) F_{X_2}(x_2) \cdots F_{X_n}(x_n), \tag{3.7}$$

则称随机变量 $X_1, X_2, \cdots, X_n$ 是相互独立的.

对于可列无限个随机变量 $X_1, X_2, \cdots, X_n, \cdots$, 若其中任何有限个随机变量都是相互独立的, 则称随机变量 $X_1, X_2, \cdots, X_n, \cdots$ 相互独立.

**定义 3**　若对于所有的 $x_1, x_2, \cdots, x_m; y_1, y_2, \cdots, y_n$ 有

$$F(x_1, x_2, \cdots, x_m, y_1, y_2, \cdots, y_n) = F_1(x_1, x_2, \cdots, x_m) F_2(y_1, y_2, \cdots, y_n), \tag{3.8}$$

其中 $F_1, F_2, F$ 依次为随机变量 $(X_1, X_2, \cdots, X_m), (Y_1, Y_2, \cdots, Y_n)$ 和 $(X_1, X_2, \cdots, X_m, Y_1, Y_2, \cdots, Y_n)$ 的分布函数, 则称随机变量 $(X_1, X_2, \cdots, X_m)$ 和 $(Y_1, Y_2, \cdots, Y_n)$ 是相互独立的.

以下定理在数理统计中很重要, 在涉及随机变量独立性时常用此定理.

**定理 3[5]**　设 $h(\cdot), g(\cdot)$ 是连续函数.

(1) 若 $X$ 和 $Y$ 相互独立, 则 $h(X)$ 和 $g(Y)$ 也相互独立.

(2) 若 $X_1, X_2, \cdots, X_n$ 相互独立, 则其部分 $(X_1, X_2, \cdots, X_r)$ 与 $(X_{r+1}, \cdots, X_n)$ 也相互独立; 并且它们的函数 $h(X_1, X_2, \cdots, X_r)$ 和 $g(X_{r+1}, \cdots, X_n)$ 也相互独立.

**定理 4[6]**　设 $(X_1, X_2, \cdots, X_m)$ 和 $(Y_1, Y_2, \cdots, Y_n)$ 相互独立, 则

(1) $X_i (i=1,2,\cdots,m)$ 和 $Y_j (j=1,2,\cdots,n)$ 相互独立.

(2) 又若 $h(x_1, x_2, \cdots, x_m), g(y_1, y_2, \cdots, y_n)$ 分别是 $m$ 元、$n$ 元连续函数, 则函数 $h(X_1, X_2, \cdots, X_m)$ 和 $g(Y_1, Y_2, \cdots, Y_n)$ 也相互独立.

利用独立性的定义容易证明.

根据定理 4 和定理 3, 如果已知 $(X_1, X_2)$ 和 $(Y_1, Y_2, Y_3)$ 相互独立, 则 $X_1$ 与 $Y_2$ 相互独立, $X_1^2 + 2X_2$ 与 $Y_1 - 2Y_2$ 也相互独立.

# 思考题

1. 相互独立的离散型随机变量 $X$ 和 $Y$ 的联合分布律与关于各自的边缘分布律的关系有哪些? 试分别用语言和数学公式表述.

2. 相互独立的连续型随机变量 $X$ 和 $Y$ 的联合概率密度与边缘概率密度的关系有哪些? 试分别用语言和数学公式表述.

3. 随机变量之间的"独立性"概念是如何一步一步扩展的?

4. 教材中"独立性"概念用到哪三个方面? 它们是如何定义的? 各自的实际意义是什么?

# 习题 3-3

1. 设 $X$ 与 $Y$ 相互独立,且具有如下分布律:

| $X$ | $-1$ | $-\frac{1}{2}$ | $0$ |
|---|---|---|---|
| $p_i$ | $\frac{1}{2}$ | $\frac{1}{3}$ | $\frac{1}{6}$ |

| $Y$ | $0$ | $2$ | $5$ | $6$ |
|---|---|---|---|---|
| $p_j$ | $\frac{1}{4}$ | $\frac{1}{4}$ | $\frac{2}{5}$ | $\frac{1}{10}$ |

求二维随机变量 $(X,Y)$ 的分布律.

2. 设随机变量 $(X,Y)$ 的概率密度为

$$f(x,y)=\begin{cases} \dfrac{1}{2}(x+y)\mathrm{e}^{-(x+y)}, & x>0,y>0, \\ 0, & \text{其他.} \end{cases}$$

问 $X$ 与 $Y$ 是否相互独立?

3. 设 $(X,Y)$ 的分布律如下表:

| $Y$ \\ $X$ | $1$ | $2$ |
|---|---|---|
| $1$ | $\frac{1}{6}$ | $\frac{1}{3}$ |
| $2$ | $\frac{1}{9}$ | $\alpha$ |
| $3$ | $\frac{1}{18}$ | $\beta$ |

问 $\alpha,\beta$ 为何值时 $X$ 与 $Y$ 相互独立?

4. 设随机变量 $X$ 与 $Y$ 的概率密度为

$$f(x,y)=\begin{cases} b\mathrm{e}^{-(x+y)}, & 0<x<1,y>0, \\ 0, & \text{其他.} \end{cases}$$

(1) 试确定常数 $b$;

(2) 求边缘概率密度 $f_X(x),f_Y(y)$;

(3) 问 $X$ 与 $Y$ 是否相互独立?

5. 设 $X$ 和 $Y$ 是两个相互独立的随机变量,$X$ 在 $(0,1)$ 上服从均匀分布,$Y$ 的概率密度为

$$f_Y(y)=\begin{cases} \dfrac{1}{2}\mathrm{e}^{-\frac{y}{2}}, & y>0, \\ 0, & y\leqslant 0. \end{cases}$$

(1) 求 $X$ 和 $Y$ 的联合概率密度;

(2) 设关于 $a$ 的二次方程为 $a^2+2Xa+Y=0$,试求 $a$ 有实根的概率.

# 第四节 两个随机变量函数的分布

在第二章第五节中已经讨论过一个随机变量函数的分布问题,本节讨论两个随机变量函数的分布.我们只就下面几个具体的常用到的函数关系来讨论,其处理方法具有代表性.

## 一、随机变量和 $Z=X+Y$ 的分布

**1. 离散型随机变量情形**

我们通过例题来建立求解离散型随机变量函数的概率分布的方法.

**例 3.4.1** 设离散型随机变量 $(X,Y)$ 的分布律为

| Y \ X | 0 | 1 | 2 |
|---|---|---|---|
| 0 | $\frac{1}{4}$ | $\frac{1}{6}$ | $\frac{1}{8}$ |
| 1 | $\frac{1}{4}$ | $\frac{1}{8}$ | $\frac{1}{12}$ |

试求 $Z=X+Y$ 的分布律.

**解** $Z=X+Y$ 的可能取值为 $0,1,2,3$.

$$P\{Z=0\}=P\{X=0,Y=0\}=\frac{1}{4},$$

$$P\{Z=1\}=P\{X=1,Y=0\}+P\{X=0,Y=1\}=\frac{1}{6}+\frac{1}{4}=\frac{5}{12},$$

$$P\{Z=2\}=P\{X=2,Y=0\}+P\{X=1,Y=1\}=\frac{1}{8}+\frac{1}{8}=\frac{1}{4},$$

$$P\{Z=3\}=P\{X=2,Y=1\}=\frac{1}{12}.$$

可见, $Z=X+Y$ 仍为离散型随机变量,其表格形式的分布律为

| Z | 0 | 1 | 2 | 3 |
|---|---|---|---|---|
| P | $\frac{1}{4}$ | $\frac{5}{12}$ | $\frac{1}{4}$ | $\frac{1}{12}$ |

**例 3.4.2** 设 $X,Y$ 是相互独立的随机变量,其分布律分别为

$$P\{X=k\}=p(k),k=0,1,2,\cdots,$$
$$P\{Y=r\}=q(r),r=0,1,2,\cdots.$$

证明随机变量 $Z=X+Y$ 的分布律为

$$P\{Z=i\}=\sum_{k=0}^{i}p(k)q(i-k),i=0,1,2,\cdots.$$

**证明** 随机变量 $Z=X+Y$ 的取值为 $0,1,2,\cdots$.

对于非负整数 $i,\{Z=i\}=\{X+Y=i\}$ 可按下列方式分解为若干个两两互不相容的事件之和：

$$\{Z=i\}=\{X+Y=i\}=\{X=0,Y=i\}\bigcup\{X=1,Y=i-1\}\bigcup\cdots\bigcup\{X=i,Y=0\}.$$

又由 $X,Y$ 的独立性,利用本章第三节(3.1)式知

$$P\{X=k,Y=i-k\}=P\{X=k\}P\{Y=i-k\}=p(k)q(i-k),k=0,1,2,\cdots,i.$$

因此

$$P\{Z=i\}=P(\bigcup_{k=0}^{i}\{X=k,Y=i-k\})$$

$$=\sum_{k=0}^{i}P\{X=k,Y=i-k\}$$

$$=\sum_{k=0}^{i}p(k)q(i-k),i=0,1,2,\cdots.$$

需要指出的是,例 3.4.1 和例 3.4.2 这种解决问题的方法具有一般性.用类似的方法同样可以求随机变量差 $X-Y$,随机变量积 $XY$,最大随机变量 $\max\{X,Y\}$ 和最小随机变量 $\min\{X,Y\}$ 等的分布律.

**2. 连续型随机变量情形**

设 $(X,Y)$ 的概率密度为 $f(x,y)$,则 $Z=X+Y$ 的分布函数为(积分区域参见图 3-5)

$$F_Z(z)=P\{Z\leqslant z\}=P\{X+Y\leqslant z\}$$

$$=\iint\limits_{x+y\leqslant z}f(x,y)\mathrm{d}x\mathrm{d}y$$

$$=\int_{-\infty}^{+\infty}\left[\int_{-\infty}^{z-y}f(x,y)\mathrm{d}x\right]\mathrm{d}y.$$

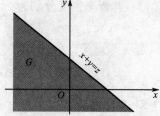

图 3-5　积分区域 $G:x+y\leqslant z$

固定 $z$ 和 $y$,对积分 $\int_{-\infty}^{z-y}f(x,y)\mathrm{d}x$ 作变量变换,令 $x=u-y$,得

$$\int_{-\infty}^{z-y}f(x,y)\mathrm{d}x=\int_{-\infty}^{z}f(u-y,y)\mathrm{d}u.$$

于是

$$F_Z(z)=\int_{-\infty}^{+\infty}\left[\int_{-\infty}^{z}f(u-y,y)\mathrm{d}u\right]\mathrm{d}y$$

$$=\int_{-\infty}^{z}\left[\int_{-\infty}^{+\infty}f(u-y,y)\mathrm{d}y\right]\mathrm{d}u.$$

由概率密度的定义,即得 $Z=X+Y$ 的概率密度为

$$f_Z(z)=\int_{-\infty}^{+\infty}f(z-y,y)\mathrm{d}y.$$

由 $X,Y$ 的对称性,$f_Z(z)$ 又可写成

$$f_Z(z)=\int_{-\infty}^{+\infty}f(x,z-x)\mathrm{d}x.$$

所以,得到如下定理 1:

**定理 1**　设二维随机变量 $(X,Y)$ 的概率密度为 $f(x,y)$,则和函数 $Z=X+Y$ 仍为连续型随机变量,其概率密度为

$$f_Z(z) = \int_{-\infty}^{+\infty} f(z-y,y)\mathrm{d}y. \tag{4.1}$$

或

$$f_Z(z) = \int_{-\infty}^{+\infty} f(x,z-x)\mathrm{d}x. \tag{4.2}$$

**特别地**,当 $X$ 和 $Y$ 相互独立时,设 $(X,Y)$ 关于 $X,Y$ 的边缘概率密度分别为 $f_X(x)$,$f_Y(y)$,则 (4.1) 式和 (4.2) 式化为

$$f_Z(z) = \int_{-\infty}^{+\infty} f_X(z-y)f_Y(y)\mathrm{d}y, \tag{4.3}$$

$$f_Z(z) = \int_{-\infty}^{+\infty} f_X(x)f_Y(z-x)\mathrm{d}x. \tag{4.4}$$

上述两个公式称为**卷积公式**,记为 $f_X * f_Y$,即

$$f_X * f_Y = \int_{-\infty}^{+\infty} f_X(z-y)f_Y(y)\mathrm{d}y = \int_{-\infty}^{+\infty} f_X(x)f_Y(z-x)\mathrm{d}x.$$

**证明**　利用本章第三节 (3.2) 式立即得证公式 (4.3) 和 (4.4).

**例 3.4.3**　设 $X$ 和 $Y$ 是两个相互独立的随机变量,它们都服从标准正态分布 $N(0,1)$,其概率密度分别为

$$f_X(x) = \frac{1}{\sqrt{2\pi}}\mathrm{e}^{-\frac{x^2}{2}}, \ -\infty < x < +\infty$$

和

$$f_Y(y) = \frac{1}{\sqrt{2\pi}}\mathrm{e}^{-\frac{y^2}{2}}, \ -\infty < y < +\infty.$$

求 $Z=X+Y$ 的概率密度.

**解**　由 (4.4) 式知

$$\begin{aligned}
f_Z(z) &= \int_{-\infty}^{+\infty} f_X(x)f_Y(z-x)\mathrm{d}x \\
&= \frac{1}{2\pi}\int_{-\infty}^{+\infty} \mathrm{e}^{-\frac{x^2}{2}} \cdot \mathrm{e}^{-\frac{(z-x)^2}{2}}\mathrm{d}x \\
&= \frac{1}{2\pi}\mathrm{e}^{-\frac{z^2}{4}}\int_{-\infty}^{+\infty} \mathrm{e}^{-\left(x-\frac{z}{2}\right)^2}\mathrm{d}x.
\end{aligned}$$

令 $x-\dfrac{z}{2}=t$,得

$$f_Z(z) = \frac{1}{2\pi}\mathrm{e}^{-\frac{z^2}{4}}\int_{-\infty}^{+\infty} \mathrm{e}^{-t^2}\mathrm{d}t = \frac{1}{2\pi}\mathrm{e}^{-\frac{z^2}{4}}\sqrt{\pi} = \frac{1}{2\sqrt{\pi}}\mathrm{e}^{-\frac{z^2}{4}}.$$

即 $Z=X+Y$ 服从正态分布 $N(0,2)$.

对于一般正态分布 $N(\mu_1,\sigma_1^2)$ 和 $N(\mu_2,\sigma_2^2)$,用同样的处理方法也有类似结论.

**定理 2**　设 $X,Y$ 相互独立且 $X \sim N(\mu_1,\sigma_1^2)$,$Y \sim N(\mu_2,\sigma_2^2)$,则 $Z=X+Y$ 仍服从正态分布,且有

$$Z \sim N(\mu_1 + \mu_2, \sigma_1^2 + \sigma_2^2). \tag{4.5}$$

证明方法同例 3.4.3,此处略.

这个结论还能推广到 $n$ 个相互独立的、服从正态分布的随机变量之和的情况,即

若 $X_i \sim N(\mu_i, \sigma_i^2)(i = 1, 2, \cdots, n)$,且它们相互独立,则它们的和

$$Z = X_1 + X_2 + \cdots + X_n$$

**仍然服从正态分布**,且有

$$Z \sim N(\mu_1 + \mu_2 + \cdots + \mu_n, \sigma_1^2 + \sigma_2^2 + \cdots + \sigma_n^2). \tag{4.6}$$

更一般地,可以证明[7] 有限个相互独立的、服从正态分布的随机变量的线性组合仍然服从正态分布:

$$\sum_{i=1}^{n} c_i X_i \sim N\left(\sum_{i=1}^{n} c_i \mu_i, \sum_{i=1}^{n} c_i^2 \sigma_i^2\right), \tag{4.7}$$

其中 $c_i$ 为常数,$i = 1, 2, \cdots, n$.

根据上述结论可知,$X_1 - X_2 \sim N(\mu_1 - \mu_2, \sigma_1^2 + \sigma_2^2)$,而

$$2X_1 - 3X_2 \sim N(2\mu_1 - 3\mu_2, 4\sigma_1^2 + 9\sigma_2^2).$$

**例 3.4.4**　设二维随机变量 $(X, Y)$ 的概率密度为

$$f(x, y) = \begin{cases} 1, & 0 < x < 1, 0 < y < 2x, \\ 0, & \text{其他.} \end{cases}$$

求:(1) $(X, Y)$ 的边缘概率密度 $f_X(x)$, $f_Y(y)$;

(2) 函数 $Z = 2X - Y$ 的概率密度 $f_Z(z)$;

(3) 条件概率 $P\left\{Y \leqslant \dfrac{1}{2} \mid X \leqslant \dfrac{1}{2}\right\}$.

**解**　(1) 当 $0 < x < 1$ 时,$f_X(x) = \displaystyle\int_0^{2x} 1 \cdot \mathrm{d}y = 2x$,所以

$$f_X(x) = \begin{cases} 2x, & 0 < x < 1, \\ 0, & \text{其他.} \end{cases}$$

同理,当 $0 < y < 2$ 时,$f_Y(y) = \displaystyle\int_{y/2}^1 1 \cdot \mathrm{d}x = 1 - \dfrac{y}{2}$,所以

$$f_Y(y) = \begin{cases} 1 - \dfrac{y}{2}, & 0 < y < 2, \\ 0, & \text{其他.} \end{cases}$$

(2) 先求 $Z = 2X - Y$ 的分布函数:

当 $\dfrac{z}{2} < 0$ 时,即 $z < 0$ 时,

$$F_Z(z) = \iint\limits_{2x-y \leqslant z} 0 \mathrm{d}x\mathrm{d}y = 0.$$

当 $0 \leqslant \dfrac{z}{2} < 1$ 时,即 $0 \leqslant z < 2$ 时,考虑 $2x - y \leqslant z$ 和 $f(x, y) \neq 0$ 的定义范围,

得到图 3-6.

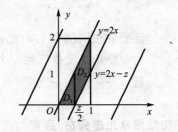

图 3-6　积分区域和 $f(x,y) \neq 0$ 的区域

$$F_Z(z) = \iint_{2x-y \leqslant z} f(x,y)\mathrm{d}x\mathrm{d}y$$

$$= \int_0^1 \left[ \int_{2x-z}^{2x} 1\mathrm{d}y \right]\mathrm{d}x$$

$$= \iint_{D_1} \mathrm{d}x\mathrm{d}y + \iint_{D_2} \mathrm{d}x\mathrm{d}y$$

$$= \int_0^{z/2} \mathrm{d}x \int_0^{2x} \mathrm{d}y + \int_{z/2}^1 \mathrm{d}x \int_{2x-z}^{2x} \mathrm{d}y$$

$$= \frac{z^2}{4} + z\left(1 - \frac{z}{2}\right)$$

$$= z\left(1 - \frac{z}{4}\right).$$

当 $1 \leqslant \dfrac{z}{2}$ 时,即 $z \geqslant 2$ 时,$F_Z(z) = \displaystyle\int_0^1 \mathrm{d}x \int_0^{2x} 1\mathrm{d}y = 1$.

所以,分布函数为

$$F_Z(z) = \begin{cases} 0, & z < 0, \\ z\left(1 - \dfrac{z}{4}\right), & 0 \leqslant z < 2, \\ 1, & z \geqslant 2. \end{cases}$$

因此,概率密度为

$$f_Z(z) = F_Z'(z) = \begin{cases} 1 - \dfrac{z}{2}, & 0 < z < 2, \\ 0, & \text{其他.} \end{cases}$$

（3）因为

$$P\left\{Y \leqslant \frac{1}{2} \mid X \leqslant \frac{1}{2}\right\} = \frac{P\{X \leqslant 1/2, Y \leqslant 1/2\}}{P\{X \leqslant 1/2\}},$$

又由于

$$P\left\{X \leqslant \frac{1}{2}, Y \leqslant \frac{1}{2}\right\} = \int_0^{1/4} \mathrm{d}x \int_0^{2x} \mathrm{d}y + \int_{1/4}^{1/2} \mathrm{d}x \int_0^{1/2} \mathrm{d}y = \frac{1}{16} + \frac{1}{8} = \frac{3}{16},$$

$$P\left\{X \leqslant \frac{1}{2}\right\} = \int_0^{1/2} f_X(x)\mathrm{d}x = \int_0^{1/2} 2x\mathrm{d}x = \frac{1}{4},$$

所以,所求概率为

$$P\left\{Y \leqslant \frac{1}{2} \mid X \leqslant \frac{1}{2}\right\} = \frac{3/16}{1/4} = \frac{3}{4}.$$

## 二、$M = \max\{X, Y\}$ 和 $N = \min\{X, Y\}$ 的分布

我们仍然通过例题来建立求解最大或最小随机变量的概率分布的方法.

**例 3.4.5**　设 $X_1, X_2, \cdots, X_n$ 是相互独立的 $n$ 个随机变量,若 $Y = \min\{X_1, X_2, \cdots, X_n\}$.试在以下情况下求 $Y$ 的分布:

(1) $X_i \sim F_i(x), i = 1, 2, \cdots, n$;

(2) $X_i$ 服从同一分布 $F(x)$,即 $X_i \sim F(x), i = 1, 2, \cdots, n$;

(3) $X_i$ 为连续型随机变量,且 $X_i$ 服从同一分布,如记 $X_i$ 的概率密度为 $p(x), i = 1, 2, \cdots, n$;

(4) $X_i \sim E(\lambda), i = 1, 2, \cdots, n$.

**解**　(1) $Y = \min\{X_1, X_2, \cdots, X_n\}$ 的分布函数为

$$
\begin{aligned}
F_Y(y) &= P\{\min\{X_1, X_2, \cdots, X_n\} \leqslant y\} \\
&= 1 - P\{\min\{X_1, X_2, \cdots, X_n\} > y\} \\
&= 1 - P\{X_1 > y, X_2 > y, \cdots, X_n > y\} \\
&= 1 - P\{X_1 > y\}P\{X_2 > y\}\cdots P\{X_n > y\} \\
&= 1 - \prod_{i=1}^{n}[1 - F_i(y)].
\end{aligned}
$$

(2) 将 $X_i$ 的共同分布函数 $F(x)$ 代入上式得

$$F_Y(y) = 1 - [1 - F(y)]^n.$$

(3) $Y$ 的分布函数仍为上式,概率密度可对上式关于 $y$ 求导得

$$p_Y(y) = F'_Y(y) = n[1 - F(y)]^{n-1}p(y).$$

(4) 将 $E(\lambda)$ 的分布函数和概率密度代入问题(2),(3),得

$$
F_Y(y) = \begin{cases} 1 - \mathrm{e}^{-n\lambda y}, & y > 0, \\ 0, & y \leqslant 0. \end{cases}
$$

$$
p_Y(y) = \begin{cases} n\lambda\mathrm{e}^{-n\lambda y}, & y > 0, \\ 0, & y \leqslant 0. \end{cases}
$$

可以看出,$\min\{X_1, X_2, \cdots, X_n\}$ 仍服从指数分布,参数为 $n\lambda$. 这个结论,我们在第七章第二节例 7.2.3 中会用到.

整理以上结果得到如下定理 3.

**定理 3**　设 $X_1, X_2, \cdots, X_n$ 是 $n$ 个相互独立的随机变量. 它们的分布函数分别为 $F_{X_i}(x_i)(i = 1, 2, \cdots, n)$,则 $M = \max\{X_1, X_2, \cdots, X_n\}$ 及 $N = \min\{X_1, X_2, \cdots, X_n\}$ 的分布函数分别为

$$F_{\max}(z) = F_{X_1}(z)F_{X_2}(z)\cdots F_{X_n}(z), \tag{4.8}$$

$$F_{\min}(z) = 1 - [1 - F_{X_1}(z)][1 - F_{X_2}(z)]\cdots[1 - F_{X_n}(z)]. \tag{4.9}$$

特别地,当 $X_1, X_2, \cdots, X_n$ 相互独立且具有相同分布函数 $F(x)$ 时,有

$$F_{\max}(z) = [F(z)]^n, \tag{4.10}$$

$$F_{\min}(z) = 1 - [1 - F(z)]^n. \tag{4.11}$$

# 思考题

1. 整理教材中关于随机变量服从正态分布的若干结论,并注意分析它们适用的条件.

2. 结合例 3.4.4,关于二维随机变量的概率分布,我们会有哪些问题值得研讨?

3. 结合例 3.4.1 和例 3.4.2,总结求解二维离散型随机变量的概率分布的方法步骤.

# 习题 3-4

1. 设二维随机变量 $(X,Y)$ 的概率分布为

| Y＼X | 0 | 1 |
|---|---|---|
| 0 | 0.4 | b |
| 1 | a | 0.1 |

若随机事件 $\{X=0\}$ 与 $\{X+Y=1\}$ 相互独立,求常数 $a,b$.

2. 设两个相互独立的随机变量 $X,Y$ 的分布律分别为

| X | 1 | 3 |
|---|---|---|
| P | 0.3 | 0.7 |

| Y | 2 | 4 |
|---|---|---|
| P | 0.6 | 0.4 |

求随机变量 $Z=X+Y$ 的分布律.

3. 设 $A,B$ 为两个随机事件,且 $P(A)=\dfrac{1}{4}$, $P(B|A)=\dfrac{1}{3}$, $P(A|B)=\dfrac{1}{2}$,令

$$X=\begin{cases}1, & A \text{ 发生,} \\ 0, & A \text{ 不发生,}\end{cases} \qquad Y=\begin{cases}1, & B \text{ 发生,} \\ 0, & B \text{ 不发生.}\end{cases}$$

求:(1) 二维随机变量 $(X,Y)$ 的概率分布;

(2) $Z=X^2+Y^2$ 的概率分布.

4. 设随机变量 $(X,Y)$ 的概率密度为

$$f(x,y)=\begin{cases}\dfrac{1}{2}(x+y)\mathrm{e}^{-(x+y)}, & x>0,y>0, \\ 0, & \text{其他.}\end{cases}$$

(1) 问 $X$ 与 $Y$ 是否相互独立?

(2) 求 $Z=X+Y$ 的概率密度.

5. 设随机变量 $X$ 与 $Y$ 相互独立,且均服从区间$(0,3)$上的均匀分布,求 $P\{\max\{X, Y\}\leqslant 1\}$.

6. 设二维随机变量$(X,Y)$的概率密度为

$$f(x,y)=\begin{cases}6x, & 0\leqslant x\leqslant y\leqslant 1,\\ 0, & 其他.\end{cases}$$

求 $P\{X+Y\leqslant 1\}$.

7. 设随机变量 $X$ 的概率密度为

$$f_X(x)=\begin{cases}\dfrac{1}{2}, & -1<x<0,\\[2mm] \dfrac{1}{4}, & 0\leqslant x<2,\\[2mm] 0, & 其他.\end{cases}$$

令 $Y=X^2$,$F(x,y)$ 为二维随机变量$(X,Y)$的分布函数.

(1) 求 $Y$ 的概率密度 $f_Y(y)$;

(2) 计算 $F\left(-\dfrac{1}{2},4\right)$.

8. 设随机变量 $X,Y$ 相互独立,且均服从正态分布 $N(0,\sigma^2)$,求点$(X,Y)$到坐标原点的距离 $Z$ 的概率密度.

9. 设二维随机变量$(X,Y)$的概率密度为

$$f(x,y)=\begin{cases}2\mathrm{e}^{-(x+2y)}, & x>0,y>0,\\ 0, & 其他.\end{cases}$$

求随机变量 $Z=X+2Y$ 的分布函数和概率密度.

10. 设 $X$ 和 $Y$ 是两个相互独立的随机变量,且 $X$ 服从正态分布 $N(\mu,\sigma^2)$,$Y$ 服从均匀分布 $U(-a,a)(a>0)$,试求随机变量和 $Z=X+Y$ 的概率密度.

11. 设随机变量 $X$ 和 $Y$ 的联合分布是正方形 $G=\{(x,y)|1\leqslant x\leqslant 3,1\leqslant y\leqslant 3\}$上的均匀分布,试求随机变量 $U=|X-Y|$ 的概率密度 $f(u)$.

# 第三章内容小结

## 一、研究问题的思路

在许多的随机试验中,进行一次试验通常要同时考察几个随机变量.一般说来,这几个随机变量之间存在着某种联系.因此,既要把它们作为一个整体来研究,又要单独研究其中的单个随机变量或其中的部分随机变量.

关于随机变量的整体研究:首先,提出来 $n$ 维随机向量的概念,建立了二维随机变量的分布函数理论.其次,对二维离散型和连续型随机变量分别提出了联合分布律

及联合概率密度的概念.再次,研究了两个随机变量函数的概率分布问题.

关于随机变量的单独研究:首先,在整体概念——联合分布律和联合概率密度——的基础上,提出了边缘分布函数的概念.其次,对离散型和连续型随机变量分别提出了边缘分布律及边缘概率密度的概念.第三,研究了一个随机变量的概率分布对另外随机变量的概率分布的"先后"影响关系——条件分布问题.第四,研究了几个随机变量彼此之间"横向"相互影响的概率问题,即随机变量的独立性理论.

## 二、释疑解惑

(1) 关于正态分布有关问题

(i) 二维正态分布的两个边缘分布都是一维正态分布;

(ii) 正态分布的联合概率密度与参数 $\rho$ 有关,而边缘概率密度不依赖参数 $\rho$,可见两个边缘概率密度不能唯一确定联合概率密度.

(2) 联合分布唯一确定边缘分布,反之不真.一个条件分布和对应的边缘分布能唯一确定联合分布.

## 三、学习与研究方法

### 一维与多维问题

关于一维问题与多维问题,这是一个基础与提高的关系,是由简单到复杂的拓广与提升过程.通常,一维所研究的问题是简单的基础的问题,而类似的多维问题是对一维问题的扩充与加深.

对于一维随机变量,我们研究了分布函数、分布律和概率密度问题.在二维随机变量理论中,我们除了研究(联合)分布函数、(联合)分布律、(联合)概率密度外,又建立了边缘分布、边缘概率密度、条件分布和随机变量的独立性理论.

# 总习题三

## A 组

1. 设随机变量 $(X,Y)$ 的概率密度为

$$f(x,y)=\begin{cases}1, & |y|<x,0<x<1,\\ 0, & \text{其他}.\end{cases}$$

求条件概率密度 $f_{Y|X}(y|x)$ 和 $f_{X|Y}(x|y)$.

2. 设随机变量 $X$ 与 $Y$ 相互独立,下表列出了二维随机变量 $(X,Y)$ 的分布律及关于 $X$ 和关于 $Y$ 的边缘分布律中的部分数值,试将其余数值填入表中空白处.

| X \ Y | $x_1$ | $x_2$ | $P\{Y=y_j\}=p_{\cdot j}$ |
|---|---|---|---|
| $y_1$ | | $\frac{1}{8}$ | $\frac{1}{6}$ |
| $y_2$ | $\frac{1}{8}$ | | |
| $y_3$ | | | |
| $P\{X=x_i\}=p_{i\cdot}$ | | | 1 |

3. 设随机变量$(X,Y)$的概率密度为

$$f(x,y)=\begin{cases}ke^{-(3x+4y)}, & x>0,y>0,\\ 0, & 其他.\end{cases}$$

(1) 求常数$k$；

(2) 求$(X,Y)$的分布函数；

(3) 计算$P\{0<X\leqslant1,0<Y\leqslant2\}$；

(4) 计算边缘概率密度$f_X(x),f_Y(y)$；

(5) 问随机变量$X$与$Y$是否相互独立？

4. 已知$(X,Y)$的分布律为

| X \ Y | 1 | 2 | 3 |
|---|---|---|---|
| 1 | 0 | $\frac{1}{6}$ | $\frac{1}{12}$ |
| 2 | $\frac{1}{6}$ | $\frac{1}{6}$ | $\frac{1}{6}$ |
| 3 | $\frac{1}{12}$ | $\frac{1}{6}$ | 0 |

(1) 证明$X$与$Y$不相互独立；

(2) 求$Z=X+Y$的分布律；

(3) 求$V=\max\{X,Y\}$的分布律；

(4) 求$U=\min\{X,Y\}$的分布律；

(5) 求$W=U+V$的分布律.

5. 设甲船到达港口的时间均匀分布在8时~12时,乙船到达港口的时间均匀分布在7时~9时,两船到达的时间相互独立.求两船到达港口时间相差不超过5分钟的概率.

6. 设二维随机变量$(X,Y)$的概率密度为

$$f(x,y)=\begin{cases}2-x-y, & 0<x<1,0<y<1,\\ 0, & 其他.\end{cases}$$

(1) 求$P\{X>2Y\}$；

(2) 求$Z=X+Y$的概率密度$f_Z(z)$.

7. 设随机变量 $(X,Y)$ 的概率密度为

$$f(x,y)=\begin{cases}x^2+\dfrac{1}{3}xy, & 0\leqslant x\leqslant 1,0\leqslant y\leqslant 2,\\ 0, & 其他.\end{cases}$$

试求:(1) $(X,Y)$ 的分布函数;

(2) $(X,Y)$ 的两个边缘概率密度;

(3) $(X,Y)$ 的两个条件概率密度;

(4) 概率 $P\{X+Y>1\}$,$P\{Y>X\}$ 及 $P\left\{Y<\dfrac{1}{2}\Big|X<\dfrac{1}{2}\right\}$.

8. 设系统 $L$ 由两个相互独立的子系统 $L_1$ 和 $L_2$ 联接而成,联接的方式分别为:
(1)串联,(2)并联,(3)备用(当系统 $L_1$ 损坏时,系统 $L_2$ 开始工作),如图 3-7 所示.

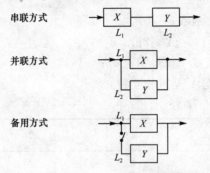

图 3-7　习题 8 系统串联、并联和备用方式示意图

设子系统 $L_1,L_2$ 的寿命分别为 $X,Y$,已知它们服从指数分布,其概率密度分别为

$$f_X(x)=\begin{cases}\alpha\mathrm{e}^{-\alpha x}, & x>0,\\ 0, & x\leqslant 0,\end{cases}$$

$$f_Y(y)=\begin{cases}\beta\mathrm{e}^{-\beta y}, & y>0,\\ 0, & y\leqslant 0,\end{cases}$$

其中 $\alpha>0,\beta>0$ 且 $\alpha\neq\beta$.试分别就以上三种联接方式求出系统 $L$ 的寿命 $Z$ 的概率密度.

9.设二维随机变量 $(X,Y)$ 在区域 $D=\left\{(x,y)\,\middle|\,0<x<1,x^2<y<\sqrt{x}\right\}$ 上服从均匀分布,令 $U=\begin{cases}1, & X\leqslant Y,\\ 0, & X>Y.\end{cases}$

(1) 写出 $(X,Y)$ 的概率密度;

(2) 问 $U$ 与 $X$ 是否相互独立? 并说明理由;

(3) 求 $Z=U+X$ 的分布函数 $F(z)$.

## B 组

1. 设随机变量 $X$ 与 $Y$ 相互独立,且分别服从参数为 1 与参数为 4 的指数分布,

则 $P\{X<Y\}=($    $)$.

(A) $\dfrac{1}{5}$.　　　　(B) $\dfrac{1}{3}$.　　　　(C) $\dfrac{2}{5}$.　　　　(D) $\dfrac{4}{5}$.

2. 设随机变量 $X$ 与 $Y$ 相互独立,且 $X$ 服从标准正态分布 $N(0,1)$,$Y$ 的概率分布为 $P\{Y=0\}=P\{Y=1\}=\dfrac{1}{2}$,记 $F_Z(z)$ 为随机变量 $Z=XY$ 的分布函数,则该函数 $F_Z(z)$ 的间断点个数为(    ).

(A) 0.　　　　(B) 1.　　　　(C) 2.　　　　(D) 3.

3. 设随机变量 $X,Y$ 独立同分布,且 $X$ 的分布函数为 $F(x)$,则 $Z=\max\{X,Y\}$ 的分布函数为(    ).

(A) $F^2(x)$.　　　　　　　　(B) $F(x)F(y)$.

(C) $1-[1-F(x)]^2$.　　　　(D) $[1-F(x)][1-F(y)]$.

4. 设 $X_1$ 和 $X_2$ 是任意两个相互独立的连续型随机变量,它们的概率密度分别为 $f_1(x)$ 和 $f_2(x)$,分布函数分别为 $F_1(x)$ 和 $F_2(x)$,则(    ).

(A) $f_1(x)+f_2(x)$ 必为某一随机变量的概率密度.

(B) $F_1(x)F_2(x)$ 必为某一随机变量的分布函数.

(C) $F_1(x)+F_2(x)$ 必为某一随机变量的分布函数.

(D) $f_1(x)f_2(x)$ 必为某一随机变量的概率密度.

5. 假设随机变量 $X$ 服从指数分布,则随机变量 $Y=\min\{X,2\}$ 的分布函数(    ).

(A) 是连续函数.　　　　　　(B) 至少有两个间断点.

(C) 是阶梯函数.　　　　　　(D) 恰好有一个间断点.

随机变量的数字特征

大数定律与中心极限定理

在第二章和第三章讨论了随机变量的分布函数,这是关于随机变量的一种完整的描述.但是在一些实际问题中,未必需要去全面考察随机变量的变化情况,而只需知道随机变量的某些特征,因而并不需要求出它的分布函数.在这些用来描写随机变量分布特征的数字中,最重要的就是随机变量的数学期望、方差以及相关系数.

本章将介绍随机变量的常用数字特征:数学期望、方差、相关系数和矩,推导 6 种重要分布的数学期望和方差,分析数学期望、方差、协方差和相关系数的主要性质.

# 第一节　数学期望

## 一、数学期望的概念

**引例**　现考查一批 5 万只的灯泡.为了评估这批灯泡的使用寿命(设每只灯泡的寿命是一个随机变量 $X$(单位:h)),现从中随机抽取 100 只.测试结果如下:

| 寿命(小时) | 1 050 | 1 100 | 1 150 | 1 200 | 1 250 |
|---|---|---|---|---|---|
| 灯泡数(频数) | 6 | 20 | 32 | 26 | 16 |
| 频率 | $\frac{6}{100}$ | $\frac{20}{100}$ | $\frac{32}{100}$ | $\frac{26}{100}$ | $\frac{16}{100}$ |

我们可求得这 100 只灯泡的平均寿命为

$$\frac{1\ 050\times6+1\ 100\times20+1\ 150\times32+1\ 200\times26+1\ 250\times16}{100}$$

$$=1\ 050\times\frac{6}{100}+1\ 100\times\frac{20}{100}+1\ 150\times\frac{32}{100}+1\ 200\times\frac{26}{100}+1\ 250\times\frac{16}{100}$$

$$=1\ 163(\mathrm{h}).$$

分析上式,可以看出:灯泡的寿命平均值等于随机变量取值乘以取该值频率再求和.

参考上面的例子含义,我们可作如下定义.

**1. 离散型随机变量的数学期望**

**定义 1**　设离散型随机变量 $X$ 的分布律为

$$P\{X=x_k\}=p_k, \quad k=1,2,3,\cdots.$$

若级数 $\sum_{k=1}^{\infty} x_k p_k$ 绝对收敛,则称数项级数 $\sum_{k=1}^{\infty} x_k p_k$ 的和为离散型随机变量 $X$ 的**数学期望**(mathematical expectation),记为 $E(X)$ 或 $EX$. 即

$$E(X) = \sum_{k=1}^{\infty} x_k p_k. \tag{1.1}$$

在实际问题中所得到的随机变量观察值的算术平均与数学期望有着密切的联系.

设在 $n$ 次独立试验中,随机变量 $X$ 取 $x_k$ 的频数为 $n_k$,频率

$$f_n(x_k) = \frac{n_k}{n}(k = 1,2,\cdots,l),$$

则可以计算出 $X$ 观察值的算术平均值为

$$\overline{x} = \frac{1}{n}\sum_{k=1}^{l} n_k x_k = \sum_{k=1}^{l} x_k \cdot \frac{n_k}{n} = \sum_{k=1}^{l} x_k f_n(x_k). \tag{1.2}$$

此式右端实际上是一种加权算术平均,把它与(1.1)式比较,它与 $X$ 的理论分布的数学期望 $E(X)$ 的计算方法是相似的,只是用频率代替了概率.随着试验次数 $n$ 的增加,频率 $f_n(x_k)$ 会越来越稳定于概率 $p_k$(此性质参见第五章第一节伯努利大数定律),故 $\overline{x}$ 的值也会越来越接近数学期望 $E(X)$.

**2. 连续型随机变量的数学期望**

类似于(1.1)式,我们可以由此给出连续型随机变量的数学期望的定义.

**定义 2**　设连续型随机变量 $X$ 的概率密度为 $f(x)$,**若积分** $\int_{-\infty}^{+\infty} xf(x)\mathrm{d}x$ **绝对收敛**,则称积分

$$\int_{-\infty}^{+\infty} xf(x)\mathrm{d}x$$

的值为连续型随机变量 $X$ 的**数学期望**(mathematical expectation),记为 $E(X)$ 或 $EX$. 即

$$E(X) = \int_{-\infty}^{+\infty} xf(x)\mathrm{d}x. \tag{1.3}$$

人们习惯上把数学期望简称为**期望**(expectation),又称为**均值**(average).

☆**例 4.1.1**　某人有一笔资金,可投入两个项目:房产和商业,其收益与市场状态有关.若把未来市场划分为好、中、差三个等级,其发生的概率分别为 0.2、0.7、0.1.通过调查,该投资者认为投资房产的收益 $X$(千万元)和投资商业的收益 $Y$(千万元)的概率分布分别为

| $X$ | 11 | 3 | $-3$ |
|---|---|---|---|
| $P$ | 0.2 | 0.7 | 0.1 |

| $Y$ | 6 | 4 | $-1$ |
|---|---|---|---|
| $P$ | 0.2 | 0.7 | 0.1 |

请问:该投资者如何投资为好?

**解**　我们先考察数学期望(平均收益)

$$E(X) = 11 \times 0.2 + 3 \times 0.7 + (-3) \times 0.1 = 4.0(千万元),$$

$$E(Y) = 6 \times 0.2 + 4 \times 0.7 + (-1) \times 0.1 = 3.9(千万元).$$

可见,从平均收益看,投资房产收益大,可比投资商业多收益 0.1 千万元.

## 二、随机变量函数的数学期望

**定理 1**　设 $Y$ 是随机变量 $X$ 的函数 $Y = g(X)$($g$ 是连续函数).

(1) 设 $X$ 是离散型随机变量,它的分布律为 $P\{X = x_k\} = p_k, k = 1, 2, 3, \cdots$,若 $\sum_{k=1}^{\infty} g(x_k) p_k$ 绝对收敛,则有

$$E(Y) = E\left[g(X)\right] = \sum_{k=1}^{\infty} g(x_k) p_k. \tag{1.4}$$

(2) 设 $X$ 是连续型随机变量,它的概率密度为 $f(x)$,若 $\int_{-\infty}^{+\infty} g(x) f(x) \mathrm{d}x$ 绝对收敛,则有

$$E(Y) = E\left[g(X)\right] = \int_{-\infty}^{+\infty} g(x) f(x) \mathrm{d}x. \tag{1.5}$$

定理 1 的重要意义在于:当我们求随机变量函数的数学期望 $E(Y)$ 时,不必算出 $Y$ 的分布律或概率密度,只需利用 $X$ 的分布律或概率密度就可以直接计算.定理 1 的证明从略[8].

上述定理还可以推广到两个或两个以上随机变量函数的情况.我们在这里给出如下关于二维随机变量函数的数学期望的具体公式.

**定理 2**　设 $Z$ 是二维随机变量 $(X, Y)$ 的函数 $Z = g(X, Y)$,其中 $g$ 是二元连续函数.

(1) 设 $(X, Y)$ 是离散型随机变量,其分布律为

$$P\{X = x_i, Y = y_j\} = p_{ij}, i, j = 1, 2, 3, \cdots,$$

则当级数 $\sum_{i=1}^{\infty} \sum_{j=1}^{\infty} g(x_i, y_j) p_{ij}$ 绝对收敛时,有

$$E(Z) = E[g(X, Y)] = \sum_{i=1}^{\infty} \sum_{j=1}^{\infty} g(x_i, y_j) p_{ij}. \tag{1.6}$$

(2) 设 $(X, Y)$ 是连续型随机变量,其概率密度为 $f(x, y)$,则当积分

$$\int_{-\infty}^{+\infty} \int_{-\infty}^{+\infty} g(x, y) f(x, y) \mathrm{d}x \mathrm{d}y$$

绝对收敛时,有

$$E(Z) = E[g(X,Y)] = \int_{-\infty}^{+\infty} \int_{-\infty}^{+\infty} g(x,y) f(x,y) \mathrm{d}x\mathrm{d}y. \tag{1.7}$$

定理 2 的证明从略[9].

☆ **例 4.1.2**　继续解读第 83 页例 3.2.2 和第 87 页例 3.3.2:设二维随机变量 $(X,Y)$ 的概率密度为

$$f(x,y) = \begin{cases} \dfrac{1}{\pi}, & x^2 + y^2 \leqslant 1, \\ 0, & \text{其他}. \end{cases}$$

求:(1) 随机变量 $X$ 和 $Y$ 的数学期望 $E(X)$ 和 $E(Y)$;(2) $E(X^2)$.

**解**　(1) 随机变量 $X$ 的数学期望

$$E(X) = \int_{-\infty}^{+\infty} \int_{-\infty}^{+\infty} xf(x,y) \mathrm{d}x\mathrm{d}y = \iint\limits_{x^2+y^2 \leqslant 1} \frac{x}{\pi} \mathrm{d}x\mathrm{d}y = \int_{-1}^{1} \mathrm{d}y \int_{-\sqrt{1-y^2}}^{\sqrt{1-y^2}} \frac{x}{\pi} \mathrm{d}x = 0.$$

由 $x$ 和 $y$ 的对称性,知随机变量 $Y$ 的数学期望 $E(Y) = 0$.

(2) $E(X^2) = \displaystyle\int_{-\infty}^{+\infty} \int_{-\infty}^{+\infty} x^2 f(x,y) \mathrm{d}x = \iint\limits_{x^2+y^2 \leqslant 1} \frac{x^2}{\pi} \mathrm{d}x\mathrm{d}y = \int_{-1}^{1} \mathrm{d}y \int_{-\sqrt{1-y^2}}^{\sqrt{1-y^2}} \frac{x^2}{\pi} \mathrm{d}x = \frac{1}{4}.$

**例 4.1.3**　已知随机变量 $(X,Y)$ 的概率密度为

$$f(x,y) = \begin{cases} 4xy, & 0 \leqslant x \leqslant 1, 0 \leqslant y \leqslant 1, \\ 0, & \text{其他}. \end{cases}$$

求 $E(X), E(Y), E(X^2)$ 和 $E(XY)$.

**解**　因为

$$f_X(x) = \int_{-\infty}^{+\infty} f(x,y) \mathrm{d}y = \begin{cases} 2x, & 0 \leqslant x \leqslant 1, \\ 0, & \text{其他}, \end{cases}$$

所以 　　　　　　$E(X) = \displaystyle\int_{0}^{1} xf_X(x) \mathrm{d}x = \int_{0}^{1} x \cdot 2x \mathrm{d}x = \frac{2}{3}.$

同理,由 $x$ 与 $y$ 的对称性得到 $E(Y) = \dfrac{2}{3}$.

$$E(X^2) = \int_{-\infty}^{+\infty} x^2 f_X(x) \mathrm{d}x = \int_{0}^{1} x^2 2x \mathrm{d}x = \frac{1}{2}.$$

$$E(XY) = \int_{-\infty}^{+\infty} \int_{-\infty}^{+\infty} xyf(x,y) \mathrm{d}x\mathrm{d}y = \int_{0}^{1} \int_{0}^{1} xy \cdot 4xy \mathrm{d}x\mathrm{d}y$$

$$= 4\int_{0}^{1} x^2 \mathrm{d}x \int_{0}^{1} y^2 \mathrm{d}y = \frac{4}{9}.$$

## 三、数学期望的性质

**定理 3**　在数学期望存在的条件下,下述结论成立:

(1) 设 $C$ 是常数,则有 $E(C) = C$.

(2) 设 $X$ 是一个随机变量,$C$ 是常数,则有 $E(CX) = CE(X)$.

(3) **设 $X,Y$ 是两个随机变量,则有 $E(X+Y)=E(X)+E(Y)$.**

这一性质可以推广到任意有限个随机变量之和的情况.

(4) **设 $X,Y$ 是相互独立的随机变量,则有 $E(XY)=E(X)E(Y)$.**

这一性质可以推广到任意有限个相互独立的随机变量之积的情况.

**证明**　结论(1)和(2)由读者自己证明.我们以连续型随机变量为例来证结论(3)和(4),离散型随机变量的证明类似.

设二维随机变量 $(X,Y)$ 的概率密度为 $f(x,y)$,其边缘概率密度为 $f_X(x)$,$f_Y(y)$.由(1.7)式得到

$$\begin{aligned}
E(X+Y) &= \int_{-\infty}^{+\infty}\int_{-\infty}^{+\infty}(x+y)f(x,y)\mathrm{d}x\mathrm{d}y \\
&= \int_{-\infty}^{+\infty}\int_{-\infty}^{+\infty}xf(x,y)\mathrm{d}x\mathrm{d}y+\int_{-\infty}^{+\infty}\int_{-\infty}^{+\infty}yf(x,y)\mathrm{d}x\mathrm{d}y \\
&= E(X)+E(Y).
\end{aligned}$$

结论(3)得证.

又若 $X$ 和 $Y$ 相互独立,则由(1.7)式和第三章第三节(3.2)式独立性充要条件有

$$\begin{aligned}
E(XY) &= \int_{-\infty}^{+\infty}\int_{-\infty}^{+\infty}xyf(x,y)\mathrm{d}x\mathrm{d}y \\
&= \int_{-\infty}^{+\infty}\int_{-\infty}^{+\infty}xyf_X(x)f_Y(y)\mathrm{d}x\mathrm{d}y \\
&= \left[\int_{-\infty}^{+\infty}xf_X(x)\mathrm{d}x\right]\left[\int_{-\infty}^{+\infty}yf_Y(y)\mathrm{d}y\right] \\
&= E(X)E(Y).
\end{aligned}$$

结论(4)得证.

结合结论(2)和(3),对任意的常数 $a,b,c$ 和随机变量 $X,Y$,有

$$E(aX+bY+c)=aE(X)+bE(Y)+c. \tag{1.8}$$

**例 4.1.4**　一民航送客车载有 20 位旅客自机场开出,旅客有 10 个车站可以下车.如到达一个车站没有旅客下车就不停车.以 $X$ 表示停车的次数,求平均停车次数 $E(X)$(设每位旅客在各个车站下车是等可能的,并设各旅客是否下车相互独立).

**解**　引入随机变量

$$X_i=\begin{cases}0, & \text{在第 } i \text{ 站没有人下车},\\ 1, & \text{在第 } i \text{ 站有人下车},\end{cases} \quad i=1,2,\cdots,10.$$

易知停车次数 $X$ 成立关系式

$$X=X_1+X_2+\cdots+X_{10}.$$

现在来求平均下车次数 $E(X)$.

依题意,任一旅客在第 $i$ 站不下车的概率为 $\dfrac{9}{10}$.利用独立性,得到 20 位旅客都不在第 $i$ 站下车的概率为 $\left(\dfrac{9}{10}\right)^{20}$,在第 $i$ 站有人下车的概率为 $1-\left(\dfrac{9}{10}\right)^{20}$,也就是

$$P\{X_i = 0\} = \left(\frac{9}{10}\right)^{20}, \quad P\{X_i = 1\} = 1 - \left(\frac{9}{10}\right)^{20}, i = 1, 2, \cdots, 10.$$

由此得到 $X_i$ 的数学期望

$$E(X_i) = 0 \cdot P\{X_i = 0\} + 1 \cdot P\{X_i = 1\} = 1 - \left(\frac{9}{10}\right)^{20}, \quad i = 1, 2, \cdots, 10.$$

进而得到平均停车次数为

$$E(X) = E(X_1 + X_2 + \cdots + X_{10}) = E(X_1) + E(X_2) + \cdots + E(X_{10})$$

$$= 10 \times \left[1 - \left(\frac{9}{10}\right)^{20}\right] \approx 8.784(\text{次}).$$

可见,平均停车次数约 9 次,并不像我们想象的应该 10 次.

本题是将 $X$ 分解成若干个独立的服从同一 0-1 分布的随机变量 $X_i(i = 1, 2, \cdots, n)$ 之和 $X = X_1 + X_2 + \cdots + X_n$,这种关于累积计数问题的处理方法具有一定的普遍意义.

## 四、数学期望的应用问题

**例 4.1.5**　工程队完成某项工程的时间 $X \sim N(100, 16)$(单位:天). 甲方规定:若该工程在 100 天内完成,发奖金 10 000 元;若在 100 天至 112 天内完成,只发奖金 1 000 元;若完工时间超过 112 天,则被罚款 5 000 元.求该工程队完成此工程获得奖金的数学期望.

**解**　得奖金 10 000 元的概率为

$$P\{0 < X \leqslant 100\} = \Phi\left(\frac{100 - 100}{4}\right) - \Phi\left(\frac{0 - 100}{4}\right) = 0.5;$$

得奖金 1 000 元的概率为

$$P\{100 < X \leqslant 112\} = \Phi\left(\frac{112 - 100}{4}\right) - \Phi\left(\frac{100 - 100}{4}\right) = 0.498 65;$$

被罚款 5 000 元的概率为

$$P\{X > 112\} = 1 - P\{X \leqslant 112\} = 1 - \Phi\left(\frac{112 - 100}{4}\right) = 0.001 35.$$

所以,获得奖金的数学期望为

$$10\ 000 \times 0.5 + 1\ 000 \times 0.498\ 65 - 5\ 000 \times 0.001\ 35 \approx 5\ 492(\text{元}).$$

**例 4.1.6**　市场上对某种产品每年的需求量为 $X$(吨),它服从 $[2\ 000, 4\ 000]$ 上的均匀分布.已知每出售 1 吨产品可赚 3 万元;若售不出去,则每吨需付仓库保管费 1 万元.试问每年应进该产品多少吨,才能使销售商获得的平均收益最大? 并求最大平均收益.

**解**　设每年应进该商品 $y$ 吨,$2\ 000 \leqslant y \leqslant 4\ 000$,则每年的收益

$$R = g(X) = \begin{cases} 3 \cdot y, & X \geqslant y, \\ 3 \cdot X - 1 \cdot (y - X), & X < y, \end{cases}$$

于是有

$$g(X) = \begin{cases} 3y, & X \geqslant y, \\ 4X - y, & X < y. \end{cases}$$

已知 $X$ 的概率密度是

$$f(x) = \begin{cases} \dfrac{1}{2\,000}, & 2\,000 \leqslant x \leqslant 4\,000, \\ 0, & 其他. \end{cases}$$

从而得到每年的平均收益

$$E(R) = E[g(X)] = \int_{-\infty}^{+\infty} g(x) f(x) \mathrm{d}x$$

$$= \int_{2\,000}^{y} (4x - y) \cdot \frac{1}{2\,000} \mathrm{d}x + \int_{y}^{4\,000} 3y \cdot \frac{1}{2\,000} \mathrm{d}x$$

$$= \frac{1}{1\,000} (-y^2 + 7\,000y - 4 \times 10^6).$$

对关于进货量 $y$ 的函数 $E(R) = \dfrac{1}{1\,000}(-y^2 + 7\,000y - 4 \times 10^6)$ 求导,并令 $E'_y(R) = 0$,解之得到 $y = 3\,500$(吨). 所以当进货量 $y = 3\,500$ 吨时,可以期望获得最大平均收益 $E(R)\big|_{y=3\,500} = 8.25 \times 10^3$(万元).

**例 4.1.7** 汽车起点站分别于每小时 10 min、30 min 和 55 min 发车. 若乘客在每小时内的任一时刻随机到达车站,求乘客等车的平均时间.

**解** 设乘客到达车站的时刻为 $X$(单位:min),则 $X \sim U[0,60]$,且概率密度为

$$f(x) = \begin{cases} \dfrac{1}{60}, & 0 \leqslant x \leqslant 60, \\ 0, & 其他. \end{cases}$$

又设乘客等车的时间为 $Y$,则

$$Y = g(X) = \begin{cases} 10 - X, & 0 \leqslant X < 10, \\ 30 - X, & 10 \leqslant X < 30, \\ 55 - X, & 30 \leqslant X < 55, \\ 60 - X + 10, & 55 \leqslant X < 60. \end{cases}$$

故得到乘客等车的平均时间为

$$E(Y) = \int_{-\infty}^{+\infty} g(x) f(x) \mathrm{d}x = \int_{0}^{60} g(x) \cdot \frac{1}{60} \mathrm{d}x$$

$$= \frac{1}{60} \left[ \int_{0}^{10} (10 - x) \mathrm{d}x + \int_{10}^{30} (30 - x) \mathrm{d}x + \int_{30}^{55} (55 - x) \mathrm{d}x + \int_{55}^{60} (70 - x) \mathrm{d}x \right]$$

$$= 10.4 \text{(min)}.$$

**例 4.1.8** 据统计:65 岁的人在 30 年内正常死亡的概率为 0.98,因意外死亡的概率为 0.02. 保险公司开办老人意外事故死亡保险,参保者仅需交纳保险费 1 000 元. 若 30 年内因意外事故死亡,公司赔偿 $a$ 元. 问:

（1）如何确定赔偿额度 $a$，才能使保险公司期望获得收益？

（2）若有 10 000 人投保，公司期望总收益是多少？

**解**　设 $X_i$ 表示公司从第 $i$ 个投保人处获得的收益，$i=1,2,\cdots,10\,000$，则 $X_i$ 的分布律为

| $X_i$ | 1 000 | 1 000－$a$ |
|-------|-------|-----------|
| $P$   | 0.98  | 0.02      |

（1）要使公司不能亏本，应有

$$E(X_i) = 1\,000 \times 0.98 + (1\,000 - a) \times 0.02 = 1\,000 - 0.02a > 0.$$

从而得到赔偿额度满足 $1\,000 < a < 50\,000$（显然，若 $a < 1\,000$，则无人投保），即公司每笔赔偿小于 50 000 元才能使公司获益．

（2）公司期望总收益为

$$E\Big(\sum_{i=1}^{10\,000} X_i\Big) = \sum_{i=1}^{10\,000} E(X_i) = 10\,000\,000 - 200a.$$

若公司每笔赔偿 40 000 元，则公司总收益的期望值为 200 万元．

# 思考题

1. 数学期望与算术平均之间的联系与区别有哪些？

2. 数学期望的实际意义是什么？

3. 分析"数学期望的应用问题"中的题型及解题要点．

# 习题 4-1

1. 设随机变量 $X$ 的分布律为

| $X$ | －2  | 0   | 2   |
|-----|-----|-----|-----|
| $P$ | 0.4 | 0.3 | 0.3 |

求 $E(X)$，$E(2-3X)$，$E(X^2)$，$E(3X^2+5)$．

2. 设随机变量 $X$ 的概率密度为

$$f(x) = \begin{cases} 2^{-x}\ln 2, & x > 0, \\ 0, & x \leqslant 0. \end{cases}$$

对 $X$ 进行独立重复的观测，直到第 2 个大于 3 的观测值出现时停止，记 $Y$ 为次数．

（1）求 $Y$ 的概率分布；

（2）求数学期望 $E(Y)$．

3. 对任意的随机变量 $X$,关系式 $E(X^2) < [E(X)]^2$ 总成立吗? 若不成立,请举出反例.

4. 设某射手每次射击命中目标的概率都是 0.8,现连续向同一目标射击,直到第一次命中为止. 求"射击次数 $X$"的期望.

5. 某省发行的体育彩票中,由顺序的 7 个数字组成一个号码,成为一注. 7 个数字中的每个数字都选自 $0,1,2,\cdots,9$,可以重复. 如果彩票一元一张,且全体不同的彩票中只有一个中大奖,设中大奖可获得奖金 300 万元,应上缴利税 20%. 问某人购买一注彩票时期望盈利是多少?

6. $N$ 件产品中有 $M$ 件正品,从中无放回地任取 $n$ 件,问可以期望获得几件正品?

7. 对球的直径作近似测量,设其值均匀分布在区间 $[a,b]$ 内,求该球体积的数学期望.

8. 设随机变量 $X$ 的概率密度为

$$f(x) = \begin{cases} e^{-x}, & x > 0, \\ 0, & x \leqslant 0. \end{cases}$$

求 $Y = 2X$ 和 $Y = e^{-2X}$ 的数学期望.

9. 设随机变量 $X$ 的概率密度为

$$f(x) = \begin{cases} a + bx, & 0 \leqslant x \leqslant 1, \\ 0, & \text{其他.} \end{cases}$$

且已知 $E(X) = \dfrac{2}{3}$. 试求:

(1) 常数 $a,b$ 的值;

(2) $P\left\{X < \dfrac{1}{2}\right\}$.

10. 证明柯西分布的数学期望不存在.

11. 设随机变量 $X$ 的分布为 $P\{X=1\} = P\{X=2\} = \dfrac{1}{2}$,在给定 $X=i$ 的条件下,随机变量 $Y$ 服从均匀分布 $U(0,i), i=1,2$.

(1) 求 $Y$ 的分布函数;

(2) 求期望 $E(Y)$.

12. 游客乘电梯从底层到电视塔顶观光,电梯于每个整点的第 5 分钟、第 25 分钟和第 55 分钟从底层起行. 假设一游客在早八点的第 $X$ 分钟到达底层候梯处,且 $X$ 在区间 $[0,60]$ 上服从均匀分布. 求该游客等候电梯时间的数学期望.

13. 某保险公司规定,如果在一年内顾客的投保事件 $A$ 发生,该公司就赔偿顾客 $a$ 元. 若一年内事件 $A$ 发生的概率为 $p$,为使该公司受益的期望值等于 $a$ 的 10%,该公司应该要求顾客交多少保险费?

14. 一商店经销某种商品,每周进货的数量 $X$ 与顾客对该种商品的需求量 $Y$ 是相互独立的随机变量,且都服从区间[10,20]上的均匀分布.商店每售出一单位商品可以获利润 1 000 元;若需求量超过进货量,商店可以从其他商店调剂供应,这时每单位商品获利润为 500 元.试计算此商店每周所获得利润的期望值.

# 第二节 方差

在分析实际问题时,人们除了关心随机变量取值的平均值,也要关心随机变量取值是否集中或过于分散,以此来说明产品质量的稳定性.由此可见,研究随机变量与其均值的偏离程度是十分必要的.

那么,用怎样的量来度量这个偏离程度呢? 容易看到

$$E\{|X-E(X)|\}$$

能度量随机变量与其均值 $E(X)$ 的偏离程度.但是表达式带有绝对值运算会导致计算不方便.为计算方便起见,通常是采用偏差的平方量

$$E\{[X-E(X)]^2\}$$

来度量随机变量 $X$ 与其均值 $E(X)$ 的偏离程度.

## 一、方差的定义

**定义** 设 $X$ 是一个随机变量,若 $E\{[X-E(X)]^2\}$ 存在,则称

$$E\{[X-E(X)]^2\}$$

为 $X$ 的**方差**(variance),记为 $D(X)$ 或 $DX$,$\mathrm{Var}(X)$.即

$$D(X)=\mathrm{Var}(X)=E\{[X-E(X)]^2\}. \tag{2.1}$$

在应用上,还引入与随机变量 $X$ 具有相同量纲的量 $\sqrt{D(X)}$,记为 $\sigma(X)$,称为**标准差**(standard deviation)或**均方差**(mean square error).

按定义,随机变量 $X$ 的方差表达了 $X$ 的取值与其数学期望的偏离程度.若 $X$ 取值比较集中,则 $D(X)$ 较小;若 $X$ 取值比较分散,则 $D(X)$ 较大.因此,$D(X)$ 是刻画 $X$ 取值分散程度的一个量.在实际应用中,方差或标准差用来刻画如机器工作的稳定性、产品质量的稳定性、误差控制的精度等.

由定义知,方差实际上就是随机变量 $X$ 的函数 $g(X)=[X-E(X)]^2$ 的数学期望.

关于离散型随机变量和连续型随机变量的具体计算方差公式如下所述.

**定理 1** 在相应方差存在的条件下,

(1) 若 $X$ 是离散型随机变量,分布律为

$$P\{X=x_k\}=p_k, \quad k=1,2,\cdots,$$

则离散型随机变量 $X$ 的方差

$$D(X) = \sum_{k=1}^{\infty} [x_k - E(X)]^2 p_k. \tag{2.2}$$

（2）若 $X$ 是连续型随机变量，其概率密度为 $f(x)$，则连续型随机变量 $X$ 的方差

$$D(X) = \int_{-\infty}^{+\infty} [x - E(X)]^2 f(x) \mathrm{d}x. \tag{2.3}$$

（3）$D(X) = E(X^2) - [E(X)]^2.$ $\tag{2.4}$

**证明**　结论（1）和（2）由方差定义及函数期望计算公式（1.4）式和（1.5）式立即得证.

对于结论（3），

$$\begin{aligned}
D(X) &= E\{[X - E(X)]^2\} \\
&= E\{X^2 - 2XE(X) + [E(X)]^2\} \\
&= E(X^2) - 2E(X)E(X) + [E(X)]^2 \\
&= E(X^2) - [E(X)]^2.
\end{aligned}$$

请读者注意，常用（2.4）式计算方差.

**例 4.2.1**　深入解读第一节例 4.1.1：进一步分析该投资者如何投资为好呢？

**解**　从平均收益看，投资房产收益大，可比投资商业多收益 0.1 千万元.

下面我们再来计算它们各自的方差：

$$D(X) = (11-4)^2 \times 0.2 + (3-4)^2 \times 0.7 + (-3-4)^2 \times 0.1 = 15.4,$$
$$D(Y) = (6-3.9)^2 \times 0.2 + (4-3.9)^2 \times 0.7 + (-1-3.9)^2 \times 0.1 = 3.29.$$

各自的标准差等于

$$\sigma(X) = \sqrt{15.4} = 3.92, \quad \sigma(Y) = \sqrt{3.29} = 1.81.$$

因为标准差（方差也一样）越大，则说明收益的波动越大，从而投资风险也增加. 所以从标准差看，投资房产的风险比投资商业的风险大一倍多.

若收益与风险综合权衡，该投资者还是应该选择投资商业为好. 虽然平均收益少 0.1 千万元，但是风险要小一半以上.

☆**例 4.2.2**　继续解读第 86 页例 3.3.1：设二维随机变量 $(X,Y)$ 的分布律为

| Y＼X | 0 | 1 | $p_{\cdot j}$ |
|---|---|---|---|
| 1 | $\frac{1}{6}$ | $\frac{1}{3}$ | $\frac{1}{2}$ |
| 2 | $\frac{1}{6}$ | $\frac{1}{3}$ | $\frac{1}{2}$ |
| $p_{i\cdot}$ | $\frac{1}{3}$ | $\frac{2}{3}$ | 1 |

试计算 $E(X), E(X^2), E(XY), D(X)$.

**解**　由 $X$ 和 $Y$ 的联合分布律和边缘分布律，得到

$$E(X) = \sum_{i=1}^{2} x_i p_{i\cdot} = 0 \times \frac{1}{3} + 1 \times \frac{2}{3} = \frac{2}{3},$$

$$E(X^2) = \sum_{j=1}^{2} x_j^2 p_{\cdot j} = 0^2 \times \frac{1}{3} + 1^2 \times \frac{2}{3} = \frac{2}{3},$$

$$E(XY) = \sum_{i=1}^{2}\sum_{j=1}^{2} x_i y_j p_{ij} = 0 \times 1 \times \frac{1}{6} + 0 \times 2 \times \frac{1}{6} + 1 \times 1 \times \frac{2}{6} + 1 \times 2 \times \frac{2}{6} = 1,$$

$$D(X) = E(X^2) - [E(X)]^2 = \frac{2}{3} - \left(\frac{2}{3}\right)^2 = \frac{2}{9}.$$

☆**例 4.2.3**　继续解读例 4.1.3：已知随机变量 $(X,Y)$ 的概率密度为

$$f(x,y) = \begin{cases} 4xy, & 0 \leqslant x \leqslant 1, \quad 0 \leqslant y \leqslant 1, \\ 0, & \text{其他.} \end{cases}$$

再求 $X$ 和 $Y$ 的方差 $D(X), D(Y)$.

**解**　已知 $X$ 的数学期望为 $E(X) = \dfrac{2}{3}, E(X^2) = \dfrac{1}{2}$.

所以

$$D(X) = E(X^2) - [E(X)]^2 = \frac{1}{2} - \left(\frac{2}{3}\right)^2 = \frac{1}{18}.$$

由 $x$ 与 $y$ 的对称性得到

$$D(Y) = \frac{1}{18}.$$

## 二、方差的性质

**定理 2**　随机变量的方差具有以下性质（设以下所遇到的随机变量的方差均存在）：

(1) 设 $C$ 为常数，则

$$D(C) = 0 . \tag{2.5}$$

(2) 设 $C, a, b$ 为常数，则

$$D(CX) = C^2 D(X), \text{且} D(aX + b) = a^2 D(X). \tag{2.6}$$

(3) 若 $X$ 与 $Y$ 相互独立，则

$$D(X \pm Y) = D(X) + D(Y). \tag{2.7}$$

(4) 设 $X_1, X_2, \cdots, X_n$ 是相互独立的 $n$ 个随机变量，$C_1, C_2, \cdots, C_n$ 是 $n$ 个常数，则

$$D\left(\sum_{i=1}^{n} C_i X_i\right) = \sum_{i=1}^{n} C_i^2 D(X_i). \tag{2.8}$$

(5) $D(X) = 0$ 的充分必要条件是 $X$ 以概率 1 取常数 $E(X)$，即

$$P\{X = E(X)\} = 1.$$

**证明**　(1) 由数学期望的性质，有

$$D(C) = E\{[C - E(C)]^2\} = E[(C - C)^2] = E(0) = 0.$$

(2) 由方差的计算公式 (2.4) 式可得，

$$D(CX) = E(C^2 X^2) - [E(CX)]^2 = C^2 E(X^2) - C^2 [E(X)]^2 = C^2 D(X).$$

第二个等式留给读者自证.

$$(3) \quad D(X\pm Y)=E\{[(X\pm Y)-E(X\pm Y)]^2\}$$
$$=E\{[(X-E(X))\pm(Y-E(Y))]^2\}$$
$$=E\{[X-E(X)]^2\}+E\{[Y-E(Y)]^2\}\pm$$
$$2E\{[X-E(X)][Y-E(Y)]\}$$
$$=D(X)+D(Y)\pm 2E\{[X-E(X)][Y-E(Y)]\},$$

由于 $X$ 与 $Y$ 相互独立,根据第三章第三节定理 3 知 $X-E(X)$ 与 $Y-E(Y)$ 也相互独立,从而

$$E\{[X-E(X)][Y-E(Y)]\}=E[X-E(X)]\,E\,[Y-E(Y)]=0.$$

于是

$$D(X\pm Y)=D(X)+D(Y).$$

结合结论(2)与(3)立即推知结论(4)成立.

结论(5)的证明见第五章第一节例 5.1.2.

**例 4.2.4** 设随机变量 $X$ 的数学期望 $E(X)$ 和方差 $D(X)$ 均存在,且 $D(X)>0$. 定义一个新随机变量 $X^*$ 为

$$X^*=\frac{X-E(X)}{\sqrt{D(X)}}, \tag{2.9}$$

求证 $E(X^*)=0,D(X^*)=1$. 通常称 $X^*$ 为 $X$ 的**标准化随机变量**.

**证明**

$$E(X^*)=E\left[\frac{X-E(X)}{\sqrt{D(X)}}\right]=\frac{1}{\sqrt{D(X)}}[E(X)-E(X)]=0,$$

$$D(X^*)=D\left[\frac{X-E(X)}{\sqrt{D(X)}}\right]=\frac{1}{[\sqrt{D(X)}]^2}D(X)=1.$$

本例题的结论常当作定理使用. 随机变量"标准化"的处理方法也常常用到.

## 三、几种重要分布的数学期望与方差

### 1. 0-1 分布

设随机变量 $X\sim B(1,p)$,则 $E(X)=p,D(X)=pq$,这里 $q=1-p$.

**证明** 由于 $X$ 的分布律为

| $X$ | 0 | 1 |
|-----|---|---|
| $P$ | $q$ | $p$ |

故知 $X^2$ 的分布律为

| $X^2$ | 0 | 1 |
|-------|---|---|
| $P$ | $q$ | $p$ |

于是

$$E(X)=0 \cdot q+1 \cdot p=p, \quad E(X^2)=0 \cdot q+1 \cdot p=p,$$

从而

$$D(X)=E(X^2)-[E(X)]^2=p-p^2=p(1-p)=pq.$$

**2. 二项分布**

设随机变量 $X \sim B(n,p)$，则 $E(X)=np, D(X)=npq$，这里 $q=1-p$.

**证明**　二项分布可以看成 $n$ 个独立的服从相同 0-1 分布的随机变量之和，即设 $X_i \sim B(1,p)(i=1,2,\cdots,n)$ 且相互独立，得到

$$X = \sum_{i=1}^{n} X_i.$$

于是，根据数学期望和方差性质得到

$$E(X) = \sum_{i=1}^{n} E(X_i) = np, D(X) = \sum_{i=1}^{n} D(X_i) = npq.$$

**3. 泊松分布**

设随机变量 $X \sim P(\lambda)$，则 $E(X) = D(X) = \lambda$.

**证明**　$E(X) = \sum_{k=0}^{\infty} k \cdot \frac{\lambda^k e^{-\lambda}}{k!} = \lambda e^{-\lambda} \sum_{k=1}^{\infty} \frac{\lambda^{k-1}}{(k-1)!} = \lambda e^{-\lambda} \cdot e^{\lambda} = \lambda.$

又由于

$$E(X^2) = \sum_{k=0}^{\infty} k^2 \cdot \frac{\lambda^k e^{-\lambda}}{k!} = \sum_{k=1}^{\infty} (k-1+1) \frac{\lambda^k e^{-\lambda}}{(k-1)!}$$

$$= \lambda^2 \sum_{k=2}^{\infty} \frac{\lambda^{k-2}}{(k-2)!} \cdot e^{-\lambda} + \lambda \sum_{k=1}^{\infty} \frac{\lambda^{k-1}}{(k-1)!} \cdot e^{-\lambda}$$

$$= \lambda^2 + \lambda,$$

从而

$$D(X) = E(X^2) - [E(X)]^2 = \lambda^2 + \lambda - \lambda^2 = \lambda.$$

**4. 均匀分布**

设随机变量 $X \sim U(a,b)$，则 $E(X) = \frac{a+b}{2}, D(X) = \frac{(b-a)^2}{12}$.

**证明**　由于 $X$ 的概率密度为

$$f(x) = \begin{cases} \frac{1}{b-a}, & a < x < b, \\ 0, & 其他, \end{cases}$$

易知

$$E(X) = \int_{-\infty}^{+\infty} xf(x)\,dx = \int_a^b \frac{x}{b-a}\,dx = \frac{a+b}{2}.$$

又因为

$$E(X^2) = \int_a^b \frac{x^2}{b-a}\,dx = \frac{1}{b-a} \frac{b^3-a^3}{3} = \frac{b^2+ab+a^2}{3},$$

所以得到

$$D(X) = \frac{b^2 + ab + a^2}{3} - \left(\frac{a+b}{2}\right)^2 = \frac{(b-a)^2}{12}.$$

**5. 指数分布**

设随机变量 $X \sim E(\lambda)$，则 $E(X) = \frac{1}{\lambda}$，$D(X) = \frac{1}{\lambda^2}$.

**证明**　$X$ 的概率密度为

$$f(x) = \begin{cases} \lambda e^{-\lambda x}, & x > 0, \\ 0, & \text{其他}. \end{cases}$$

利用分部积分法，得到

$$E(X) = \int_{-\infty}^{+\infty} x f(x) \mathrm{d}x = \frac{1}{\lambda} \int_0^{+\infty} \lambda^2 x e^{-\lambda x} \mathrm{d}x = \frac{1}{\lambda} \int_0^{+\infty} (\lambda x) e^{-\lambda x} \mathrm{d}(\lambda x) = \frac{1}{\lambda}.$$

利用分部积分法，得到

$$E(X^2) = \int_0^{+\infty} x^2 \cdot \lambda e^{-\lambda x} \mathrm{d}x = \frac{1}{\lambda^2} \int_0^{+\infty} (\lambda x)^2 e^{-\lambda x} \mathrm{d}(\lambda x) = \frac{2}{\lambda^2}.$$

我们得到

$$D(X) = \frac{2}{\lambda^2} - \left(\frac{1}{\lambda}\right)^2 = \frac{1}{\lambda^2}.$$

**6. 正态分布**

设随机变量 $X \sim N(\mu, \sigma^2)$，则 $E(X) = \mu$，$D(X) = \sigma^2$.

**证明**　做变换 $X^* = \dfrac{X - \mu}{\sigma}$，由第二章第四节定理知，$X^* \sim N(0,1)$. 所以

$$E(X^*) = \frac{1}{\sqrt{2\pi}} \int_{-\infty}^{+\infty} t e^{-\frac{t^2}{2}} \mathrm{d}t = -\frac{1}{\sqrt{2\pi}} e^{-\frac{t^2}{2}} \Big|_{-\infty}^{+\infty} = 0,$$

$$D(X^*) = E(X^{*2}) - [E(X^*)]^2 = \frac{1}{\sqrt{2\pi}} \int_{-\infty}^{+\infty} t^2 e^{-\frac{t^2}{2}} \mathrm{d}t$$

$$= -\frac{1}{\sqrt{2\pi}} t e^{-\frac{t^2}{2}} \Big|_{-\infty}^{+\infty} + \frac{1}{\sqrt{2\pi}} \int_{-\infty}^{+\infty} e^{-\frac{t^2}{2}} \mathrm{d}t = 1.$$

因为 $X = \mu + \sigma X^*$，由数学期望与方差性质即得

$$E(X) = E(\mu + \sigma X^*) = \mu + \sigma E(X^*) = \mu,$$

$$D(X) = D(\mu + \sigma X^*) = D(\sigma X^*) = \sigma^2 D(X^*) = \sigma^2.$$

由此可见，正态分布的两个参数 $\mu$ 与 $\sigma^2$ 正好是随机变量 $X$ 的数学期望与方差.

本书末第 271 页附录一列出了一些常用分布的数学期望与方差以备查用.

**例 4.2.5**　设随机变量 $X, Y, Z$ 相互独立，且已知 $X \sim N(2,4)$，$Y \sim E(2)$，$Z \sim U(-1,2)$.

(1) 设 $W = 2X + 3XYZ - Z + 5$，求 $E(W)$；

(2) 设 $U = 3X - 2Y + Z - 4$，求 $D(U)$.

**解**　(1) 由本节讨论知

$$E(X)=2, E(Y)=\frac{1}{2}, E(Z)=\frac{1}{2},$$

且 $X,Y,Z$ 相互独立,由数学期望的性质得

$$E(W)=2E(X)+3E(X)E(Y)E(Z)-E(Z)+5$$

$$=2\times2+3\times2\times\frac{1}{2}\times\frac{1}{2}-\frac{1}{2}+5=10.$$

(2) 由于

$$D(X)=4, D(Y)=\frac{1}{4}, D(Z)=\frac{3}{4},$$

且 $X,Y,Z$ 相互独立,由方差的性质得到

$$D(U)=9D(X)+4D(Y)+D(Z)=9\times4+4\times\frac{1}{4}+\frac{3}{4}=37\frac{3}{4}.$$

# 思考题

1. 方差和标准差的实际意义是什么?

2. 方差和数学期望之间的联系有哪些?

# 习题 4-2

1. 设随机变量 $X_1,X_2,X_3,X_4$ 相互独立,且有

$$E(X_i)=i, D(X_i)=5-i, i=1,2,3,4.$$

又设 $Y=2X_1-X_2+3X_3-\dfrac{X_4}{2}$. 求 $E(Y)$ 和 $D(Y)$.

2. 已知 $X,Y$ 相互独立,$E(X)=E(Y)=2, E(X^2)=E(Y^2)=5$,求 $E(3X-2Y)$,$D(3X-2Y)$.

3. 设随机变量 $X_1,X_2,X_3$ 相互独立,其中 $X_1\sim U(0,6), X_2\sim N(0,2^2), X_3\sim E(3)$,记 $Y=X_1-2X_2+3X_3$. 求 $E(Y)$ 和 $D(Y)$.

4. 设随机变量 $X$ 和 $Y$ 相互独立,且都服从均值为 $0$、方差为 $\dfrac{1}{2}$ 的正态分布,求 $|X-Y|$ 的期望和方差.

5. 设事件 $A$ 在第 $i$ 次试验中出现的概率为 $p_i(i=1,2,\cdots,n)$,$X$ 表示 $n$ 次独立重复试验中 $A$ 出现的次数,求 $E(X)$ 和 $D(X)$.

6. 设 $X$ 为随机变量,$c$ 是常数,证明 $D(X)<E[(X-c)^2]$,其中 $c\neq E(X)$.(由于 $D(X)=E\{[X-E(X)]^2\}$,上式表明 $E[(X-c)^2]$ 当 $c=E(X)$ 时取得最小值).

7. 设连续型随机变量 $X$ 的分布函数为

$$F(x)=\begin{cases}0, & x<3,\\ 1-\dfrac{27}{x^3}, & x\geqslant 3.\end{cases}$$

求 $E(X)$，$D(X)$，$E\left(\dfrac{2}{3}X-3\right)$ 和 $D\left(\dfrac{2}{3}X-3\right)$.

8. 设随机变量 $X\sim U(-1,2)$，随机变量

$$Y=\begin{cases}1, & X>0,\\ 0, & X=0,\\ -1, & X<0.\end{cases}$$

求期望 $E(Y)$ 和方差 $D(Y)$.

9. 设随机变量 $U$ 在区间 $[-2,2]$ 上服从均匀分布，随机变量

$$X=\begin{cases}-1, & U\leqslant -1,\\ 1, & U>-1,\end{cases}\qquad Y=\begin{cases}-1, & U\leqslant 1,\\ 1, & U>1.\end{cases}$$

求 $X$ 和 $Y$ 的联合分布律、$E(X+Y)$ 和 $D(X+Y)$.

10. 设 $(X,Y)$ 服从 $G$ 上的均匀分布，其中 $G$ 为 $x$ 轴、$y$ 轴及 $x+\dfrac{y}{2}=1$ 所围成的三角形区域，求 $E(X)$ 和 $D(X)$.

11. 设长方形的高（单位：m）$X\sim U(0,2)$，已知长方形的周长（单位：m）为 20，求长方形的面积 $S$ 的数学期望和方差.

12. 一设备由三大部件组成，在设备运转中各个部件需要调整的概率相应为 0.10，0.20 和 0.30. 假设各部件的状态相互独立，以 $X$ 表示需要同时调整的部件数，试求 $E(X)$ 和 $D(X)$.

13. 设随机变量 $X$ 的概率密度为

$$f(x)=\begin{cases}\dfrac{1}{2}\cos\dfrac{x}{2}, & 0\leqslant x\leqslant\pi,\\ 0, & \text{其他}.\end{cases}$$

对 $X$ 独立重复观察 4 次，用 $Y$ 表示观察值大于 $\dfrac{\pi}{3}$ 的次数，求 $Y^2$ 的数学期望.

# 第三节  协方差、相关系数及矩

对于二维随机变量 $(X,Y)$，我们除了讨论 $X$ 与 $Y$ 的数学期望和方差以外，还需讨论描述 $X$ 与 $Y$ 之间相互关系的数字特征——协方差与相关系数.

## 一、协方差与相关系数的定义

在本章第二节方差性质（3）的证明中，我们已经看到，如果两个随机变量 $X$ 和 $Y$

是相互独立的,则
$$E\{[X-E(X)][Y-E(Y)]\}=0.$$
这意味着当 $E\{[X-E(X)][Y-E(Y)]\}\neq0$ 时,$X$ 与 $Y$ 不是相互独立的,而是存在着一定的关系.

**定义 1**　$E\{[X-E(X)][Y-E(Y)]\}$ 称为随机变量 $X$ 与 $Y$ 的**协方差**（covariance）.记为 $\mathrm{Cov}(X,Y)$,即
$$\mathrm{Cov}(X,Y)=E\{[X-E(X)][Y-E(Y)]\}. \tag{3.1}$$
而
$$\rho_{XY}=\frac{\mathrm{Cov}(X,Y)}{\sqrt{D(X)}\sqrt{D(Y)}} \tag{3.2}$$
称为随机变量 $X$ 与 $Y$ 的**相关系数**（correlation coefficient）.

注意,$\rho_{XY}$ 是一个无量纲的量.

**例 4.3.1**　设 $X^*,Y^*$ 为 $X$ 与 $Y$ 的标准化随机变量,证明：

(1) $\rho_{X^*Y^*}=\mathrm{Cov}(X^*,Y^*)$;

(2) $\rho_{X^*Y^*}=\rho_{XY}$.

**证明**　由于 $X^*=\dfrac{X-E(X)}{\sqrt{D(X)}},Y^*=\dfrac{Y-E(Y)}{\sqrt{D(Y)}}$,显然有
$$E(X^*)=0,E(Y^*)=0,D(X^*)=1,D(Y^*)=1.$$
于是
$$\rho_{X^*Y^*}=\frac{\mathrm{Cov}(X^*,Y^*)}{\sqrt{D(X^*)}\sqrt{D(Y^*)}}=\mathrm{Cov}(X^*,Y^*)$$
$$=E\{[X^*-E(X^*)][Y^*-E(Y^*)]\}=E(X^*Y^*)$$
$$=E\left[\frac{X-E(X)}{\sqrt{D(X)}}\frac{Y-E(Y)}{\sqrt{D(Y)}}\right]=\frac{E\{[X-E(X)][Y-E(Y)]\}}{\sqrt{D(X)}\sqrt{D(Y)}}$$
$$=\rho_{XY}.$$

## 二、协方差的性质

**定理 1**　对于任意的随机变量 $X,Y$ 和 $Z$,下列等式成立（在记号有意义条件下）：

(1) $\mathrm{Cov}(X,X)=D(X)$.

(2) $\mathrm{Cov}(X,Y)=\mathrm{Cov}(Y,X)$.

(3) 若 $X$ 与 $Y$ 相互独立,则 $\mathrm{Cov}(X,Y)=0$.

(4) $\mathrm{Cov}(X,a)=0,a$ 为常数.

(5) $\mathrm{Cov}(X,Y)=E(XY)-E(X)E(Y)$. $\tag{3.3}$

(6) $\mathrm{Cov}(aX,bY)=ab\mathrm{Cov}(X,Y),a,b$ 是常数.

(7) $\mathrm{Cov}(X+Y,Z)=\mathrm{Cov}(X,Z)+\mathrm{Cov}(Y,Z)$.

(8) $D(X\pm Y)=D(X)+D(Y)\pm2\mathrm{Cov}(X,Y)$. $\tag{3.4}$

**证明**　利用数学期望的性质知,结论(1),(2),(3),(4)成立.

关于结论(5),我们有

$$
\begin{aligned}
\operatorname{Cov}(X,Y) &= E\{[X-E(X)][Y-E(Y)]\}\\
&= E[XY-YE(X)-XE(Y)+E(X)E(Y)]\\
&= E(XY)-E(X)E(Y)-E(Y)E(X)+E(X)E(Y)\\
&= E(XY)-E(X)E(Y).
\end{aligned}
$$

利用协方差定义、方差定义和数学期望的性质,易证结论(6),(7),(8)成立.

我们常用公式(3.3)与(3.4)计算协方差以及随机变量和 $X+Y$ 或差 $X-Y$ 的方差等.

## 三、相关系数的性质

**定理 2**　设随机变量 $X$ 与 $Y$ 的相关系数 $\rho_{XY}$ 存在,则有

(1) $\rho_{XY}=\rho_{YX}$ ; $\hfill(3.5)$

(2) $|\rho_{XY}|\leqslant1$ ; $\hfill(3.6)$

(3) $|\rho_{XY}|=1$ 的充分必要条件是:存在常数 $a(a\neq0),b$ ,使 $P\{Y=aX+b\}=1$ .

**证明**　(1) 结论(1)可由协方差的性质(2)推知.

(2) 设 $X^*,Y^*$ 为 $X$ 与 $Y$ 的标准化随机变量,由例 4.3.1 和定理 1 中性质(8)得到

$$
\begin{aligned}
0\leqslant D(X^*\pm Y^*) &= D(X^*)+D(Y^*)\pm2\operatorname{Cov}(X^*,Y^*)\\
&= D(X^*)+D(Y^*)\pm2\rho_{X^*Y^*}\\
&= 1+1\pm2\rho_{XY}=2(1\pm\rho_{XY}).
\end{aligned}
$$

由此可得 $|\rho_{XY}|\leqslant1$ .

(3) 由(2)证明知 $D(X^*\pm Y^*)=2(1\pm\rho_{XY})$ .易知, $\rho_{XY}=\pm1$ 的充分必要条件是

$$
D(X^*\mp Y^*)=0.
$$

再由 $E(X^*\mp Y^*)=E(X^*)\mp E(Y^*)=0$ 及第二节定理 2 中的方差的性质(5)知,上式等价于

$$
P\left\{\frac{X-E(X)}{\sqrt{D(X)}}\mp\frac{Y-E(Y)}{\sqrt{D(Y)}}=0\right\}=1.
$$

取 $a=\pm\sqrt{\dfrac{D(Y)}{D(X)}}$ , $b=E(Y)\mp\sqrt{\dfrac{D(Y)}{D(X)}}E(X)$ ,可知上式又等价于

$$
P\{Y=aX+b\}=1.
$$

从这个证明中,我们还知道:若 $a>0$ ,有 $\rho_{XY}=1$ ,这时称 $X$ 与 $Y$ **正线性相关**;若 $a<0$ ,有 $\rho_{XY}=-1$ ,这时称 $X$ 与 $Y$ **负线性相关**.一般地,若 $\rho_{XY}>0$ ,则称 $X$ 与 $Y$ **正相关**;若 $\rho_{XY}<0$ ,则称 $X$ 与 $Y$ **负相关**.当 $\rho_{XY}=0$ 时,我们称 $X$ 与 $Y$ **不相关**.显然,它等价于 $X$ 与 $Y$ 的协方差 $\operatorname{Cov}(X,Y)$ 为零.

**相关系数的实际意义**是:

相关系数 $\rho_{XY}$ 应该准确地称为线性相关系数；$|\rho_{XY}|$ 的大小反映 $X$ 与 $Y$ 的线性相关程度. 当 $|\rho_{XY}|$ 较大时，则 $X$ 与 $Y$ 的线性相关程度较强；当 $|\rho_{XY}|$ 较小时，则 $X$ 与 $Y$ 的线性相关程度较弱.

☆**例 4.3.2**　再继续解读第 86 页例 3.3.1 和第 113 页例 4.2.2.：设二维随机变量 $(X,Y)$ 的分布律为

| X Y | 0 | 1 | $p_{\cdot j}$ |
|---|---|---|---|
| 1 | $\frac{1}{6}$ | $\frac{1}{3}$ | $\frac{1}{2}$ |
| 2 | $\frac{1}{6}$ | $\frac{1}{3}$ | $\frac{1}{2}$ |
| $p_{i\cdot}$ | $\frac{1}{3}$ | $\frac{2}{3}$ | 1 |

(1) 计算 $X$ 与 $Y$ 的协方差以及相关系数；

(2) 问随机变量 $X$ 与 $Y$ 是否独立，是否不相关呢？

**解**　(1) 已知 $X$ 的数学期望为 $E(X)=\frac{2}{3}$，$E(XY)=1$，$D(X)=\frac{2}{9}$. 而

$$E(Y)=\sum_{j=1}^{2}y_j p_{\cdot j}=1\times\frac{1}{2}+2\times\frac{1}{2}=\frac{3}{2},\quad D(Y)=\frac{1}{4}.$$

所以，随机变量 $X$ 与 $Y$ 的协方差为

$$\mathrm{Cov}(X,Y)=E(XY)-E(X)E(Y)=1-\frac{2}{3}\times\frac{3}{2}=0.$$

随机变量 $X$ 与 $Y$ 的相关系数为

$$\rho_{XY}=\frac{\mathrm{Cov}(X,Y)}{\sqrt{D(X)}\,\sqrt{D(Y)}}=0.$$

(2) 由例 3.3.1 知，随机变量 $X$ 与 $Y$ 相互独立. 随机变量 $X$ 与 $Y$ 的相关系数 $\rho_{XY}=0$，得到随机变量 $X$ 与 $Y$ 不相关.

应注意：随机变量 $X$ 与 $Y$ "不相关" 与 "独立" 并不等价. 参见下例.

**例 4.3.3**　再继续解读第 87 页例 3.3.2 和第 106 页例 4.1.2：设二维随机变量 $(X,Y)$ 的概率密度为

$$f(x,y)=\begin{cases}\dfrac{1}{\pi}, & x^2+y^2\leqslant 1,\\[2mm] 0, & \text{其他.}\end{cases}$$

已知随机变量 $X$ 与 $Y$ 不相互独立，再问连续型随机变量 $X$ 与 $Y$ 是否不相关？

**解**　由第三章第一节例 4.1.2 知，随机变量 $X$ 和 $Y$ 的数学期望 $E(X)=0$ 和 $E(Y)=0$.

而

$$E(XY)=\int_{-\infty}^{+\infty}\int_{-\infty}^{+\infty}xyf(x,y)\mathrm{d}x\mathrm{d}y$$

$$=\iint_{x^2+y^2\leqslant 1}\frac{xy}{\pi}\mathrm{d}x\mathrm{d}y=\int_{-1}^{1}\mathrm{d}y\int_{-\sqrt{1-y^2}}^{\sqrt{1-y^2}}\frac{xy}{\pi}\mathrm{d}x=0.$$

从而得到 $\text{Cov}(X,Y)=E(XY)-E(X)E(Y)=0$，即有 $\rho_{XY}=0$。这表明随机变量 $X$ 和 $Y$ 是不相关的，虽然随机变量 $X$ 与 $Y$ 不相互独立。

分析上述例题，得到如下的两个认识问题：

问题 1 是，为什么随机变量 $X$ 与 $Y$ 不相互独立呢？

感性上可以这样来理解：随机点 $(X,Y)$ 落入单位圆 $x^2+y^2\leqslant 1$ 内，$X$ 与 $Y$ 之间存在着制约关系 $X^2+Y^2\leqslant 1$。因此随机变量 $X$ 与 $Y$ 不相互独立。

问题 2 是，既然随机变量 $X$ 与 $Y$ 不相互独立，也就是存在着制约关系，为什么它们又不相关呢？

要注意，现在的制约关系是 $X^2+Y^2\leqslant 1$，而不是说"存在线性关系"。$X$ 和 $Y$ 不相关只是说明二者之间没有线性关系，是否有其他关系（如平方关系等）没有回答。

**例 4.3.4**　设随机向量 $(X,Y)$ 服从二维正态分布 $N(\mu_1,\mu_2;\sigma_1^2,\sigma_2^2;\rho)$，求 $X$ 和 $Y$ 的相关系数 $\rho_{XY}$。

**解**　由第三章第一节例 3.1.6 已知 $X\sim N(\mu_1,\sigma_1^2)$，$Y\sim N(\mu_2,\sigma_2^2)$。设变量

$$U=\frac{X-\mu_1}{\sigma_1},\quad V=\frac{Y-\mu_2}{\sigma_2},$$

则由例 4.2.4 知 $E(U)=E(V)=0$，$D(U)=D(V)=1$。

注意到

$$\text{Cov}(U,V)=E(UV)=\frac{1}{2\pi\sqrt{1-\rho^2}}\int_{-\infty}^{+\infty}\int_{-\infty}^{+\infty}uv\exp\left\{-\frac{u^2-2\rho uv+v^2}{2(1-\rho^2)}\right\}\mathrm{d}u\mathrm{d}v$$

$$=\frac{1}{2\pi\sqrt{1-\rho^2}}\int_{-\infty}^{+\infty}u\mathrm{d}u\int_{-\infty}^{+\infty}v\exp\left\{-\frac{u^2-2\rho uv+v^2}{2(1-\rho^2)}\right\}\mathrm{d}v$$

$$=\frac{1}{2\pi\sqrt{1-\rho^2}}\int_{-\infty}^{+\infty}u\mathrm{e}^{-\frac{u^2}{2}}\mathrm{d}u\int_{-\infty}^{+\infty}v\exp\left\{-\frac{(v-\rho u)^2}{2(1-\rho^2)}\right\}\mathrm{d}v$$

$$=\frac{1}{\sqrt{2\pi}}\int_{-\infty}^{+\infty}u\mathrm{e}^{-\frac{u^2}{2}}\mathrm{d}u\int_{-\infty}^{+\infty}\frac{1}{\sqrt{2\pi}}\left(t\sqrt{1-\rho^2}+\rho u\right)\mathrm{e}^{-\frac{t^2}{2}}\mathrm{d}t$$

$$=\frac{\rho}{\sqrt{2\pi}}\int_{-\infty}^{+\infty}u^2\mathrm{e}^{-\frac{u^2}{2}}\mathrm{d}u=\rho E(U^2)=\rho D(U)=\rho.$$

即

$$\text{Cov}(U,V)=\rho.$$

而

$$\text{Cov}(X,Y)=\text{Cov}(\sigma_1U+\mu_1,\sigma_2V+\mu_2)$$

$$=\text{Cov}(\sigma_1U,\sigma_2V)=\sigma_1\sigma_2\text{Cov}(U,V)=\sigma_1\sigma_2\rho.$$

于是，$X$ 和 $Y$ 的相关系数为

$$\rho_{XY}=\frac{\text{Cov}(X,Y)}{\sigma_1\sigma_2}=\rho.$$

这样,二维正态分布 $N(\mu_1,\mu_2;\sigma_1^2,\sigma_2^2;\rho)$ 中的 5 个参数都有了明确的意义:

$$E(X)=\mu_1,E(Y)=\mu_2,D(X)=\sigma_1^2,D(Y)=\sigma_2^2,\rho_{XY}=\rho.$$

根据第三章第三节定理 2,已知二维正态随机变量 $(X,Y)$,$X$ 与 $Y$ 相互独立的充要条件是参数 $\rho=0$.联系现例结论 $\rho_{XY}=\rho$ 得到如下定理:

**定理 3**　若 $(X,Y)$ 服从二维正态分布 $N(\mu_1,\mu_2;\sigma_1^2,\sigma_2^2;\rho)$,那么 $X$ 与 $Y$ 相互独立的充要条件是 $X$ 与 $Y$ 不相关.

**例 4.3.5**　对于随机变量 $X,Y$,下列结论是等价的:

(1) $\mathrm{Cov}(X,Y)=0$;

(2) $X$ 与 $Y$ 不相关(或 $\rho_{XY}=0$);

(3) $E(XY)=E(X)E(Y)$;

(4) $D(X\pm Y)=D(X)+D(Y)$.

**证明**　事实上,注意到

$$D(X\pm Y)=D(X)+D(Y)\pm 2\mathrm{Cov}(X,Y).$$

因此

$$D(X\pm Y)=D(X)+D(Y)\Leftrightarrow \mathrm{Cov}(X,Y)=0\Leftrightarrow E(XY)=E(X)E(Y).$$

显然,

$$\mathrm{Cov}(X,Y)=0\Leftrightarrow \rho_{XY}=0.$$

## 四、矩

这里再介绍随机变量的另外几个数字特征,它们在后面的数理统计学习中会经常用到.

**定义 2**　设 $X$ 和 $Y$ 是随机变量,若 $E(X^k)(k=1,2,\cdots)$ 存在,称它为随机变量 $X$ 的 $k$ 阶原点矩,简称 $k$ 阶矩.

若 $E\{[X-E(X)]^k\}(k=2,3,\cdots)$ 存在,称它为随机变量 $X$ 的 $k$ 阶中心矩.

若 $E(X^kY^l)(k,l=1,2,\cdots)$ 存在,称它为随机变量 $X$ 和 $Y$ 的 $k+l$ 阶混合矩.

若 $E\{[X-E(X)]^k[Y-E(Y)]^l\}(k,l=1,2,\cdots)$ 存在,称它为随机变量 $X$ 和 $Y$ 的 $k+l$ 阶混合中心矩.

显然,$X$ 的数学期望 $E(X)$ 是 $X$ 的一阶原点矩,方差 $D(X)$ 是 $X$ 的二阶中心矩,协方差 $\mathrm{Cov}(X,Y)$ 是 $X$ 和 $Y$ 的二阶混合中心矩.

下面介绍 $n$ 维随机变量的协方差矩阵.

设 $n$ 维随机变量 $(X_1,X_2,\cdots,X_n)$ 的二阶混合中心矩

$$c_{ij}=\mathrm{Cov}(X_i,X_j)=E\{[X_i-E(X_i)][X_j-E(X_j)]\},i,j=1,2,\cdots,n$$

都存在,则称矩阵

$$C=\begin{vmatrix} c_{11} & c_{12} & \cdots & c_{1n} \\ c_{21} & c_{22} & \cdots & c_{2n} \\ \vdots & \vdots & & \vdots \\ c_{n1} & c_{n2} & \cdots & c_{nn} \end{vmatrix} \qquad (3.7)$$

为 $n$ 维随机变量 $(X_1,X_2,\cdots,X_n)$ 的**协方差矩阵**. 由于 $c_{ij}=c_{ji}(i\neq j,i,j=1,2,\cdots,n)$,因而协方差矩阵是一个对称矩阵.

# 思考题

1. 协方差和相关系数的实际意义是什么?

2. 对于随机变量 $X,Y$,函数 $X\pm Y$ 的方差、协方差以及相关系数之间的联系是什么? 试分别用语言和数学公式表述.

3. 随机变量 $X,Y$ 相互独立是否一定不相关呢? 反之,随机变量 $X,Y$ 不相关是否一定不独立呢? 随机变量 $X,Y$ 不独立是否一定相关呢?

# 习题 4-3

1. 设 $D(X)=4,D(Y)=6,\rho_{XY}=0.6$,求 $D(3X-2Y)$.

2. 设随机变量 $X,Y$ 的相关系数为 $0.5,E(X)=E(Y)=0,E(X^2)=E(Y^2)=2$,求 $E[(X+Y)^2]$.

3. 设随机变量 $X$ 与 $Y$ 独立,且同服从正态分布 $N(\mu,\sigma^2)$,令 $U=\alpha X+\beta Y,V=\alpha X-\beta Y$,其中 $\alpha,\beta$ 为不等于零的常数. 求相关系数 $\rho_{UV}$.

4. 设随机变量 $(X,Y)$ 的分布律为

| Y＼X | 1 | 2 |
|---|---|---|
| 0 | 0.4 | $a$ |
| 1 | 0.2 | $b$ |

若 $E(XY)=0.8$,求常数 $a,b$ 和协方差 $\mathrm{Cov}(X,Y)$.

5. 已知随机变量 $(X,Y)\sim N(0.5,0.1;4,9;0)$,$Z=2X-Y$,试求方差 $D(Z)$,协方差 $\mathrm{Cov}(X,Z)$ 和相关系数 $\rho_{XZ}$.

6. 设二维随机变量 $(X,Y)$ 服从正态分布 $N(1,0;1,1;0)$,计算 $P\{XY-Y<0\}$.

7. 设随机变量 $(X,Y)$ 的概率密度为

$$f(x,y)=\begin{cases} 1, & |y|<x,0<x<1, \\ 0, & \text{其他}. \end{cases}$$

求 $E(X),D(X),\mathrm{Cov}(X,Y)$ 和 $\rho_{XY}$.

8. 已知随机变量 $X,Y$ 以及 $XY$ 的分布律如下表所示：

| $X$ | 0 | 1 | 2 |
| --- | --- | --- | --- |
| $P$ | $\frac{1}{2}$ | $\frac{1}{3}$ | $\frac{1}{6}$ |

| $Y$ | 0 | 1 | 2 |
| --- | --- | --- | --- |
| $P$ | $\frac{1}{3}$ | $\frac{1}{3}$ | $\frac{1}{3}$ |

| $XY$ | 0 | 1 | 2 | 4 |
| --- | --- | --- | --- | --- |
| $P$ | $\frac{7}{12}$ | $\frac{1}{3}$ | 0 | $\frac{1}{12}$ |

求：(1) $P\{X=2Y\}$；

(2) $\mathrm{Cov}\{X-Y,Y\}$ 与 $\rho_{XY}$.

9. 设随机变量 $X$ 与 $Y$ 相互独立且同分布，$X$ 的概率分布为

| $X$ | 1 | 2 |
| --- | --- | --- |
| $P$ | $\frac{2}{3}$ | $\frac{1}{3}$ |

记 $U=\max\{X,Y\}$，$V=\min\{X,Y\}$.

(1) 求 $(U,V)$ 的概率分布；

(2) 求 $U$ 和 $V$ 的协方差 $\mathrm{Cov}(U,V)$.

10. 设随机变量 $(X,Y)$ 的分布律为

| $Y$ \ $X$ | $-1$ | 0 | 1 |
| --- | --- | --- | --- |
| $-1$ | $\frac{1}{8}$ | $\frac{1}{8}$ | $\frac{1}{8}$ |
| 0 | $\frac{1}{8}$ | 0 | $\frac{1}{8}$ |
| 1 | $\frac{1}{8}$ | $\frac{1}{8}$ | $\frac{1}{8}$ |

验证 $X$ 和 $Y$ 是不相关的，但 $X$ 和 $Y$ 不是相互独立的.

11. 设 $A,B$ 为随机事件，且 $P(A)=\frac{1}{4}$，$P(B|A)=\frac{1}{3}$，$P(A|B)=\frac{1}{2}$，令

$$X=\begin{cases}1,& A \text{ 发生}, \\ 0,& A \text{ 不发生}.\end{cases} \qquad Y=\begin{cases}1,& B \text{ 发生}, \\ 0,& B \text{ 不发生}.\end{cases}$$

求：(1) 二维随机变量 $(X,Y)$ 的概率分布；

(2) $X$ 与 $Y$ 的相关系数 $\rho_{XY}$.

12. 对于任意两个随机事件 $A$ 和 $B$，$0<P(A)<1$，$0<P(B)<1$，

$$\rho=\frac{P(AB)-P(A)P(B)}{\sqrt{P(A)P(B)P(\overline{A})P(\overline{B})}}$$

称作**随机事件** $A$ **和** $B$ **的相关系数**.

(1) 证明事件 $A$ 和 $B$ 独立的充分必要条件是其相关系数 $\rho$ 等于零;

(2) 利用随机变量相关系数的基本性质,证明 $|\rho| \leqslant 1$.

# 第四章内容小结

## 一、研究问题的思路

第一、二、三章集中研究了随机事件和随机变量的概率与概率分布问题. 在许多实际问题中,可能没有必要全面考察随机变量的分布函数、分布律或概率密度,而是需要知道随机变量的平均取值情况、取值分散的程度、随机变量之间的相互关联程度等数字特征. 本章集中介绍了随机变量的几个常用的数字特征——数学期望或均值、方差及标准差、协方差、相关系数和矩.

## 二、释疑解惑

(1) 柯西分布的数学期望 $E(X)$ 不存在,进而方差 $D(X)$ 也不存在.

柯西分布的概率密度为

$$f(x) = \frac{1}{\pi(1+x^2)}, \quad -\infty < x < +\infty.$$

柯西分布的分布函数为

$$F(X) = \frac{1}{2} + \frac{1}{\pi}\arctan x, \quad -\infty < x < +\infty.$$

(2) 若随机变量 $X$ 与 $Y$ 独立,则 $X$ 与 $Y$ 不相关,即 $\rho_{XY} = 0$. 但是,若 $X$ 与 $Y$ 不相关,推不出 $X$ 与 $Y$ 独立.

(3) 若 $(X, Y)$ 服从二维正态分布,那么 $X$ 与 $Y$ 相互独立的充要条件是 $X$ 与 $Y$ 不相关,即 $\rho_{XY} = 0$.

## 三、学习与研究方法

**分析事物之间的关联程度——相关系数**.

相关系数

$$\rho_{XY} = \frac{E(XY) - E(X)E(Y)}{\sqrt{D(X)}\sqrt{D(Y)}}$$

表述了随机变量 $X$ 与 $Y$ 的线性相关程度. 在 2003 年研究生入学考试题目中,

$$\rho = \frac{P(AB) - P(A)P(B)}{\sqrt{P(A)P(B)P(\overline{A})P(\overline{B})}}$$

称为随机事件 $A$ 和 $B$ 的相关系数. 随机事件 $A$ 和 $B$ 独立的充要条件是 $\rho=0$.

# 总习题四

## A 组

1. 一口袋中只有 6 只红球和 4 只白球. 任取 1 球, 记住颜色后再放入口袋, 共进行 4 次. 记 $X$ 为红球出现的次数, 求 $X$ 的数学期望 $E(X)$.

2. 设 $X$ 和 $Y$ 是相互独立且服从同一分布的两个随机变量, 已知 $X$ 的分布律为 $P\{X=i\}=\dfrac{1}{3}, i=1,2,3$. 又设 $U=\max\{X,Y\}, V=\min\{X,Y\}$.

(1) 写出二维随机变量 $(U,V)$ 的分布律;

(2) 求 $E(U)$.

3. 设电压 (单位: V) $X\sim N(0,9)$, 将此电压施加于一台检波器, 其输出电压为 $Y=5X^2$, 求输出电压 $Y$ 的均值.

4. 从学校乘汽车到火车站的途中有 3 个交通岗. 假设在各个交通岗遇到红灯的事件是相互独立的, 并且概率是 $\dfrac{2}{5}$. 设 $X$ 为途中遇到红灯的次数, 求随机变量 $X$ 的分布律和数学期望.

5. 设随机变量 $(X,Y)$ 的概率密度为
$$f(x,y)=\begin{cases} 12y^2, & 0\leqslant y\leqslant x\leqslant 1, \\ 0, & \text{其他.} \end{cases}$$
求 $E(X),E(Y),E(XY)$ 和 $E(X^2+Y^2)$.

6. 某流水生产线上每个产品不合格的概率为 $p(0<p<1)$, 各产品合格与否相互独立, 当出现一个不合格产品时即停机检修. 设开机后第一次停机时已生产出的产品个数为 $X$, 求 $E(X)$ 和 $D(X)$.

7. 卖水果的某个体户, 在不下雨的日子每天可赚 100 元, 在雨天则要损失 10 元. 该地区每年下雨的日子约有 130 天. 求该个体户每年获利的数学期望 (一年按 365 天计).

8. 五家商店联营, 他们每两周售出的某种农产品的数量 (单位: kg) 分别为 $X_1$, $X_2,X_3,X_4,X_5$. 已知 $X_1\sim N(200,225)$, $X_2\sim N(240,240)$, $X_3\sim N(180,225)$, $X_4\sim N(260,265)$, $X_5\sim N(320,270)$, $X_1,X_2,X_3,X_4,X_5$ 相互独立.

(1) 求五家商店两周的总销售量的均值和方差;

(2) 商店每隔两周进货一次, 为了使新的供货到达前商店不会脱销的概率大于 0.99, 问商店的仓库应至少储存多少千克该产品?

9. 设随机变量 $X$ 与 $Y$ 独立,同服从正态分布 $N\left(0,\dfrac{1}{2}\right)$,求

(1) $E(|X-Y|)$ 和 $D(|X-Y|)$;

(2) $E(\max\{X,Y\})$ 和 $E(\min\{X,Y\})$.

10. 设随机变量 $(X,Y)$ 的概率密度为

$$f(x,y)=\begin{cases}\dfrac{x+y}{8}, & 0\leqslant x\leqslant 2,0\leqslant y\leqslant 2,\\ 0, & \text{其他}.\end{cases}$$

求 $E(X),E(Y),\mathrm{Cov}(X,Y),\rho_{XY}$ 和 $D(X+Y)$.

11. 两台同型号的自动记录仪,每台无故障工作的时间服从参数为 5 的指数分布.首先开动其中一台,当其发生故障时停用而另一台自行开动.试求两台记录仪无故障工作的总时间 $T$ 的概率密度 $f(t)$ 及数学期望和方差.

12. 设某种商品每周的需求量 $X$ 是服从区间 $[10,30]$ 上均匀分布的随机变量,而经销商店进货量为区间 $[10,30]$ 中的某一整数,商店每销售一单位商品可获利 500 元;若供大于求则削价处理,每处理一单位商品亏损 100 元;若供不应求,则可从外部调剂供应,此时每一单位商品仅获利 300 元.为使商店所获利润期望值不小于 9280 元,试确定最少进货量.

13. 设二维随机变量 $(X,Y)$ 的概率密度为

$$f(x,y)=\frac{1}{2}\big[\varphi_1(x,y)+\varphi_2(x,y)\big],$$

其中 $\varphi_1(x,y)$ 和 $\varphi_2(x,y)$ 都是二维正态概率密度,且它们对应的二维随机变量的相关系数分别为 $\dfrac{1}{3}$ 和 $-\dfrac{1}{3}$,它们的边缘概率密度所对应的随机变量的数学期望都是零,方差都是 1.

(1) 求随机变量 $X$ 和 $Y$ 的概率密度 $f_X(x)$ 和 $f_Y(y)$ 以及 $X$ 和 $Y$ 的相关系数 $\rho$(可直接利用二维正态分布的性质).

(2) 问 $X$ 和 $Y$ 是否独立?为什么?

14. 设随机变量 $X$ 与 $Y$ 相互独立,$X$ 的概率分布为 $P\{X=1\}=P\{X=-1\}=\dfrac{1}{2}$,$Y$ 服从参数为 $\lambda$ 的泊松分布.令 $Z=XY$.

(1) 求 $\mathrm{Cov}(X,Z)$;

(2) 求 $Z$ 的概率分布.

## B 组

1. 已知 $E(X)=-1,D(X)=3$ 则 $E[3(X-2)^2]=($ ).

(A) 9.  (B) 6.  (C) 30.  (D) 36.

2. 设 $X\sim B(n,p),E(X)=6,D(X)=3.6$,则有( ).

(A) $n=10$, $p=0.6$. (B) $n=20$, $p=0.3$.

(C) $n=15$, $p=0.4$. (D) $n=12$, $p=0.5$.

3. 设 $X$ 与 $Y$ 相互独立,且都服从 $N(\mu,\sigma^2)$,则有( ).

(A) $E(X-Y)=E(X)+E(Y)$. (B) $E(X-Y)=2\mu$.

(C) $D(X-Y)=D(X)-D(Y)$. (D) $D(X-Y)=2\sigma^2$.

4. 在下列结论中,错误的是( ).

(A) 若 $X\sim B(n,p)$,则 $E(X)=np$.

(B) 若 $X\sim U(-1,1)$,则 $D(X)=0$.

(C) 若 $X$ 服从泊松分布,则 $D(X)=E(X)$.

(D) 若 $X\sim N(\mu,\sigma^2)$,则 $\dfrac{X-\mu}{\sigma}\sim N(0,1)$.

5. 在下列结论中,( )不是随机变量 $X$ 与 $Y$ 不相关的充分必要条件.

(A) $E(XY)=E(X)E(Y)$. (B) $D(X+Y)=D(X)+D(Y)$.

(C) $\mathrm{Cov}(X,Y)=0$. (D) $X$ 与 $Y$ 相互独立.

6. 设 $(X,Y)$ 服从二维正态分布,则下列说法中错误的是( ).

(A) $(X,Y)$ 的边缘分布仍然是正态分布.

(B) $X$ 与 $Y$ 相互独立等价于 $X$ 与 $Y$ 不相关.

(C) $(X,Y)$ 是二维连续型随机变量.

(D) 由 $(X,Y)$ 的边缘分布可完全确定 $(X,Y)$ 的联合分布.

7. 将长度为 1 m 的木棒随机地截成两段,则这两段长度的相关系数为( ).

(A) 1. (B) $\dfrac{1}{2}$. (C) $-\dfrac{1}{2}$. (D) $-1$.

8. 设连续型随机变量 $X_1,X_2$ 相互独立,且方差均存在,$X_1,X_2$ 的概率密度分别为 $f_1(x),f_2(x)$,随机变量 $Y_1$ 的概率密度为 $f_{Y_1}(y)=\dfrac{1}{2}[f_1(y)+f_2(y)]$,随机变量 $Y_2=\dfrac{1}{2}(X_1+X_2)$,则( ).

(A) $E(Y_1)>E(Y_2),D(Y_1)>D(Y_2)$. (B) $E(Y_1)=E(Y_2),D(Y_1)=D(Y_2)$.

(C) $E(Y_1)=E(Y_2),D(Y_1)<D(Y_2)$. (D) $E(Y_1)=E(Y_2),D(Y_1)>D(Y_2)$.

9. 设随机变量 $X,Y$ 不相关,且 $E(X)=2,E(Y)=1,D(X)=3$,则 $E[X(X+Y-2)]=($ ).

(A) $-3$. (B) 3. (C) $-5$. (D) 5.

10. 随机试验 $E$ 有三种两两不相容的结果 $A_1,A_2,A_3$,且三种结果发生的概率均为 $\dfrac{1}{3}$,将试验 $E$ 独立重复做 2 次,$X$ 表示 2 次试验中结果 $A_1$ 发生的次数,$Y$ 表示 2 次试验中结果 $A_2$ 发生的次数,则 $X$ 与 $Y$ 的相关系数为( ).

(A) $-\dfrac{1}{2}$. (B) $-\dfrac{1}{3}$. (C) $\dfrac{1}{2}$. (D) $\dfrac{1}{3}$.

# 第五章

大数定律与中
心极限定理

# 大数定律和中心极限定理

**大数定律**有着重要的理论意义,是关于频率稳定性、大量观测结果的算术平均与数学期望之间关系的数学定理,是在试验次数充分大的条件下关于随机现象统计规律性的理论研究问题;**中心极限定理**,是在一定条件下关于"大量随机变量之和或其标准化的极限分布是正态分布"的一系列定理的总称.大数定律和中心极限定理的研究,在概率论的发展中占有重要地位,是概率论成为一门成熟的数学学科的重要标志之一,而且仍然是现代概率论的重要研究方向之一.本章主要介绍切比雪夫不等式、三个大数定律和两个中心极限定理.

## 第一节 大数定律

概率的统计定义的客观基础是频率的稳定性,即在 $n$ 次独立重复试验中,事件 $A$ 发生的频率随试验次数的增加而具有稳定性.在实际问题中,我们不仅可以看到随机事件频率的稳定性,还应该认识到大量测量值的算术平均值也具有稳定性.对于这种稳定性的严格的数学意义,大数定律从理论上做了进一步论证.

为了证明**大数定律**(**law of large numbers**),我们首先给出切比雪夫不等式.

**引理(切比雪夫[①](Chebyshev)不等式)** 设随机变量 $X$ 具有数学期望 $E(X)$ 和方差 $D(X)$,则对于任意给定的正数 $\varepsilon$,有

$$P\{\,|\,X-E(X)\,|\geqslant\varepsilon\}\leqslant\frac{D(X)}{\varepsilon^2},\tag{1.1}$$

或

$$P\{\,|\,X-E(X)\,|<\varepsilon\}\geqslant1-\frac{D(X)}{\varepsilon^2}.\tag{1.2}$$

---

① 切比雪夫(Chebyshev,1821—1894):俄罗斯数学家,彼得堡大学教授,彼得堡科学院院士.大数定律的创建人之一.

**证明**  设 $X$ 为连续型随机变量,则

$$P\{|X-E(X)|\geqslant\varepsilon\}=\int_{|x-E(X)|\geqslant\varepsilon}f(x)\mathrm{d}x$$

$$\leqslant\int_{|x-E(X)|\geqslant\varepsilon}\frac{|x-E(X)|^2}{\varepsilon^2}f(x)\mathrm{d}x$$

$$\leqslant\frac{1}{\varepsilon^2}\int_{-\infty}^{+\infty}[x-E(X)]^2f(x)\mathrm{d}x=\frac{D(X)}{\varepsilon^2}.$$

若 $X$ 为离散型随机变量,证明类似.

切比雪夫不等式揭示了随机变
量与其数学期望之间的偏差大小的
概率与方差的内在约束关系,给出
了在不必知道随机变量 $X$ 服从的
具体分布的情况下对事件

$$\{|X-E(X)|\geqslant\varepsilon\}$$

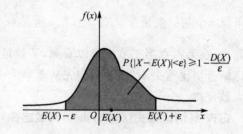

图 5-1  切比雪夫不等式的几何意义

发生的概率进行估计的一种方法.

(1.2)式几何意义是:只要随机变量 $X$ 具有数学期望 $E(X)$ 和方差 $D(X)$,$X$ 落入区间 $(E(X)-\varepsilon,E(X)+\varepsilon)$ 的概率不小于 $1-\dfrac{D(X)}{\varepsilon^2}$,参见图 5-1.

**例 5.1.1**  设随机变量 $X,Y$ 的数学期望都是 2,方差分别是 1 和 4,而相关系数为 0.5.利用切比雪夫不等式估计 $P\{|X-Y|\geqslant6\}$.

**解**  令 $Z=X-Y$,则 $E(Z)=E(X)-E(Y)=0$,而

$$D(Z)=D(X-Y)=D(X)+D(Y)-2\mathrm{Cov}(X,Y)$$

$$=1+4-2\times0.5\times\sqrt{1}\times\sqrt{4}=3.$$

于是有

$$P\{|X-Y|\geqslant6\}=P\{|Z-E(Z)|\geqslant6\}\leqslant\frac{D(Z)}{6^2}=\frac{3}{6^2}=\frac{1}{12}.$$

**例 5.1.2**  证明第 114 页定理 2 的结论(5):$D(X)=0$ 的充分必要条件是 $X$ 以概率 1 取常数 $E(X)$,即

$$P\{X=E(X)\}=1.$$

**证明**  先证充分性:已知 $P\{X=E(X)\}=1$,要证明 $D(X)=0$.

因为 $P\{X=E(X)\}=1$,得到 $X$ 服从单点分布.所以,$E(X^2)=[E(X)]^2\times1=[E(X)]^2$.于是

$$D(X)=E(X^2)-[E(X)]^2=0.$$

即充分性成立.

再证必要性:已知 $D(X)=0$,要证明 $P\{X=E(X)\}=1$.

用反证法:假设 $P\{X=E(X)\}<1$,则对于某一个正数 $\varepsilon_0$,有 $P\{|X-E(X)|<\varepsilon_0\}<1$.于是

$$P\{|X-E(X)|\geqslant\varepsilon_0\}=1-P\{|X-E(X)|<\varepsilon_0\}>0.$$

另一方面,由切比雪夫不等式(1.1)式知,对于任意的正数 $\varepsilon$,有

$$0\leqslant P\{|X-E(X)|\geqslant\varepsilon\}\leqslant\frac{D(X)}{\varepsilon^2}=0.$$

即得到

$$P\{|X-E(X)|\geqslant\varepsilon\}=0.$$

这与 $P\{|X-E(X)|\geqslant\varepsilon_0\}>0$ 矛盾.因此 $P\{X=E(X)\}=1$.

现在,我们介绍一个在大数定律中常用的概念:

设 $n$ 个随机变量 $X_1,X_2,\cdots,X_n$,称 $\overline{X}=\frac{1}{n}\sum_{k=1}^{n}X_k$ 为这 $n$ 个随机变量的**算术平均**.

实际上,在第六章第二节中可以看到,$\overline{X}$ 就是**样本均值**.

结合切比雪夫不等式,我们先从概率论中最重要、最基本的切比雪夫定理开始学习大数定律.

**定理 1(切比雪夫(Chebyshev)大数定律)**　设随机变量 $X_1,X_2,\cdots,X_n,\cdots$ 相互独立,且具有相同的数学期望和方差:$E(X_k)=\mu,D(X_k)=\sigma^2(k=1,2,\cdots)$.则对于任意正数 $\varepsilon$,算术平均 $\overline{X}$ 满足

$$\lim_{n\to\infty}P\{|\overline{X}-\mu|<\varepsilon\}=\lim_{n\to\infty}P\left\{\left|\frac{1}{n}\sum_{k=1}^{n}X_k-\mu\right|<\varepsilon\right\}=1. \tag{1.3}$$

**证明**　由于

$$E\left[\frac{1}{n}\sum_{k=1}^{n}X_k\right]=\frac{1}{n}\sum_{k=1}^{n}E(X_k)=\frac{1}{n}\times n\mu=\mu,$$

$$D\left[\frac{1}{n}\sum_{k=1}^{n}X_k\right]=\frac{1}{n^2}\sum_{k=1}^{n}D(X_k)=\frac{1}{n^2}\times n\sigma^2=\frac{\sigma^2}{n},$$

由概率有界性及切比雪夫不等式(1.2)式知

$$1\geqslant P\left\{\left|\frac{1}{n}\sum_{k=1}^{n}X_k-\mu\right|<\varepsilon\right\}\geqslant 1-\frac{\sigma^2/n}{\varepsilon^2}.$$

在上式中令 $n\to\infty$,即得

$$\lim_{n\to\infty}P\left\{\left|\frac{1}{n}\sum_{k=1}^{n}X_k-\mu\right|<\varepsilon\right\}=1.$$

该定理表明:对于任意的正数 $\varepsilon$,当 $n$ 充分大时,不等式 $\left|\frac{1}{n}\sum_{k=1}^{n}X_k-\mu\right|<\varepsilon$ 成立的概率充分接近1.或者说,当 $n$ 很大时,随机变量的算术平均 $\overline{X}=\frac{1}{n}\sum_{k=1}^{n}X_k$ 充分接近数学期望 $E(X_1)=E(X_2)=\cdots=E(X_k)=\mu$.这种接近是在概率意义上的一种接近.

于是我们提出下面的**依概率收敛**的定义:

设 $Y_1,Y_2,\cdots,Y_n,\cdots$ 是一个随机变量序列,$a$ 是一个常数,若对于任意正数 $\varepsilon$,有

$$\lim_{n\to\infty}P\{\,|Y_n-a|<\varepsilon\}=1,$$

则称序列 $Y_1,Y_2,\cdots,Y_n,\cdots$ 依概率收敛于 $\alpha$,记为

$$Y_n\xrightarrow{P}a.$$

依概率收敛的序列有以下性质:

**定理 2**　设 $X_n\xrightarrow{P}a$,$Y_n\xrightarrow{P}b$,又设函数 $g(x,y)$ 在点 $(a,b)$ 连续,则

$$g(X_n,Y_n)\xrightarrow{P}g(a,b).$$

**证明**　利用连续性的定义即得,此处从略.

这样,上述定理 1 又可简述为: $\overline{X}\xrightarrow{P}\mu$.

下面我们给出切比雪夫大数定律的一个特例,即伯努利大数定律.

**定理 3**(伯努利(Bernoulli)大数定律)　设 $n_A$ 是 $n$ 重伯努利试验中事件 $A$ 发生的次数,$p$ 是事件 $A$ 在每次试验中发生的概率,则对于任意的正数 $\varepsilon$,有

$$\lim_{n\to\infty}P\left\{\left|\frac{n_A}{n}-p\right|<\varepsilon\right\}=1,\tag{1.4}$$

或

$$\lim_{n\to\infty}P\left\{\left|\frac{n_A}{n}-p\right|\geqslant\varepsilon\right\}=0.\tag{1.5}$$

**证明**　因为 $n_A\sim B(n,p)$,引入随机变量

$$X_k=\begin{cases}1,&A\text{ 在第 }k\text{ 次试验中发生},\\0,&A\text{ 在第 }k\text{ 次试验中不发生},\end{cases}\quad k=1,2,\cdots,n.$$

有

$$n_A=X_1+X_2+\cdots+X_n,$$

其中 $X_1,X_2,\cdots,X_n$ 相互独立,且都服从以 $p$ 为参数的 0-1 分布.因而

$$E(X_k)=p,D(X_k)=p(1-p),k=1,2,\cdots,n.$$

由(1.3)式即得

$$\lim_{n\to\infty}P\left\{\left|\frac{1}{n}(X_1+X_2+\cdots+X_n)-p\right|<\varepsilon\right\}=1,$$

即

$$\lim_{n\to\infty}P\left\{\left|\frac{n_A}{n}-p\right|<\varepsilon\right\}=1.$$

伯努利大数定律表明,事件 $A$ 发生的频率 $\dfrac{n_A}{n}$ 依概率收敛于事件 $A$ 发生的概率 $p$.这个定理以严格的数学形式证明了频率的稳定性.就是说,当 $n$ 很大时,事件发生的频率与概率有较大偏差的可能性很小.因此,在实际应用中,当试验次数很大时,可以用事件发生的频率来近似代替事件发生的概率.

定理 1 中要求随机变量 $X_1,X_2,\cdots$ 的方差存在而不要求具有同分布.但随机变

量服从相同分布的场合,并不需要方差存在这一条件,由此我们有以下定理.

**定理 4(辛钦[①](Khinchine)大数定律)**　设随机变量 $X_1, X_2, \cdots, X_n, \cdots$ 相互独立,服从同一分布,且具有相同的数学期望 $E(X_k) = \mu (k = 1, 2, \cdots)$,则对于任意的正数 $\varepsilon$,有

$$\lim_{n \to \infty} P\left\{\left|\frac{1}{n}\sum_{k=1}^{n} X_k - \mu\right| < \varepsilon\right\} = 1. \tag{1.6}$$

证明从略[10].

显然,伯努利大数定律也是辛钦大数定律的特殊情况.

辛钦大数定律表明,当 $n$ 很大时,随机变量的算术平均 $\overline{X} = \frac{1}{n}\sum_{k=1}^{n} X_k$ 会"靠近"它们的数学期望,这就为寻找随机变量的数学期望提供了一条实际可行的途径,即在不知具体分布的情形下,可以取多次重复观测的算术平均 $\frac{1}{n}\sum_{k=1}^{n} X_k$ 作为均值 $\mu$ 的较为精确的估计.

**例 5.1.3**　设随机变量 $X_1, X_2, \cdots, X_n, \cdots$ 相互独立且都服从参数为 3 的泊松分布. 证明:当 $n \to \infty$ 时,随机变量 $Y_n = \frac{1}{n}\sum_{i=1}^{n} X_i^2$ 依概率收敛于 12.

**证明**　由随机变量的独立性关系,利用第三章第三节定理 3 得到 $X_1^2, X_2^2, \cdots, X_n^2, \cdots$ 满足辛钦大数定律的条件 —— 独立、同分布,且各自的数学期望

$$E(X_i^2) = D(X_i) + [E(X_i)]^2 = 3 + 3^2 = 12.$$

根据辛钦大数定律(1.6)式,$Y_n = \frac{1}{n}\sum_{i=1}^{n} X_i^2$ 依概率收敛于 $E(X_i^2) = 12(i = 1, 2, \cdots, n)$.

# 思考题

1. 切比雪夫大数定律和辛钦大数定律的条件和结论有哪些异同点?
2. 伯努利大数定律的作用有哪些?

# 习题 5-1

1. 设随机变量 $X$ 的方差为 2,用切比雪夫不等式估计 $P\{|X - E(X)| \geqslant 2\}$.

---

① 辛钦(Khinchine. 1894—1959):俄罗斯人,著名现代数学家,苏联科学院通讯院士,莫斯科大学教授,在函数论、数论和概率论方面有诸多成就.

2. 设随机变量 $X,Y$ 的数学期望分别是 2 和 $-4$,方差分别是 1 和 4,而相关系数为 0.5.用切比雪夫不等式估计 $P\{|2X+Y|\geqslant 12\}$.

3. 设随机变量 $X$ 的数学期望 $E(X)=\mu$,方差 $D(X)=\sigma^2$,用切比雪夫不等式估计 $P\{|X-\mu|\geqslant 3\sigma\}$.

4. 设非负随机变量 $X$ 存在数学期望 $E(X)$.对于任意的 $\varepsilon>0$,证明不等式

$$P\{X\geqslant\varepsilon\}\leqslant\frac{E(\sqrt{X})}{\sqrt{\varepsilon}}.$$

5. 设 $X_1,X_2,\cdots,X_n,\cdots$ 为相互独立且服从参数为 2 的指数分布的随机变量序列,问当 $n\rightarrow\infty$ 时,$Y_n=\dfrac{1}{n}\sum_{i=1}^{n}X_i^2$ 是否依概率收敛? 如果依概率收敛,求出其数值.

6. 设 $X_1,X_2,\cdots,X_n,\cdots$ 为独立同分布随机变量序列,且

$$P\left\{X_k=\frac{2^k}{k^2}\right\}=\frac{1}{2^k},k=1,2,\cdots.$$

问 $X_1,X_2,\cdots,X_n,\cdots$ 是否服从辛钦大数定律?

7. 设 $X_1,X_2,\cdots,X_n,\cdots$ 为相互独立同分布随机变量序列,各自的数学期望与方差都存在,且 $\lim\limits_{n\rightarrow\infty}\dfrac{1}{n^2}D\big(\sum\limits_{i=1}^{n}X_i\big)=0$.问随机变量序列 $X_1,X_2,\cdots,X_n,\cdots$ 是否服从大数定律?

# \* 第二节　中心极限定理

在客观现象中,有许多随机现象是由大量的相互独立的随机因素的综合影响所形成的,且其中每一个个别因素在总的影响中所起的作用都是很微小的.例如,炮弹射击的弹着点与目标的偏差,就受着许多随机因素的影响:如瞄准时的误差,空气阻力所产生的误差,炮弹或炮身结构所引起的误差等等.对我们来说最重要的是,关注这些随机因素的总的影响结果.这种随机变量一般都服从或近似服从正态分布.这种现象就是中心极限定理的客观背景.

本节只介绍两个常用的**中心极限定理(central limit theorem)**.

**定理 1(独立同分布中心极限定理)**　设随机变量 $X_1,X_2,\cdots,X_n,\cdots$ 相互独立,服从同一分布,且具有数学期望和方差:$E(X_k)=\mu,D(X_k)=\sigma^2>0(k=1,2,\cdots)$,则随机变量之和 $\sum\limits_{k=1}^{n}X_k$ 的标准化随机变量

$$Y_n=\frac{\sum\limits_{k=1}^{n}X_k-E\big(\sum\limits_{k=1}^{n}X_k\big)}{\sqrt{D\big(\sum\limits_{k=1}^{n}X_k\big)}}=\frac{\sum\limits_{k=1}^{n}X_k-n\mu}{\sqrt{n}\sigma}$$

的分布函数 $F_n(x)$，对于任意的实数 $x$，满足

$$\lim_{n \to \infty} F_n(x) = \lim_{n \to \infty} P \left\{ \frac{\sum_{k=1}^{n} X_k - n\mu}{\sqrt{n}\sigma} \leqslant x \right\} = \frac{1}{\sqrt{2\pi}} \int_{-\infty}^{x} e^{-\frac{t^2}{2}} dt = \Phi(x). \quad (2.1)$$

此定理的证明略[11].

这个定理通常也称为**列维-林德伯格（Levy-Lindeberg）中心极限定理**.

这个定理说明了以下 4 种情形的概率分布：

(1) 对于均值为 $\mu$，方差为 $\sigma^2 > 0$ 的独立同分布（不管服从什么分布）的随机变量 $X_1, X_2, \cdots, X_n, \cdots$ 的和 $\sum_{k=1}^{n} X_k$ 的标准化随机变量，当 $n$ 充分大时，近似成立：

$$\frac{\sum_{k=1}^{n} X_k - n\mu}{\sqrt{n}\sigma} \sim N(0,1). \quad (2.2)$$

(2) 对上式变形得到，随机变量和（即随机变量的总影响）近似成立：

$$\sum_{k=1}^{n} X_k \sim N(n\mu, n\sigma^2). \quad (2.3)$$

在一般情况下，很难求出 $n$ 个随机变量之和 $\sum_{k=1}^{n} X_k$ 的确切分布函数.(2.3) 式表明，当 $n$ 充分大时，可以通过正态分布 $N(n\mu, n\sigma^2)$ 对随机变量之和 $\sum_{k=1}^{n} X_k$ 作理论分析或作近似计算.

将 (2.2) 式左端改写成 $\dfrac{(1/n) \sum_{k=1}^{n} X_k - \mu}{\sigma/\sqrt{n}} = \dfrac{\overline{X} - \mu}{\sigma/\sqrt{n}}$，这样，上述结果可写成另外一种常用的形式：

(3) 随机变量的算术平均 $\overline{X}$ 的标准化近似成立：

$$\frac{\overline{X} - \mu}{\sigma/\sqrt{n}} \sim N(0,1). \quad (2.4)$$

(4) 对上式变形得到，随机变量的算术平均 $\overline{X}$ 近似成立：

$$\overline{X} \sim N\left(\mu, \frac{\sigma^2}{n}\right). \quad (2.5)$$

(2.4)式是独立同分布中心极限定理结果的另一个形式.这一结果是数理统计中大样本统计推断的理论基础.

**例 5.2.1**　设备零件的重量都是随机变量，它们相互独立，且服从相同的分布，其数学期望为 0.5 kg，均方差为 0.1 kg.问 5 000 只零件的总重量超过 2 510 kg 的概率是多少？

**解**　设 $X_i$ 表示第 $i$ 只零件的重量，则 $E(X_i) = 0.5$，$\sqrt{D(X_i)} = 0.1$. 于是 5 000

只零件的总重量 $X = \sum\limits_{i=1}^{5\,000} X_i$,所以由独立同分布中心极限定理(2.2)式知,

$$P\{X > 2510\} = P\left\{\frac{X - 2\,500}{\sqrt{5\,000} \times 0.1} > \frac{2\,510 - 2\,500}{\sqrt{5\,000} \times 0.1}\right\}$$

$$\approx 1 - \Phi(\sqrt{2}) = 1 - 0.921 = 0.079.$$

**例 5.2.2** 一生产线生产的产品成箱包装,每箱的重量是随机的.假设每箱平均重量是 50 kg,标准差为 5 kg.若用最大载重量为 5 吨的汽车承运,试利用中心极限定理说明:每辆车最多可以装多少箱,才能保证不超载的概率大于 0.977(已知 $\Phi(2) = 0.977$).

**解** 设 $X_i(i = 1,2,\cdots,n)$ 是装运的第 $i$ 箱的重量(单位:kg),$n$ 是所求箱数.由条件可以把 $X_1, X_2, \cdots, X_n$ 视为独立同分布随机变量,而 $n$ 箱的总重量

$$T_n = X_1 + X_2 + \cdots + X_n$$

是独立同分布随机变量之和.

由条件知 $E(X_i) = 50$,$\sqrt{D(X_i)} = 5$,根据独立同分布中心极限定理(2.2)式,$T_n$ 近似服从正态分布 $N(50n, 25n)$.由题设条件,应满足

$$P\{T_n \leqslant 5\,000\} = P\left\{\frac{T_n - 50n}{5\sqrt{n}} \leqslant \frac{5\,000 - 50n}{5\sqrt{n}}\right\}$$

$$\approx \Phi\left(\frac{1\,000 - 10n}{\sqrt{n}}\right) > 0.977 = \Phi(2).$$

根据分布函数 $\Phi(x)$ 的单调递增性,有 $\dfrac{1\,000 - 10n}{\sqrt{n}} > 2$.解得

$$n < 98.019\,9,$$

即每辆车最多可以装 98 箱.

下面介绍另一个中心极限定理,它是定理 1 的特殊情况.

**定理 2(棣莫弗**[①]**- 拉普拉斯**[②]**(De Moivre-Laplace) 定理)** 设随机变量 $\eta_n(n = 1,2,\cdots)$ 服从参数为 $n, p\,(0 < p < 1)$ 的二项分布,则对于任意的实数 $x$,有

$$\lim_{n \to \infty} P\left\{\frac{\eta_n - np}{\sqrt{np(1-p)}} \leqslant x\right\} = \frac{1}{\sqrt{2\pi}} \int_{-\infty}^{x} e^{-\frac{t^2}{2}} dt = \Phi(x). \tag{2.7}$$

**证明** 可以将 $\eta_n$ 分解成为 $n$ 个相互独立且服从同一 0-1 分布的随机变量 $X_1$,

---

① 棣莫弗(A. dé movie,1667—1754):法国著名数学家.最早发现(1721 或更早) 正态分布是二项分布的极限形式者,并且最早(1730) 对于成功的概率为 0.5 的情形证明了上述事实.

② 拉普拉斯(P. S. M. de Laplace,1749—1827):法国著名数学家、天文学家和物理学家.在概率论、天体力学和势函数理论方面有重要贡献;他在概率论方面的主要著作是《概率分析理论》,给出了古典型概率的定义,最早阐明了正态分布理论,并对一般情形证明了棣莫弗－拉普拉斯定理(1812);建立了误差理论,奠定了最小二乘法的理论基础.

$X_2, \cdots, X_n$ 之和, 即有

$$\eta_n = \sum_{k=1}^{n} X_k.$$

其中 $X_k(k=1,2,\cdots,n)$ 的分布律为

$$P\{X_k = i\} = p^i (1-p)^{1-i}, i = 0, 1.$$

由于 $E(X_k) = p, D(X_k) = p(1-p)(k=1,2,\cdots,n)$, 由本节定理 1 式得

$$\lim_{n \to \infty} P\left\{ \frac{\eta_n - np}{\sqrt{np(1-p)}} \leqslant x \right\} = \lim_{n \to \infty} P\left\{ \frac{\sum_{k=1}^{n} X_k - np}{\sqrt{np(1-p)}} \leqslant x \right\} = \frac{1}{\sqrt{2\pi}} \int_{-\infty}^{x} e^{-\frac{t^2}{2}} dt = \Phi(x).$$

这个定理表明, 正态分布是二项分布的极限分布, 当 $n$ 充分大时, 我们可以利用 (2.7)式来计算二项分布的概率.

(2.7)式常用的形式:

**若 $\eta \sim B(n,p)$, 则对充分大的 $n$,**

$$P\{a < \eta < b\} \approx \Phi\left( \frac{b-np}{\sqrt{np(1-p)}} \right) - \Phi\left( \frac{a-np}{\sqrt{np(1-p)}} \right). \tag{2.8}$$

下面再举一个应用二项分布和中心极限定理的例子.

**例 5.2.3** 用中心极限定理再计算第二章第二节例 2.2.3 问题(1):在次品率为 0.04 的 100 件产品中, 求这批产品中不少于 4 件次品的概率.

**解** 用 $X$ 表示 100 件产品中的次品数, 则 $X \sim B(100, 0.04)$.

在第 43 页例 2.2.3 中, 利用二项分布概率公式计算得到 $P\{4 \leqslant X \leqslant 100\} \approx 0.5705$.

在第 45 页例 2.2.4 中, 用泊松定理计算 $P\{4 \leqslant X \leqslant 100\} \approx 0.5669$.

由棣莫弗-拉普拉斯中心极限定理(2.8)式得

$$P\{4 \leqslant X \leqslant 100\} \approx \Phi\left( \frac{100 - 100 \times 0.4}{\sqrt{100 \times 0.4 \times 0.96}} \right) - \Phi\left( \frac{4 - 100 \times 0.4}{\sqrt{100 \times 0.4 \times 0.96}} \right)$$

$$\approx \Phi(48.98) - 0.5 \approx 1 - 0.5 = 0.5.$$

**例 5.2.4** 某药厂试制了一种新药, 声称对贫血患者的治疗有效率达到 80%. 医药监管部门准备对 100 个贫血患者进行此药的疗效试验, 若这 100 人中至少有 75 人用药有效, 就批准此药生产. 如果该药的有效率确实达到 80%, 此药被批准生产的概率是多少?

**解** 用 $S_n$ 表示这 $n = 100$ 个患者中用药后有效的人数. 如果该药的有效率确实是 $p = 80\%$, 则 $S_n \sim B(n,p)$. 由上述(2.8)式, 得到该新药被批准的概率为

$$P\{S_n \geqslant 75\} = P\left\{ \frac{S_n - np}{\sqrt{np(1-p)}} \geqslant \frac{75 - np}{\sqrt{np(1-p)}} \right\} = P\left\{ \frac{S_n - np}{\sqrt{np(1-p)}} \geqslant \frac{75 - 80}{\sqrt{80 \times 0.2}} \right\}$$

$$\approx 1 - \Phi(-1.25) = \Phi(1.25) = 0.8944.$$

可见, 该新药获得批准的概率是 0.89. 也就是说, 如果有效率 $p > 80\%$, 则获得批

准的概率大于 0.89.

# 思考题

1. 列维-林德伯格中心极限定理(即独立同分布中心极限定理)的条件分别是什么?

2. 列维-林德伯格中心极限定理(即独立同分布中心极限定理)的变形结果有哪些情形?

# 习题 5-2

1. 设随机变量 $X_1, X_2, \cdots, X_n, \cdots$ 相互独立,$S_n = X_1 + X_2 + \cdots + X_n$. 根据列维-林德伯格(Levy-Lindeberg)中心极限定理,若当 $n$ 充分大时,$S_n$ 近似服从正态分布,问需要 $X_1, X_2, \cdots, X_n, \cdots$ 满足什么条件?

2. 设随机变量 $X_1, X_2, \cdots, X_n, \cdots$ 相互独立且都服从参数为 $\lambda$ 的指数分布,$S_n = X_1 + X_2 + \cdots + X_n$,利用列维－林德伯格中心极限定理,问当 $n$ 充分大时,$S_n$ 近似服从的分布是什么?

3. 设 $X_1, X_2, \cdots, X_n$ 相互独立且都服从参数为 $p(0 < p < 1)$ 的 0-1 分布,对任意的 $x_1 < x_2$,利用中心极限定理求 $P\left\{ x_1 < \sum_{i=1}^{n} X_i \leqslant x_2 \right\}$ 的近似值.

4. 用机器给口服液装瓶.由于机器工作会有误差,所以每瓶口服液的净重为随机变量,设其数学期望为 100 g,标准差为 10 g.一箱装 200 瓶口服液,求一箱口服液净重大于 20 500 g 的概率.

5. 设 $X_1, X_2, \cdots, X_{50}$ 是相互独立的随机变量,且都服从参数为 $\lambda = 0.03$ 的泊松分布,记 $Y = \sum_{i=1}^{50} X_i$,试用中心极限定理计算 $P\{Y \geqslant 3\}$.

6. 某公司电话总机有 200 台分机,每台分机有 6% 的时间用于外线通话,假定每台分机用不用外线是相互独立的.试问该总机至少应装多少条外线,才能有 95% 的把握确保各分机需用外线时不必等候?

7. 某灯泡厂生产的灯泡的平均寿命原为 2 000 h,标准差为 200 h.经过技术改造使其平均寿命提高到 2 250 h,标准差不变.现对其进行检验,方法如下:任意挑选若干只灯泡,如这些灯泡的平均寿命超过 2 200 h,就承认技术改造有效,检验获得通过.欲使检验的通过率超过 0.997,至少应检查多少只灯泡?

8. 根据以往经验,某种电器元件的寿命服从均值为 100 h 的指数分布.现随机地取 16 只,设它们的寿命是相互独立的.求这 16 只元件的寿命的总和大于 1 920 h 的概率.

9. 一船舶在某海区航行,已知每遭受一次波浪的冲击,纵摇角大于 $3°$ 的概率为 $p = \dfrac{1}{3}$.若船舶遭受了 90 000 次波浪冲击,问其中有 29 500~30 500 次纵摇角大于 $3°$ 的概率是多少?

# 第五章内容小结

## 一、研究问题的思路

研究随机变量 $X$ 的概率分布,往往离不开它的数学期望 $E(X)$ 和方差 $D(X)$.数学期望 $E(X)$ 反映随机变量 $X$ 的平均取值大小,方差 $D(X)$ 刻画随机变量 $X$ 与其均值偏离的大小程度.那么 $X, E(X), D(X)$ 三者之间存在什么关系呢?切比雪夫不等式揭示了三者关系.

概率的统计定义说明,当试验次数 $n$ 加大时,事件发生的频率稳定在某一个常数附近,这个常数就称为随机事件的概率.这个常数真的能存在吗?大数定律给出了这个问题的理论依据.大数定律也告诉人们,可以利用多次试验的平均值来近似代替数学期望.

在客观现象中,受许多彼此独立的随机因素影响的随机变量是非常广泛的,那么,怎样研究这些总的影响呢?这个"总影响"随机变量服从什么分布呢?中心极限定理说明,"总影响"——随机变量之和——服从或近似服从正态分布.

作为独立同分布中心极限定理的特例——棣莫弗—拉普拉斯中心极限定理具有更多的实用性,与泊松定理一样,它也是二项分布的极限分布.

第五章内容,连同第一章到第四章内容一起,构成了概率论的学科体系.

## 二、释疑解惑

### 随机变量序列依概率收敛与变量数列收敛

在高等数学中,$\{x_n\}$ 为确定性变量数列.在概率论中,$\{X_n\}$ 为随机变量序列.数列收敛要求,对任给的正数 $\varepsilon$,存在正整数 $N$,当 $n > N$ 时总有 $|x_n - a| < \varepsilon$ 成立,而绝不会有 $|x_n - a| \geqslant \varepsilon$.依概率收敛要求 $n$ 充分大时,事件 $P\{|X_n - a| < \varepsilon\}$ 发生的概率接近于 1,不排除发生事件 $\{|X_n - a| \geqslant \varepsilon\}$ 的可能性.

## 三、学习与研究方法

### (1) 正态分布的中心地位

随机事件可能受许多不确定因素影响,这些因素彼此间没有依存关系,且没有一个因素的影响特别突出,那么,不管这些因素各自服从什么分布,这些因素的"和"将近似地服从正态分布.

（2）**大数定律和中心极限定理之间有什么联系**?

大数定律是研究随机变量序列 $X_1, X_2, \cdots, X_n, \cdots$ 依概率收敛的极限问题,而中心极限定理是研究随机变量序列 $X_1, X_2, \cdots, X_n, \cdots$ 依分布收敛的极限定理. 它们都是讨论大量的随机变量之和的极限行为.

当 $X_1, X_2, \cdots, X_n, \cdots$ 相互独立同分布,并且有大于 0 的有限方差时,大数定律和中心极限定理同时成立:

设 $E(X_i) = \mu, D(X_i) = \sigma^2 > 0$,则由切比雪夫大数定律知,对于任意给定的 $\varepsilon > 0$,有

$$\lim_{n \to \infty} P\left\{ \left| \frac{1}{n} \sum_{i=1}^{n} (X_i - \mu) \right| \leqslant \varepsilon \right\} = 1.$$

由独立同分布中心极限定理有

$$P\left\{ \left| \frac{1}{n} \sum_{i=1}^{n} (X_i - \mu) \right| \leqslant \varepsilon \right\} = P\left\{ \left| \frac{1}{\sigma \sqrt{n}} \sum_{i=1}^{n} (X_i - \mu) \right| \leqslant \frac{\sqrt{n}\varepsilon}{\sigma} \right\}$$

$$\approx \Phi\left( \frac{\sqrt{n}\varepsilon}{\sigma} \right) - \Phi\left( \frac{-\sqrt{n}\varepsilon}{\sigma} \right) = 2\Phi\left( \frac{\sqrt{n}\varepsilon}{\sigma} \right) - 1.$$

可见,在所假设的条件下,利用中心极限定理的计算比大数定律更为精确.

# 总习题五

## A 组

1. 设 $X_1, X_2, \cdots, X_n$ 是 $n$ 个相互独立同分布的随机变量,$E(X_i) = \mu, D(X_i) = 8$,$i = 1, 2, \cdots, n$,对于 $X = \sum_{i=1}^{n} X_i$,写出所满足的切比雪夫不等式,并估计概率 $P\{|\overline{X} - \mu| < 4\}$.

2. 设 $X_1, X_2, \cdots, X_n, \cdots$ 为相互独立同分布随机变量序列,且 $E(X_i) = 0, D(X_i) = \sigma^2, i = 1, 2, \cdots$.问当 $n \to \infty$ 时,$\frac{1}{n} \sum_{i=1}^{n} X_i^2$ 是否依概率收敛?如果依概率收敛,求出其数值.

3. 独立重复地做一项试验,假设每次试验成功的概率为 0.75. 用切比雪夫不等式求解问题:至少需要做多少次试验,才能以不低于 0.90 的概率使试验成功的频率保持在 0.74 和 0.76 之间?

4. 一本书有十万个印刷符号,排版时每个符号被排错的概率为 0.000 1,用中心

极限定理求排版后错误不多于 15 个的概率 $p$.

5. 某彩色电视机制造公司每月生产 20 万台液晶电视, 次品率为 0.000 5. 检验时每台次品未被查出的概率为 0.01. 试用中心极限定理求检验后出厂的这批 20 万台液晶电视中次品数超过 3 台的概率.

6. 一加法器同时收到 20 个噪声电压 $V_k (k = 1, 2, \cdots, 20)$, 设它们是相互独立的随机变量, 且都服从区间 $(0, 10)$ 上的均匀分布. 记 $V = \sum_{k=1}^{20} V_k$, 求 $P\{V > 105\}$ 的近似值.

7. 某保险公司多年的统计资料表明, 在索赔户中因财产被盗而要求赔偿的占 20%. 以 $X$ 表示在随机抽查的 100 个索赔户中因财产被盗而向保险公司索赔的客户数.

(1) 写出 $X$ 的概率分布;

(2) 求被盗索赔户不少于 14 户且不多于 30 户的概率的近似值.

8. 某车间有 200 台车床, 在生产期间由于需要检修、调换刀具、变换位置及调换工件等常需停车. 设开工率为 0.6, 并设每台车床的工作是独立的, 且在开工时需电力 1 千瓦. 问最少应供应多少千瓦电力才能以 99.9% 的概率保证该车间不会因供电不足而影响生产?

## B 组

1. 设 $X_1, X_2, \cdots, X_n, \cdots$ 为相互独立的随机变量序列, 且均服从参数为 $\lambda (\lambda > 1)$ 的指数分布, 记 $\Phi(x)$ 为标准正态分布的分布函数. 则(　　).

(A) $\lim\limits_{n \to \infty} P\left\{ \dfrac{\sum_{i=1}^{n} X_i - n\lambda}{\lambda \sqrt{n}} \leqslant x \right\} = \Phi(x).$　　(B) $\lim\limits_{n \to \infty} P\left\{ \dfrac{\sum_{i=1}^{n} X_i - n\lambda}{\sqrt{n\lambda}} \leqslant x \right\} = \Phi(x).$

(C) $\lim\limits_{n \to \infty} P\left\{ \dfrac{\lambda \sum_{i=1}^{n} X_i - n}{\sqrt{n}} \leqslant x \right\} = \Phi(x).$　　(D) $\lim\limits_{n \to \infty} P\left\{ \dfrac{\sum_{i=1}^{n} X_i - \lambda}{\lambda \sqrt{n}} \leqslant x \right\} = \Phi(x).$

2. 设随机变量 $X_1, X_2, \cdots, X_n$ 相互独立, $S_n = X_1 + X_2 + \cdots + X_n$, 则根据列维-林德伯格中心极限定理, 当 $n$ 充分大时, $S_n$ 近似服从正态分布, 只要 $X_1, X_2, \cdots, X_n$ (　　).

(A) 有相同的数学期望.　　　　　　(B) 有相同的方差.

(C) 服从同一指数分布.　　　　　　(D) 服从同一离散型分布.

# 第六章

# 数理统计的基本概念

在前五章中我们学习了概率论的基本内容. 因为随机变量及其概率分布全面描述了随机现象的统计规律性, 所以在概率论的许多问题中, 概率分布通常都是已知的, 或者假设是已知的, 而一切计算与推理都是在此基础上得出来的. 然而, 实际情况往往并非如此. 一个随机变量所服从的分布类型可能完全不知道, 或者只知道其分布类型而不知其分布函数中所含的参数. 例如, 某工厂生产的灯泡的寿命服从什么分布是不知道的. 再如, 某厂生产的一件产品是合格品还是不合格品, 我们知道它服从两点分布, 但其参数 $p$ 却不知道. 那么怎样才能知道一个随机变量所服从的分布类型或其参数呢? 这就是数理统计所要解决的一个首要问题. 为了获得灯泡的寿命分布, 我们从所有的灯泡中抽出一部分进行观察与测试以取得相关信息, 从而做出推断. 由于观察和测试的是随机现象, 依据有限个观察与测试对整体所做出的推断不可能绝对准确, 这个不确定性我们用概率来表达. 数理统计学的基本问题就是依据观测或试验所取得的有限信息对整体做出推断, 每个推断必须伴有一定的概率来表明其可靠程度. 这种伴有一定概率的推断称为**统计推断**.

本章将提出总体、样本、统计量和经验分布函数等基本概念, 分析样本均值、样本方差的性质及其正态总体下的分布, 研究三种常用的抽样分布——$\chi^2$ 分布、$t$ 分布、$F$ 分布的性质, 建立统计推断的基础理论.

## 第一节 总体与样本

### 一、总体

在实际问题中, 我们往往研究有关对象的某一数量指标(如灯泡的寿命这一数量指标). 为此, 我们进行一系列的随机试验, 对这一数量指标进行检验或观察. 我们把研究对象的全体所构成的集合称为**总体**(**population**), 总体中的每个对象称为**个体**

(**individual**). 总体中所包含的个体的个数称为**总体的容量**. 容量有限的总体称为**有限总体**(**finite population**),容量无限的总体称为**无限总体**(**infinite population**).

例如,考察 5 000 只灯泡的质量,每只灯泡的寿命看作一个个体,所有 5 000 只灯泡的寿命构成一个有限总体.

在实际问题中,我们关心的并不是总体或个体本身,而是它们的某项数量指标 $X$(或某几项数量指标). 每个个体所取的值一般是不相同的,但从整体来看,个体的取值却有一定的概率分布,因此数量指标 $X$ 是一个随机变量. 这样,一个总体对应于一个随机变量 $X$. 我们对总体的研究就是对一个随机变量 $X$ 的研究,$X$ 的分布函数和数字特征就称为**总体的分布函数和数字特征**. 我们对于总体与其对应的随机变量不加区分,统称为**总体 $X$**(**population**). 也就是说,总体可以用一个随机变量 $X$ 或其分布函数来描述.

例如,研究某批灯泡的寿命时,关心的数量指标就是寿命,那么,总体就可用描述灯泡寿命的随机变量 $X$ 或用其分布函数 $F(x)$ 来表示.

## 二、样本

在实际问题中,总体的分布一般是未知的,或只知道它具有某种形式而其中包含着未知参数. 在数理统计中,通过从总体中抽取一部分个体,根据获得的数据来对总体分布进行推断. 我们把被抽出的部分个体叫作总体的一组**样本**(**sample**).

从总体抽取一个个体,就是对总体 $X$ 进行一次观察并记录其结果. 在相同的条件下对总体 $X$ 进行 $n$ 次重复的、独立的观察,将 $n$ 次观察结果按试验的次序记为 $X_1, X_2, \cdots, X_n$. 由于 $X_1, X_2, \cdots, X_n$ 是对随机变量 $X$ 观察的结果,且各次观察是在相同的条件下独立地进行的,有理由认为 $X_1, X_2, \cdots, X_n$ 是相互独立的,且都是与 $X$ 具有相同分布的随机变量.

我们给出以下的定义:

**定义**　设 $X$ 是具有分布函数 $F$ 的随机变量. 若

(1) $X_1, X_2, \cdots, X_n$ 与 $X$ 具有同一分布函数 $F$;

(2) $X_1, X_2, \cdots, X_n$ 相互独立,则称 $X_1, X_2, \cdots, X_n$ 为服从分布函数 $F$(或来自总体 $X$)的简单随机样本,简称**样本**(**sample**),$n$ 称为**样本容量**(**sample size**),它们的观察值 $x_1, x_2, \cdots, x_n$ 称为**样本值**,又称为 $X$ 的 $n$ 个独立的观察值或实现值.

也可以将样本看成是一个 **$n$ 维随机向量**,写成

$$(X_1, X_2, \cdots, X_n).$$

称样本 $X_1, X_2, \cdots, X_n$ 中的随机变量 $X_k$ 为第 $k$ 个**样本分量**. 样本 $X_1, X_2, \cdots, X_{n_1}$ 与 $Y_1, Y_2, \cdots, Y_{n_2}$ 独立就是指随机向量 $(X_1, X_2, \cdots, X_{n_1})$ 与 $(Y_1, Y_2, \cdots, Y_{n_2})$ 独立. 这样处理,就可以把多维随机变量概率分布的理论引用到数理统计学科.

样本 $(X_1, X_2, \cdots, X_n)$ 对应的样本值相应地写成

$$(x_1, x_2, \cdots, x_n).$$

若$(x_1,x_2,\cdots,x_n)$与$(y_1,y_2,\cdots,y_n)$都是对应于样本$(X_1,X_2,\cdots,X_n)$的样本值，一般来说它们是不相同的.

简单随机样本具有以下三个特征：

(1) **随机性**　从总体中随机地抽取每一个个体，不能有选择性地抽取；

(2) **同分布性**　每个$X_i(i=1,2,\cdots,n)$与总体$X$有相同的分布；

(3) **独立性**　每次抽样应独立进行，其结果相互不受影响.

在实际应用中，我们这样来获得简单随机样本：

对于有限总体，采用放回抽样就能得到样本；

当个体的总数$N$比要得到的样本的容量$n$大得多时，在实际中可将不放回抽样近似地当作放回抽样来处理，从而得到样本；

至于无限总体，因抽取一个个体不影响它的分布，所以总是用不放回抽样得到样本.

## 三、样本概率分布

由定义得到：若$X_1,X_2,\cdots,X_n$是从总体$F$得到的一个样本，则$X_1,X_2,\cdots,X_n$相互独立，且它们的分布函数都是$F$，因此得到：

(1) **样本$X_1,X_2,\cdots,X_n$的联合分布函数为**

$$F(x_1,x_2,\cdots,x_n)=\prod_{i=1}^{n}F(x_i). \tag{1.1}$$

根据独立性的充要条件（第三章第三节定理1），得到：

(2) **若$X$是连续型总体且具有概率密度$f(x)$，则$X_1,X_2,\cdots,X_n$的联合概率密度为**

$$f(x_1,x_2,\cdots,x_n)=\prod_{i=1}^{n}f(x_i). \tag{1.2}$$

(3) **若$X$是离散型总体且具有分布律$P\{X=x\}=p(x)$，则$X_1,X_2,\cdots,X_n$的联合分布律为**

$$P\{X_1=x_1,X_2=x_2,\cdots,X_n=x_n\}=\prod_{i=1}^{n}p(x_i). \tag{1.3}$$

**例 6.1.1**　设$X_1,X_2,\cdots,X_n$是来自参数为$\frac{1}{4}$的指数分布总体$X$的简单随机样本，求$X_1,X_2,\cdots,X_n$的联合概率密度.

**解**　已知总体$X$的概率密度为

$$f(x)=\begin{cases}\dfrac{1}{4}\mathrm{e}^{-\frac{x}{4}}, & x>0, \\ 0, & x\leqslant 0.\end{cases}$$

所以样本$X_1,X_2,\cdots,X_n$的联合概率密度为

$$f(x_1,x_2,\cdots,x_n)=\begin{cases}\left(\dfrac{1}{4}\right)^n \mathrm{e}^{-\frac{x_1+x_2+\cdots+x_n}{4}}, & x_i>0, i=1,2,\cdots,n,\\ 0, & \text{其他}.\end{cases}$$

# 思考题

1. 简单随机样本具有哪三条特征？
2. 样本和样本值的关系有哪些？写法上有什么区别？

# 习题 6-1

1. 设 $X_1,X_2,\cdots,X_{100}$ 是来自总体 $X\sim B(3,0.01)$ 的样本，问 $X_5$ 服从什么分布？

2. 若总体 $X\sim N(2,9)$，从总体 $X$ 中抽取样本 $X_1,X_2$，问 $3X_1-2X_2$ 服从什么分布？

3. 设 $X_1,X_2,\cdots,X_n$ 是来自参数为 $p$ 的 0-1 分布总体 $X$ 的一组样本，求样本 $X_1,X_2,\cdots,X_n$ 的联合分布律.

4. 已知总体 $X$ 服从参数为 $\lambda$ 的泊松分布，求样本 $X_1,X_2,\cdots,X_n$ 的联合分布律.

# 第二节　统计量与经验分布函数

## 一、统计量

样本是统计推断的依据，在应用时，往往不是直接使用样本，而是对不同的问题构造一个合适的依赖于样本的函数——统计量，利用这些样本的函数进行统计推断.

**定义 1**　设 $X_1,X_2,\cdots,X_n$ 是来自总体 $X$ 的一组样本，$g(X_1,X_2,\cdots,X_n)$ 是 $X_1,X_2,\cdots,X_n$ 的函数. 若 $g$ 中不含未知参数，则称 $g(X_1,X_2,\cdots,X_n)$ 是一个**统计量**(statistics).

因为 $X_1,X_2,\cdots,X_n$ 都是随机变量，而统计量 $g(X_1,X_2,\cdots,X_n)$ 是随机变量的函数，因此统计量也是一个随机变量. 设 $x_1,x_2,\cdots,x_n$ 是相应于样本 $X_1,X_2,\cdots,X_n$ 的样本值，则称 $g(x_1,x_2,\cdots,x_n)$ 是 $g(X_1,X_2,\cdots,X_n)$ 的**观察值**.

**例 6.2.1**　设 $X_1,X_2,X_3$ 是取自正态总体 $X\sim N(\mu,\sigma^2)$ 的一组样本，其中 $\mu$ 已知，$\sigma$ 未知，问下列样本函数

$$X_1 + X_3, X_2 - 1, \max\{X_1, X_2, X_3\}, \frac{1}{2}\sum_{i=1}^{3}(X_i - \mu)^2, \sum_{i=1}^{3}\left(\frac{X_i - \mu}{\sigma}\right)^2$$

中,哪些是统计量,哪些不是统计量?

**解** 前四个样本函数都不含未知参数,所以都是统计量.而最后一个样本函数含有未知参数 $\sigma$,所以它不是统计量.

下面给出几个常用的统计量,它们在以后的学习中经常被用到.

**定义 2** 设 $X_1, X_2, \cdots, X_n$ 是来自总体 $X$ 的一组样本,$x_1, x_2, \cdots, x_n$ 是这一样本的观察值.

**样本均值(sample mean)** 为

$$\overline{X} = \frac{1}{n}\sum_{i=1}^{n}X_i, \tag{2.1}$$

其观察值为

$$\overline{x} = \frac{1}{n}\sum_{i=1}^{n}x_i;$$

**样本方差(sample variance)** 为

$$S^2 = \frac{1}{n-1}\sum_{i=1}^{n}(X_i - \overline{X})^2 = \frac{1}{n-1}\left(\sum_{i=1}^{n}X_i^2 - n\overline{X}^2\right), \tag{2.2}$$

其观察值为

$$s^2 = \frac{1}{n-1}\sum_{i=1}^{n}(x_i - \overline{x})^2 = \frac{1}{n-1}\left(\sum_{i=1}^{n}x_i^2 - n\overline{x}^2\right);$$

**样本标准差** 为

$$S = \sqrt{S^2} = \sqrt{\frac{1}{n-1}\sum_{i=1}^{n}(X_i - \overline{X})^2}, \tag{2.3}$$

其观察值为

$$s = \sqrt{s^2} = \sqrt{\frac{1}{n-1}\sum_{i=1}^{n}(x_i - \overline{x})^2};$$

**样本 $k$ 阶(原点)矩** 为

$$A_k = \frac{1}{n}\sum_{i=1}^{n}X_i^k, k = 1, 2, \cdots, \tag{2.4}$$

其观察值为

$$a_k = \frac{1}{n}\sum_{i=1}^{n}x_i^k, k = 1, 2, \cdots;$$

**样本 $k$ 阶中心矩** 为

$$B_k = \frac{1}{n}\sum_{i=1}^{n}(X_i - \overline{X})^k, k = 2, 3, \cdots, \tag{2.5}$$

其观察值为

$$b_k = \frac{1}{n}\sum_{i=1}^{n}(x_i - \overline{x})^k, k = 2, 3, \cdots.$$

关于样本均值与样本方差的性质有如下常用定理.该定理是下一章介绍的矩法估计的理论基础.

**定理 1** 设 $X_1, X_2, \cdots, X_n$ 是来自总体 $X$ 的容量为 $n$ 的样本.若总体 $X$(不论 $X$ 服

从什么分布) 有期望 $E(X) = \mu$ 和方差 $D(X) = \sigma^2$，则

(1) $E(\overline{X}) = \mu, D(\overline{X}) = \dfrac{\sigma^2}{n}$；

(2) $E(S^2) = \sigma^2, E(B_2) = \dfrac{n-1}{n}\sigma^2$；

(3) $\overline{X} \xrightarrow{P} \mu (n \to \infty)$；

(4) $S^2 \xrightarrow{P} \sigma^2, B_2 \xrightarrow{P} \sigma^2 (n \to \infty)$；

(5) **若总体 $X$ 的 $k$ 阶矩 $E(X^k)$ 存在**（记为 $\mu_k$），则当 $n \to \infty$ 时，$A_k \xrightarrow{P} \mu_k, k = 1,$ $2, \cdots$；

(6) **若 $g$ 为连续函数**，则 $g(A_1, A_2, \cdots, A_k) \xrightarrow{P} g(\mu_1, \mu_2, \cdots, \mu_k)(n \to \infty)$.

**证明**　我们只证明结论(4) 与(5) 及(6)，其他结论请读者自证.

因为 $X_1, X_2, \cdots, X_n$ 是来自总体 $X$ 的容量为 $n$ 的样本，根据第三章第三节定理 3，所以 $X_1^2, X_2^2, \cdots, X_n^2$ 也是独立同分布随机变量，且

$$E(X_i^2) = D(X_i) + [E(X_i)]^2 = \sigma^2 + \mu^2 (i = 1, 2, \cdots).$$

由第五章第一节定理 4 得

$$\frac{1}{n}\sum_{i=1}^{n}(X_i^2) \xrightarrow{P} \sigma^2 + \mu^2 (n \to \infty).$$

又因为 $\overline{X} \xrightarrow{P} \mu$，由第五章第一节定理 2 得到 $\overline{X}^2 \xrightarrow{P} \mu^2$，所以

$$B_2 = \frac{1}{n}\Big(\sum_{i=1}^{n} X_i^2 - n\overline{X}^2\Big)$$

$$= \frac{1}{n}\sum_{i=1}^{n} X_i^2 - \overline{X}^2 \xrightarrow{P} \sigma^2 + \mu^2 - \mu^2 = \sigma^2.$$

因此，我们又得到

$$S^2 = \frac{n}{n-1}B_2 \xrightarrow{P} \sigma^2 (n \to \infty).$$

定理 1 的结论(4) 成立.

又因为 $X_1, X_2, \cdots, X_n$ 独立且与 $X$ 同分布，根据第三章第三节定理 3，得到 $X_1^k,$ $X_2^k, \cdots, X_n^k$ 独立且与 $X^k$ 同分布，故有

$$E(X_1^k) = E(X_2^k) = \cdots = E(X_n^k) = E(X^k) = \mu_k,$$

从辛钦大数定律知

$$A_k = \frac{1}{n}\sum_{i=1}^{n} X_i^k \xrightarrow{P} \mu_k, k = 1, 2, \cdots.$$

所以，定理 1 的结论(5)成立.

由依概率收敛序列的性质（第五章第一节定理 2）知结论(6)成立.

例如，

$$A_2 \xrightarrow{P} \mu_2, \quad A_1 + 2A_2 - 3A_3^2 \xrightarrow{P} \mu_1 + 2\mu_2 - 3\mu_3^2.$$

## 二、经验分布函数

我们还可以做出与总体分布函数 $F(x)$ 相应的统计量——经验分布函数.

**定义 3**　设 $x_1, x_2, \cdots, x_n$ 是总体 $F$ 的一组容量为 $n$ 的样本观察值. 对于任意的 $x \in (-\infty, +\infty)$，以 $s_n(x)$ 表示样本 $X_1, X_2, \cdots, X_n$ 的 $n$ 个观察值中不大于 $x$ 的个数.

记

$$F_n(x) = \frac{s_n(x)}{n},$$

则 $F_n(x)$ 叫作总体 $F$ 的经验分布函数（empirical distribution function）.

**例 6.2.2**　设总体 $X$ 具有一组样本值 $1, 2, 2, 2, 4$，求 $X$ 的经验分布函数.

**解**　当 $x < 1$ 时，$F_5(x) = \dfrac{0}{5} = 0$；

当 $1 \leqslant x < 2$ 时，$F_5(x) = \dfrac{1}{5}$；

当 $2 \leqslant x < 4$ 时，$F_5(x) = \dfrac{4}{5}$；

当 $x \geqslant 4$ 时，$F_5(x) = \dfrac{5}{5} = 1$.

获取抽样样本与
总体的分布函数

所以，总体 $X$ 的经验分布函数 $F_5(X)$ 为

$$F_5(x) = \begin{cases} 0, & x < 1, \\ \dfrac{1}{5}, & 1 \leqslant x < 2, \\ \dfrac{4}{5}, & 2 \leqslant x < 4, \\ 1, & x \geqslant 4. \end{cases}$$

经验分布函数与总体分布函数有如下的关系：

**定理 2**（格利文科（Glivenko-Cantelli）定理）　对于任一实数 $x$，当 $n \to \infty$ 时经验分布 $F_n(x)$ 以概率 1 一致收敛于总体分布函数 $F(x)$，即

$$P\{\lim_{n \to \infty} \sup_{-\infty < x < +\infty} |F_n(x) - F(x)| = 0\} = 1. \tag{2.6}$$

本定理证明从略[12].

该定理表明，对于任一实数 $x$，当 $n$ 充分大时，经验分布函数 $F_n(x)$ 与总体分布函数 $F(x)$ 只有微小的差别，因此在实际应用中可当作总体分布函数 $F(x)$ 来使用.

# 思考题

1. 为什么提出统计量这一概念？理解这个概念应关注哪些关键词？
2. 如何理解定理 1 中各条结论的实际意义或作用？

# 习题 6-2

1. 设 $X_1, X_2, \cdots, X_n$ 是来自总体 $X$ 的样本，其中总体 $X$ 的均值 $\mu$ 已知，方差 $\sigma^2$ 未知. 在样本函数

$$\sum_{i=1}^{n} X_i, \quad \frac{\sum_{i=1}^{n} X_i - \mu}{\sigma}, \quad \frac{\sum_{i=1}^{n} X_i - \mu}{S}, \quad n\mu(X_1^2 + X_2^2 + \cdots + X_n^2)$$

中，哪些不是统计量？

2. 已知总体 $X \sim P(\lambda)$，$X_1, X_2, \cdots, X_n$ 为来自总体 $X$ 的样本. 问 $\overline{X} + S^2$ 的数学期望存在吗？若存在，求其数学期望.

3. 设总体 $X$ 具有一组样本值 $0, 0, 1, 3$，求 $X$ 的经验分布函数.

4. 证明定理 1 中的结论 (1)，(2) 和 (3).

# 第三节　正态总体的常用抽样分布

统计量是样本的函数，是依赖于样本的. 而样本是随机变量，所以统计量也是随机变量，因而统计量就有它们自己的分布. 在使用统计量进行统计推断时常常需要知道统计量的分布. 一般称统计量的分布为**抽样分布**.

本节介绍来自正态总体的几个常用统计量的抽样分布.

## 一、$\chi^2$ 分布

**定义 1**　设 $X_1, X_2, \cdots, X_n$ 是来自标准正态总体 $N(0,1)$ 的样本，则称统计量

$$\chi^2 = X_1^2 + X_2^2 + \cdots + X_n^2 \tag{3.1}$$

**服从自由度为 $n$ 的 $\chi^2$ 分布**，记为

$$\chi^2 \sim \chi^2(n).$$

此处自由度是指表达式 $\chi^2 = X_1^2 + X_2^2 + \cdots + X_n^2$ 中所包含的独立变量的个数.

**性质 1** $\chi^2(n)$分布实际上就是参数为$\dfrac{n}{2}$,$\dfrac{1}{2}$的$\Gamma\left(\dfrac{n}{2},\dfrac{1}{2}\right)$分布,即$\chi^2(n)$分布的概率密度为

$$f(y)=\begin{cases}\dfrac{1}{2^{\frac{n}{2}}\Gamma\left(\dfrac{n}{2}\right)}y^{\frac{n}{2}-1}\mathrm{e}^{-\frac{y}{2}}, & y>0,\\[2mm] 0, & y\leqslant 0.\end{cases} \tag{3.2}$$

$\chi^2(n)$分布的概率密度 $f(y)$的图像见图 6-1.
证明从略[13].

根据$\chi^2$分布的定义易得$\chi^2$分布的可加性.

**性质 2**($\chi^2$分布的可加性) 设$\chi_1^2\sim\chi^2(n_1)$,
$\chi_2^2\sim\chi^2(n_2)$,并且$\chi_1^2,\chi_2^2$独立,则有

$$\chi_1^2+\chi_2^2\sim\chi^2(n_1+n_2). \tag{3.3}$$

**性质 3**($\chi^2$分布的数学期望和方差) 若$\chi^2\sim$
$\chi^2(n)$,则有

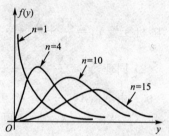

图 6-1 $\chi^2$分布的概率密度曲线

$$E(\chi^2)=n,\ D(\chi^2)=2n. \tag{3.4}$$

**证明** 因为$X_i\sim N(0,1)$,故

$$E(X_i^2)=D(X_i)+[E(X_i)]^2=1+0=1,$$

利用分部积分法及反常积分,

$$E(X_i^4)=\frac{1}{\sqrt{2\pi}}\int_{-\infty}^{+\infty}x^4\mathrm{e}^{-\frac{x^2}{2}}\mathrm{d}x=3.$$

所以

$$D(X_i^2)=E(X_i^4)-[E(X_i^2)]^2=3-1=2,i=1,2,\cdots,n.$$

于是,再利用$X_1,X_2,\cdots,X_n$的独立性,有

$$E(\chi^2)=E\left(\sum_{i=1}^{n}X_i^2\right)=\sum_{i=1}^{n}E(X_i^2)=n,$$

$$D(\chi^2)=D\left(\sum_{i=1}^{n}X_i^2\right)=\sum_{i=1}^{n}D(X_i^2)=2n.$$

**例 6.3.1** 设总体$X$服从$N(0,2^2)$,而$X_1,X_2,\cdots,X_{15}$是来自总体$X$的样本.
问:

(1) 随机变量$Y_1=\dfrac{X_1^2}{4}+\dfrac{X_2^2}{4}+\cdots+\dfrac{X_{10}^2}{4}$服从什么分布?

(2) 随机变量$Y_2=\dfrac{X_{11}^2}{4}+\dfrac{X_{12}^2}{4}+\cdots+\dfrac{X_{15}^2}{4}$服从什么分布?

(3) 随机变量$Y_1$和$Y_2$相互独立吗?

**解** 因为$X_1,X_2,\cdots,X_{15}$是来自总体$X$的样本,所以,$X_1,X_2,\cdots,X_{15}$相互独立,

各分量与总体 $X$ 服从同一正态分布 $N(0,2^2)$.

由第二章第四节定理,作标准化变换,得到:

$$\frac{X_k-0}{2}=\frac{X_k}{2}\sim N(0,1),k=1,2,\cdots,15.$$

(1) 由 $\chi^2$ 的定义,得到

$$Y_1=\frac{X_1^2}{4}+\frac{X_2^2}{4}+\cdots+\frac{X_{10}^2}{4}\sim\chi^2(10).$$

即,随机变量 $Y_1=\dfrac{X_1^2}{4}+\dfrac{X_2^2}{4}+\cdots+\dfrac{X_{10}^2}{4}$ 服从自由度为 10 的 $\chi^2$ 分布.

(2) 同理,$Y_2=\dfrac{X_{11}^2}{4}+\dfrac{X_{12}^2}{4}+\cdots+\dfrac{X_{15}^2}{4}$ 服从自由度为 5 的 $\chi^2$ 分布.

(3) 由 $X_1,X_2,\cdots,X_{15}$ 相互独立,依据第三章第三节定理 4 知得到 $X_1,X_2,\cdots,$ $X_{10}$ 和 $X_{11},X_{12},\cdots,X_{15}$ 独立.再由第三章第三节定理 4 结论(2)知,$Y_1$ 和 $Y_2$ 相互独立.

**定义 2($\chi^2$ 分布的分位点)**　对于给定的正数 $\alpha(0<\alpha<1)$,称满足条件

$$P\{\chi^2>\chi_\alpha^2(n)\}=\int_{\chi_\alpha^2(n)}^{+\infty}f(y)\mathrm{d}y=\alpha \tag{3.5}$$

的数 $\chi_\alpha^2(n)$ 为 $\chi^2(n)$ 分布的上 $\alpha$ 分位点.

其几何意义见图 6-2.

对于不同的 $\alpha$ 与 $n$,上 $\alpha$ 分位点可查表求得.例如,对于 $\alpha=0.1,n=25$,查第 278 页附录六得

$$\chi_{0.1}^2(25)=34.382.$$

但该表只列到 $n=45$ 为止.费歇耳[1]曾证明,当 $n$ 充分大时,有近似公式

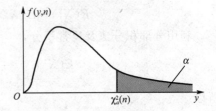

图 6-2　$\chi^2(n)$ 分布的上 $\alpha$ 分位点

$$\chi_\alpha^2(n)\approx\frac{1}{2}(z_\alpha+\sqrt{2n-1})^2. \tag{3.6}$$

其中 $z_\alpha$ 是标准正态分布的上 $\alpha$ 分位点.由上式可求得当 $n>45$ 时的 $\chi^2(n)$ 分布的上 $\alpha$ 分位点的近似值.

例如,对于 $\alpha=0.05,n=50$,由(3.6)式得

---

[1] 费歇耳(R. A. Fisher,1890—1962):英国统计学家、遗传学家,推断统计的创始人.主要统计学著作有:《数理统计学的数学基础》(1922),《统计估计理论》(1925),《研究人员用统计方法》(1925),《统计方法与推断科学》(1956).对统计推断的主要贡献有:给出了 $t$ 分布的数学论证,最先提出了 $F$ 分布的理论,奠定了数理统计中的小样本理论;首先倡导了实验设计、方差分析,提出了随机化的概念;创立了点估计和区间估计的数学理论;设计了多元统计法.

$$\chi_{0.05}^2(50) \approx \frac{1}{2}(1.645 + \sqrt{99})^2 = 67.221.$$

## 二、$t$ 分布

**定义 3**　设 $X \sim N(0,1)$，$Y \sim \chi^2(n)$，且 $X$ 与 $Y$ 相互独立，则称随机变量

$$t = \frac{X}{\sqrt{Y/n}} \tag{3.7}$$

服从自由度为 $n$ 的 $t$ 分布，记为

$$t \sim t(n).$$

$t$ 分布又称学生[①]（**Student**）分布.

**性质 1**　$t(n)$ 分布的概率密度为

$$h(t) = \frac{\Gamma\left(\dfrac{n+1}{2}\right)}{\sqrt{n\pi}\,\Gamma\left(\dfrac{n}{2}\right)}\left(1 + \frac{t^2}{n}\right)^{-\frac{n+1}{2}}, \quad -\infty < t < +\infty. \tag{3.8}$$

证明从略[14].

$t$ 分布的概率密度 $h(t)$ 的图像见图 6-3.

**性质 2**　$t(n)$ 分布的数学期望 $E(t)=0$，方差 $D(t) = \dfrac{n}{n-2}(n>2)$.

证明从略.

$t$ 分布的概率密度曲线 $h(t)$ 关于 $y$ 轴对称，其函数为偶函数，很像标准正态分布的密度曲线. 由 $\Gamma$ 函数的性质可得

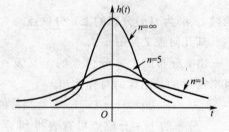

图 6-3　$t$ 分布的概率密度 $h(t)$ 曲线

$$\lim_{n \to \infty} h(t) = \frac{1}{\sqrt{2\pi}}\mathrm{e}^{-\frac{t^2}{2}}.$$

所以，当 $n$ 足够大时，$t$ 分布近似于标准正态分布 $N(0,1)$. 但对于较小的 $n$，$t$ 分布与标准正态分布有较大差别.

**例 6.3.2**　继续深入研讨例 6.3.1：设总体 $X$ 服从 $N(0,2^2)$；$X_1, X_2, \cdots, X_{15}$ 是来自总体 $X$ 的样本. 加问：统计量

$$U = \frac{X_1 + X_2 + \cdots + X_{10}}{\sqrt{2}\sqrt{X_{11}^2 + X_{12}^2 + \cdots + X_{15}^2}}$$

---

①　哥塞特（W. S. Gosset，1876—1937）：最早创立 $t$ 分布的英国统计学家、化学家、推断统计学派的先驱者. 发表论文时使用的笔名是 Student，因此 $t$ 分布亦称"学生分布". 1908 年《生物统计学》（Biometrika，亦译《生物计量学》）上发表的论文《平均值的可能误差》中第一个提出了 $t$ 分布并描绘了其性质.

服从什么分布?

**解**　由例 6.3.1 知,$Y_2 = \dfrac{X_{11}^2 + X_{12}^2 + \cdots + X_{15}^2}{4} \sim \chi^2(5)$.

因为　　　　　　　$X_k \sim N(0, 2^2), k = 1, 2, \cdots, 15,$

利用第三章第四节定理 2(4.6)式知,

$$X_1 + X_2 + \cdots + X_{10} \sim N(0, 40).$$

对其标准化变换,得到

$$\frac{X_1 + X_2 + \cdots + X_{10}}{\sqrt{40}} \sim N(0, 1).$$

由 $t$ 分布的定义知

$$U = \frac{(X_1 + X_2 + \cdots + X_{10})/\sqrt{40}}{\sqrt{Y_2/5}} = \frac{X_1 + X_2 + \cdots + X_{10}}{\sqrt{2}\sqrt{X_{11}^2 + X_{12}^2 + \cdots + X_{15}^2}} \sim t(5).$$

所以统计量 $U$ 服从自由度为 5 的 $t$ 分布.

**定义 4**($t$ **分布的分位点**)　对于给定的正数 $\alpha(0 < \alpha < 1)$,称满足条件

$$P\{t > t_\alpha(n)\} = \int_{t_\alpha(n)}^{+\infty} h(t)\,\mathrm{d}t = \alpha \tag{3.9}$$

的数 $t_\alpha(n)$ 为 $t(n)$ 分布的**上 $\alpha$ 分位点**.

其几何意义见图 6-4.

由 $t$ 分布的上 $\alpha$ 分位点的定义及概率密度 $h(t)$ 图像的对称性知

$$t_{1-\alpha}(n) = -t_\alpha(n).$$

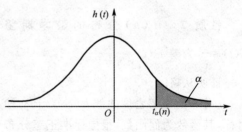

$t$ 分布的上 $\alpha$ 分位点可查表得到. 在 $n > 45$ 时,对于常用的 $\alpha$ 的值,可用正态分布的上 $\alpha$ 分位点近似计算:

**图 6-4**　$t$ 分布的上 $\alpha$ 分位点

$$t_\alpha(n) \approx z_\alpha. \tag{3.10}$$

例如,查第 277 页附录五得 $t_{0.05}(15) = 1.753\,1, t_{0.05}(55) \approx z_{0.05} = 1.645.$

# 三、F 分布

**定义 5**　设 $U \sim \chi^2(n_1), V \sim \chi^2(n_2)$,并且 $U, V$ 相互独立,则称随机变量

$$F = \frac{U/n_1}{V/n_2} \tag{3.11}$$

服从自由度为 $n_1, n_2$ 的 $F$ 分布,记为

$$F \sim F(n_1, n_2).$$

**性质 1**　$F(n_1, n_2)$ 分布的概率密度为

$$\psi(y) = \begin{cases} \dfrac{\Gamma\left(\dfrac{n_1+n_2}{2}\right)\left(\dfrac{n_1}{n_2}\right)^{n_1/2} yn^{(n_1/2)-1}}{\Gamma\left(\dfrac{n_1}{2}\right)\Gamma\left(\dfrac{n_2}{2}\right)\left[1+\left(\dfrac{n_1 \times y}{n_2}\right)\right]^{(n_1+n_2)/2}}, & y>0, \\ 0, & \text{其他}. \end{cases}$$

证明从略[15].

$F$ 分布的概率密度 $\psi(y)$ 的图像见图 6-5.

由 $F$ 分布的定义立即得到下面的性质 2.

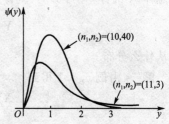

**性质 2**　若 $F \sim F(n_1, n_2)$，则 $\dfrac{1}{F} \sim F(n_2, n_1)$.

**定义 6**（$F$ 分布的分位点）　对于给定的正数 $\alpha$ $(0<\alpha<1)$，称满足条件

图 6-5　$F$ 分布的概率密度 $\psi(y)$ 曲线

$$P\{F > F_\alpha(n_1, n_2)\} = \int_{F_\alpha(n_1,n_2)}^{+\infty} \psi(y)\mathrm{d}y = \alpha \tag{3.12}$$

的数 $F_\alpha(n_1, n_2)$ 为 $F(n_1, n_2)$ 分布的上 $\alpha$ 分位点.

其几何意义见图 6-6. $F$ 分布的上 $\alpha$ 分位点可从第 280 页附录七中查到.

**性质 3**　$F$ 分布的上 $\alpha$ 分位点有性质

$$F_{1-\alpha}(n_1, n_2) = \frac{1}{F_\alpha(n_2, n_1)}. \tag{3.13}$$

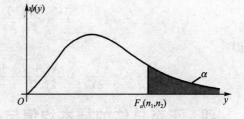

图 6-6　$F$ 分布的上 $\alpha$ 分位点

**证明**　设 $F \sim F(n_1, n_2)$，则有

$$1-\alpha = P\{F > F_{1-\alpha}(n_1, n_2)\}$$
$$= P\left\{\frac{1}{F} < \frac{1}{F_{1-\alpha}(n_1, n_2)}\right\}$$
$$= 1 - P\left\{\frac{1}{F} \geqslant \frac{1}{F_{1-\alpha}(n_1, n_2)}\right\},$$

从而

$$P\left\{\frac{1}{F} \geqslant \frac{1}{F_{1-\alpha}(n_1, n_2)}\right\} = \alpha.$$

因为 $F \sim F(n_1, n_2)$，由性质 2 得到

$$\frac{1}{F} \sim F(n_2, n_1),$$

所以

$$\frac{1}{F_{1-\alpha}(n_1, n_2)} = F_\alpha(n_2, n_1).$$

于是

$$F_{1-\alpha}(n_1, n_2) = \frac{1}{F_\alpha(n_2, n_1)}.$$

我们经常用此性质来求 $F$ 分布表中未列出的常用的上 $\alpha$ 分位点.

例如,通过查第 280 页附录七得到

$$F_{0.95}(13,10) = \frac{1}{F_{0.05}(10,13)} = \frac{1}{2.67} = 0.374\ 5.$$

**例 6.3.3** 继续深入研讨例 6.3.1:设总体 $X$ 服从 $N(0,2^2)$:$X_1,X_2,\cdots,X_{15}$ 是来自总体 $X$ 的样本.再加问:统计量

$$Y = \frac{X_1^2 + X_2^2 + \cdots + X_{10}^2}{2(X_{11}^2 + \cdots + X_{15}^2)}$$

服从什么分布?

**解** 由例 6.3.1 得到

$$Y_1 = \frac{X_1^2}{4} + \frac{X_2^2}{4} + \cdots + \frac{X_{10}^2}{4} \sim \chi^2(10),$$

$$Y_2 = \frac{X_{11}^2}{4} + \frac{X_{12}^2}{4} + \cdots + \frac{X_{15}^2}{4} \sim \chi^2(5),$$

且 $Y_1$ 与 $Y_2$ 相互独立.

于是,由 $F$ 分布的定义,得到

$$Y = \frac{Y_1/10}{Y_2/5} \sim F(10,5).$$

即

$$Y = \frac{Y_1}{2Y_2} = \frac{X_1^2 + X_2^2 + \cdots + X_{10}^2}{2(X_{11}^2 + \cdots + X_{15}^2)} \sim F(10,5).$$

## 四、正态总体的样本均值与样本方差的分布

我们假设本章第二节的定理 1 中总体 $X \sim N(\mu,\sigma^2)$,于是我们得到如下有关抽样分布的常用定理:

**定理 1** 设 $X_1,X_2,\cdots,X_n$ 是来自正态总体 $N(\mu,\sigma^2)$ 的样本,$\overline{X}$ 是样本均值,$S^2$ 为样本方差,则有

(1) $\overline{X} \sim N\left(\mu,\dfrac{\sigma^2}{n}\right)$; $\qquad\qquad\qquad\qquad\qquad$ (3.14)

(2) $\dfrac{(n-1)S^2}{\sigma^2} \sim \chi^2(n-1)$; $\qquad\qquad\qquad\qquad$ (3.15)

(3) $\overline{X}$ 与 $S^2$ 独立;

(4) $\dfrac{\overline{X}-\mu}{S/\sqrt{n}} \sim t(n-1)$. $\qquad\qquad\qquad\qquad\qquad$ (3.16)

**证明** 结论(2),(3) 的证明略[16].结论(1) 由本章第二节定理 1 的结论(1) 得到.主要证明结论(4).由结论(1),(2) 和(3) 知

$$\frac{\overline{X}-\mu}{\sigma/\sqrt{n}} \sim N(0,1), \frac{(n-1)S^2}{\sigma^2} \sim \chi^2(n-1),$$

且这两个随机变量相互独立,再由 $t$ 分布的定义知

$$\frac{\dfrac{\overline{X}-\mu}{\sigma/\sqrt{n}}}{\sqrt{\dfrac{(n-1)S^2}{\sigma^2(n-1)}}} \sim t(n-1).$$

整理上式,得到

$$\frac{\overline{X}-\mu}{S/\sqrt{n}} \sim t(n-1).$$

所以结论(4)得证.

上述定理中的(3.15)式和(3.16)式,是对单个正态总体的方差 $\sigma^2$ 及均值 $\mu$ 进行区间估计和假设检验的理论依据.

对于两个正态总体下的样本均值与样本方差有以下定理:

**定理 2**　设 $X_1, X_2, \cdots, X_{n_1}$ 与 $Y_1, Y_2, \cdots, Y_{n_2}$ 分别是来自正态总体 $N(\mu_1, \sigma_1^2)$ 与 $N(\mu_2, \sigma_2^2)$ 的样本,且这两个样本相互独立. 设

$$\overline{X} = \frac{1}{n_1}\sum_{i=1}^{n_1} X_i, \overline{Y} = \frac{1}{n_2}\sum_{i=1}^{n_2} Y_i$$

分别是这两个样本的样本均值,

$$S_1^2 = \frac{1}{n_1-1}\sum_{i=1}^{n_1}(X_i-\overline{X})^2,$$

$$S_2^2 = \frac{1}{n_2-1}\sum_{i=1}^{n_2}(Y_i-\overline{Y})^2$$

分别是这两个样本的样本方差,则有

(1) $\dfrac{S_1^2/S_2^2}{\sigma_1^2/\sigma_2^2} \sim F(n_1-1, n_2-1)$; 　　　　　　　　　　　(3.17)

(2) 当 $\sigma_1^2 = \sigma_2^2 = \sigma^2$ 时

$$\frac{(\overline{X}-\overline{Y})-(\mu_1-\mu_2)}{S_w\sqrt{(1/n_1)+(1/n_2)}} \sim t(n_1+n_2-2), \quad\quad\quad (3.18)$$

其中　　　　$S_w^2 = \dfrac{(n_1-1)S_1^2 + (n_2-1)S_2^2}{n_1+n_2-2}, S_w = \sqrt{S_w^2}.$

**证明**　结论(2)证明略[17].

我们只证结论(1).由定理 1 中的结论(2)得到

$$\frac{(n_1-1)S_1^2}{\sigma_1^2} \sim \chi^2(n_1-1),$$

$$\frac{(n_2-1)S_2^2}{\sigma_2^2} \sim \chi^2(n_2-1).$$

因为 $S_1^2, S_2^2$ 独立,由 $F$ 分布的定义知

$$\frac{\dfrac{(n_1-1)S_1^2}{(n_1-1)\sigma_1^2}}{\dfrac{(n_2-1)S_2^2}{(n_2-1)\sigma_2^2}}\sim F(n_1-1,n_2-1).$$

整理上式,得到

$$\frac{S_1^2/S_2^2}{\sigma_1^2/\sigma_2^2}\sim F(n_1-1,n_2-1).$$

上述定理 2,是在第七章、第八章中进行区间估计和假设检验来比较两个正态总体的方差大小及均值大小的理论依据.

**例 6.3.4**　设 $X_1,X_2,\cdots,X_{29}$ 是来自正态总体 $X\sim N(\mu,\sigma^2)$ 的样本,求 $P\left\{\dfrac{S^2}{\sigma^2}\leqslant 1.5\right\}$.

**解**　由本节抽样分布的定理 1 的结论(2)知

$$\frac{(n-1)S^2}{\sigma^2}\sim\chi^2(n-1).$$

由于

$$P\left\{\frac{(n-1)S^2}{\sigma^2}\leqslant 1.5(n-1)\right\}=P\left\{\frac{28S^2}{\sigma^2}\leqslant 1.5\times 28\right\}=P\left\{\frac{28S^2}{\sigma^2}\leqslant 42\right\},$$

所以

$$P\left\{\frac{S^2}{\sigma^2}\leqslant 1.5\right\}=1-P\left\{\frac{28S^2}{\sigma^2}>42\right\}.$$

反查表,当 $n=29$ 时,有 $\chi_{0.05}^2(28)=41.337\approx 42$.

所以

$$P\left\{\frac{S^2}{\sigma^2}\leqslant 1.5\right\}=1-P\left\{\frac{28S^2}{\sigma^2}>\chi_{0.05}^2(28)\right\}=1-0.05=0.95.$$

# 思考题

1. $\chi^2$ 分布、$t$ 分布和 $F$ 分布都可以利用来自标准正态总体的样本或随机变量加上独立性条件来定义,问如何处理随机变量或样本来自正态总体的情形呢?

2. 如何理解定理 1 中各条结论的实际意义或作用?

# 习题 6-3

1. 填空题:

(1) 设总体 $X\sim N(2,25)$,$X_1,X_2,\cdots,X_{100}$ 是从该总体中抽取的容量为 100 的样

本,则 $E(\overline{X}) = $ _____;$D(\overline{X}) = $ _____;统计量 $\overline{X} \sim$ _____.

(2) 设总体 $X$ 服从正态分布 $N(\mu, \sigma^2)$,$X_1, X_2, \cdots, X_n$ 是来自 $X$ 的简单随机样本,则统计量 $\dfrac{\overline{X} - \mu}{\sigma/\sqrt{n}}$ 服从 _____ 分布;$\dfrac{\overline{X} - \mu}{S/\sqrt{n}}$ 服从 _____ 分布;$\dfrac{(n-1)S^2}{\sigma^2} = $

$\dfrac{\sum\limits_{i=1}^{n}(X_i - \overline{X})^2}{\sigma^2}$ 服从 _____ 分布;$\dfrac{\sum\limits_{i=1}^{n}(X_i - \mu)^2}{\sigma^2}$ 服从 _____ 分布.

(3) 设 $X_1, X_2, \cdots, X_n, X_{n+1}, \cdots, X_{n+m}$ 是来自正态总体 $N(0, \sigma^2)$ 的容量为 $n+m$

的样本,则统计量 $\dfrac{m\sum\limits_{i=1}^{n} X_i^2}{n\sum\limits_{i=n+1}^{n+m} X_i^2}$ 服从的分布是 _____.

2. 从正态总体 $N(\mu, 0.5^2)$ 中抽取样本 $X_1, X_2, \cdots, X_{10}$.

(1) 已知 $\mu = 0$,求 $P\left\{\sum\limits_{i=1}^{10} X_i^2 \geqslant 4\right\}$;

(2) 未知 $\mu$,求 $P\left\{\sum\limits_{i=1}^{10} (X_i - \overline{X})^2 \geqslant 2.85\right\}$.

3. 在总体 $N(52, 6.3^2)$ 中随机抽取一组容量为 36 的样本,求样本均值 $\overline{X}$ 落在 50.8 到 53.8 之间的概率.

4. 从正态总体 $N(3.4, 6^2)$ 中抽取容量为 $n$ 的样本,如果要使其样本均值位于区间 $(1.4, 5.4)$ 内的概率不小于 0.95,问样本容量 $n$ 至少应取多大?

# 第六章内容小结

## 一、研究问题的思路

首先,为了研究总体的性质,需要从总体中抽取简单随机样本,要求简单随机样本必须与总体同分布,同时样本分量间相互独立. 然后,利用样本构造不含未知参数的样本函数——统计量,样本均值、样本方差以及经验分布函数等是最常用的统计量. 最后,研究了统计量所服从的抽样分布——$\chi^2$ 分布、$t$ 分布、$F$ 分布,正态总体下的样本均值与样本方差的分布定理 1 与定理 2 是统计推断的重要基础理论.

## 二、释疑解惑

为什么我们用 $S^2$ 作为样本方差而不用 $B_2$?

由于 $E(S^2)=\sigma^2$，所以样本方差 $S^2$ 是总体 $X$ 的方差 $\sigma^2$ 的无偏估计(有关含义见第七章第二节)，因此一般都以 $S^2$ 作为 $\sigma^2$ 的估计量. 而 $E(B_2)=\dfrac{n-1}{n}\sigma^2$，所以 $B_2$ 不是 $\sigma^2$ 的无偏估计. 又因为 $E\left(\dfrac{n}{n-1}B_2\right)=E(S^2)=\sigma^2$，故当样本容量很大时，两者相差很小.

## 三、学习与研究方法

### (1) 利用部分信息研究总体特征

获取总体的有关信息，采用两种方法：一是全面调查法，该方法常要消耗大量的人力、物力、财力，有时甚至是不可能的. 如测试某厂生产的所有电子元件的使用寿命，我们就不可能对电子元件进行全部测试. 二是抽样调查法，就是从总体 $X$ 中抽取 $n$ 个个体组成简单随机样本. 数理统计就是利用抽样得到的样本信息，对总体分布性质(如数字特征)进行分析、估计、推断.

### (2) 建立总体特征与样本特征的对应

总体有数学期望，样本有样本均值；总体有方差，样本有样本方差；总体有各阶矩，样本也有样本各阶矩；总体有各阶中心矩，样本也有样本各阶中心距. 应该清楚这些对应概念之间的联系与区别.

### (3) 根据标准正态分布总体建立三大抽样分布定理

三大抽样分布($\chi^2$ 分布、$t$ 分布、$F$ 分布)都是从来自标准正态分布总体的样本出发再加上独立性条件得到的. 有两个问题：一是定义中的"样本"可以改变为"独立的服从同一标准正态分布的随机变量 $X_1, X_2, \cdots, X_n$"；二是如果给定总体服从"正态分布 $N(\mu, \sigma^2)$"，则应通过标准化变换 $X^* = \dfrac{X-\mu}{\sigma}$ 的方法转化为"标准正态分布 $N(0, 1)$"，进而利用三大抽样分布的定义.

# 总习题六

## A 组

1. 设总体 $X$ 服从正态分布 $N(\mu_1, \sigma^2)$，总体 $Y$ 服从正态分布 $N(\mu_2, \sigma^2)$，$X_1, X_2, \cdots, X_{n_1}$ 和 $Y_1, Y_2, \cdots, Y_{n_2}$ 分别是来自总体 $X$ 和 $Y$ 的简单随机样本，求

$$E\left[\frac{\sum\limits_{i=1}^{n_1}(X_i-\overline{X})^2+\sum\limits_{j=1}^{n_2}(Y_j-\overline{Y})^2}{n_1+n_2-2}\right].$$

2. 设总体 $X$ 服从正态分布 $N(\mu, \sigma^2)$，从该总体中随机抽取一个容量为 $2n$ 的简单随机样本 $X_1, X_2, \cdots, X_{2n}(n \geqslant 2)$，其样本均值 $\overline{X} = \dfrac{1}{2n} \sum\limits_{i=1}^{2n} X_i$. 求统计量 $Y = \sum\limits_{i=1}^{n} (X_i + X_{n+i} - 2\overline{X})^2$ 的数学期望 $E(Y)$.

3. 已知 $X_1, X_2, \cdots, X_{10}$ 是来自正态总体 $X \sim N(0, \sigma^2)$ 的样本，求概率 $P\{X < 2.82S\}$.

4. 设 $X_1, X_2, \cdots, X_9$ 是来自正态总体 $X$ 的简单随机样本，

$$Y_1 = \frac{1}{6} \sum_{i=1}^{6} X_i, \quad Y_2 = \frac{1}{3}(X_7 + X_8 + X_9), \quad S^2 = \frac{1}{2} \sum_{i=7}^{9}(X_i - Y_2)^2, \quad Z = \frac{\sqrt{2}(Y_1 - Y_2)}{S},$$

证明统计量 $Z$ 服从 $t(2)$ 分布.

5. 某蛋糕厂经理为判断牛奶供应商所供应的鲜奶是否被兑水，对牛奶的 16 个样品进行冰点测量. 已知牛奶没有被兑水时冰点服从正态分布，其标准差是 $0.007\,℃$，天然牛奶的冰点是 $-0.545\,℃$. 当牛奶没有被兑水时，求测量的 16 个样品的平均冰点高于 $-0.540\,℃$ 的概率，并分析此概率的实际意义.

## B 组

1. 选择题

(1) 下面关于统计量的说法不正确的是(　　).

(A) 统计量与总体同分布.　　　(B) 统计量是随机变量.

(C) 统计量是样本的函数.　　　(D) 统计量不含未知参数.

2. 已知 $X_1, X_2, \cdots, X_n$ 是来自总体 $X \sim N(\mu, \sigma^2)$ 的样本，则下列关系中正确的是(　　).

(A) $E(\overline{X}) = n\mu$.　　　　　(B) $D(\overline{X}) = \sigma^2$.

(C) $E(S^2) = \sigma^2$.　　　　　(D) $E(B_2) = \sigma^2$.

3. 设随机变量 $X \sim t(n)(n > 1)$，$Y = \dfrac{1}{X^2}$，则下列关系中正确的是(　　).

(A) $Y \sim \chi^2(n)$.　　　　　(B) $Y \sim \chi^2(n-1)$.

(C) $Y \sim F(n, 1)$.　　　　　(D) $Y \sim F(1, n)$.

4. 设 $z_\alpha, \chi_\alpha^2(n), t_\alpha(n), F_\alpha(n_1, n_2)$ 分别是标准正态分布 $N(0, 1)$、$\chi^2(n)$ 分布、$t$ 分布和 $F$ 分布的上 $\alpha$ 分位点，在下列结论中错误的是(　　).

(A) $z_\alpha = -z_{1-\alpha}$.　　　　　(B) $\chi_\alpha^2(n) = 1 - \chi_{1-\alpha}^2(n)$.

(C) $t_\alpha(n) = -t_{1-\alpha}(n)$.　　　　　(D) $F_\alpha(n_1, n_2) = \dfrac{1}{F_{1-\alpha}(n_2, n_1)}$.

5. 设随机变量 $X$ 与 $Y$ 都服从标准正态分布,则下列结论正确的是(　　).

(A) $X+Y$ 都服从正态分布. 　　　(B) $X^2+Y^2$ 服从 $\chi^2$ 分布.

(C) $X^2$ 和 $Y^2$ 都服从 $\chi^2$ 分布. 　　(D) $\dfrac{X^2}{Y^2}$ 服从 $F$ 分布.

6. 设随机变量 $X \sim t(n)$,$Y \sim F(1,n)$,给定 $\alpha(0<\alpha<0.5)$,常数 $c$ 满足 $P\{X>c\}=\alpha$,则 $P\{Y>c^2\}=(\quad)$.

(A) $\alpha$. 　　(B) $1-\alpha$. 　　(C) $2\alpha$. 　　(D) $1-2\alpha$.

7. 设 $X_1,X_2,\cdots,X_n(n \geqslant 2)$ 为来自总体 $N(\mu,1)$ 的简单随机样本,记 $\overline{X} = \dfrac{1}{n}\sum_{i=1}^{n}X_i$,则下列结论不正确的是(　　).

(A) $\sum_{i=1}^{n}(X_i-\mu)^2$ 服从 $\chi^2(n)$ 分布. 　　(B) $2(X_n-X_1)^2$ 服从 $\chi^2(1)$ 分布.

(C) $\sum_{i=1}^{n}(X_i-\overline{X})^2$ 服从 $\chi^2(n-1)$ 分布.(D) $n(\overline{X}-\mu)^2$ 服从 $\chi^2(1)$ 分布.

# 第七章

## 参数估计

数理统计的核心问题是统计推断,即依据从总体取得的简单随机样本对总体进行分析和推断,在推断过程中要尽可能地利用样本所包含的信息,对总体做出比较精确的推断. 统计推断一般分为两类:一类是参数估计问题,另一类是假设检验.

参数估计是统计推断的基本问题之一. 在许多实际问题中,根据实践经验,已经知道数据来自某类分布总体,但总体中有些参数是未知的. 这类已知其分布类型(包含未知参数),通过样本对总体中的未知参数进行估计的问题就是**参数估计问题**.

本章将介绍参数的**点估计**(**point estimation**)方法——矩估计法和最大似然估计法,重点介绍正态总体的数学期望与方差的**区间估计**(**interval estimation**)方法,提出估计量优劣的评判标准,将参数估计方法应用到实际问题中.

## 第一节 点估计

### 一、估计问题

总体 $X$ 的分布函数的形式已知,在分布函数中有一个或多个未知参数,借助其样本来估计总体的分布函数中所含未知参数的值. 这类问题称为参数的**点估计问题**.

点估计问题的一般提法如下:

**定义 1** 设总体 $X$ 的分布函数 $F(x;\theta)$ 的形式已知,其中 $\theta$ 是未知参数,$X_1,X_2,\cdots,X_n$ 是来自 $X$ 的一组样本,$x_1,x_2,\cdots,x_n$ 是相应的样本值. 我们构造一个适当的统计量 $\hat{\theta}(X_1,X_2,\cdots,X_n)$,用它的观察值 $\hat{\theta}(x_1,x_2,\cdots,x_n)$ 作为未知参数 $\theta$ 的近似值. 称 $\hat{\theta}(X_1,X_2,\cdots,X_n)$ 为 $\theta$ 的一个估计量(**estimator**),$\hat{\theta}(x_1,x_2,\cdots,x_n)$ 为 $\theta$ 的一个估计值(**estimate value**).

例如,用样本均值来估计总体均值,有估计量

$$E(X) = \frac{1}{n} \sum_{k=1}^{n} X_k.$$

用样本方差来估计总体方差,有估计量

$$D(X) = \frac{1}{n-1} \sum_{i=1}^{n} (X_i - \overline{X})^2.$$

由上面定义可知,估计量就是一个统计量 $\hat{\theta}(X_1, X_2, \cdots, X_n)$,所以它是一个随机变量. $\hat{\theta}(x_1, x_2, \cdots, x_n)$ 是 $\theta$ 的估计值,它只是估计量的一个实现值.对于一个未知参数,原则上可以随意构造统计量去作为它的一个估计量,但好的估计量是按照一定的统计思想产生的,估计量的好坏有一定的评判标准(见下一节介绍).

下面介绍两种常用的构造估计量的方法:矩估计法和最大似然估计法.

## 二、矩估计法

由第六章第二节定理1,我们知道:样本的 $l$ 阶矩依概率收敛于总体的 $l$ 阶矩,并且样本 $l$ 阶矩的连续函数依概率收敛于总体 $l$ 阶矩的对应的函数,这就是矩估计法的理论依据.由此得到了矩估计法.

**定义 2**　用样本的 $l$ **阶矩(或其连续函数)作为总体的相应的** $l$ **阶矩(或对应的函数)的估计量,这种估计方法称为矩估计法.**

设 $X$ 为连续型随机变量,其概率密度为 $f(x; \theta_1, \theta_2, \cdots, \theta_k)$,或 $X$ 为离散型随机变量,其分布律为 $P\{X=x\} = p(x; \theta_1, \theta_2, \cdots, \theta_k)$,其中 $\theta_1, \theta_2, \cdots, \theta_k$ 为待估参数,$X_1, X_2, \cdots, X_n$ 是来自 $X$ 的样本.假设总体 $X$ 的前 $k$ 阶矩

$$\mu_l = E(X^l) = \int_{-\infty}^{+\infty} x^l f(x; \theta_1, \theta_2, \cdots, \theta_k) \mathrm{d}x \quad (X \text{ 为连续型})$$

或

$$\mu_l = E(X^l) = \sum_{x \in R_X} x^l p(x; \theta_1, \theta_2, \cdots, \theta_k) \quad (X \text{ 为离散型})$$

点估计法与
区间估计法

$(l=1, 2, \cdots, k, R_X$ 是 $X$ 可能取值的范围)存在.

矩估计法的具体步骤是:

(1) 写出总体的 $k$ 阶矩:

设

$$\begin{cases} \mu_1 = \mu_1(\theta_1, \theta_2, \cdots, \theta_k), \\ \mu_2 = \mu_2(\theta_1, \theta_2, \cdots, \theta_k), \\ \quad \vdots \\ \mu_k = \mu_k(\theta_1, \theta_2, \cdots, \theta_k). \end{cases}$$

这是包含 $k$ 个未知参数 $\theta_1, \theta_2, \cdots, \theta_k$ 的方程组.

(2) 写出样本的 $k$ 阶矩：

$$A_l = \frac{1}{n} \sum_{i=1}^{n} X_i^l, l = 1, 2, \cdots, k.$$

(3) 令总体矩等于同阶的样本矩：$\mu_l = A_l, l = 1, 2, \cdots, k.$

(4) 解由(3)确定的方程组：

得到

$$\begin{cases} \theta_1 = \theta_1(X_1, X_2, \cdots, X_n), \\ \theta_2 = \theta_2(X_1, X_2, \cdots, X_n), \\ \qquad\qquad\vdots \\ \theta_k = \theta_k(X_1, X_2, \cdots, X_n). \end{cases}$$

(5) 确定矩估计量和矩估计值：

以

$$\theta_i(X_1, X_2, \cdots, X_n)$$

作为 $\theta_i$ 的估计量，并记为

$$\hat{\theta}_i = \theta_i(X_1, X_2, \cdots, X_n), i = 1, 2, \cdots, k.$$

这种估计量称为**矩估计量**，该矩估计量的实现值称为**矩估计值**.

**例 7.1.1**　设总体 $X$(不论服从什么分布)的均值 $\mu$ 及方差 $\sigma^2$ 都存在，且有 $\sigma^2 > 0$，但 $\mu, \sigma^2$ 均未知. 又设 $X_1, X_2, \cdots, X_n$ 是来自 $X$ 的样本. 试求 $\mu$ 和 $\sigma^2$ 的矩估计量.

**解**　总体一阶矩和二阶矩等于

$$\begin{cases} \mu_1 = E(X) = \mu, \\ \mu_2 = E(X^2) = D(X) + [E(X)]^2 = \sigma^2 + \mu^2. \end{cases}$$

样本一阶矩和二阶矩等于

$$\begin{cases} A_1 = \overline{X}, \\ A_2 = \frac{1}{n} \sum_{i=1}^{n} X_i^2. \end{cases}$$

令

$$\begin{cases} \mu_1 = A_1, \\ \mu_2 = A_2. \end{cases}$$

得关系式

$$\begin{cases} \mu = \overline{X}, \\ \sigma^2 + \mu^2 = \frac{1}{n} \sum_{i=1}^{n} X_i^2. \end{cases}$$

解之，得到总体参数的矩估计量为

$$\begin{cases} \hat{\mu} = \overline{X}, \\ \hat{\sigma}^2 = \frac{1}{n} \sum_{i=1}^{n} (X_i - \overline{X})^2 = B_2 = \frac{n-1}{n} S^2. \end{cases}$$

特别地,我们利用上述结果,立即得到**结论**:

(1) 如果 $X \sim N(\mu, \sigma^2), \mu, \sigma^2$ 未知. 由于

$$E(X) = \mu, D(X) = \sigma^2,$$

即得 $\mu, \sigma^2$ 的矩估计量为

$$\begin{cases} \hat{\mu} = \overline{X}, \\ \hat{\sigma^2} = \dfrac{1}{n} \sum_{i=1}^{n} (X_i - \overline{X})^2. \end{cases}$$

(2) 如果 $X \sim U(a, b), a, b$ 未知. 由于

$$\mu = \frac{a+b}{2}, \sigma^2 = \frac{(b-a)^2}{12},$$

得到 $a, b$ 的矩估计量分别为

$$\hat{a} = \overline{X} - \sqrt{\frac{3}{n} \sum_{i=1}^{n} (X_i - \overline{X})^2} = \overline{X} - \sqrt{3B_2},$$

$$\hat{b} = \overline{X} + \sqrt{\frac{3}{n} \sum_{i=1}^{n} (X_i - \overline{X})^2} = \overline{X} + \sqrt{3B_2}.$$

# 三、最大似然估计法

## 1. 最大似然原理

下面结合例子介绍最大似然估计法的思想和方法.

**引例**　设一箱中装有若干只元器件,分为合格品与不合格品两种. 记 $p$ 是次品的概率,现要估计次品概率 $p$ 的大小.

为此,我们做放回抽样,抽取 10 次. 其结果可用随机变量表示如下:

$$X_i = \begin{cases} 1, & \text{第 } i \text{ 次摸得的是次品,} \\ 0, & \text{第 } i \text{ 次摸得的是合格品.} \end{cases}$$

则 $X_i$ 的概率分布为

$$\begin{cases} P\{X_i = 1\} = p, \\ P\{X_i = 0\} = 1 - p, \end{cases} \quad i = 1, 2, \cdots, 10.$$

若 10 次抽样的结果是样本观测值 $(x_1, x_2, \cdots, x_{10}) = (1, 0, 1, 0, 0, 0, 1, 0, 0, 0)$,则有

$$L(p) = P\{X_1 = 1, X_2 = 0, X_3 = 1, X_4 = 0, X_5 = 0, X_6 = 0, X_7 = 1, X_8 = 0, X_9 = 0, X_{10} = 0\}$$
$$= p^3 (1-p)^7.$$

请留意,这个概率 $L(p) = p^3 (1-p)^7$ 是在 10 次放回抽样中出现观测值 $(1, 0, 1, 0, 0, 0, 1, 0, 0, 0)$ 的概率.

因此,未知概率 $p$ 应该这样估计:选择 $p$ 的估计 $\hat{p}$,使得上述观测值出现的概率最大,也就是使 $L(\hat{p})$ 达到 $L(p)$ 的最大值. 而求 $L(p)$ 的最大值点 $\hat{p}$,可由方程

$$\frac{\mathrm{d}L(p)}{\mathrm{d}p}=0$$

解得. 本例容易解得 $\hat{p}=0.3$ 时, $L(0.3)=\max L(p)$. 于是用 $\hat{p}=0.3$ 作为随机抽得次品的概率 $p$ 的估计值是合理的.

因此, 最大似然估计值 $\hat{\theta}$ 是满足

$$L(\hat{\theta})=\max L(\theta)$$

的解.

所以, 最大似然估计法的直观想法是: 实际发生的事件应该是概率最大的事件, 此即为**最大似然原理**.

**2. 似然函数**

我们总是假设 $X_1,X_2,\cdots,X_n$ 是来自总体 $X$ 的样本, $x_1,x_2,\cdots,x_n$ 是相应于样本 $X_1,X_2,\cdots,X_n$ 的一个样本观察值.

若 $X$ 是离散型总体, 其分布律 $P\{X=x\}=p(x;\theta)(\theta\in\Theta)$ 的形式为已知, $\theta$ 为待估参数, 则 $X_1,X_2,\cdots,X_n$ 的联合分布律为

$$\prod_{i=1}^{n}p(x_i;\theta).$$

我们得到事件 $\{X_1=x_1,X_2=x_2,\cdots,X_n=x_n\}$ 发生的概率为

$$L(\theta)=L(x_1,x_2,\cdots,x_n;\theta)=\prod_{i=1}^{n}p(x_i;\theta). \tag{1.1}$$

这一概率随 $\theta$ 的取值而变化, 它是 $\theta$ 的函数, 称 $L(\theta)$ 为**离散型总体 $X$ 的 $\theta$ 的似然函数** (**likelihood function**).

见第六章第一节 (1.3) 式, $\prod_{i=1}^{n}p(x_i;\theta)$ 正好是样本 $X_1,X_2,\cdots,X_n$ 的联合分布律, 它含有未知参数 $\theta$.

若 $X$ 是连续型总体, 其概率密度 $f(x;\theta)$ 的形式已知, $\theta$ 为未知参数. 随机点 $(X_1,X_2,\cdots,X_n)$ 落在点 $(x_1,x_2,\cdots,x_n)$ 的邻域 (边长分别为 $\mathrm{d}x_1,\mathrm{d}x_2,\cdots,\mathrm{d}x_n$ 的 $n$ 维方体) 内的概率近似地等于

$$\prod_{i=1}^{n}f(x_i;\theta)\mathrm{d}x_i. \tag{1.2}$$

这个值随 $\theta$ 的取值而变化, 但因子 $\prod_{i=1}^{n}\mathrm{d}x_i$ 的值不随 $\theta$ 变化, 故只需考虑函数

$$L(\theta)=L(x_1,x_2,\cdots,x_n;\theta)=\prod_{i=1}^{n}f(x_i;\theta). \tag{1.3}$$

同样它是 $\theta$ 的函数, 称 $L(\theta)$ 为**连续型总体 $X$ 的 $\theta$ 的似然函数** (**likelihood function**).

同样地, $\prod_{i=1}^{n}f(x_i;\theta)$ 正好是样本 $X_1,X_2,\cdots,X_n$ 的联合概率密度, 只是现在含有未知参数 $\theta$ 而已.

**定义 3**　固定样本观察值 $x_1, x_2, \cdots, x_n$，在 $\theta$ 取值的可能范围 $\Theta$ 内挑选使似然函数

$$L(x_1, x_2, \cdots, x_n; \theta)$$

达到最大值的参数 $\hat{\theta}$，把 $\hat{\theta}$ 作为未知参数 $\theta$ 的估计值. 即取 $\hat{\theta}$ 使

$$L(x_1, x_2, \cdots, x_n; \hat{\theta}) = \max_{\theta \in \Theta} L(x_1, x_2, \cdots, x_n; \theta). \tag{1.4}$$

这样得到的 $\hat{\theta}$ 与样本值 $x_1, x_2, \cdots, x_n$ 有关，$\hat{\theta}(x_1, x_2, \cdots, x_n)$ 称为参数 $\theta$ 的最大似然估计值，而相应的统计量 $\hat{\theta}(X_1, X_2, \cdots, X_n)$ 称为参数 $\theta$ 的最大似然估计量（maximum likelihood estimator）. 习惯上，也称为极大似然估计量.

**3. 最大似然估计值求解步骤**

$L(\theta)$ 是 $\theta$ 的函数，当它对 $\theta$ 可微时，我们可以用求导的方法求出 $\theta$ 的最大似然估计值 $\hat{\theta}$.

所以，我们得到最大似然估计法的步骤：

(1) 由总体分布写出样本的似然函数 $L(\theta)$（参见 (1.1) 式和 (1.3) 式）；

(2) 建立**似然方程**，即令

$$\frac{\mathrm{d}}{\mathrm{d}\theta} L(\theta) = 0, \tag{1.5}$$

或

$$\frac{\mathrm{d}}{\mathrm{d}\theta} \ln L(\theta) = 0, \tag{1.6}$$

这个方程也称为**对数似然方程**；

(3) 解上面的似然方程或对数似然方程求得 $\hat{\theta}$.

在第二步中我们的目的是求 $L(\theta)$ 的最大值点，而 $\ln L(\theta)$ 的最大值点与 $L(\theta)$ 的最大值点是相同的.

若似然函数 $L(\theta)$ 或对数似然函数 $\ln L(\theta)$ 对 $\theta$ 不可微，就只能通过求解 $\max L(\theta)$ 得到最大似然估计值与估计量.

**例 7.1.2**　设总体 $X$ 的概率分布为

| $X$ | 0 | 1 | 2 | 3 |
|-----|---|---|---|---|
| $P$ | $\theta^2$ | $2\theta(1-\theta)$ | $\theta^2$ | $1-2\theta$ |

其中 $0 < \theta < \frac{1}{2}$ 是未知参数. 利用样本观察值

$$(x_1, x_2, \cdots, x_8) = (3, 1, 3, 0, 3, 1, 2, 3),$$

求：(1) $\theta$ 的矩估计值；

(2) $\theta$ 的最大似然估计值.

**解**　(1) 先求 $\theta$ 的矩估计量和矩估计值：

因为总体一阶矩

$$\mu_1 = E(X) = 0 \times \theta^2 + 1 \times 2\theta(1-\theta) + 2 \times \theta^2 + 3 \times (1-2\theta) = 3 - 4\theta,$$

而样本一阶矩 $A_1 = \overline{X}$.

令

$$\mu_1 = A_1,$$

得到

$$3 - 4\theta = \overline{X}.$$

解之,得到总体参数 $\theta$ 的矩估计量

$$\hat{\theta} = \frac{3 - \overline{X}}{4}.$$

利用已给的样本观察值算得 $\overline{x} = 2$,所以,总体参数 $\theta$ 的矩估计值

$$\hat{\theta} = \frac{3 - \overline{x}}{4} = \frac{3-2}{4} = \frac{1}{4} = 0.25.$$

(2) 再求 $\theta$ 的最大似然估计值:

对于给定的样本值,似然函数为

$$L(\theta) = \prod_{i=1}^{8} p(x_i; \theta)$$
$$= P\{X_1 = 3\} P\{X_2 = 1\} \cdots P\{X_8 = 3\}$$
$$= 4\theta^6 (1-\theta)^2 (1-2\theta)^4.$$

取对数得

$$\ln L(\theta) = \ln 4 + 6\ln\theta + 2\ln(1-\theta) + 4\ln(1-2\theta).$$

令

$$\frac{d\ln L(\theta)}{d\theta} = \frac{6}{\theta} - \frac{2}{1-\theta} - \frac{8}{1-2\theta} = 0.$$

解之,得到

$$\theta_{1,2} = \frac{7 \pm \sqrt{13}}{12}.$$

因 $\frac{7+\sqrt{13}}{12} > \frac{1}{2}$ 不合题意,应该舍去. 所以 $\theta$ 的最大似然估计值为

$$\hat{\theta} = \frac{7 - \sqrt{13}}{12} \approx 0.283.$$

由此可见,$\theta$ 的矩估计值与最大似然估计值不相等.

**例 7.1.3** 设总体 $X \sim B(1, p)$,$X_1, X_2, \cdots, X_n$ 是来自总体 $X$ 的一组样本.

(1) 求参数 $p$ 的矩估计量;

(2) 求参数 $p$ 的最大似然估计量.

**解** (1) 由条件知 $\mu_1 = E(X) = p$,又 $A_1 = \overline{X}$. 令

$$\mu_1 = A_1,$$

解之,得 $p$ 的矩估计量为

$$\hat{p} = \overline{X}.$$

（2）设 $x_1, x_2, \cdots, x_n$ 是相应于样本 $X_1, X_2, \cdots, X_n$ 的一组样本值，则 $X$ 的分布律为

$$P\{X=x\} = p^x(1-p)^{1-x}, x=0,1.$$

其似然函数为

$$L(p) = \prod_{i=1}^{n} p^{x_i}(1-p)^{1-x_i} = p^{\sum\limits_{i=1}^{n} x_i}(1-p)^{n-\sum\limits_{i=1}^{n} x_i}.$$

取对数，得到

$$\ln L(p) = \left(\sum_{i=1}^{n} x_i\right)\ln p + \left(n - \sum_{i=1}^{n} x_i\right)\ln(1-p).$$

令

$$\frac{\mathrm{d}}{\mathrm{d}p}\ln L(p) = \frac{\sum\limits_{i=1}^{n} x_i}{p} + \frac{n - \sum\limits_{i=1}^{n} x_i}{p-1} = 0,$$

解之，得到 $p$ 的最大似然估计值为

$$\hat{p} = \frac{1}{n}\sum_{i=1}^{n} x_i = \overline{x}.$$

于是，$p$ 的最大似然估计量为

$$\hat{p} = \frac{1}{n}\sum_{i=1}^{n} X_i = \overline{X}.$$

由此可见，0-1 分布总体 $X$ 的未知参数 $p$ 的矩估计量与最大似然估计量相同．

最大似然估计法也适用于分布中含多个未知参数的情况．具体步骤如下：

（1）若总体含有 $k$ 个未知参数 $\theta_1, \theta_2, \cdots, \theta_k$，这时，似然函数为

$$L(\theta_1, \theta_2, \cdots, \theta_k);$$

（2）建立似然方程，即令

$$\frac{\partial}{\partial \theta_i}L(\theta_1, \theta_2, \cdots, \theta_k) = 0, i=1,2,\cdots,k \tag{1.7}$$

或者

$$\frac{\partial}{\partial \theta_i}\ln L(\theta_1, \theta_2, \cdots, \theta_k) = 0, i=1,2,\cdots,k. \tag{1.8}$$

（3）解由上述 $k$ 个方程组成的方程组，即可得各个未知参数 $\theta_i$ 的最大似然估计值与估计量 $\hat{\theta}_i(i=1,2,\cdots,k)$．

**例 7.1.4**　设 $X \sim N(\mu, \sigma^2)$，$\mu, \sigma^2$ 未知，$x_1, x_2, \cdots, x_n$ 是来自 $X$ 的一组样本观察值，求 $\mu, \sigma^2$ 的最大似然估计值和最大似然估计量．

**解**　正态总体 $X$ 的概率密度为

$$f(x; \mu, \sigma^2) = \frac{1}{\sqrt{2\pi}\sigma}\exp\left[-\frac{1}{2\sigma^2}(x-\mu)^2\right].$$

似然函数为

$$L(\mu,\sigma^2) = \prod_{i=1}^{n} f(x_i;\mu,\sigma^2)$$

$$= \prod_{i=1}^{n} \frac{1}{\sqrt{2\pi}\sigma} \exp\left[-\frac{1}{2\sigma^2}(x_i-\mu)^2\right]$$

$$= (2\pi)^{-\frac{n}{2}} (\sigma^2)^{-\frac{n}{2}} \exp\left[-\frac{1}{2\sigma^2}\sum_{i=1}^{n}(x_i-\mu)^2\right].$$

而对数似然函数

$$\ln L(\mu,\sigma^2) = -\frac{n}{2}\ln(2\pi) - \frac{n}{2}\ln(\sigma^2) - \frac{1}{2\sigma^2}\sum_{i=1}^{n}(x_i-\mu)^2.$$

令

$$\begin{cases} \dfrac{\partial}{\partial\mu}\ln L = \dfrac{1}{\sigma^2}\left(\sum_{i=1}^{n}x_i - n\mu\right) = 0, \\ \dfrac{\partial}{\partial\sigma^2}\ln L = -\dfrac{n}{2\sigma^2} + \dfrac{1}{2(\sigma^2)^2}\sum_{i=1}^{n}(x_i-\mu)^2 = 0. \end{cases}$$

解上述方程组,得到总体两个未知参数 $\mu,\sigma^2$ 的最大似然估计值

$$\begin{cases} \hat{\mu} = \dfrac{1}{n}\sum_{i=1}^{n}x_i = \overline{x}, \\ \hat{\sigma^2} = \dfrac{1}{n}\sum_{i=1}^{n}(x_i-\overline{x})^2. \end{cases}$$

于是,总体 $X$ 的两个未知参数 $\mu,\sigma^2$ 的最大似然估计量分别为

$$\hat{\mu} = \overline{X},$$

$$\hat{\sigma^2} = \frac{1}{n}\sum_{i=1}^{n}(X_i-\overline{X})^2.$$

与例 7.1.1 结论(1)比较,可以看出:正态分布总体所含未知参数 $\mu,\sigma^2$ 的最大似然估计量与矩估计量相同.

上述解法是用微积分中的导数或偏导数来求似然函数 $L(\theta)$ 的最大值点.但当似然函数 $L(\theta)$ 不可导或导数不能等于零时,就不能用似然方程来求未知参数的最大似然估计值了,这时就得利用最大似然原理来分析求解.

**例 7.1.5**　设某种元件的使用寿命 $X$ 的概率密度为

$$f(x;\theta) = \begin{cases} 2\mathrm{e}^{-2(x-\theta)}, & x \geqslant \theta, \\ 0, & x < \theta, \end{cases}$$

其中 $\theta > 0$ 为未知参数,又设 $x_1, x_2, \cdots, x_n$ 是 $X$ 的一组样本观察值,求 $\theta$ 的最大似然估计值和最大似然估计量.

**解**　似然函数为

$$L(\theta) = L(x_1, x_2, \cdots, x_n; \theta) = \prod_{i=1}^{n} f(x_i; \theta)$$

$$= \begin{cases} 2^n \mathrm{e}^{-2\sum\limits_{i=1}^{n}(x_i-\theta)}, & x_i \geqslant \theta(i=1,2,\cdots,n), \\ 0, & \text{其他}. \end{cases}$$

当 $x_i \geqslant \theta(i=1,2,\cdots,n)$ 时，$L(\theta) > 0$，因此只需通过分段函数

$$L_1(\theta) = 2^n \mathrm{e}^{-2\sum\limits_{i=1}^{n}(x_i-\theta)}$$

来计算最大值点.

取对数得

$$\ln L_1(\theta) = n\ln 2 - 2\sum_{i=1}^{n}(x_i-\theta).$$

因为 $\dfrac{\mathrm{d}\ln L_1(\theta)}{\mathrm{d}\theta} = 2n > 0$，所以 $L_1(\theta)$ 单调递增，因此当 $\theta$ 取最大值时，$L_1(\theta)$ 就取最大值. 注意到 $\theta$ 必须满足 $\theta \leqslant x_i(i=1,2,\cdots,n)$，所以 $\theta$ 的最大值为

$$\min\{x_1, x_2, \cdots, x_n\}.$$

因此，$\theta$ 的最大似然估计值为

$$\hat{\theta}(x_1, x_2, \cdots, x_n) = \min\{x_1, x_2, \cdots, x_n\}.$$

$\theta$ 的最大似然估计量为

$$\hat{\theta}(X_1, X_2, \cdots, X_n) = \min\{X_1, X_2, \cdots, X_n\}.$$

**例 7.1.6**　设总体 $X$ 在 $[a,b]$ 上服从均匀分布，$a,b$ 均未知，$x_1, x_2, \cdots, x_n$ 是来自 $X$ 的一组样本值，求 $a,b$ 的最大似然估计量.

**解**　因为 $X$ 的概率密度为

$$f(x) = \begin{cases} \dfrac{1}{b-a}, & a \leqslant x \leqslant b, \\ 0, & \text{其他}. \end{cases}$$

又因为

$$a \leqslant x_1, x_2, \cdots, x_n \leqslant b,$$

即

$$a \leqslant x_{(1)}, b \geqslant x_{(n)},$$

这里，$x_{(1)} = \min\{x_1, x_2, \cdots, x_n\}$，$x_{(n)} = \max\{x_1, x_2, \cdots, x_n\}$.

似然函数为

$$L(a,b) = \frac{1}{(b-a)^n}, a \leqslant x_{(1)}, b \geqslant x_{(n)}.$$

这个似然函数显然不可以用似然方程求其最大值. 但因为对任意的 $a,b$ 有

$$L(a,b) = \frac{1}{(b-a)^n} \leqslant \frac{1}{(x_{(n)}-x_{(1)})^n}, a \leqslant x_{(1)}, b \geqslant x_{(n)}.$$

故 $L(a,b)$ 在 $a=x_{(1)}$ ,$b=x_{(n)}$ 时取得最大值.

所以,$a$,$b$ 的最大似然估计值为

$$\hat{a}=x_{(1)} , \hat{b}=x_{(n)}.$$

$a$,$b$ 的最大似然估计量分别为

$$\hat{a}=X_{(1)}=\min\{X_1,X_2,\cdots,X_n\} , \hat{b}=X_{(n)}=\max\{X_1,X_2,\cdots,X_n\}.$$

与例 7.1.1 的结论(2)比较,可知:对于在 $[a,b]$ 上服从均匀分布的总体 $X$,通过矩估计法和最大似然估计法得到的未知参数 $a$,$b$ 的估计量是不同的.

此外,最大似然估计具有单调函数保持不变性.

**定理** 若 $\hat{\theta}$ 是未知参数 $\theta$ 的最大似然估计量,而 $g(\theta)$ 为 $\theta$ 的函数且具有单值反函数,则 $g(\hat{\theta})$ 也是 $g(\theta)$ 的最大似然估计量.当总体分布中的未知参数有多个时,上述性质依然成立.

事实上,若 $\hat{\theta}$ 是未知参数 $\theta$ 的最大似然估计量,设 $x_1,x_2,\cdots,x_n$ 是 $X$ 的一组样本值,于是

$$L(x_1,x_2,\cdots,x_n,\hat{\theta})=\max_{\theta\in\Theta}L(x_1,x_2,\cdots,x_n;\theta).$$

又因为 $g(\theta)$ 为 $\theta$ 的单调函数,因此有

$$L(x_1,x_2,\cdots,x_n;g(\hat{\theta}))=\max_{\theta\in\Theta}L(x_1,x_2,\cdots,x_n;g(\theta)).$$

所以,$g(\hat{\theta})$ 也是 $g(\theta)$ 的最大似然估计量.

例如,在例 7.1.4 中我们已经得到总体方差 $\sigma^2$ 的最大似然估计量为

$$\hat{\sigma^2}=\frac{1}{n}\sum_{i=1}^{n}(X_i-\overline{X})^2.$$

而 $\sigma=\sqrt{\sigma^2}$(注意 $y=\sqrt{x}$ 是单调函数),所以由上述定理得到总体标准差 $\sigma$ 的最大似然估计量为

$$\hat{\sigma}=\sqrt{\hat{\sigma^2}}=\sqrt{\frac{1}{n}\sum_{i=1}^{n}(X_i-\overline{X})^2}.$$

# 思考题

1. 用矩估计法和最大似然估计法得到的估计量是否一定相同? 为什么?
2. 用矩估计法或最大似然估计法得到的估计量是否唯一? 为什么?

# 习题 7-1

1. 设总体 $X$ 的分布律为

| $X$ | $-2$ | $1$ | $5$ |
|---|---|---|---|
| $p$ | $3\theta$ | $1-4\theta$ | $\theta$ |

其中 $0<\theta<0.25$ 是未知参数,$X_1,X_2,\cdots,X_n$ 为来自总体 $X$ 的样本,试求 $\theta$ 的矩估计量.

2. 设 $X$ 的分布律为

| $X$ | $1$ | $2$ | $3$ |
|---|---|---|---|
| $p$ | $\theta^2$ | $2\theta(1-\theta)$ | $(1-\theta)^2$ |

已知一个样本值 $(x_1,x_2,x_3)=(1,2,1)$,求参数 $\theta$ 的矩估计值和最大似然估计值.

3. 设总体 $X\sim P(\lambda)$,其中 $\lambda>0$ 是未知参数,$X_1,X_2,\cdots,X_n$ 是来自总体 $X$ 的一组样本,求 $\lambda$ 的矩估计量和最大似然估计量.

4. 设总体 $X$ 服从几何分布,即分布律为 $P\{X=k\}=(1-p)^{k-1}p,k=1,2,\cdots$,试求 $p$ 的矩估计量和最大似然估计量.

5. 设总体 $X$ 的概率密度为

$$f(x;\theta)=\begin{cases}(\theta+1)x^\theta, & 0<x<1,\\ 0, & \text{其他},\end{cases}$$

其中 $\theta>-1$ 是未知参数,$X_1,X_2,\cdots,X_n$ 是来自 $X$ 的容量为 $n$ 的简单随机样本.
求:(1) $\theta$ 的矩估计量;
(2) $\theta$ 的最大似然估计量.

6. 设总体 $X$ 服从参数为 $\lambda$ 的指数分布,即 $X$ 的概率密度为

$$f(x;\lambda)=\begin{cases}\lambda e^{-\lambda x}, & x>0,\\ 0, & x\leqslant 0,\end{cases}$$

其中 $\lambda>0$ 为未知参数,$X_1,X_2,\cdots,X_n$ 为来自总体 $X$ 的样本,试求未知参数 $\lambda$ 的矩估计量与最大似然估计量.

7. 设总体 $X$ 的概率密度为

$$f(x;\theta)=\begin{cases}\dfrac{\theta^2}{x^3}e^{-\frac{\theta}{x}}, & x>0,\\ 0, & \text{其他},\end{cases}$$

其中 $\theta$ 为未知参数且大于零,$X_1,X_2,\cdots,X_n$ 为来自总体 $X$ 的简单随机样本.
(1) 求 $\theta$ 的矩估计量;
(2) 求 $\theta$ 的最大似然估计量.

8. 设总体 $X$ 的概率密度为

$$f(x;\theta)=\begin{cases}\dfrac{1}{1-\theta}, & \theta\leqslant x\leqslant 1,\\ 0, & \text{其他},\end{cases}$$

其中 $\theta$ 为未知参数,$X_1,X_2,\cdots,X_n$ 是来自总体的简单随机样本.

(1) 求参数 $\theta$ 的矩估计量;

(2) 求参数 $\theta$ 的最大似然估计量.

# 第二节　估计量的评判标准

对于总体的同一个未知参数,用不同的方法所求得的估计量往往是不一样的.如本章第一节的例 7.1.1 的结论(2)和例 7.1.6,对于均匀分布 $U(a,b)$ 的未知参数 $a,b$ 的矩估计量与最大似然估计量是不一样的,甚至用同一方法也可能得到不同的估计量.因此必须提出估计量的评判标准问题.

## 一、无偏性

我们知道估计量是随机变量,对于不同的样本值会得到不同的估计值,我们自然希望估计量应该在未知参数真值附近摆动,即它的数学期望应等于未知参数的真值,这就出现了无偏性这个标准.

设 $X_1,X_2,\cdots,X_n$ 是来自总体 $X$ 的一组样本,$\theta\in\Theta$ 是包含在总体 $X$ 的分布中的未知参数,这里 $\Theta$ 是 $\theta$ 的取值范围.

**定义 1**　若估计量 $\hat\theta=\hat\theta(X_1,X_2,\cdots,X_n)$ 的数学期望 $E(\hat\theta)$ 存在,且对于任意 $\theta\in\Theta$ 有

$$E(\hat\theta)=\theta, \tag{2.1}$$

则称 $\hat\theta$ 是 $\theta$ 的无偏估计量(unbiased estimator).

无偏性要求可以改写为 $E(\hat\theta-\theta)=0$,这表示无偏估计没有系统偏差.

当我们使用 $\hat\theta$ 估计 $\theta$ 时,由于样本的随机性,$\hat\theta$ 估计 $\theta$ 总是有偏差的,这种偏差时而(对某些样本观测值)为正,时而(对另一些样本观测值)为负,时而大,时而小.无偏性表示,把这些偏差平均起来其值为 0,这就是无偏估计的含义.反之,若估计不具有无偏性,则无论试验多少次,其观测平均值也会与参数真值有一定的差距,这个差距就是系统误差,这说明我们的估计方法不尽科学、不尽合理.

**例 7.2.1**　设总体 $X$ 的 $k$ 阶矩 $\mu_k=E(X^k)(k\geqslant 1)$ 存在,又设 $X_1,X_2,\cdots,X_n$ 是来自总体 $X$ 的一组样本.试证明:不论总体服从什么分布,样本 $k$ 阶矩

$$A_k=\frac{1}{n}\sum_{i=1}^{n}X_i^k(k=1,2,\cdots)$$

是总体 $k$ 阶矩 $\mu_k$ 的无偏估计量.

**证明**　由于样本 $X_1,X_2,\cdots,X_n$ 与总体 $X$ 同分布,故有

$$E(X_i^k)=E(X^k)=\mu_k,i=1,2,\cdots,n.$$

利用数学期望的运算性质和上式,我们有

$$E(A_k) = \frac{1}{n}\sum_{i=1}^{n} E(X_i^k) = \mu_k.$$

所以,样本 $k$ 阶原点矩 $A_k$ 是参数 $\mu_k$——总体 $k$ 阶原点矩 $E(X^k)$——的无偏估计量.

**例 7.2.2**　设总体 $X$ 的方差 $D(X)=\sigma^2>0$ 存在但未知,$E(X)$ 已知,$X_1,X_2,\cdots,X_n$ 是来自 $X$ 的样本.试证明:

(1) 样本二阶中心矩 $B_2 = \frac{1}{n}\sum_{i=1}^{n}(X_i-\overline{X})^2$ 不是总体方差 $\sigma^2$ 的无偏估计量;

(2) 样本方差 $S^2 = \frac{1}{n-1}\sum_{i=1}^{n}(X_i-\overline{X})^2$ 是总体方差 $\sigma^2$ 的无偏估计量;

(3) 样本标准差 $S$ 不是总体标准差 $\sigma$ 的无偏估计量;

(4) 统计量 $\frac{1}{n}\sum_{i=1}^{n}[X_i-E(X)]^2$ 是总体方差 $\sigma^2$ 的无偏估计.

**证明**　设总体 $X$ 的数学期望 $E(X)=\mu$.

(1) 由第六章第二节定理 1 的结论(1) 知

$$E(\overline{X})=\mu,\ D(\overline{X})=\frac{\sigma^2}{n},\ D(X_i)=\sigma^2(i=1,2,\cdots,n).$$

所以

$$E(B_2) = E\left[\frac{1}{n}\sum_{i=1}^{n}(X_i-\overline{X})^2\right] = E\left[\frac{1}{n}\sum_{i=1}^{n}[(X_i-\mu)-(\overline{X}-\mu)]^2\right]$$

$$= E\left[\frac{1}{n}\sum_{i=1}^{n}[X_i-E(X_i)]^2\right] - E\{[\overline{X}-E(\overline{X})]^2\}$$

$$= \frac{1}{n}\sum_{i=1}^{n}D(X_i)-D(\overline{X}) = \frac{1}{n}\times n\sigma^2 - \frac{\sigma^2}{n} = \frac{n-1}{n}\sigma^2 \neq \sigma^2.$$

这说明,样本二阶中心矩 $B_2 = \frac{1}{n}\sum_{i=1}^{n}(X_i-\overline{X})^2$ 不是总体方差 $\sigma^2$ 的无偏估计量.

(2) 因为 $S^2=\frac{n}{n-1}B_2$,所以

$$E(S^2)=\frac{n}{n-1}E(B_2)=\frac{n}{n-1}\times\frac{n-1}{n}\sigma^2=\sigma^2.$$

这说明,样本方差 $S^2 = \frac{1}{n-1}\sum_{i=1}^{n}(X_i-\overline{X})^2$ 是总体方差 $\sigma^2$ 的无偏估计量.

(3) 在方差 $D(X)=\sigma^2>0$ 的题设下,用反证法可知 $D(S)>0$.

$$E(S) = \sqrt{E(S^2)-D(S)} = \sqrt{\sigma^2-D(S)} \neq\sigma.$$

这说明,样本标准差 $S$ 不是总体标准差 $\sigma$ 的无偏估计量.

(4) $E\left\{\frac{1}{n}\sum_{i=1}^{n}[X_i-E(X)]^2\right\} = \frac{1}{n}\sum_{i=1}^{n}E\{[X_i-E(X_i)]^2\} = \frac{1}{n}\sum_{i=1}^{n}D(X_i) = \sigma^2.$

这说明,统计量 $\dfrac{1}{n}\sum\limits_{i=1}^{n}[X_i-E(X)]^2$ 是总体方差 $\sigma^2$ 的无偏估计量.

可见,样本二阶中心矩 $B_2$ 不是总体方差 $\sigma^2$ 的无偏估计量,但是样本方差 $S^2$ 的确是总体方差 $\sigma^2$ 的无偏估计量. 这就是人们常用样本方差

$$S^2=\frac{1}{n-1}\sum_{i=1}^{n}(X_i-\overline{X})^2$$

估计总体方差 $\sigma^2$ 的根本原因.

由结论(2),(3)可见,无偏性不具有单调函数保持的不变性. 即若 $\hat{\theta}$ 是 $\theta$ 的无偏估计,一般而言,函数 $g(\hat{\theta})$ 不是 $g(\theta)$ 的无偏估计,除非 $g(\theta)$ 是 $\theta$ 的线性函数. 例如在上例中,$S^2$ 是 $\sigma^2$ 的无偏估计,但 $S$ 却不是 $\sigma$ 的无偏估计.

**例 7.2.3**　设总体 $X$ 服从参数为 $\theta$ 的指数分布,其概率密度为

$$f(x;\theta)=\begin{cases}\theta\mathrm{e}^{-\theta x}, & x>0,\\ 0, & \text{其他}.\end{cases}$$

其中参数 $\theta>0$ 为未知,又设 $X_1,X_2,\cdots,X_n$ 是来自总体 $X$ 的一组样本. 试证明:样本均值 $\overline{X}$ 和 $nZ=n(\min\{X_1,X_2,\cdots,X_n\})$ 都是总体均值 $E(X)$ 的无偏估计量.

**证明**　已知总体 $X$ 均值 $E(X)=\dfrac{1}{\theta}$.

因为

$$E(\overline{X})=E\left(\frac{1}{n}\sum_{i=1}^{n}X_i\right)=\frac{1}{n}\times n\times\frac{1}{\theta}=\frac{1}{\theta}=E(X),$$

所以 $\overline{X}$ 是总体均值 $E(X)$ 的无偏估计量.

参见第三章第四节例 3.4.5 可以得到 $Z$ 服从参数为 $n\theta$ 的指数分布,所以

$$E(Z)=\frac{1}{n\theta}.$$

于是成立

$$E(nZ)=\frac{1}{\theta}=E(X).$$

即 $nZ$ 也是总体均值 $E(X)$ 的无偏估计量.

由此可见,一个总体未知参数可以有不同的无偏估计量.

## 二、有效性

由例 7.2.3 可知,未知参数往往不是只有一个无偏估计量. 再如,$\overline{X}$ 设总体 $X$ 的均值为 $\mu$,又设 $X_1,X_2,\cdots,X_n$ 为来自总体 $X$ 的样本,所以 $E(X_i)=\mu$. 因此,所有 $X_i(i=1,2,\cdots,n)$ 都是总体均值 $\mu$ 的无偏估计量. 无偏估计量只说明估计量的取值在真值周围摆动,但这个"周围"究竟有多大? 我们自然希望摆动范围越小越好,即估计量取值的集中程度要尽可能地高,或说方差要尽可能地小,这就引出了无偏估计量的有效性概念.

**定义 2**　设 $\hat{\theta_1}=\hat{\theta_1}(X_1,X_2,\cdots,X_n)$ 与 $\hat{\theta_2}=\hat{\theta_2}(X_1,X_2,\cdots,X_n)$ 都是 $\theta$ 的无偏估计量,若对于任意 $\theta\in\Theta$,有

$$D(\hat{\theta_1})\leqslant D(\hat{\theta_2}),\tag{2.2}$$

且至少存在某一个 $\theta_0\in\Theta$ 使上式中的不等号成立,则称估计量 $\hat{\theta_1}$ 比 $\hat{\theta_2}$ 有效.

**例 7.2.4**　已知条件如例 7.2.3.试证明:当 $n>1$ 时,总体均值的无偏估计量 $\overline{X}$ 比另一个无偏估计量 $nZ$ 有效.

**证明**　由于 $D(X)=\dfrac{1}{\theta^2}$,故由第六章第二节定理 1 的结论(1)有

$$D(\overline{X})=\frac{1}{n\theta^2}.$$

又因为 $Z$ 服从参数为 $n\theta$ 的指数分布,所以

$$D(Z)=\frac{1}{n^2\theta^2},$$

故有

$$D(nZ)=\frac{1}{\theta^2}.$$

可见,当 $n>1$ 时,

$$D(\overline{X})<D(nZ),$$

也就是说,无偏估计量 $\overline{X}$ 比 $nZ$ 有效.

## 三、相合性

参数估计的无偏性与有效性都是在样本容量 $n$ 固定的前提下提出的,我们还希望随着样本容量的增大,估计量也逐渐稳定于未知参数的真值.因此我们又提出了相合性的概念.

**定义 3**　$\hat{\theta}(X_1,X_2,\cdots,X_n)$ 为参数 $\theta$ 的估计量,若对于任意 $\theta\in\Theta$,当 $n\to\infty$ 时 $\hat{\theta}(X_1,X_2,\cdots,X_n)$ 依概率收敛于 $\theta$,则称 $\hat{\theta}$ 是 $\theta$ 的相合估计量.

也就是,对于任意的 $\theta\in\Theta$,若对于任意的正数 $\varepsilon$,有

$$\lim_{n\to\infty}P\{|\hat{\theta}-\theta|<\varepsilon\}=1,\tag{2.3}$$

则称 $\hat{\theta}$ 是 $\theta$ 的相合估计量(consistent estimator).相合估计量也称为一致估计量.

**例 7.2.5**　设 $X_1,X_2,\cdots,X_n$ 是来自总体 $X$ 的样本,总体 $X$ 的方差 $D(X)=\sigma^2$ 存在.试证明

$$S^2=\frac{1}{n-1}\sum_{i=1}^n(X_i-\overline{X})^2 \text{ 与 } B_2=\frac{1}{n}\sum_{i=1}^n(X_i-\overline{X})^2$$

都是 $\sigma^2$ 的相合估计量.

**证明**　由第六章第二节定理 1 的结论(4)知,

$$S^2 \xrightarrow{P} \sigma^2, B_2 \xrightarrow{P} \sigma^2 (n \to \infty).$$

所以,我们证得 $S^2$ 和 $B_2$ 都是 $\sigma^2$ 的相合估计量.

由此可见,一个总体未知参数可以有不同的相合估计量.

上述无偏性、有效性、相合性是评判估计量的一些基本标准,其他的标准这里不再讲述.

# 思考题

1. 为什么要提出估计量的评判标准问题?

2. 考虑估计量的有效性,为什么首先要保证估计量的无偏性?

# 习题 7-2

1. 设 $\hat{\theta}$ 是未知参数 $\theta$ 的无偏估计量,则对任意的样本容量 $n$,恒有 $P\{\hat{\theta} = \theta\} = 1$,对吗?

2. 设 $\hat{\theta_1}, \hat{\theta_2}$ 为未知参数 $\theta$ 的两个估计量,若对任意的样本容量 $n$,有 $D(\hat{\theta_1}) < D(\hat{\theta_2})$,则 $\hat{\theta_1}$ 为比 $\hat{\theta_2}$ 有效的估计量,对吗?

3. 若 $X_1, X_2, X_3$ 为来自总体 $X \sim N(\mu, \sigma^2)$ 的样本,且

$$Y = \frac{1}{3} X_1 + \frac{1}{4} X_2 + k X_3$$

为 $\mu$ 的无偏估计量,问常数 $k$ 等于多少?

4. 设总体 $X \sim N(\mu, \sigma^2), X_1, X_2, \cdots, X_n$ 是来自 $X$ 的一组样本,试确定常数 $c$,使 $c \sum_{i=1}^{n-1} (X_{i+1} - X_i)^2$ 为 $\sigma^2$ 的无偏估计量.

5. 设 $\hat{\theta}$ 是未知参数 $\theta$ 的无偏估计,且有 $D(\hat{\theta}) > 0$,试证 $\hat{\theta}^2 = (\hat{\theta})^2$ 不是 $\theta^2$ 的无偏估计量.

6. 设总体 $X$ 的均值为 0,方差 $\sigma^2$ 存在但未知,又 $X_1, X_2$ 为来自总体 $X$ 的样本,试证 $\frac{1}{2}(X_1 - X_2)^2$ 为 $\sigma^2$ 的无偏估计量.

7. 设总体 $X$ 的概率密度为

$$f(x;\theta) = \begin{cases} \dfrac{2x}{3\theta^2}, & \theta < x < 2\theta, \\ 0, & \text{其他,} \end{cases}$$

其中 $\theta$ 是未知参数, $X_1,X_2,\cdots,X_n$ 是来自总体 $X$ 的简单随机样本,若 $C\sum\limits_{i=1}^{n}X_i^2$ 是 $\theta^2$ 的无偏估计,计算常数 $C$.

8. 设随机变量 $X,Y$ 相互独立且分别服从正态总体 $N(\mu,\sigma^2)$ 与 $N(\mu,2\sigma^2)$,其中 $\sigma$ 是未知参数且 $\sigma>0$. 设 $Z=X-Y$.

(1) 求 $Z$ 的概率密度 $f(z;\sigma^2)$;

(2) 设 $Z_1,Z_2,\cdots,Z_n$ 为来自总体 $Z$ 的简单随机样本,求 $\sigma^2$ 的最大似然估计量 $\hat{\sigma^2}$;

(3) 证明 $\hat{\sigma^2}$ 是 $\sigma^2$ 的无偏估计量.

9. 设总体 $X$ 的分布函数为

$$F(x;\theta)=\begin{cases} 1-\mathrm{e}^{-\frac{x^2}{\theta}}, & x\geqslant 0, \\ 0, & x<0. \end{cases}$$

其中 $\theta>0$ 为未知参数, $X_1,X_2,\cdots,X_n$ 是来自总体 $X$ 的简单随机样本.

(1) 求 $E(X),E(X^2)$;

(2) 求 $\theta$ 的最大似然估计量 $\hat{\theta}$.

# 第三节　区间估计

在上一节中,我们对估计量 $\hat{\theta}$ 是否能"接近"真正的参数 $\theta$ 的考察是通过建立种种评价标准,然后依照这些标准进行评价. 而这些标准一般都是由数字特征来描述大量重复试验时的平均效果,但对于估计值的可靠程度与精度却没有回答. 所以,对于未知参数 $\theta$,除了求出它的点估计 $\hat{\theta}$ 外,我们还希望估计出一个范围,并希望知道这个范围包含参数 $\theta$ 真值的可信程度. 这样的范围通常以区间的形式给出,同时还给出此区间包含参数 $\theta$ 真值的可信程度. 这种形式的估计称为**区间估计**,这样的区间就是所谓的**置信区间**.

## 一、置信区间

**定义**　设总体 $X$ 的分布函数 $F(x;\theta)$ 中含有一个未知参数 $\theta,\theta\in\Theta$ ($\Theta$ 是未知参数 $\theta$ 可能取值的范围),对于给定的正数 $\alpha(0<\alpha<1)$,若由总体 $X$ 的样本 $X_1,X_2,\cdots,$ $X_n$ 确定的两个统计量

$$\underline{\theta}=\underline{\theta}(X_1,X_2,\cdots,X_n)$$

和

$$\overline{\theta} = \overline{\theta}(X_1, X_2, \cdots, X_n)$$

成立 $\underline{\theta} < \overline{\theta}$，且对于任意的 $\theta \in \Theta$ 满足

$$P\{\underline{\theta}(X_1, X_2, \cdots, X_n) < \theta < \overline{\theta}(X_1, X_2, \cdots, X_n)\} \geqslant 1 - \alpha. \tag{3.1}$$

则称随机区间 $(\underline{\theta}, \overline{\theta})$ 是 $\theta$ 的置信水平为 $1 - \alpha$ 的置信区间（confidence interval），$\underline{\theta}$ 和 $\overline{\theta}$ 分别称为置信水平为 $1 - \alpha$ 的双侧置信区间的置信下限和置信上限，$1 - \alpha$ 称为置信水平（confidence level）。

应注意，(3.1)式表示随机区间 $(\underline{\theta}, \overline{\theta})$ 包含 $\theta$ 的概率不低于 $1 - \alpha$，而不能解释为 $\theta$ 落在随机区间 $(\underline{\theta}, \overline{\theta})$ 内的概率不低于 $1 - \alpha$。这是因为 $(\underline{\theta}, \overline{\theta})$ 是一个随机区间，而 $\theta$ 是一个客观存在的数。例如，若 $P\{\underline{\theta} < \theta < \overline{\theta}\} = 0.95$，可理解为：若从总体中取 100 个样本观察值，我们得到 100 个确定的区间 $(\underline{\theta}, \overline{\theta})$，其中平均有 95 个区间包含了未知参数 $\theta$ 的真值，大约有 5 个区间不包含 $\theta$ 的真值。

通常 $\alpha$ 取很小的正数，它代表进行区间估计时所犯错误的小概率，比如 $\alpha = 0.1$，$\alpha = 0.05$ 等。一般来说，如果 $\alpha$ 越小，则区间 $(\underline{\theta}, \overline{\theta})$ 包含 $\theta$ 的可信程度越大，但这个区间也就越宽，从而估计的误差也就越大，也就是估计的精度越低。

注意，精度或精确程度的标准不止一个。这里指随机区间 $(\underline{\theta}, \overline{\theta})$ 的平均长度 $E(\overline{\theta} - \underline{\theta})$。可见，平均长度越短，说明估计的精度越高，这点完全符合实际问题的要求。

## 二、区间估计及其性能指标分析

**例 7.3.1**　设总体 $X \sim N(\mu, \sigma^2)$，$\sigma^2$ 为已知，$\mu$ 为未知，$X_1, X_2, \cdots, X_n$ 是来自总体 $X$ 的样本，求 $\mu$ 的置信水平为 $1 - \alpha$ 的置信区间。

**解**　因为 $\overline{X}$ 是 $\mu$ 的无偏估计，且有 $\dfrac{\overline{X} - \mu}{\sigma/\sqrt{n}} \sim N(0,1)$。$\dfrac{\overline{X} - \mu}{\sigma/\sqrt{n}}$ 服从的标准正态分布 $N(0,1)$ 不依赖于任何未知参数。参见图 7-1，按标准正态分布上 $\alpha$ 分位点的定义，我们可取

$$P\left\{\left|\frac{\overline{X} - \mu}{\sigma/\sqrt{n}}\right| < z_{\alpha/2}\right\} = 1 - \alpha,$$

即

$$P\left\{\overline{X} - \frac{\sigma}{\sqrt{n}} z_{\alpha/2} < \mu < \overline{X} + \frac{\sigma}{\sqrt{n}} z_{\alpha/2}\right\} = 1 - \alpha.$$

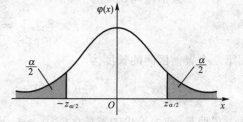

图 7-1　标准正态分布双侧置信区间

这样，我们得到了 $\mu$ 的置信水平为 $1 - \alpha$ 的一个置信区间

$$\left(\overline{X} - \frac{\sigma}{\sqrt{n}} z_{\alpha/2}, \overline{X} + \frac{\sigma}{\sqrt{n}} z_{\alpha/2}\right). \tag{3.2}$$

这样的置信区间也常简写成

$$\left( \overline{X} \pm \frac{\sigma}{\sqrt{n}} z_{\alpha/2} \right). \tag{3.3}$$

如果我们取 $\sigma = 4, n = 25$,同时取 $\alpha = 0.01$,查表得 $z_{\alpha/2} = z_{0.005} = 2.575$,则得到一个置信水平为 $1 - \alpha = 0.99$ 的置信区间

$$\left( \overline{X} \pm \frac{4}{\sqrt{25}} \times 2.575 \right),$$

即

$$(\overline{X} - 2.06, \overline{X} + 2.06).$$

由此可见,由于样本均值 $\overline{X}$ 是一个随机变量,故 $(\overline{X} - 2.06, \overline{X} + 2.06)$ 是一个随机区间.若由一组样本值算得样本均值的观察值 $\overline{x} = 3.62$,则我们得到一个具体的置信区间 $(1.56, 5.68)$.该区间包含 $\mu$ 的可信程度为 $1 - 0.01 = 0.99$.

要注意,在相同的置信水平 $1 - \alpha$ 下,所得置信区间并不唯一.

事实上,如果我们又令(参见图 7-1)

$$P\left\{ -z_{0.001} < \frac{\overline{X} - \mu}{\sigma/\sqrt{n}} < z_{0.009} \right\} = 0.99,$$

即

$$P\left\{ \overline{X} - \frac{\sigma}{\sqrt{n}} z_{0.009} < \mu < \overline{X} + \frac{\sigma}{\sqrt{n}} z_{0.001} \right\} = 0.99,$$

得到另一个置信区间

$$\left( \overline{X} - \frac{\sigma}{\sqrt{n}} z_{0.009}, \overline{X} + \frac{\sigma}{\sqrt{n}} z_{0.001} \right),$$

这个区间也是 $\mu$ 的置信水平同样是 $1 - \alpha = 0.99$ 的一个置信区间.

我们分析一下这两个置信区间的估计误差:

第一个置信区间长度为

$$2 \times \frac{\sigma}{\sqrt{n}} z_{0.005} = 5.15 \times \frac{\sigma}{\sqrt{n}},$$

而第二个置信区间的长度为

$$\frac{\sigma}{\sqrt{n}} (z_{0.001} + z_{0.009}) = 5.375 \frac{\sigma}{\sqrt{n}}.$$

很明显,前面给出的置信区间短一些,即估计误差小,或说估计精确程度高,所以前一个置信区间更优.

**例 7.3.2** 深入解读上例:考察置信区间 $\left( \overline{X} - \frac{\sigma}{\sqrt{n}} z_{\alpha/2}, \overline{X} + \frac{\sigma}{\sqrt{n}} z_{\alpha/2} \right)$.

(1) 求置信区间的长度 $L$.

(2) 估计使置信区间的长度不大于 $L$ 的样本容量 $n$.

**解**　(1) 置信区间 $\left( \overline{X} - \frac{\sigma}{\sqrt{n}} z_{\alpha/2}, \overline{X} + \frac{\sigma}{\sqrt{n}} z_{\alpha/2} \right)$ 的长度为

$$L=2\times\frac{\sigma}{\sqrt{n}}z_{\alpha/2}.$$

（2）当限定置信区间的长度不大于 $L$ 时，由上式解得，样本容量 $n$ 应满足

$$n\geqslant\left(\frac{2\sigma z_{\alpha/2}}{L}\right)^2.$$

这样，若取置信水平为 $1-\alpha=0.95,\sigma=1$，为使置信区间的长度不大于 $0.5$，应当使样本容量 $n\geqslant62$. 也就是说，应该至少进行 62 次抽样，才可以认为满足要求.

通过上面的例子，可以得到寻求未知参数 $\theta$ 的置信区间的具体做法如下：

（1）寻求一个样本 $X_1,X_2,\cdots,X_n$ 的函数

$$W=W(X_1,X_2,\cdots,X_n;\theta),$$

它包含未知参数 $\theta$，而不含其他未知参数，并且 $W$ 的分布已知且不依赖于任何未知参数（也不依赖于未知参数 $\theta$）；

（2）对于给定的置信水平 $1-\alpha$，定出两个常数 $a,b$，使

$$P\{a<W(X_1,X_2,\cdots,X_n;\theta)<b\}\geqslant1-\alpha;$$

（3）从 $a<W(X_1,X_2,\cdots,X_n;\theta)<b$ 得到等价的不等式 $\underline{\theta}<\theta<\bar{\theta}$，其中

$$\underline{\theta}=\underline{\theta}(X_1,X_2,\cdots,X_n),\bar{\theta}=\bar{\theta}(X_1,X_2,\cdots,X_n)$$

都是统计量，那么 $(\underline{\theta},\bar{\theta})$ 就是 $\theta$ 的置信水平为 $1-\alpha$ 的一个置信区间.

# 思考题

1. 怎样理解置信区间和未知参数的关系？
2. 置信水平、结论可信度和估计精确度的关系如何？

# 习题 7-3

1. 已知一批零件的长度 $X$（单位：cm）服从正态分布 $N(\mu,1)$，从中随机地抽取 16 个零件，得到平均长度为 40 cm，求 $\mu$ 的置信水平为 0.95 的置信区间.

2. 从一大批电子管中随机抽取 100 只，抽取的电子管的平均寿命为 1000 h. 设电子管寿命服从正态分布，均方差 $\sigma=40$ h. 求这批电子管平均寿命 $\mu$ 的置信水平为 0.98 的置信区间.

3. 某厂生产的一批零件，其长度 $X\sim N(\mu,0.01^2)$. 现从这批零件中随机抽取 16 个，测得长度（单位：cm）为

$$2.14,\quad2.15,\quad2.10,\quad2.12,\quad2.13,\quad2.14,\quad2.15,\quad2.10,$$
$$2.13,\quad2.13,\quad2.12,\quad2.11,\quad2.13,\quad2.14,\quad2.10,\quad2.11.$$

求总体均值 $\mu$ 的置信水平为 0.90 的置信区间.

4. 假设 $0.50,1.25,0.80,2.00$ 是来自总体 $X$ 的简单随机样本值. 已知 $Y=\ln X$ 服从正态分布 $N(\mu,1)$.

(1) 求 $X$ 的数学期望值 $E(X)$（记 $E(X)$ 为 $b$）；

(2) 求 $\mu$ 的置信度为 0.95 的置信区间；

(3) 利用上述结果求 $b$ 的置信度为 0.95 的置信区间.

# 第四节　正态总体均值与方差的区间估计

## 一、单个正态总体 $N(\mu,\sigma^2)$ 的情形

设给定置信水平为 $1-\alpha$，并设 $X_1,X_2,\cdots,X_n$ 为取自总体 $X$ 的样本，且总体 $X\sim N(\mu,\sigma^2)$，$\overline{X}$ 和 $S^2$ 分别是样本均值和样本方差.

**1. 总体均值 $\mu$ 的置信区间**

**（1）总体方差 $\sigma^2$ 已知时**

由上节例题 7.3.1 知道，利用 $\dfrac{\overline{X}-\mu}{\sigma/\sqrt{n}}\sim N(0,1)$ 样本函数，已得到 $\mu$ 的置信水平为 $1-\alpha$ 的一个置信区间为

$$\left(\overline{X}-\frac{\sigma}{\sqrt{n}}z_{\alpha/2},\ \overline{X}+\frac{\sigma}{\sqrt{n}}z_{\alpha/2}\right). \tag{4.1}$$

**例 7.4.1**　某车间生产滚珠，从长期实践知，滚珠直径 $X\sim N(\mu,\sigma^2)$，$\sigma^2=0.04$. 从当天生产的产品中任取 6 个，量得直径（单位：mm）如下：

$$14.70,\quad 15.21,\quad 14.90,\quad 14.91,\quad 15.32,\quad 15.32.$$

求此车间生产的滚珠直径的均值 $\mu$ 的置信区间（取 $\alpha=0.05$）.

**解**　由 (4.1) 式知，当 $\sigma^2$ 已知时均值 $\mu$ 的置信区间为

$$\left(\overline{X}-\frac{\sigma}{\sqrt{n}}z_{\alpha/2},\ \overline{X}+\frac{\sigma}{\sqrt{n}}z_{\alpha/2}\right).$$

由 6 个观测值计算得到样本均值 $\overline{x}=15.06$. 对于 $\alpha=0.05$，查表得 $z_{0.025}=1.96$. 所以均值 $\mu$ 的置信水平为 0.95 的置信区间为 $(14.9,15.22)$.

由此可知，上述置信区间的实际意义是：(1) 估计滚珠直径的均值在 14.9 mm 与 15.22 mm 之间，并且这个估计的可信程度可达 $1-\alpha=95\%$；(2) 若以此区间内任一值作为 $\mu$ 的近似值，其估计误差不大于

$$\frac{0.2}{\sqrt{6}}\times1.96\times2=0.320\ 1(\text{mm}),$$

且这个误差的可信程度为 $1-\alpha=95\%$.

**（2）总体方差 $\sigma^2$ 未知时**

此时,正态总体方差 $\sigma^2$ 未知,因此不能利用(4.1)式给出的置信区间,这是因为其中含未知参数 $\sigma^2$.

考虑到样本方差 $S^2$ 是总体方差 $\sigma^2$ 的无偏估计,将 $\dfrac{\overline{X}-\mu}{\sigma/\sqrt{n}}$ 中的 $\sigma$ 换成 $S=\sqrt{S^2}$,由第六章第三节抽样分布定理 1 知,样本函数

$$\frac{\overline{X}-\mu}{S/\sqrt{n}}\sim t(n-1),$$

并且 $t(n-1)$ 分布不依赖于任何未知参数.

参见 $t$ 分布概率密度的对称性（见图 7-2）,我们取

$$P\left\{-t_{\alpha/2}(n-1)<\frac{\overline{X}-\mu}{S/\sqrt{n}}<t_{\alpha/2}(n-1)\right\}=1-\alpha,$$

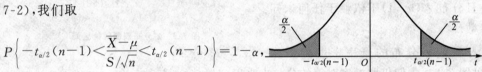

图 7-2　$t$ 分布的双侧置信区间

也就是

$$P\left\{\overline{X}-\frac{S}{\sqrt{n}}t_{\alpha/2}(n-1)<\mu<\overline{X}+\frac{S}{\sqrt{n}}t_{\alpha/2}(n-1)\right\}=1-\alpha.$$

这样,我们得到了总体方差未知时的 $\mu$ 的置信水平为 $1-\alpha$ 的一个置信区间

$$\left(\overline{X}-\frac{S}{\sqrt{n}}t_{\alpha/2}(n-1),\overline{X}+\frac{S}{\sqrt{n}}t_{\alpha/2}(n-1)\right). \tag{4.2}$$

☆**例 7.4.2**　有一大批糖果.现从中随机地取 16 袋,称得重量（单位:g）如下:

506,　508,　499,　503,　504,　510,　497,　512,
514,　505,　493,　496,　506,　502,　509,　496.

设袋装糖果的重量服从正态分布,试求总体均值 $\mu$ 的置信水平为 0.95 的置信区间.

**解**　分析题设,可知正态总体方差未知,用(4.2)式求解.

因 $1-\alpha=0.95,\dfrac{\alpha}{2}=0.025,n-1=15$,查表得到 $t_{0.025}(15)=2.131\,5$.由给出的数据算得

$$\overline{x}=503.75,s=6.202\,2.$$

利用(4.2)式,总体均值 $\mu$ 的置信水平为 0.95 的置信区间为

$$\left(503.75\pm\frac{6.202\,2}{\sqrt{16}}\times2.131\,5\right),$$

即

$$(500.4,507.1).$$

由此可知,上述置信区间的实际意义是:（1）估计袋装糖果重量的均值在 500.4 g 与 507.1 g 之间,这个估计的可信程度为 $1-\alpha=95\%$;（2）若以此区间内任

一值作为 $\mu$ 的近似值,其估计误差不大于

$$\frac{6.202\ 2}{\sqrt{16}} \times 2.131\ 5 \times 2 = 6.61(g),$$

这个误差的可信程度为 95%.

**2. 总体方差 $\sigma^2$ 的置信区间**

根据实际问题的已知条件和需求,在此我们只介绍总体期望 $\mu$ 未知的情况.

因为样本方差 $S^2$ 为总体方差 $\sigma^2$ 的无偏估计,由第六章第三节抽样分布定理 1 知,

$$\frac{(n-1)S^2}{\sigma^2} \sim \chi^2(n-1),$$

并且分布 $\chi^2(n-1)$ 不依赖于任何未知参数.

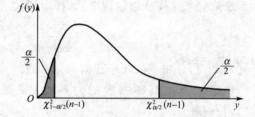

图 7-3　$\chi^2$ 分布双侧置信区间

参见 $\chi^2$ 分布的概率密度的图像 (见图 7-3),我们仍取概率对等的分位点来确定置信区间,就是令

$$P\left\{\chi^2_{1-\alpha/2}(n-1) < \frac{(n-1)S^2}{\sigma^2} < \chi^2_{\alpha/2}(n-1)\right\} = 1-\alpha.$$

变形得到

$$P\left\{\frac{(n-1)S^2}{\chi^2_{\alpha/2}(n-1)} < \sigma^2 < \frac{(n-1)S^2}{\chi^2_{1-\alpha/2}(n-1)}\right\} = 1-\alpha.$$

因此,方差 $\sigma^2$ 的置信水平为 $1-\alpha$ 的一个置信区间为

$$\left(\frac{(n-1)S^2}{\chi^2_{\alpha/2}(n-1)}, \frac{(n-1)S^2}{\chi^2_{1-\alpha/2}(n-1)}\right). \tag{4.3}$$

同时,还得到标准差 $\sigma$ 的置信水平为 $1-\alpha$ 的一个置信区间

$$\left(\frac{\sqrt{n-1}\,S}{\sqrt{\chi^2_{\alpha/2}(n-1)}}, \frac{\sqrt{n-1}\,S}{\sqrt{\chi^2_{1-\alpha/2}(n-1)}}\right). \tag{4.4}$$

**注意**　在概率密度图像不对称时,如 $\chi^2$ 分布和 $F$ 分布,习惯上仍取概率对等的分位点来确定置信区间,但这样确定的置信区间的长度并不一定最短.求最短置信区间的计算过于麻烦,在实际应用时一般不去求解.

**例 7.4.3**　假设某种香烟的尼古丁含量服从正态分布.现随机抽取此种香烟 8 支为一组样本,测得其尼古丁平均含量为 18.6 mg,样本标准差 $s = 2.4$ mg.试求此种香烟尼古丁含量的总体方差的置信水平为 0.99 的置信区间.

**解**　已知 $n=8$,$s^2 = 2.4^2$.由置信水平 0.99 得 $\alpha = 0.01$,查表可得

$$\chi^2_{\alpha/2}(n-1) = \chi^2_{0.005}(7) = 20.278, \chi^2_{1-\alpha/2}(n-1) = \chi^2_{0.995}(7) = 0.989.$$

所以方差 $\sigma^2$ 的置信区间为

$$\left(\frac{(n-1)s^2}{\chi^2_{\alpha/2}(n-1)},\frac{(n-1)s^2}{\chi^2_{1-\alpha/2}(n-1)}\right)=\left(\frac{(8-1)\times2.4^2}{20.278},\frac{(8-1)\times2.4^2}{0.989}\right)=(1.988,40.768).$$

## 二、两个正态总体 $N(\mu_1,\sigma_1^2)$, $N(\mu_2,\sigma_2^2)$ 的情形

在客观现实活动中,我们常常遇到下面的问题:

(1) 技术革新前、后的效果比较分析:已知产品的某一质量指标服从正态分布,但由于原料、设备条件、操作人员不同,以及工艺过程的改变等因素,可能会引起总体均值、总体方差有所改变;

(2) 施行两个方案或两个方法的效果对比:如分析不同的两个教学方法的教学效果的优劣.

因此,我们需要知道这些变化或差异究竟有多大.这就需要考虑两个正态总体均值差或方差比的估计问题.

设已给定置信水平为 $1-\alpha$,并且设 $X_1,X_2,\cdots,X_{n_1}$ 是来自第一个正态总体 $X\sim N(\mu_1,\sigma_1^2)$ 的样本;$Y_1,Y_2,\cdots,Y_{n_2}$ 是来自第二个正态总体 $Y\sim N(\mu_2,\sigma_2^2)$ 的样本,这两个样本相互独立.再设 $\overline{X},\overline{Y}$ 分别为第一、第二个总体的样本均值,$S_1^2,S_2^2$ 分别是第一、第二个总体的样本方差.

### 1. 两个正态总体均值差 $\mu_1-\mu_2$ 的置信区间

(1) **两总体方差 $\sigma_1^2,\sigma_2^2$ 均已知时**

因样本均值 $\overline{X},\overline{Y}$ 分别为总体均值 $\mu_1,\mu_2$ 的无偏估计,故 $\overline{X}-\overline{Y}$ 是 $\mu_1-\mu_2$ 的无偏估计.由 $\overline{X},\overline{Y}$ 的独立性以及第六章第三节抽样分布定理1有

$$\overline{X}\sim N\left(\mu_1,\frac{\sigma_1^2}{n_1}\right),\overline{Y}\sim N\left(\mu_2,\frac{\sigma_2^2}{n_2}\right),$$

所以得

$$\overline{X}-\overline{Y}\sim N\left(\mu_1-\mu_2,\frac{\sigma_1^2}{n_1}+\frac{\sigma_2^2}{n_2}\right).$$

将其标准化,得到

$$\frac{(\overline{X}-\overline{Y})-(\mu_1-\mu_2)}{\sqrt{\frac{\sigma_1^2}{n_1}+\frac{\sigma_2^2}{n_2}}}\sim N(0,1).$$

类同于(4.1)式推导过程,我们即得 $\mu_1-\mu_2$ 的置信水平为 $1-\alpha$ 的一个置信区间

$$\left(\overline{X}-\overline{Y}-z_{\alpha/2}\sqrt{\frac{\sigma_1^2}{n_1}+\frac{\sigma_2^2}{n_2}},\overline{X}-\overline{Y}+z_{\alpha/2}\sqrt{\frac{\sigma_1^2}{n_1}+\frac{\sigma_2^2}{n_2}}\right). \tag{4.5}$$

(2) **两总体方差 $\sigma_1^2=\sigma_2^2=\sigma^2$,但 $\sigma^2$ 未知时**

由第六章第三节抽样分布的定理2知

$$\frac{(\overline{X}-\overline{Y})-(\mu_1-\mu_2)}{S_w\sqrt{\frac{1}{n_1}+\frac{1}{n_2}}}\sim t(n_1+n_2-2),$$

其中 $S_w^2 = \dfrac{(n_1-1)S_1^2 + (n_2-1)S_2^2}{n_1+n_2-2}$，$S_w = \sqrt{S_w^2}$.

类同于(4.2)式推导过程,我们可得 $\mu_1 - \mu_2$ 的置信水平为 $1-\alpha$ 的一个置信区间

$$\left(\overline{X}-\overline{Y}-t_{\alpha/2}(n_1+n_2-2)S_w\sqrt{\frac{1}{n_1}+\frac{1}{n_2}},\ \overline{X}-\overline{Y}+t_{\alpha/2}(n_1+n_2-2)S_w\sqrt{\frac{1}{n_1}+\frac{1}{n_2}}\right).$$

$$(4.6)$$

### 2. 两个正态总体方差比 $\dfrac{\sigma_1^2}{\sigma_2^2}$ 的置信区间

考虑到实际问题的需要,我们在这里还是只讨论总体均值 $\mu_1$, $\mu_2$ 未知时的情况.

由第六章第三节抽样分布定理 2 知

$$\frac{S_1^2/S_2^2}{\sigma_1^2/\sigma_2^2} \sim F(n_1-1,n_2-1),$$

并且分布 $F(n_1-1,n_2-1)$ 不依赖于任何未知参数.

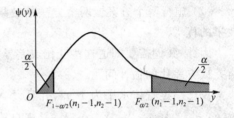

图 7-4　F 分布双侧置信区间

参见 F 分布的概率密度的图像(见图 7-4),我们仍取概率对等的分位点来确定置信区间,就是令

$$P\left\{F_{1-\alpha/2}(n_1-1,n_2-1) < \frac{S_1^2/S_2^2}{\sigma_1^2/\sigma_2^2} < F_{\alpha/2}(n_1-1,n_2-1)\right\} = 1-\alpha.$$

整理,得到

$$P\left\{\frac{S_1^2}{S_2^2}\frac{1}{F_{\alpha/2}(n_1-1,n_2-1)} < \frac{\sigma_1^2}{\sigma_2^2} < \frac{S_1^2}{S_2^2}\frac{1}{F_{1-\alpha/2}(n_1-1,n_2-1)}\right\} = 1-\alpha.$$

这样我们就得到方差比 $\dfrac{\sigma_1^2}{\sigma_2^2}$ 的置信水平为 $1-\alpha$ 的一个置信区间

$$\left(\frac{S_1^2}{S_2^2}\frac{1}{F_{\alpha/2}(n_1-1,n_2-1)},\ \frac{S_1^2}{S_2^2}\frac{1}{F_{1-\alpha/2}(n_1-1,n_2-1)}\right).$$

$$(4.7)$$

☆例 7.4.4　用两种工艺或原料 A 和 B 生产同一种橡胶制品.为比较两种工艺下产品的耐磨性,从两种工艺的产品中各随意抽取了若干件,测得如下数据:

工艺 A:185.82,175.10,217.30,213.86,198.40,

工艺 B:152.10,139.89,121.50,129.96,154.82,165.60.

假设两种工艺下产品的耐磨性 X 和 Y 都服从正态分布:

$$X \sim N(\mu_X,\sigma_X^2),\ Y \sim N(\mu_Y,\sigma_Y^2).$$

(1) 建立 $\dfrac{\sigma_X}{\sigma_Y}$ 的置信水平为 0.95 的置信区间;

(2) 建立 $\mu_X - \mu_Y$ 的置信水平为 0.95 的置信区间;

(3) 问能否认为工艺 A 产品的平均耐磨性明显高于工艺 B 产品?

**解**　经计算,得

$$\overline{x}=198.10, s_x=18.01, \overline{y}=143.98, s_y=16.55, \frac{s_x}{s_y}=1.09.$$

（1）由附录六,分别查出自由度为 4,5 和 5,4 的 $F$ 分布两个上分位数：

$$F_{0.025}(4,5)=7.39, \frac{1}{F_{0.975}(4,5)}=F_{0.025}(5,4)=9.36.$$

根据(4.7)式,得到 $\dfrac{\sigma_X}{\sigma_Y}$ 的置信水平为 0.95 的置信区间

$$\left(\frac{s_x}{s_y}\frac{1}{\sqrt{F_{0.025}(4,5)}}, \frac{s_x}{s_y}\frac{1}{\sqrt{F_{0.975}(4,5)}}\right)=(0.40,3.33).$$

由于所得置信区间 $(0.40,3.34)$ 包含 1,故在显著性水平 0.05 下可以认为 $\dfrac{\sigma_X}{\sigma_Y}=1$,即两个总体标准差相等:$\sigma_X=\sigma_Y$.

（2）根据问题(1)可以认为 $\sigma_X=\sigma_Y$,故可以按(4.6)构造 $\mu_X-\mu_Y$ 的置信水平为 0.95 置信区间.

经计算,得 $\overline{x}-\overline{y}=54.12, s_w=17.21$. 查自由度为 $5+6-2=9$ 的 $t$ 分布的显著性水平 0.05 的上分位点为 $t_{0.025}(9)=2.262.$

将以上各个数据代入(4.6)式,得 $\mu_X-\mu_Y$ 的置信水平为 0.95 置信区间
$$(30.55,77.69).$$

（3）由于 $\mu_X-\mu_Y$ 以概率 0.95 包含在区间 $(30.55,77.69)$ 中,因此以置信水平 0.95可以断定 $\mu_X-\mu_Y>30$,即 $\mu_X$ 明显大于 $\mu_Y$,可以认为工艺 $A$ 产品的平均耐磨性明显高于工艺 $B$ 的产品.

## 三、单侧置信区间

在前面,对于未知参数 $\theta$,我们给出两个统计量 $\underline{\theta},\overline{\theta}$,得到 $\theta$ 的双侧置信区间 $(\underline{\theta},\overline{\theta})$. 但在某些实际问题中,例如,对于设备元件的寿命来说,我们更希望平均寿命长一些,我们关心的是平均寿命 $\theta$ 的下限 $\underline{\theta}$;在考虑化学药品中杂质含量的均值 $\mu$ 时,我们主要关心 $\mu$ 的上限 $\overline{\mu}$. 这就引出了单侧置信区间的概念.

**定义**　设总体 $X$ 的分布函数 $F(x;\theta)$ 中含有未知参数 $\theta$,对于给定的正数 $\alpha(0<\alpha<1)$,若由来自总体 $X$ 的样本 $X_1,X_2,\cdots,X_n$ 确定的统计量
$$\underline{\theta}=\underline{\theta}(X_1,X_2,\cdots,X_n),$$
对于任意的 $\theta\in\Theta$ 满足
$$P\{\theta>\underline{\theta}\}\geqslant 1-\alpha, \tag{4.8}$$
则称随机区间 $(\underline{\theta},+\infty)$ 是 $\theta$ 的置信水平为 $1-\alpha$ 的单侧置信区间,$\underline{\theta}$ 称为 $\theta$ 的置信水平为 $1-\alpha$ 的单侧置信下限.

又若统计量

$$\bar{\theta}=\bar{\theta}(X_1,X_2,\cdots,X_n)$$

**对于任意的 $\theta\in\Theta$ 满足**

$$P\{\theta<\bar{\theta}\}\geqslant1-\alpha, \tag{4.9}$$

**则称随机区间 $(-\infty,\bar{\theta})$ 是 $\theta$ 的置信水平为 $1-\alpha$ 的单侧置信区间,$\bar{\theta}$ 称为 $\theta$ 的置信水平为 $1-\alpha$ 的单侧置信上限.**

对于正态总体 $X$,均值 $\mu$ 和方差 $\sigma^2$ 均为未知,设 $X_1,X_2,\cdots,X_n$ 是来自总体 $X$ 的一组样本.由第六章第三节抽样分布的定理 1 知

$$\frac{\overline{X}-\mu}{S/\sqrt{n}}\sim t(n-1),$$

并参考图 7-5,我们可以令

$$P\left\{\frac{\overline{X}-\mu}{S/\sqrt{n}}<t_\alpha(n-1)\right\}=1-\alpha,$$

整理得到

$$P\left\{\mu>\overline{X}-\frac{S}{\sqrt{n}}t_\alpha(n-1)\right\}=1-\alpha.$$

于是得到 $\mu$ 的置信水平为 $1-\alpha$ 的一个单侧置信区间

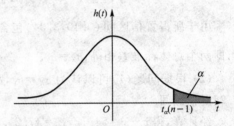

图 7-5 $t$ 分布的单侧置信区间

$$\left(\overline{X}-\frac{S}{\sqrt{n}}t_\alpha(n-1),+\infty\right),$$

并且单侧置信下限为

$$\underline{\mu}=\overline{X}-\frac{S}{\sqrt{n}}t_\alpha(n-1).$$

综合上述分析,对比双侧置信区间(4.2)式,只需将其中的上、下限中的"$\frac{\alpha}{2}$"改成"$\alpha$",就得到相应的单侧置信上、下限了.不难理解,下列定理成立:

**定理 对于正态总体 $X\sim N(\mu,\sigma^2)$,设 $X_1,X_2,\cdots,X_n$ 是来自总体 $X$ 的一组样本,置信水平为 $1-\alpha$.**

(1) **总体方差 $\sigma^2$ 已知时,有**

(i) **均值 $\mu$ 的单侧置信区间**

$$\left(-\infty,\overline{X}+\frac{\sigma}{\sqrt{n}}z_\alpha\right), \tag{4.10}$$

**单侧置信上限为**

$$\bar{\mu}=\overline{X}+\frac{\sigma}{\sqrt{n}}z_\alpha; \tag{4.11}$$

(ii) **均值 $\mu$ 的单侧置信区间**

$$\left(\overline{X}-\frac{\sigma}{\sqrt{n}}z_\alpha,+\infty\right), \tag{4.12}$$

单侧置信下限为

$$\underline{\mu} = \overline{X} - \frac{\sigma}{\sqrt{n}} z_\alpha. \tag{4.13}$$

(2) **总体方差 $\sigma^2$ 未知时, 有**

(i) 均值 $\mu$ 的单侧置信区间

$$\left( -\infty, \overline{X} + \frac{S}{\sqrt{n}} t_\alpha(n-1) \right), \tag{4.14}$$

单侧置信上限为

$$\overline{\mu} = \overline{X} + \frac{S}{\sqrt{n}} t_\alpha(n-1); \tag{4.15}$$

(ii) 均值 $\mu$ 的单侧置信区间

$$\left( \overline{X} - \frac{S}{\sqrt{n}} t_\alpha(n-1), +\infty \right), \tag{4.16}$$

单侧置信下限为

$$\underline{\mu} = \overline{X} - \frac{S}{\sqrt{n}} t_\alpha(n-1). \tag{4.17}$$

(3) **总体均值 $\mu$ 未知时, 有**

(i) 方差 $\sigma^2$ 的单侧置信区间

$$\left( 0, \frac{(n-1)S^2}{\chi^2_{1-\alpha}(n-1)} \right), \tag{4.18}$$

单侧置信上限为

$$\overline{\sigma^2} = \frac{(n-1)S^2}{\chi^2_{1-\alpha}(n-1)}; \tag{4.19}$$

(ii) 方差 $\sigma^2$ 的单侧置信区间

$$\left( \frac{(n-1)S^2}{\chi^2_{\alpha}(n-1)}, +\infty \right), \tag{4.20}$$

单侧置信下限为

$$\underline{\sigma^2} = \frac{(n-1)S^2}{\chi^2_{\alpha}(n-1)}. \tag{4.21}$$

**例 7.4.5** 从一批汽车轮胎中随机抽取 16 只进行磨损试验, 记录其磨坏时所行驶路程(单位: km), 算得样本均值 $\overline{x} = 41\ 116$, 样本标准差 $s = 6\ 346$. 设此样本来自正态总体 $N(\mu, \sigma^2)$, $\mu, \sigma^2$ 均未知. 取置信水平为 0.95, 问该种轮胎平均行驶路程至少是多少千米? 或说平均使用寿命多长?

**解** 依据题意, 是单侧置信区间问题. 这里正态总体方差未知, 故可利用(4.17)式.

已知 $\alpha = 1 - 0.95 = 0.05$, $n = 16$, 查表得, $t_{0.05}(15) = 1.753\ 1$, 将 $\overline{x} = 41\ 116$, $s = 6\ 346$ 代入(4.17)式, 得

$$\mu = \overline{x} - \frac{s}{\sqrt{n}}t_{0.05}(15) = 41\ 116 - \frac{6\ 346}{\sqrt{16}} \times 1.753\ 1 = 38\ 335.$$

所以,正态总体均值 $\mu$ 的置信水平为 0.95 的单侧置信下限为 38 335. 也就是说,该种轮胎平均行驶不少于 38 334 km,或说使用寿命不少于 38 334 km. 可见,并不是 16 只磨损轮胎的寿命均值 $\overline{x} = 41\ 116$ km.

**例 7.4.6** 从一批灯泡中随机地抽取 5 只作寿命试验,测得寿命(单位:h)为

$$1\ 050, \quad 1\ 100, \quad 1\ 120, \quad 1\ 250, \quad 1\ 280.$$

设灯泡寿命服从正态分布. 置信水平取为 0.95,试分析生产该批次灯泡的稳定性. (已知 $\chi^2_{0.95}(4) = 0.711$)

**解** 分析生产该批次灯泡的稳定性,可用灯泡寿命的方差或标准差考量,需要计算总体方差的最大值,就是方差的单侧置信上限.

已知 $\alpha = 0.05, n = 5, \chi^2_{1-\alpha}(n-1) = \chi^2_{0.95}(4) = 0.711$. 由所给数据计算得到 $s^2 = 9\ 950$.

由(4.19)式得到,所求总体方差的单侧置信上限为

$$\overline{\sigma^2} = \frac{(n-1)s^2}{\chi^2_{1-\alpha}(n-1)} = \frac{4 \times 9\ 950}{0.711} = 55\ 980.$$

即得总体标准差的单侧置信上限为 236.6(单位:h).

有关其他情形,参见第 273 页附录二:正态总体均值、方差的置信区间与单侧置信限表.

# 思考题

1. 解读例 7.4.2:如果置信水平降低到 0.90,置信区间的长度变大还是变小? 估计误差变大还是变小? 此时变大或变小的数值是多少? 对于置信水平提高到 0.99 考虑同样的问题.

2. 解读例 7.4.4:置信区间(30.55,77.69)说明了哪些实际意义?

3. 在什么情形下,应该利用单侧置信区间的区间估计方法?

4. 单侧置信区间和双侧置信区间有哪些异同点?

# 习题 7-4

1. 某灯泡厂从当天生产的灯泡中随机抽取 9 只进行寿命测试,取得数据如下 (单位:h):

$$1\ 050, \quad 1\ 100, \quad 1\ 080, \quad 1\ 120, \quad 1\ 250, \quad 1\ 040, \quad 1\ 130, \quad 1\ 300, \quad 1\ 200.$$

设灯泡寿命服从正态分布 $N(\mu,90^2)$. 取置信水平为 0.95,试求当天生产的全部灯泡的平均寿命的置信区间.

2. 设一批零件的长度服从正态分布 $N(\mu,\sigma^2)$,其中 $\mu,\sigma^2$ 均未知. 现从中随机抽取 16 个零件,测得样本均值 $\overline{x}=20$ cm,样本标准差 $s=1$ cm. 求 $\mu$ 的置信水平为 0.90 的置信区间.

3. 为调查某地旅游者的平均消费水平,随机访问了 40 名旅游者,算得平均消费额为 $\overline{x}=105$ 元,样本标准差 $s=28$ 元. 设消费额服从正态分布. 求该地旅游者的平均消费额的置信水平为 0.95 的置信区间.

4. 从某班随机抽取 25 名同学,测量他们的身高,算得平均身高为 170 cm,标准差为 12 cm. 求该班学生的身高标准差 $\sigma$ 的置信水平为 0.95 的置信区间,假设身高服从正态分布.

5. 抽查某种清漆的 9 个样品,其干燥时间(单位:h)分别为

$$6.0,\quad 5.7,\quad 5.8,\quad 6.5,\quad 7.0,\quad 6.3,\quad 5.6,\quad 6.1,\quad 5.0.$$

设干燥时间服从 $N(\mu,\sigma^2)$. 求下列两种情形时的 $\mu$ 的置信水平为 0.95 的置信区间.

(1) 若由以往经验知 $\sigma=0.6$ h;

(2) 若 $\sigma$ 为未知.

6. 在一批机制砖中随机抽测 6 块,测得抗断强度(单位:kg/cm$^2$)为

$$30.00,\quad 32.56,\quad 31.64,\quad 29.66,\quad 31.77,\quad 31.13.$$

若砖的抗断强度 $X\sim N(\mu,\sigma^2)$,$\mu$ 未知. 试求 $X$ 的方差 $\sigma^2$ 的置信水平为 0.95 的置信区间.

7. 某厂利用两条自动化流水线灌装番茄酱,分别从两条流水线上抽取样本:$X_1$,$X_2,\cdots,X_{12}$ 及 $Y_1,Y_2,\cdots,Y_{17}$,算出 $\overline{x}=10.6$ g,$\overline{y}=9.5$ g,$s_1^2=2.4$,$s_2^2=4.7$. 假设这两条流水线上装的番茄酱的重量都服从正态分布,且相互独立,其均值分别为 $\mu_1,\mu_2$,又设两总体方差 $\sigma_1^2=\sigma_2^2$. 求 $\mu_1-\mu_2$ 置信水平为 0.95 的置信区间,并说明该置信区间的实际意义.

8. 为了比较两种 I,II 型号步枪子弹的枪口速度,随机地取 I 型子弹 10 发,得到枪口速度的平均值为 $\overline{x}_1=500$(m/s),标准差 $s_1=1.10$(m/s). 同时随机地取 II 型子弹 20 发,得到枪口速度的平均值为 $\overline{x}_2=496$(m/s),标准差为 $s_2=1.20$(m/s). 假设两总体都可以认为服从正态分布,且由实际的生产过程可以认为总体方差相等. 求两总体均值差 $\mu_1-\mu_2$ 的置信水平为 0.95 的置信区间.

9. 设 $X\sim N(\mu_1,\sigma_1^2)$,$Y\sim N(\mu_2,\sigma_2^2)$ 且独立,分别在 $X,Y$ 中取容量为 $n_1=16$, $n_2=31$ 的样本,得样本方差 $s_1^2=5.15$,$s_2^2=6.18$,求方差比 $\dfrac{\sigma_1^2}{\sigma_2^2}$ 的置信水平为 0.95 的置信区间,并说明该置信区间的实际意义.

10. 设某矿砂的 9 个样品,其含镍量(%)为

　　　　　　5.0,　6.1,　5.6,　6.3,　7.0,　6.5,　5.8,　5.7,　6.0.

设测定值总体服从 $N(\mu, 0.6^2)$,求 $\mu$ 的置信水平为 0.95 的单侧置信上限.

　　11. 在第 10 题中,若 $\sigma^2$ 未知,求 $\mu$ 的置信水平为 0.95 的单侧置信上限.

　　12. 某灯泡厂的一个扣丝工扣好一只灯泡所需时间 $X \sim N(\mu, \sigma^2)$,记录他扣好 5 只灯泡所花费时间(单位:s)如下:

　　　　　　　　10.5,　11.0,　11.2,　12.5,　12.8.

试求均值 $\mu$ 的单侧置信下限,取置信水平 0.95.

　　13. 设样本 $X_1, X_2, \cdots, X_{16}$ 来自总体 $X \sim N(\mu, 4)$,$\mu$ 未知.测得样本均值的观察值 $\bar{x} = 5.643$.求 $\mu$ 的置信水平为 0.9 的单侧置信区间及其单侧置信下限.

# *第五节　大样本非正态总体的参数区间估计

　　如果总体 $X$ 不是服从正态分布,那么我们就难以确定样本函数的分布,求总体中未知参数的置信区间就比较困难.但当样本容量很大时,我们可以根据中心极限定理近似地求出置信区间.

　　设总体 $X$ 的分布函数为 $F(x; \theta)$,其中 $\theta$ 是未知参数.于是总体均值 $E(X) = \mu$,总体方差 $D(X) = \sigma^2$ 都是 $\theta$ 的函数.从总体中抽取样本 $X_1, X_2, \cdots, X_n$.当样本容量 $n$ 充分大时,由第五章第二节独立同分布的中心极限定理(2.4)式,知

$$\frac{\overline{X} - \mu}{\sigma / \sqrt{n}}$$

近似地服从正态分布 $N(0, 1)$.

　　对于给定的置信水平 $1 - \alpha$,可以要求(参见图 7-1)

$$P \left\{ \left| \frac{\overline{X} - \mu}{\sigma / \sqrt{n}} \right| < z_{\alpha/2} \right\} \approx 1 - \alpha. \tag{5.1}$$

若能从不等式

$$\left| \frac{\overline{X} - \mu}{\sigma / \sqrt{n}} \right| < z_{\alpha/2} \tag{5.2}$$

解出等价不等式

$$\underline{\theta} < \theta < \bar{\theta}, \tag{5.3}$$

那么 $(\underline{\theta}, \bar{\theta})$ 就是 $\theta$ 的置信水平为 $1 - \alpha$ 的近似置信区间.

　　下面我们以 0-1 分布总体为例来学习求解不等式(5.3).

　　设有一容量 $n > 50$ 的大样本,它来自服从 0-1 分布的总体 $X$,即总体 $X$ 的分布

律为

$$f(x;p)=p^x(1-p)^{1-x}, x=0,1,$$

其中 $p$ 为未知参数.

已知 0-1 分布的均值和方差分别为

$$\mu=p, \sigma^2=p(1-p).$$

设 $X_1, X_2, \cdots, X_n$ 是来自 $X$ 的一组样本.因样本容量 $n$ 较大,由第五章第二节独立同分布的中心极限定理(2.1)式知

$$\frac{\sum_{i=1}^n X_i - n\mu}{\sqrt{n}\sigma} = \frac{n\overline{X} - np}{\sqrt{np(1-p)}}$$

近似地服从 $N(0,1)$ 分布.于是取(参见图 7-1)

$$P\left\{-z_{\alpha/2} < \frac{n\overline{X} - np}{\sqrt{np(1-p)}} < z_{\alpha/2}\right\} \approx 1-\alpha.$$

而不等式

$$-z_{\alpha/2} < \frac{n\overline{X} - np}{\sqrt{np(1-p)}} < z_{\alpha/2}$$

等价于不等式

$$\left(\frac{n\overline{X} - np}{\sqrt{np(1-p)}}\right)^2 < z_{\alpha/2}^2,$$

也就是等价于不等式

$$(n+z_{\alpha/2}^2)p^2 - (2n\overline{X} + z_{\alpha/2}^2)p + n\overline{X}^2 < 0.$$

解上式关于 $p$ 的二次不等式,并记

$$\underline{p} = \frac{1}{2a}(-b-\sqrt{b^2-4ac}), \overline{p} = \frac{1}{2a}(-b+\sqrt{b^2-4ac}),$$

其中 $$a=n+z_{\alpha/2}^2, b=-(2n\overline{X}+z_{\alpha/2}^2), c=n\overline{X}^2.$$

可见满足要求 $$P\{\underline{p} < p < \overline{p}\} \approx 1-\alpha.$$

于是,我们得到 $p$ 的置信水平为 $1-\alpha$ 的近似置信区间为

$$(\underline{p}, \overline{p}). \tag{5.4}$$

**例 7.5.1** 设在一大批产品的 100 个样品中,得到一级品 60 个,求这批产品的一级品率 $p$ 的置信水平为 0.95 的置信区间.

**解** 一级品率 $p$ 是 0-1 分布的参数,此时 $n=100, \overline{x}=\dfrac{60}{100}=0.6, 1-\alpha=0.95$,

$\dfrac{\alpha}{2}=0.025$,查表得 $z_{\alpha/2}=z_{0.025}=1.96$.

按公式(5.4)求 $p$ 的置信区间,其中

$$a=n+z_{\alpha/2}^2=103.84, b=-(2n\overline{x}+z_{\alpha/2}^2)=-123.84, c=n\overline{x}^2=36.$$

于是

$$\underline{p}=\frac{1}{2a}(-b-\sqrt{b^2-4ac})=0.50, \overline{p}=\frac{1}{2a}(-b+\sqrt{b^2-4ac})=0.69.$$

所以 $p$ 的置信水平为 0.95 的近似置信区间为

$$(0.50, 0.69).$$

# 思考题

1. 实际应用时,样本容量大到多少就可以认为是"大样本"?

# 习题 7-5

1. 工厂为提高产品质量进行了工艺革新. 今从新产品中随机抽取 80 件,经检验有 5 件不合格. 试求新产品的不合格率 $p$ 的置信水平为 0.95 的置信区间.

2. 设有一批花种 200 颗,育苗后,有 40 棵优质花苗. 若只有优质花种才可能育出优质花苗,求这批花种中优质花种所占概率 $p$ 的置信水平为 0.90 的置信区间.

3. 设样本 $X_1, X_2, \cdots, X_n(n \geqslant 50)$ 来自总体 $X \sim E\left(\frac{1}{\theta}\right)$,$\theta$ 为未知参数,求 $\theta$ 的置信水平为 $1-\alpha$ 的置信区间.

4. 设 $X_1, X_2, \cdots, X_{100}$ 为来自总体 $X \sim E\left(\frac{1}{\theta}\right)$ 的样本,$\theta$ 为未知参数. 已知样本均值的观察值 $\overline{x}=0.18$,求 $\theta$ 的置信水平为 0.95 的置信区间.

# 第七章内容小结

## 一、研究问题的思路

首先,发现问题:在实际应用问题中有些总体含有未知参数,我们怎样求出未知参数的估计呢? 我们可以从总体中抽出样本,然后利用样本提供的信息对总体的未知参数做出估计.

随后,我们学习了两种求点估计的方法——矩估计法和最大似然估计法. 不同的估计方法可能得到不同的估计量及其估计值,所以我们给出了估计量的 3 个评判标准——无偏性、有效性和相合性.

最后,我们给出了正态总体的未知参数的区间估计的求法,对大样本的总体未知参数估计给出了分析、计算步骤.

## 二、释疑解惑

**(1) 单个正态总体与两个正态总体**

由于试验条件的人为改变,可能导致试验结果发生了变化.到底选用单个正态总体,还是利用两个正态总体来估计、推断改变的效果呢? 我们可以将改变前、改变后的条件与结果看作一个正态总体指标,估计总体均值、方差是否发生了显著变化;也可以将改变前的条件与结果看作一个正态总体指标,改变后的条件与结果看作另一个正态总体指标,进行这两个正态总体均值、方差的变化比对.

**(2) 单侧置信区间与双侧置信区间**

对于未知参数 $\theta$,我们给出两个统计量 $\underline{\theta}$ 和 $\overline{\theta}$,得到 $\theta$ 的双侧置信区间 $(\underline{\theta},\overline{\theta})$. 但对于设备元件的寿命来说,我们更希望平均寿命长一些,我们关心的是平均寿命 $\theta$ 的下限 $\underline{\theta}$; 在考虑化学药品中杂质含量的均值 $\mu$ 时,我们主要关心 $\mu$ 的上限 $\overline{\mu}$; 考察机器工作的稳定性时,我们应关注标准差不能超过某一数值.到底是选用双侧区间估计,还是单侧区间估计? 首先,依据问题本身选择区间估计;其次,能用单侧置信区间的估计就不用双侧置信区间估计.

## 三、学习与研究方法

**(1) 点估计量与置信区间的唯一性**

它们都不是唯一的.不同的方法求出的未知参数的点估计量可能相同也可能不同,即使同一方法(如矩估计法)采用不同的估计式也可能得出不同的结果.对于同一置信水平,我们采用不同的分位点,可以得到不同的置信区间.不同置信区间的长度不一定相等.一般兼顾区间长度最短和易于计算两个原则.

**(2) 寻优问题**

点估计量不唯一,我们可以借助于无偏性、有效性及相合性来评判;同一置信水平下的置信区间不唯一,我们可以进一步要求区间估计的精确程度,即估计误差,利用区间长度指标来衡量.在结果或答案不唯一的情况下,人们一直在寻求"最优解"或者"满意解".

# 总习题七

## A 组

1. 设总体 $X$ 的概率密度为

$$f(x_i;\theta)=\begin{cases} \theta, & 0<x<1, \\ 1-\theta, & 1\leqslant x\leqslant 2, \\ 0, & \text{其他}, \end{cases}$$

其中 $\theta(0<\theta<1)$ 是未知参数.$X_1,X_2,\cdots,X_n$ 为来自总体 $X$ 的简单随机样本,记 $N$ 为样本值 $x_1,x_2,\cdots,x_n$ 中小于 1 的个数.求:

(1) $\theta$ 的矩估计量;

(2) $\theta$ 的最大似然估计量.

2. 设随机变量 $X$ 的分布函数为

$$F(x;\alpha,\beta)=\begin{cases}1-\left(\dfrac{\alpha}{x}\right)^{\beta}, & x>\alpha,\\ 0, & x\leqslant\alpha,\end{cases}$$

其中参数 $\alpha>0,\beta>1$.设 $X_1,X_2,\cdots,X_n$ 为来自总体 $X$ 的简单随机样本.

(1) 当 $\alpha=1$ 时,求未知参数 $\beta$ 的矩估计量;

(2) 当 $\alpha=1$ 时,求未知参数 $\beta$ 的最大似然估计量;

(3) 当 $\beta=2$ 时,求未知参数 $\alpha$ 的最大似然估计量.

3. 设总体 $X$ 的概率密度为

$$f(x)=\begin{cases}\dfrac{6x}{\theta^3}(\theta-x), & 0<x<\theta,\\ 0, & \text{其他},\end{cases}$$

$X_1,X_2,\cdots,X_n$ 是来自 $X$ 的简单随机样本.求:

(1) $\theta$ 的矩估计量 $\hat{\theta}$;

(2) $\hat{\theta}$ 的方差 $D(\hat{\theta})$.

4. 设总体 $X$ 的概率密度为

$$f(x;\theta)=\begin{cases}\dfrac{1}{2\theta}, & 0<x<\theta,\\ \dfrac{1}{2(1-\theta)}, & \theta\leqslant x<1,\\ 0, & \text{其他},\end{cases}$$

其中参数 $\theta(0<\theta<1)$ 未知,$X_1,X_2,\cdots,X_n$ 是来自总体 $X$ 的简单随机样本,$\overline{X}$ 是样本均值.

(1) 求参数 $\theta$ 的矩估计量 $\hat{\theta}$;

(2) 判断 $4\overline{X}^2$ 是否为 $\theta^2$ 的无偏估计量,并说明理由.

5. 设总体 $X$ 的概率密度为

$$f(x)=\begin{cases}2e^{-2(x-\theta)}, & x>\theta,\\ 0, & x\leqslant\theta,\end{cases}$$

其中 $\theta>0$ 是未知参数.从总体 $X$ 中抽取简单随机样本 $X_1,X_2,\cdots,X_n$.求 $\theta$ 的最大似然估计量.

6. 分别使用金球和铂球测定引力常数(单位:$10^{-11}\mathrm{m}^3\cdot\mathrm{kg}^{-1}\cdot\mathrm{s}^{-2}$).

（1）用金球测定的观察值为

6.683, 6.681, 6.676, 6.678, 6.679, 6.672.

（2）用铂球测定的观察值为

6.661, 6.661, 6.667, 6.667, 6.664.

设测定值总体服从 $N(\mu,\sigma^2)$，$\mu,\sigma^2$ 均未知. 试就上述两种情况分别求 $\mu$ 的置信水平为 0.9 的置信区间，并求 $\sigma^2$ 的置信水平为 0.9 的置信区间.

7. 试验农场在 20 块大小相同、土质一致的试验田上种植花生，其中 10 块施钾肥，其他耕种措施一样，结果产量（单位：公斤/亩）如下：

施钾肥的亩产量 $X$：

62, 52, 58, 65, 60, 63, 58, 57, 60, 60；

未施钾肥的亩产量 $Y$：

55, 56, 56, 57, 59, 58, 57, 55, 57, 60.

假定 $X\sim N(\mu_1,\sigma_1^2)$，$Y\sim N(\mu_2,\sigma_2^2)$ 且 $\sigma_1^2=\sigma_2^2$，$X$ 与 $Y$ 独立. 试求置信水平为 0.95 的总体均值差 $\mu_1-\mu_2$ 的置信区间，并说明该置信区间的实际意义.

8. 某商场为了了解居民对某种商品的需求，调查了 100 户，得出每户月平均需求量为 10 kg，方差为 9. 如果这种商品供应 10 000 户.

（1）取置信水平为 0.99，试对居民对此种商品的平均月需求量进行区间估计；

（2）问要准备最少多少这种商品才能以 99% 的概率满足居民需要？

9. 设总体 $X$ 的概率密度为

$$f(x;\theta)=\begin{cases} \dfrac{3x^2}{\theta^3}, & 0<x<\theta, \\ 0, & \text{其他}. \end{cases}$$

其中 $\theta\in(0,+\infty)$ 为未知参数，$X_1,X_2,X_3$ 为总体 $X$ 的简单随机样本. 令 $T=\max\{X_1,X_2,X_3\}$.

（1）求 $T$ 的概率密度；

（2）确定 $a$，使得 $aT$ 为 $\theta$ 的无偏估计.

10. 某工程师为了解一台天平的精度，用该天平对一物体的质量做 $n$ 次测量，该物体的质量 $\mu$ 是已知的. 设 $n$ 次测量结果 $X_1,X_2,\cdots,X_n$ 相互独立且均服从正态分布 $N(\mu,\sigma^2)$. 该工程师记录的是 $n$ 次测量的绝对误差 $Z_i=|X_i-\mu|(i=1,2,\cdots n)$，利用 $Z_1,Z_2,\cdots,Z_n$ 估计标准差 $\sigma$.

（1）求 $Z_i$ 的概率密度；

（2）利用一阶矩求 $\sigma$ 的矩估计量；

（3）求 $\sigma$ 的最大似然估计量.

11. 设总体 $X$ 的概率密度为

$$f(x;\sigma)=\frac{1}{2}\mathrm{e}^{-\frac{|x|}{\sigma}},\ -\infty<x<+\infty,$$

其中 $\sigma \in (0, +\infty)$ 为未知参数，$X_1, X_2, \cdots, X_n$ 为来自总体 $X$ 的简单随机样本. 记 $\sigma$ 的最大似然估计量为 $\hat{\sigma}$.

(1) 求 $\hat{\sigma}$；

(2) 求 $E(\hat{\sigma})$ 和 $D(\hat{\sigma})$.

## B 组

1. 设 $X \sim U(0, \theta)$，其中 $\theta > 0$ 为未知参数，又 $X_1, X_2, \cdots, X_n$ 为来自总体 $X$ 的样本，则 $\theta$ 的矩估计量是（　　）.

(A) $\overline{X}$.　　　　(B) $2\overline{X}$.　　　　(C) $\max\limits_{1 \leqslant i \leqslant n}\{X_i\}$.　　　　(D) $\min\limits_{1 \leqslant i \leqslant n}\{X_i\}$.

2. 设总体 $X$ 的均值 $\mu$ 与方差 $\sigma^2$ 都存在但未知，而 $X_1, X_2, \cdots, X_n$ 为来自 $X$ 的样本，则无论总体 $X$ 服从什么分布，（　　）是 $\mu$ 和 $\sigma^2$ 的无偏估计量.

(A) $\dfrac{1}{n}\sum\limits_{i=1}^{n} X_i$ 和 $\dfrac{1}{n}\sum\limits_{i=1}^{n}(X_i - \overline{X})^2$.　　　(B) $\dfrac{1}{n-1}\sum\limits_{i=1}^{n} X_i$ 和 $\dfrac{1}{n-1}\sum\limits_{i=1}^{n}(X_i - \overline{X})^2$.

(C) $\dfrac{1}{n}\sum\limits_{i=1}^{n} X_i$ 和 $\dfrac{1}{n-1}\sum\limits_{i=1}^{n}(X_i - \overline{X})^2$.　　(D) $\dfrac{1}{n}\sum\limits_{i=1}^{n} X_i$ 和 $\dfrac{1}{n}\sum\limits_{i=1}^{n}(X_i - \mu)^2$.

3. 总体未知参数 $\theta$ 的置信水平为 0.95 的置信区间的意义是指（　　）.

(A) 区间平均含总体 95% 的值.

(B) 区间平均含样本 95% 的值.

(C) 未知参数 $\theta$ 有 95% 的机会落入此区间.

(D) 区间有 95% 的机会包含参数 $\theta$ 的真值.

4. 对于置信水平 $1 - \alpha (0 < \alpha < 1)$，关于置信区间的可靠程度与精确程度，下列说法不正确的是（　　）.

(A) 若可靠程度越高，则置信区间包含未知参数真值的可能性越大.

(B) 如果 $\alpha$ 越小，则可靠程度越高，精确程度越低.

(C) 如果 $1 - \alpha$ 越小，则可靠程度越高，精确程度越低.

(D) 若精确程度越高，则可靠程度越低，而 $1 - \alpha$ 越小.

# 第八章

假设检验

# 假设检验

第七章介绍了一类重要的统计推断问题——求总体参数的点估计和区间估计的方法,这一章介绍另一类重要的统计推断问题——假设检验.

本章将介绍常用的假设检验方法——$Z$ 检验,$t$ 检验,$\chi^2$ 检验和 $F$ 检验法,研究正态总体的均值和方差的多种假设检验方法及其实际应用问题.与参数估计同样,假设检验也是科学研究与数据分析中的常用的重要方法.

## 第一节 假设检验的基本问题

### 一、假设检验的基本思想

在总体的分布函数完全未知或只知其形式但不知其具体参数的情况下,为了推断总体的某些性质,先对总体的分布类型或总体分布的参数提出某种假设,然后根据样本提供的信息,对所提出的假设做出接受或者拒绝的决策,这一过程就是**假设检验**(hypothesis testing).

假设检验问题分为两类:一类是参数假设检验.这一类问题是总体分布的类型为已知,但有一个或几个参数未知,只要确定了未知参数也就完全可以确定总体的分布.这种总体的分布类型已知,仅对总体分布中的未知参数提出假设的检验问题称为**参数假设检验**.另一类是我们不知道总体分布的具体类型.例如,研究某建筑物承受的载荷时,测量了不少数据,这时想从这些数据来判断载荷是否服从正态分布,要回答的问题是"载荷服从正态分布"或者"载荷不服从正态分布".这种对总体的分布类型提出假设的检验问题,称为**非参数假设检验**,又称为**总体分布假设检验**.

**引例** 某酒厂的瓶酒灌装机在正常工作时,每瓶酒的重量 $X$ 是一个随机变量,它服从正态分布 $N(0.5,0.015^2)$(单位:kg).某日随机地抽取 9 瓶酒,称得重量为
$$0.497,0.506,0.518,0.524,0.498,0.511,0.520,0.515,0.512.$$

问机器此时工作是否正常？

以 $\mu,\sigma$ 分别表示这一天瓶酒重量总体 $X$ 的均值和标准差. 长期实践表明标准差比较稳定,我们就假设 $\sigma=0.015$ 不变化,则 $X\sim N(\mu,0.015^2)$,这里 $\mu$ 未知. 问题归结为,根据样本观察值来判断 $\mu=0.5$ 还是 $\mu\neq0.5$,进而推断机器此时工作是否正常.

为此,首先,我们提出两个相互对立的假设:

$$H_0:\mu=\mu_0=0.5,H_1:\mu\neq\mu_0. \tag{1.1}$$

其中 $\mu=\mu_0=0.5$ 称为**零假设**(**null hypothesis**)或**原假设**,用 $H_0$ 表示. 而 $\mu\neq\mu_0$ 称为**备择假设**(**alternative hypothesis**),用 $H_1$ 表示. 然后,我们给出一个合理的法则:根据这一法则,利用已知样本做出决策是接受假设 $H_0$(即拒绝假设 $H_1$),还是拒绝假设 $H_0$(即接受假设 $H_1$). 如果做出的决策是接受 $H_0$,即认为机器工作现在是正常的,否则,就认为机器工作现在不正常,应该停机进行检查.

## 二、两类错误

因为我们做决策的数据来自一个样本,由于抽样的随机性,因此不可避免地会犯两类错误:

**第一类错误**(**弃真错误**):当 $H_0$ 为真时犯拒绝的错误. 犯第一类错误的概率记为

$$P\{\text{当 } H_0 \text{ 为真时拒绝 } H_0\}.$$

**第二类错误**(**取伪错误**):当 $H_0$ 不真时犯接受 $H_0$ 的错误. 犯第二类错误的概率记为

$$P\{\text{当 } H_0 \text{ 不真时接受 } H_0\}.$$

我们当然希望犯两类错误的概率要尽可能地同时小,最好都是零. 但是,进一步研究讨论可知,当样本容量 $n$ 固定时,若减少犯这类错误的概率,则犯另一类错误的概率往往增大. 若要使犯两类错误的概率都减小,则只有增加样本容量.

在给定样本容量的情况下,一般来说,我们总是控制犯第一类错误的概率,使它不大于 $\alpha$,即令

$$P\{\text{当 } H_0 \text{ 为真时拒绝 } H_0\}\leqslant\alpha.$$

这种只对犯第一类错误的概率加以控制,而不考虑犯第二类错误的概率的检验,称为**显著性检验**(**test of significance**). $\alpha$ 是一个事先指定的很小的概率,通常取 $\alpha=0.1,0.05,0.01$ 等比较小的正数,称为**显著性水平**(**significance level**)或检验水平.

## 三、假设检验的合理法则

**实际推断原理**告诉我们:小概率事件在一次试验中几乎是不可能发生的;如果在一次试验中小概率事件发生了,我们就认为原来的"小概率"假设出现问题. 这就是**假设检验的基本原理**.

我们知道,样本均值 $\overline{X}$ 和总体均值 $\mu_0$(已知)的偏差是 $|\overline{X}-\mu_0|$.二者偏差过大可以表示为 $|\overline{X}-\mu_0|\geqslant a$($a$ 是一个事先选定的一个常数).$|\overline{X}-\mu_0|\geqslant a$ 等价于 $\dfrac{|\overline{X}-\mu_0|}{\sigma/\sqrt{n}}\geqslant\dfrac{a}{\sigma/\sqrt{n}}$,令 $\dfrac{a}{\sigma/\sqrt{n}}=k$.那么正数 $k$ 取多大才认为偏差过大呢?

由于只允许犯第一类错误的概率最大为 $\alpha$,为了确定常数 $k$,即令

$$P\{\text{当}\ H_0\ \text{为真时拒绝}\ H_0\}=P_{\mu=\mu_0}\left\{\left|\frac{\overline{X}-\mu_0}{\sigma/\sqrt{n}}\right|\geqslant k\right\}\leqslant\alpha. \tag{1.2}$$

由于 $H_0$ 为真时,成立

$$Z=\frac{\overline{X}-\mu_0}{\sigma/\sqrt{n}}\sim N(0,1).$$

参考图 8-1,由标准正态分布上 $\alpha$ 分位点的定义得

$$P_{\mu=\mu_0}\left\{\left|\frac{\overline{X}-\mu_0}{\sigma/\sqrt{n}}\right|\geqslant z_{\alpha/2}\right\}=\alpha.$$

所以得

$$k=z_{\alpha/2}.$$

由(1.2)式知道

$$\left\{\frac{|\overline{X}-\mu_0|}{\sigma/\sqrt{n}}\geqslant z_{\alpha/2}\right\}$$

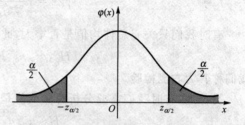

图 8-1　$Z$ 检验法双侧假设检验的拒绝域

是一个小概率事件.由实际推断原理,若小概率事件在一次试验中竟然发生,那么我们有理由怀疑"$H_0$ 为真"的正确性而拒绝原假设 $H_0$,也就是说,此时在 $H_0$ 成立的条件下导出了一个违背实际推断原理的结论,这表明假设 $H_0$ 是不正确的,因此拒绝 $H_0$,否则不得不接受 $H_0$.

**引例求解**　在引例中,取显著性水平 $\alpha=0.05$,则查表得到 $z_{\alpha/2}=z_{0.025}=1.96$.(1.2)式具体化为

$$P\left\{\left|\frac{\overline{X}-\mu_0}{\sigma/\sqrt{n}}\right|\geqslant1.96\right\}\leqslant0.05.$$

也就是 $\left\{\left|\dfrac{\overline{X}-\mu_0}{\sigma/\sqrt{n}}\right|\geqslant1.96\right\}$ 是一个概率为不超过 0.05 的小概率事件.

由题设得 $n=9,\sigma=0.015,\mu_0=0.5$,利用样本值计算得到 $\overline{x}=0.511$.

由于

$$|z|=\left|\frac{\overline{x}-\mu_0}{\sigma/\sqrt{n}}\right|=2.2>1.96=z_{\alpha/2}$$

成立,这说明小概率事件在一次检测(试验)中竟然发生了,从而违背了实际推断原理,因此我们有理由拒绝 $H_0$,即认为这台机器工作现在不正常.

## 四、双侧检验与单侧检验

统计量 $Z = \dfrac{\overline{X} - \mu_0}{\sigma/\sqrt{n}}$ 称为**检验统计量**. 当检验统计量取某个区域 $C$ 中的值时,我们就拒绝原假设,则称区域 $C$ 为**拒绝域**(reject region),拒绝域的边界点称为**临界点**(**critical point**).

形如(1.1)式的备择假设 $H_1 : \mu \neq \mu_0$,称为**双侧备择假设**.

形如(1.1)式的假设 $H_0 : \mu = \mu_0$,$H_1 : \mu \neq \mu_0$ 的检验称为**双侧假设检验**.

由(1.2)式及其推导可知:双侧假设检验的拒绝域为

$$|Z| = \left| \frac{\overline{X} - \mu_0}{\sigma/\sqrt{n}} \right| \geqslant z_{\alpha/2}. \tag{1.3}$$

有时我们只关心总体均值是否增大,此时我们需要假设检验

$$H_0 : \mu \leqslant \mu_0, \quad H_1 : \mu > \mu_0. \tag{1.4}$$

我们称其为**右侧检验**.

类似地,有时我们需要分析总体均值是否减小,需要假设检验

$$H_0 : \mu \geqslant \mu_0, \quad H_1 : \mu < \mu_0. \tag{1.5}$$

这时我们称其为**左侧检验**.

左侧检验和右侧检验统称为**单侧检验**.

下面我们重点分析左侧检验的拒绝域.

设 $X_1, X_2, \cdots, X_n$ 来自总体 $X \sim N(\mu, \sigma^2)$,$\sigma$ 为已知,显著性水平为 $\alpha$,我们来求检验问题 $H_0 : \mu \geqslant \mu_0$,$H_1 : \mu < \mu_0$ 的拒绝域.

若 $H_0$ 为真时,样本均值的观察值 $\bar{x}$ 偏小才能拒绝原假设 $H_0 : \mu \geqslant \mu_0$,因此,拒绝域的形式为

$$\overline{X} \leqslant k (k \text{ 是某一正数}).$$

因为 $H_0$ 为真时成立 $\mu \geqslant \mu_0$,所以有关系

$$\frac{\overline{X} - \mu}{\sigma/\sqrt{n}} \leqslant \frac{\overline{X} - \mu_0}{\sigma/\sqrt{n}}.$$

所以,事件 $\left\{ \dfrac{\overline{X} - \mu_0}{\sigma/\sqrt{n}} \leqslant \dfrac{k - \mu_0}{\sigma/\sqrt{n}} \right\}$ 的发生一定导致事件 $\left\{ \dfrac{\overline{X} - \mu}{\sigma/\sqrt{n}} \leqslant \dfrac{k - \mu_0}{\sigma/\sqrt{n}} \right\}$ 的发生,即

$$\left\{ \frac{\overline{X} - \mu_0}{\sigma/\sqrt{n}} \leqslant \frac{k - \mu_0}{\sigma/\sqrt{n}} \right\} \subset \left\{ \frac{\overline{X} - \mu}{\sigma/\sqrt{n}} \leqslant \frac{k - \mu_0}{\sigma/\sqrt{n}} \right\}.$$

因此利用概率的保序性,有

$$P\{\text{当 } H_0 \text{ 为真时拒绝 } H_0\} = P_{\mu \geqslant \mu_0} \{\overline{X} \leqslant k\}$$

$$= P_{\mu \geqslant \mu_0} \left\{ \frac{\overline{X} - \mu_0}{\sigma/\sqrt{n}} \leqslant \frac{k - \mu_0}{\sigma/\sqrt{n}} \right\}$$

$$\leqslant P_{\mu \geqslant \mu_0}\left\{\frac{\overline{X}-\mu}{\sigma/\sqrt{n}}\leqslant\frac{k-\mu_0}{\sigma/\sqrt{n}}\right\}.$$

所以,我们要使 $P\{$当 $H_0$ 为真时拒绝 $H_0\}\leqslant\alpha$ 成立,只需令上式右端概率

$$P_{\mu \geqslant \mu_0}\left\{\frac{\overline{X}-\mu}{\sigma/\sqrt{n}}\leqslant\frac{k-\mu_0}{\sigma/\sqrt{n}}\right\}\leqslant\alpha. \tag{1.6}$$

又由于 $\dfrac{\overline{X}-\mu}{\sigma/\sqrt{n}}\sim N(0,1)$,参见图 8-2,由标准正态分布的上 $\alpha$ 分位点的定义得

$$P\left\{\frac{\overline{X}-\mu}{\sigma/\sqrt{n}}\leqslant-z_\alpha\right\}=\alpha. \tag{1.7}$$

对比(1.6)式和(1.7)式,我们得到

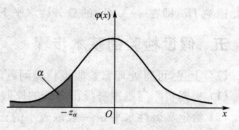

图 8-2 $Z$ 检验法左侧假设检验的拒绝域

$$\frac{k-\mu_0}{\sigma/\sqrt{n}}=-z_\alpha.$$

于是得到 $k=\mu_0-z_\alpha\dfrac{\sigma}{\sqrt{n}}$. 由拒绝 $H_0$ 关系 $\overline{X}\leqslant k$ 中代入 $k=\mu_0-z_\alpha\dfrac{\sigma}{\sqrt{n}}$,得到

$$\frac{\overline{X}-\mu_0}{\sigma/\sqrt{n}}\leqslant-z_\alpha.$$

因此,左侧检验问题 $H_0:\mu\geqslant\mu_0,H_1:\mu<\mu_0$ 的拒绝域(见图 8-2)为

$$Z=\frac{\overline{X}-\mu_0}{\sigma/\sqrt{n}}\leqslant-z_\alpha. \tag{1.8}$$

类似地分析推理,可以求得右侧检验问题 $H_0:\mu\leqslant\mu_0,H_1:\mu>\mu_0$ 的拒绝域(见图8-3)为

$$Z=\frac{\overline{X}-\mu_0}{\sigma/\sqrt{n}}\geqslant z_\alpha. \tag{1.9}$$

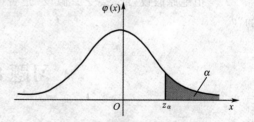

图 8-3 $Z$ 验检法右侧假设检验的拒绝域

**例 8.1.1** 某种产品质量 $X\sim N(42,9)$(单位:g). 更新设备后,从新生产的产品中随机抽取 100 个,测得样本均值 $\overline{x}=42.56$ g. 若方差没有变化,并且取显著性水平 $\alpha=0.05$,问设备更新后产品的平均质量是否较以往有显著提高?

**解** 依据题意,此时应该提出假设

$$H_0:\mu\leqslant\mu_0=42, \quad H_1:\mu>\mu_0.$$

由(1.9)式知拒绝域为

$$Z = \frac{\overline{X} - \mu_0}{\sigma/\sqrt{n}} \geqslant z_a.$$

题设 $\alpha = 0.05$，查表得 $z_a = z_{0.05} = 1.65.$ 计算得

$$\frac{\overline{x} - \mu_0}{\sigma/\sqrt{n}} = \frac{42.56 - 42}{3/\sqrt{100}} = 1.87 > z_{0.05} = 1.65.$$

因此拒绝 $H_0$，即在 $\alpha = 0.05$ 的显著性水平下，可以认为产品平均质量有了显著提高.

## 五、假设检验的基本步骤

综合上述，可得处理参数假设检验问题的步骤如下：

(1) 根据实际问题本身提出合理的原假设和备择假设 $H_1$；

(2) 给定显著性水平 $\alpha$（一般取较小的正数如 0.05，0.01 等）；

(3) 选取合适的检验统计量（它的抽样分布中不含任何未知参数）及确定拒绝域的形式；

(4) 令 $P\{$当 $H_0$ 为真时拒绝 $H_0\} \leqslant \alpha$，求出拒绝域；

(5) 由样本观察值计算检验统计量的值，并做出决策：拒绝 $H_0$ 或接受 $H_0$.

在假设检验中，拒绝域的确定至关重要，而拒绝域的确定与备择假设、检验统计量和显著性水平 $\alpha$ 有关.

# 思考题

1. 举例说明，如何选定原假设和备择假设？

2. "拒绝原假设"或"接受原假设"是否可以说明，我们做出的判断是"完全正确的"？

# 习题 8-1

1. 某种零件的长度服从正态分布，方差 $\sigma^2 = 1.21.$ 随机抽取 6 件，记录其长度（单位：mm）为

32.46,  31.54,  30.10,  29.76,  31.67,  31.23.

问：取显著性水平 $\alpha = 0.01$ 时，能否认为这批零件的平均长度为 32.50 mm？

2. 已知一批零件的长度 $X$（单位：cm）服从正态分布 $N(\mu, 1)$，从中随机地抽取 16 个零件，得到长度的平均值为 40 cm. 求：

(1) 当显著性水平 $\alpha = 0.05$ 时，均值 $\mu$ 的双侧假设检验的拒绝域；

(2) $\mu$ 的置信水平为 0.95 的置信区间；

(3) 比较问题(1)和(2)的结果有什么联系.

3. 在某大学 2014 级男同学中随机抽取 9 名同学的跳远测验成绩,得样本均值 $\overline{x}=4.38$ m.假设跳远成绩 $X$ 服从正态分布,且标准差 $\sigma=0.3$ m.取显著性检验水平 $\alpha=0.10$,问是否可以认为 2014 级男同学的跳远平均成绩为 $\mu=4.40$ m?

# 第二节　正态总体均值的假设检验

我们这里仅介绍总体 $X$ 的分布为正态分布时的几种显著性检验的方法.在正态分布 $N(\mu,\sigma^2)$ 中含有两个未知参数 $\mu$ 和 $\sigma^2$,这里的假设检验问题都是针对这两个未知参数.

## 一、单个正态总体均值的检验

**1. 方差 $\sigma^2$ 已知,关于均值 $\mu$ 的检验($Z$ 检验)**

设总体 $X\sim N(\mu,\sigma^2)$,其中方差 $\sigma^2$ 已知,均值 $\mu$ 未知,$X_1,X_2,\cdots,X_n$ 是来自总体 $X$ 的一组简单随机样本.

(1) **双侧检验**

要检验假设

$$H_0:\mu=\mu_0,H_1:\mu\neq\mu_0.$$

这类双侧假设检验问题,我们在上一节已经详细论证过(见(1.3)式).我们确定出**双侧检验的拒绝域**为

$$|Z|\geqslant z_{\alpha/2}. \qquad (2.1)$$

这种选用检验统计量 $Z=\dfrac{\overline{X}-\mu_0}{\sigma/\sqrt{n}}$ 的检验方法称为 $Z$ **检验法**.

(2) **左侧检验**

要检验假设

$$H_0:\mu\geqslant\mu_0,H_1:\mu<\mu_0.$$

这类检验问题,我们在上一节也已详细论证过(见(1.8)式).确定出**左侧检验的拒绝域**为

$$Z\leqslant-z_{\alpha}. \qquad (2.2)$$

(3) **右侧检验**

要检验假设

$$H_0:\mu\leqslant\mu_0,H_1:\mu>\mu_0.$$

这类检验问题,我们在上一节已经提及过(见(1.9)式).确定出**右侧检验的拒绝域**为

$$Z \geqslant z_a. \tag{2.3}$$

☆**例 8.2.1** 某灯管制造厂生产一种灯管,其寿命(单位:h)$X \sim N(\mu, 200^2)$,从过去经验看 $\mu \leqslant 1\,500$.今采用新工艺进行生产后,从产品中随机抽取 25 只进行测试,得到寿命的平均值为 1 675.取显著性水平 $\alpha = 0.05$.问:

(1) 采用新工艺后,灯管寿命是否有显著变化?

(2) 采用新工艺后,灯管寿命是否有显著提高?

**解** 依据题意知 $\sigma^2 = 200^2$,故利用 $Z$ 检验法.

(1) 要检验假设 $H_0 : \mu = 1\,500$,$H_1 : \mu \neq 1\,500$.

取检验统计量 $Z = \dfrac{\overline{X} - \mu_0}{\sigma / \sqrt{n}}$,拒绝域为 $|Z| \geqslant z_{a/2}$.

查表得临界值 $z_{a/2} = z_{0.025} = 1.96$.根据 $\mu_0 = 1\,500, \sigma_0 = 200, n = 25, \overline{x} = 1\,675$,算出 $z = 4.375$.

由于 $z = 4.375 > 1.96 = z_{0.025}$,故拒绝 $H_0$,即认为采用新工艺后灯管寿命有显著变化.

(2) 要检验假设 $H_0 : \mu \leqslant 1\,500$,$H_1 : \mu > 1\,500$.

此时拒绝域变为 $\qquad\qquad Z \geqslant z_a.$

临界值变为 $\qquad\qquad z_a = z_{0.05} = 1.65.$

检验统计量的观测值仍是 $z = 4.375$.

由于 $z = 4.375 > 1.65 = z_{0.05}$,故拒绝 $H_0$,即认为采用新工艺后灯管寿命有显著提高.

**2. 方差 $\sigma^2$ 未知,关于均值 $\mu$ 的检验($t$ 检验)**

上述关于单个正态总体均值 $\mu$ 的 $Z$ 检验法,要求总体方差已知,但是在实际应用中,总体方差往往并不知道.我们自然想到,用总体方差 $\sigma^2$ 的无偏估计量——样本方差 $S^2$——来代替它,这样就得到 $t$ 检验法.

设 $X_1, X_2, \cdots, X_n$ 为来自总体 $X \sim N(\mu, \sigma^2)$ 的样本,我们来求双侧假设检验

$$H_0 : \mu = \mu_0,\ H_1 : \mu \neq \mu_0.$$

由于 $\sigma^2$ 未知,现在不能用检验统计量 $Z = \dfrac{\overline{X} - \mu_0}{\sigma / \sqrt{n}}$ 来确定拒绝域了.注意到 $S^2$ 是 $\sigma^2$ 的无偏估计,所以我们选用统计量

$$t = \frac{\overline{X} - \mu_0}{S / \sqrt{n}}.$$

由第六章第三节抽样分布的定理 1 知

$$t = \frac{\overline{X} - \mu_0}{S / \sqrt{n}} \sim t(n-1).$$

我们控制犯第一类错误的概率最大为 $\alpha$,因此可要求

$$P\{\text{当 } H_0 \text{ 为真时拒绝 } H_0\}=P\left\{\left|\frac{\overline{X}-\mu}{S/\sqrt{n}}\right|\geqslant k\right\}\leqslant\alpha.$$

再由 $t$ 分布的概率密度曲线的对称特性,参考图 8-4 及 $t$ 分布上 $\alpha$ 分位点的定义,知 $P\{|t|\geqslant t_{\alpha/2}(n-1)\}=\alpha.$ 查表定出临界值 $t_{\alpha/2}(n-1)$,进而确定出拒绝域为

$$|t|=\left|\frac{\overline{X}-\mu_0}{S/\sqrt{n}}\right|\geqslant t_{\alpha/2}(n-1). \tag{2.4}$$

　　上述双侧假设检验的拒绝域见图 8-4.

　　这种选用统计量 $t=\dfrac{\overline{X}-\mu_0}{S/\sqrt{n}}$ 的检验法称为 $t$ 检验法.

　　对于正态总体 $X\sim N(\mu,\sigma^2)$,当 $\sigma^2$ 未知时关于均值的单侧假设检验的拒绝域可以类似求出.

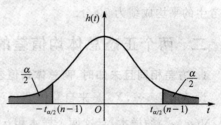

图 8-4　$t$ 检验法双侧假设检验的拒绝域

　　类比本章第一节(1.8)式的推导过程,得到**左侧检验的拒绝域**为

$$t=\frac{\overline{X}-\mu_0}{S/\sqrt{n}}\leqslant -t_\alpha(n-1). \tag{2.5}$$

**右侧检验的拒绝域**为

$$t=\frac{\overline{X}-\mu_0}{S/\sqrt{n}}\geqslant t_\alpha(n-1). \tag{2.6}$$

$t$ 检验法单侧假设检验的拒绝域见图 8-5 和图 8-6.

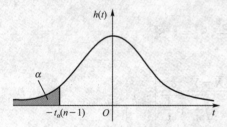

图 8-5　$t$ 检验法左侧假设检验的拒绝域

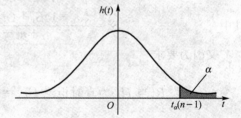

图 8-6　$t$ 检验法右侧假设检验的拒绝域

　　☆**例 8.2.2**　设某次考试的学生成绩服从正态分布,现从中随机地抽取 36 位考生的成绩,算得平均成绩为 66.5 分,标准差为 15 分.问在显著性水平 0.05 下,是否可以认为这次考试全体考生的平均成绩为 70 分? 并给出检验过程.

　　**解**　设该次考试的考生成绩为 $X$,则 $X\sim N(\mu,\sigma^2)$.依据题设,$\sigma^2$ 未知.记样本均值为 $\overline{X}$,样本标准差为 $S$.提出假设

$$H_0:\mu=70,H_1:\mu\neq70.$$

根据(2.4)式,拒绝域为

$$|t| = \left| \frac{\overline{X} - 70}{S/\sqrt{n}} \right| \geqslant t_{a/2}(n-1).$$

由 $n=36, \bar{x}=66.5, s=15, t_{0.025}(35)=2.030\,1$,算得

$$|t| = \left| \frac{66.5 - 70}{15/\sqrt{36}} \right| = 1.4 < 2.030\,1.$$

因此不能拒绝 $H_0: \mu = 70$,即在显著性水平 $\alpha = 0.05$ 下,可以认为参加这次考试的全体考生的平均成绩为 70 分.

## 二、两个正态总体均值差的检验

### 1. 方差相同且未知时,两总体均值差的检验

设 $X_1, X_2, \cdots, X_{n_1}$ 是来自总体 $X \sim N(\mu_1, \sigma^2)$ 的样本,$Y_1, Y_2, \cdots, Y_{n_2}$ 是来自总体 $Y \sim N(\mu_2, \sigma^2)$ 的样本,且这两个样本相互独立,$\mu_1, \mu_2, \sigma^2$ 均未知.

对两个正态总体在方差相同但未知时,关于均值差的假设检验问题的推理分析,类同于上述单个正态总体方差未知时关于均值的假设检验处理,这里只给出基本过程.

考虑双侧假设检验

$$H_0: \mu_1 - \mu_2 = \delta, \quad H_1: \mu_1 - \mu_2 \neq \delta.$$

记这两个样本的样本均值分别为 $\overline{X}, \overline{Y}$,样本方差分别为 $S_1^2, S_2^2$,根据第六章第三节定理 2 的结论(2),选用检验统计量

$$t = \frac{\overline{X} - \overline{Y} - \delta}{S_w \sqrt{\dfrac{1}{n_1} + \dfrac{1}{n_2}}} \sim t(n_1 + n_2 - 2),$$

其中
$$S_w^2 = \frac{(n_1 - 1)S_1^2 + (n_2 - 1)S_2^2}{n_1 + n_2 - 2}, \quad S_w = \sqrt{S_w^2}.$$

又因为要求

$$P\{\text{当 } H_0 \text{ 为真时拒绝 } H_0\} = P\left\{ \left| \frac{\overline{X} - \overline{Y} - \delta}{S_w \sqrt{\dfrac{1}{n_1} + \dfrac{1}{n_2}}} \right| \geqslant k \right\} \leqslant \alpha.$$

于是得到双侧假设检验的拒绝域为

$$|t| = \left| \frac{\overline{X} - \overline{Y} - \delta}{S_w \sqrt{\dfrac{1}{n_1} + \dfrac{1}{n_2}}} \right| \geqslant t_{a/2}(n_1 + n_2 - 2). \tag{2.7}$$

同理,若提出**左侧假设检验**

$$H_0: \mu_1 - \mu_2 \geqslant \delta, \quad H_1: \mu_1 - \mu_2 < \delta,$$

此时可得拒绝域为

$$t \leqslant -t_a(n_1 + n_2 - 2). \tag{2.8}$$

若提出**右侧假设检验**

$$H_0:\mu_1-\mu_2\leqslant\delta,H_1:\mu_1-\mu_2>\delta,$$

此时可得拒绝域为

$$t\geqslant t_\alpha(n_1+n_2-2). \tag{2.9}$$

常用的是 $\delta=0$ 的情形,即推断两个总体均值是否相等的情况.

上述三种情形的假设检验的拒绝域图形可以参考图 8-4,图 8-5,图 8-6,只是自由度有区别,此时自由度为 $n_1+n_2-2$.

**2. 总体方差已知时,总体均值差的检验**

若两个正态总体的方差不相等,则不能用前面叙述的 $t$ 检验法来检验均值差问题.

两个正态总体在方差已知时关于均值差的假设检验问题的推理分析,类同上述单个正态总体在方差已知时关于均值的假设检验处理,这里只给出基本过程.

假设两个正态总体 $X\sim N(\mu_1,\sigma_1^2)$ 与 $Y\sim N(\mu_2,\sigma_2^2)$ 相互独立,分别从总体 $X$ 和总体 $Y$ 中取得样本 $X_1,X_2,\cdots,X_{n_1}$ 和 $Y_1,Y_2,\cdots,Y_{n_2}$,各自的样本均值分别为 $\overline{X},\overline{Y}$,且设两个总体方差 $\sigma_1^2,\sigma_2^2$ 均已知,而总体均值 $\mu_1,\mu_2$ 均未知.

此时选用检验统计量

$$Z=\frac{\overline{X}-\overline{Y}-\delta}{\sqrt{\dfrac{\sigma_1^2}{n_1}+\dfrac{\sigma_2^2}{n_2}}}\sim N(0,1)$$

来进行假设检验.其中 $\delta=\mu_1-\mu_2$.

若提出**双侧假设检验**

$$H_0:\mu_1-\mu_2=\delta,H_1:\mu_1-\mu_2\neq\delta,$$

可得拒绝域为

$$|Z|\geqslant z_{\alpha/2}. \tag{2.10}$$

同理,若提出**左侧假设检验**

$$H_0:\mu_1-\mu_2\geqslant\delta,H_1:\mu_1-\mu_2<\delta,$$

此时可得拒绝域为

$$Z\leqslant -z_\alpha. \tag{2.11}$$

若提出**右侧假设检验**

$$H_0:\mu_1-\mu_2\leqslant\delta,H_1:\mu_1-\mu_2>\delta,$$

此时可得拒绝域为

$$Z\geqslant z_\alpha. \tag{2.12}$$

常用的是 $\delta=0$ 的情形,即推断两个总体均值是否相等的情况.

上述三种情形的假设检验的拒绝域图形可以参考图 8-1,图 8-2,图 8-3.

在实际应用中,如果遇到两个相互独立的容量都较大(均超过 50)的样本,这时不论这两个样本的分布是否为正态分布,依据中心极限定理,都可以用 $Z$ 检验法作

"近似"检验.在总体方差 $\sigma_1^2, \sigma_2^2$ 已知的条件下,选用检验统计量

$$Z = \frac{\overline{X} - \overline{Y} - \delta}{\sqrt{\frac{\sigma_1^2}{n_1} + \frac{\sigma_2^2}{n_2}}} \sim N(0,1) \tag{2.13}$$

来进行假设检验.

# 思考题

1. 解读例 8.2.2:其他条件不变.

(1) 能否认为平均成绩为 72 分?

(2) 若 36 位考生改为 49 位考生,是否还是可以认为平均成绩为 70 分?

2. 举例说明,哪些实际问题需要进行总体均值的假设检验?

# 习题 8-2

1. 填空题:

(1) 设总体 $X \sim N(\mu, \sigma^2)$,$X_1, X_2, \cdots, X_n$ 是来自总体 $X$ 的样本.对于检验假设 $H_0 : \mu = \mu_0 (\mu \geqslant \mu_0$ 或 $\mu \leqslant \mu_0)$,当 $\sigma^2$ 未知时的检验统计量是_____,$H_0$ 为真时该检验统计量服从_____分布;给定显著性水平 $\alpha$,关于 $\mu$ 的双侧检验的拒绝域为_____,左侧检验的拒绝域为_____,右侧检验的拒绝域为_____.

(2) 设总体 $X \sim N(\mu, \sigma^2)$,$X_1, X_2, \cdots, X_n$ 是来自总体 $X$ 的样本,对于检验假设 $H_0 : \mu = \mu_0 (\mu \geqslant \mu_0$ 或 $\mu \leqslant \mu_0)$,当 $\sigma^2$ 已知时的检验统计量是_____,$H_0$ 为真时该检验统计量服从_____分布;给定显著性水平 $\alpha$,关于 $\mu$ 的双侧检验的拒绝域为_____,左侧检验的拒绝域为_____,右侧检验的拒绝域为_____.

2. 已知某高校的理科和文科专业男学生的体重分别服从 $X \sim N(\mu_1, 4.53)$ 与 $Y \sim N(\mu_2, 4.86)$.测得理科专业 384 名男学生的体重为 59.32 kg,测得文科专业 377 名男学生的体重为 58.93 kg.取显著性水平 $\alpha = 0.05$,能否说明这两个专业男学生的体重有显著差异?

3. 普通健康成年人群的心跳次数服从正态分布,平均 72 次/分.对某学校的学生进行体检时,测得某班参加体检的 25 名学生的心跳平均为 74.2 次/分,标准差为 6.2 次/分.取显著性水平 $\alpha = 0.05$,问此 25 名学生每分钟心跳次数与一般成年人有无显著差异?

4. 某批矿砂的 5 个样品中的镍含量,经测定为(%):

3.25, 3.27, 3.24, 3.26, 3.24.

设测定值总体服从正态分布. 问在 $\alpha = 0.01$ 下, 能否接受假设: 这批矿砂的镍含量的均值为 3.25?

5. 统计资料表明, 某市人均月收入服从 $\mu = 2\,150$ 元的正态分布. 对该市从事某种职业的职工调查 30 人, 算得平均人均月收入为 $\overline{x} = 2\,280$ 元, 样本标准差 $s = 476$ 元. 在显著性水平 0.1 下, 试检验该种职业家庭人均月收入是否高于该市人均月收入?

6. 规定某种食品每 100 g 中维生素 C (即 Vc) 的含量不得少于 21 mg. 设 Vc 含量服从正态分布 $N(\mu, \sigma^2)$. 现在从某批食品中随意抽出了 17 个样品, 测得每 100 g 中 Vc 的含量为 (单位: mg):

$$16, 22, 21, 20, 23, 21, 19, 15, 13, 23, 17, 20, 29, 18, 22, 16, 25.$$

问抽样结果是否说明该批食品的 Vc 含量合格 (取 $\alpha = 0.025$)?

7. 从某锌矿的东、西两支矿脉中, 各抽取容量分别为 9 和 8 的样品. 分析后, 计算其样本含锌量 (%) 的平均值与方差分别为:

东支: $\overline{x} = 0.230, s_1^2 = 0.133\,7, n_1 = 9$;

西支: $\overline{y} = 0.269, s_2^2 = 0.173\,6, n_2 = 8$.

假定东、西两支矿脉的含锌量都服从正态分布. 取显著性水平 $\alpha = 0.05$, 问能否认为两支矿脉的含锌量相同?

# 第三节　正态总体方差的假设检验

以上讨论的 $Z$ 检验和 $t$ 检验都是关于正态总体均值的检验. 现在来讨论关于正态总体方差的假设检验. 下面我们分单个正态总体和两个正态总体来分别讨论.

## 一、单个正态总体方差的检验 ($\chi^2$ 检验)

设 $X_1, X_2, \cdots, X_n$ 是来自正态总体 $N(\mu, \sigma^2)$ 的样本, $\mu, \sigma^2$ 均未知. 我们这里讨论真正实用的总体均值 $\mu$ 未知的情形.

要求假设检验

$$H_0 : \sigma^2 = \sigma_0^2, \quad H_1 : \sigma^2 \neq \sigma_0^2.$$

选用检验统计量为

$$\chi^2 = \frac{(n-1)S^2}{\sigma_0^2}.$$

由第六章第三节抽样分布的定理 1 知, 当 $H_0$ 为真时, 有

$$\frac{(n-1)S^2}{\sigma_0^2} \sim \chi^2(n-1).$$

参见图 8-7，得到 $\mu$ 未知时的关于 $\sigma^2$ 的**双侧假设检验的拒绝域**为

$$\chi \leqslant \chi^2_{1-\alpha/2}(n-1)$$

或

$$\chi^2 \geqslant \chi^2_{\alpha/2}(n-1). \quad (3.1)$$

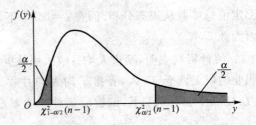

图 8-7　$\mu$ 未知时 $\chi^2$ 检验法双侧假设检验的拒绝域

同样地，我们重点分析右侧假设检验

$$H_0: \sigma^2 \leqslant \sigma_0^2,\ H_1: \sigma^2 > \sigma_0^2.$$

当 $H_0$ 为真时，样本方差的观察值 $s^2$ 偏大才能拒绝 $H_0$，由此拒绝域的形式为

$$S^2 \geqslant k.$$

因为

$$P\{当\ H_0\ 为真时拒绝\ H_0\} = P\{S^2 \geqslant k\}$$

$$= P\left\{\frac{(n-1)S^2}{\sigma_0^2} \geqslant \frac{(n-1)k}{\sigma_0^2}\right\}$$

$$\leqslant P\left\{\frac{(n-1)S^2}{\sigma^2} \geqslant \frac{(n-1)k}{\sigma_0^2}\right\},$$

所以，要使 $P\{当\ H_0\ 为真时拒绝\ H_0\} \leqslant \alpha$，只要使上式右端概率满足

$$P\left\{\frac{(n-1)S^2}{\sigma^2} \geqslant \frac{(n-1)k}{\sigma_0^2}\right\} \leqslant \alpha.$$

又因为 $\chi^2 = \dfrac{(n-1)S^2}{\sigma^2} \sim \chi^2(n-1)$，参考图 8-9，我们得到

$$\frac{(n-1)k}{\sigma_0^2} = \chi^2_\alpha(n-1),$$

则有 $k = \dfrac{\sigma_0^2}{n-1}\chi^2_\alpha(n-1)$，将 $k = \dfrac{\sigma_0^2}{n-1}\chi^2_\alpha(n-1)$ 代入拒绝域 $S^2 \geqslant k$ 中，得到拒绝域为

$$\frac{(n-1)S^2}{\sigma_0^2} \geqslant \chi^2_\alpha(n-1).$$

所以，我们得到**右侧检验的拒绝域**为

$$\chi^2 = \frac{(n-1)S^2}{\sigma_0^2} \geqslant \chi^2_\alpha(n-1). \quad (3.2)$$

类似地，可以得到**左侧假设检验**

$$H_0: \sigma^2 \geqslant \sigma_0^2,\ H_1: \sigma^2 < \sigma_0^2$$

**的拒绝域**为

$$\chi^2 = \frac{(n-1)S^2}{\sigma_0^2} \leqslant \chi^2_{1-\alpha}(n-1). \quad (3.3)$$

上述单侧假设检验的拒绝域分别参见图 8-8 和图 8-9。

上述选用 $\chi^2 = \dfrac{(n-1)S^2}{\sigma_0^2}$ 检验统计量的检验法称为 $\chi^2$ **检验法**.

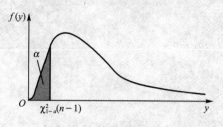

图 8-8　$\mu$ 未知时 $\chi^2$ 检验法左侧
假设检验的拒绝域

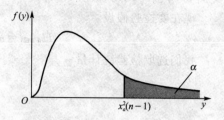

图 8-9　$\mu$ 未知时 $\chi^2$ 检验法右侧
假设检验的拒绝域

☆**例 8.3.1**　在生产条件稳定的情况下,一自动机床所加工零件的尺寸服从正态分布. 标准差是衡量机床加工精度的重要特征,假设设计要求 $\sigma \leqslant 0.5$ mm. 为控制生产过程,定时对产品进行抽验:每次抽验 5 件,测定其尺寸的标准差 $S$. 试制定一种规则,以便根据 $S$ 的值判断机床的精度是否降低了(取显著性水平 $\alpha = 0.05$).

**解**　这里要求为样本标准差确定一个上限 $S_0$:当 $S \leqslant S_0$ 时认为机床加工精度符合设计要求,当 $S > S_0$ 时则认为机床加工精度比设计要求降低了. 临界值 $S_0$ 的确定可以通过构造假设检验的方法解决.

设零件的尺寸 $X \sim N(\mu, \sigma^2)$. 考虑假设

$$H_0: \sigma \leqslant \sigma_0, H_1: \sigma > \sigma_0$$

的检验,其中 $\sigma_0 = 0.5$ mm. 检验基于来自总体 $X$ 的容量为 $n = 5$ 的简单随机样本,检验统计量

$$\chi^2 = \frac{(n-1)S^2}{\sigma_0^2} = \frac{4S^2}{0.5^2}$$

服从自由度为 $n - 1 = 4$ 的 $\chi^2$ 分布.

对于 $\alpha = 0.05$ 和自由度 4,查表得到 $\chi^2_{0.05}(4) = 9.488$. 从而得假设 $H_0: \sigma \leqslant \sigma_0$ 的显著性水平 $\alpha = 0.05$ 的拒绝域

$$V = \{\chi^2 \geqslant \chi^2_a(n-1)\} = \left\{\frac{4S^2}{0.5^2} \geqslant 9.488\right\} = \{S \geqslant 0.77\}.$$

由此可见,为控制机床的加工精度,需要制定如下规则:定时抽样,每次抽验 5 件,测定其尺寸的标准差 $S$,当样本标准差的观测值 $s \geqslant 0.77$ 时认为机床的精度降低了(此时的显著性水平为 0.05).

## 二、两个正态总体方差比的检验($F$ 检验)

前面介绍两个相互独立的正态总体均值差的 $t$ 检验时,要求两个总体方差应相等. 而要检验这两个方差是否相等,需用下面介绍的 $F$ **检验法**.

假设两个正态总体 $X \sim N(\mu_1, \sigma_1^2)$ 与 $Y \sim N(\mu_2, \sigma_2^2)$ 相互独立,分别从总体 $X$ 和总

体 $Y$ 中取得样本 $X_1,X_2,\cdots,X_{n_1}$ 和 $Y_1,Y_2,\cdots,Y_{n_2}$，它们的样本方差分别为 $S_1^2,S_2^2$，且设 $\mu_1,\sigma_1^2,\mu_2,\sigma_2^2$ 均未知.

现在要检验假设

$$H_0:\sigma_1^2=\sigma_2^2,\quad H_1:\sigma_1^2\neq\sigma_2^2.$$

我们选取检验统计量

$$F=\frac{S_1^2}{S_2^2}.$$

当 $H_0$ 为真时，观察值 $\frac{s_1^2}{s_2^2}$ 出现偏小或偏大才能拒绝 $H_0$，故拒绝域形式为

$$\frac{S_1^2/S_2^2}{\sigma_1^2/\sigma_2^2}=\frac{S_1^2}{S_2^2}\leqslant k_1 \text{ 或 } \frac{S_1^2}{S_2^2}\geqslant k_2.$$

由控制犯第一类错误的概率来确定 $k_1,k_2$ 的值：

$$P\{当\ H_0\ 为真时拒绝\ H_0\}=P\left\{\left(\frac{S_1^2}{S_2^2}\leqslant k_1\right)\cup\left(\frac{S_1^2}{S_2^2}\geqslant k_2\right)\right\}\leqslant\alpha.$$

为了求临界值，使得计算简单、实用，参见图 8-10，我们常取

$$P\left\{\frac{S_1^2/S_2^2}{\sigma_1^2/\sigma_2^2}\leqslant k_1\right\}=\frac{\alpha}{2} \text{ 和 } P\left\{\frac{S_1^2/S_2^2}{\sigma_1^2/\sigma_2^2}\geqslant k_2\right\}=\frac{\alpha}{2}.$$

由第六章第三节抽样分布的定理 2 知

$$\frac{S_1^2/S_2^2}{\sigma_1^2/\sigma_2^2}\sim F(n_1-1,n_2-1),$$

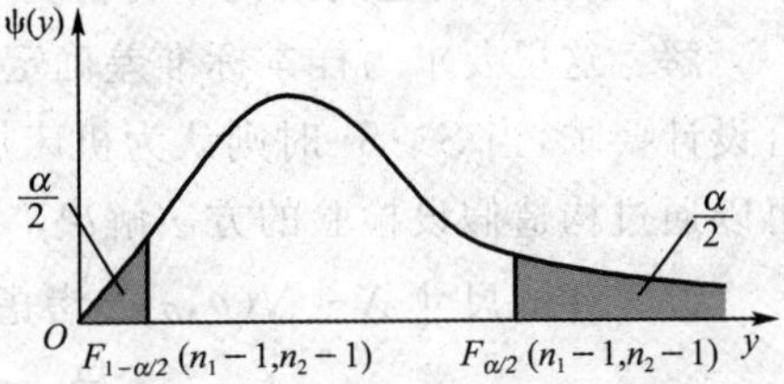

图 8-10　总体均值未知时 $F$ 检验法双侧检验的拒绝域

参见图 8-10，由 $F$ 分布的上 $\alpha$ 分位点的定义可取

$$k_1=F_{1-\alpha/2}(n_1-1,n_2-1),k_2=F_{\alpha/2}(n_1-1,n_2-1),$$

从而确定出**双侧假设检验**的拒绝域为

$$F\leqslant F_{1-\alpha/2}(n_1-1,n_2-1) \text{ 或 } F\geqslant F_{\alpha/2}(n_1-1,n_2-1). \tag{3.4}$$

类似地，可以得到**右侧假设检验**

$$H_0:\sigma_1^2\leqslant\sigma_2^2,H_1:\sigma_1^2>\sigma_2^2$$

**的拒绝域**为

$$F=\frac{S_1^2}{S_2^2}\geqslant F_\alpha(n_1-1,n_2-1). \tag{3.5}$$

同样地，可以得到**左侧假设检验**

$$H_0:\sigma_1^2\geqslant\sigma_2^2,H_1:\sigma_1^2<\sigma_2^2$$

**的拒绝域**为

$$F=\frac{S_1^2}{S_2^2}\leqslant F_{1-\alpha}(n_1-1,n_2-1). \tag{3.6}$$

上述单侧假设检验的拒绝域分别参见图 8-11，图 8-12.

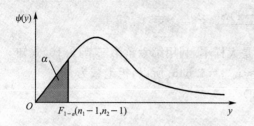

图 8-11　总体均值未知时 F 检
验法左侧检验的拒绝域

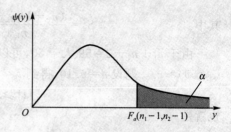

图 8-12　总体均值未知时 F 检
验法右侧检验的拒绝域

上述选用 $F = \dfrac{S_1^2}{S_2^2}$ 检验统计量的检验法称为 **F 检验法**.

☆**例 8.3.2**　某校从 2014 级选定两个班,用两种不同的教学方法学习相同的内容.学习一段时间后,测得 $n_1 = 31$ 人的班级平均成绩 $\overline{x}_1 = 88$ 分,均方差 $s_1 = 15$ 分;测得 $n_2 = 30$ 人的班级平均成绩 $\overline{x}_2 = 82$ 分,均方差 $s_2 = 12$ 分.假设这两个班级的学习成绩均服从正态分布,且相互独立.取显著性水平 $\alpha = 0.1$,问:用这两种不同的教学方法教学,其效果是否出现显著差异(已知 $F_{0.05}(29, 30) = 1.847\,4$)?

**解**　(1)首先进行方差相等的假设检验

提出假设　　　　　　　　　$H_0 : \sigma_1^2 = \sigma_2^2, H_1 : \sigma_1^2 \neq \sigma_2^2.$

当 $H_0$ 为真时,选取检验统计量

$$F = \frac{S_1^2}{S_2^2} \sim F(30, 29).$$

查表得

$$F_{\alpha/2}(30, 29) = F_{0.05}(30, 29) = 1.854\,3,$$

$$F_{1-\alpha/2}(30, 29) = \frac{1}{F_{0.05}(29, 30)} = \frac{1}{1.847\,4} = 0.54.$$

于是,根据(3.4)式,拒绝域为

$$F \geqslant 1.854\,3 \text{ 或 } F \leqslant 0.54.$$

计算 $F$ 值 $F = \dfrac{s_1^2}{s_2^2} = \dfrac{15^2}{12^2} = 1.56.$ 可见 $F$ 值没有落入拒绝域,故只好接受 $H_0$,即可以认为两样本来自方差没有显著差异的正态总体.

(2)检验均值是否有显著差异

由(1)结论可知,两个正态总体的方差可以认为相等,现在应进一步检验假设

$$H_0 : \mu_1 = \mu_2, H_1 : \mu_1 \neq \mu_2.$$

选用检验统计量

$$t = \frac{\overline{X} - \overline{Y}}{S_w \sqrt{\dfrac{1}{n_1} + \dfrac{1}{n_2}}} \sim t(n_1 + n_2 - 2),$$

其中
$$S_w^2 = \frac{(n_1-1)S_1^2 + (n_2-1)S_2^2}{n_1+n_2-2}, S_w = \sqrt{S_w^2}.$$

由于 $n_1+n_2-2=59$ 大于 50,可以认为是大样本. 利用第六章第三节(3.10)式知 $t_{\alpha/2}(59) \approx z_{\alpha/2}$. 题设 $\alpha=0.10$,得到 $t_{0.05}(59) \approx z_{0.05}=1.645$. 所以,拒绝域为
$$|t| \geqslant t_{\alpha/2}(59) \approx z_{\alpha/2},$$

也就是
$$|t| \geqslant 1.645.$$

计算得
$$s_w^2 = \frac{(n_1-1)s_1^2 + (n_2-1)s_2^2}{n_1+n_2-2} = \frac{30 \times 15^2 + 29 \times 12^2}{31+30-2} = 185.2.$$

所以 $t$ 的值为
$$|t| = \frac{\bar{x}-\bar{y}}{s_w \sqrt{\frac{1}{n_1}+\frac{1}{n_2}}} = \frac{88-82}{\sqrt{185.2} \times \sqrt{0.032+0.033}} \approx \frac{6}{3.485} \approx 1.722.$$

因为样本观察值 $|t|=1.722 > 1.645 = z_{0.05}$,因此应拒绝 $H_0$,即认为两种不同的教学方法的教学效果产生了显著差异.

# 思考题

1. 解读例 8.3.2:要推断"教学效果是否出现显著差异",为什么要先进行 $F$ 检验再用 $t$ 检验? 能否直接利用 $t$ 检验?

2. 深入解读例 8.3.2:能否认为"教学效果是否出现了显著提高"?

3. 举例说明,哪些实际问题需要进行方差的假设检验?

# 习题 8-3

1. 填空题:设总体 $X \sim N(\mu, \sigma^2)$,$\sigma^2$ 已知. $X_1, X_2, \cdots, X_n$ 是来自总体 $X$ 的样本,对于检验假设 $H_0: \sigma^2 = \sigma_0^2 (\sigma^2 \geqslant \sigma_0^2$ 或 $\sigma^2 \leqslant \sigma_0^2)$,当 $\mu$ 未知时的检验统计量是_____,$H_0$ 为真时该检验统计量服从_____分布;给定显著性水平 $\alpha$,关于 $\sigma^2$ 的双侧检验的拒绝域为_____,左侧检验的拒绝域为_____,右侧检验的拒绝域为_____.

2. 有容量为 100 的样本,其样本均值的观察值 $\bar{x}=2.7$,而 $\sum\limits_{i=1}^{100}(x_i-\bar{x})^2=225$. 试以显著性水平 $\alpha=0.01$ 检验假设 $H_0: \sigma^2=2.5$.

3. 设某次考试的学生成绩服从正态分布,从中随机抽取 36 位考生的成绩,算得

平均成绩为 66.5 分,标准差为 15 分.

(1) 在显著性水平 $\alpha=0.05$ 下,是否可以认为这次考试全体考生的平均成绩为 70 分?

(2) 在显著性水平 $\alpha=0.05$ 下,是否可以认为这次考试全体考生的成绩的方差为 $16^2$?

4. 某厂生产的仪表的使用寿命 $X$ 服从正态分布,且 $\sigma=1.6$. 改进生产工艺后,从新产品中抽出 9 件,测得 $s^2=1.19$. 取显著性检验水平 $\alpha=0.05$,问用新工艺后仪表的使用寿命的方差是否发生了变化? 或者问仪表寿命稳定性是否发生改变?

5. 某批保险丝的熔断时间 $X$ 服从正态分布,抽出 10 根测得 $s^2=121.8$,取 $\alpha=0.05$,问可否认为这批保险丝的熔断时间的方差不大于 80?

6. 某厂生产的灯泡的使用寿命 $X$ 服从正态分布,且 $\sigma=56$. 改进生产工艺后,从新产品中抽出 10 件,测得 $s^2=48^2$. 问用新工艺后灯泡的使用寿命的方差是否发生了变化(取 $\alpha=0.01$)?

# *第四节　总体分布假设的 $\chi^2$ 拟合优度检验法

前面我们讨论了当总体分布形式已知是正态总体时,对总体中未知参数的假设检验. 而当总体分布类型未知时,则需要根据样本观察值对总体的分布进行推断. 本书只介绍其中最常用的**皮尔逊**[①](Pearson)的 $\chi^2$ **拟合优度检验法**.

## 一、直方图

在数理统计的实际应用中,需要对总体进行随机抽样并作出适当的估计. 前面学习的经验分布函数就是利用样本信息研究总体分布函数的一种常用方法. 另一方面,当取得一组样本值后,一般要先根据样本的取值规律对总体的分布情况作一个几何直观上的粗略的了解,然后再进行下一步的推断分析. 这可以借助于频率**直方图**来进行几何直观上的分析. 我们可以利用这些数据及其所得的直方图对分布函数 $F(x)$ 进行猜测,然后再进行假设检验.

设对总体 $X$ 作 $n$ 次观测,得到 $n$ 个数据 $x_1,x_2,\cdots,x_n$. 作频率直方图分为以下几个步骤:

(1) 找出这 $n$ 个数据中的最小值 $x_1^*$ 和最大值 $x_n^*$,即 $x_1^*=\min\{x_1,x_2,\cdots,x_n\}$,$x_n^*=\max\{x_1,x_2,\cdots,x_n\}$.

(2) 取区间 $(a,b]$,使 $a$ 略小于 $x_1^*$,$b$ 略大于 $x_n^*$,从中插入 $k-1$ 个分点:

---

① 卡尔·皮尔逊(Karl Pearson,1857—1936):英国数学家、哲学家,现代统计学的创始人之一,被尊称为统计学之父. 许多熟悉的统计名词如标准差、成分分析、$\chi^2$ 检验都是由他提出的.

$$a = a_0 < a_1 < \cdots < a_k = b,$$

把区间$(a,b]$分成$k$个子区间：

$$(a_0, a_1], (a_1, a_2], \cdots, (a_{k-1}, a_k].$$

称$\Delta a_i = a_i - a_{i-1}$为第$i$组**组距**，$\dfrac{a_i + a_{i-1}}{2}$为第$i$组**组中值**. 各组组距可以相等，也可以不等. 子区间的个数$k$一般可取 8 至 15 个，太多或太少均不易显示出分布特征. 另外，分点数值应比数据的有效数字多一位.

(3) 计算数据落入各区间的频数$n_i$及频率$f_i = \dfrac{n_i}{n}, i = 1, 2, \cdots, k$.

(4) 在$x$轴截取各子区间，并以各子区间为底，以$\dfrac{f_i}{\Delta a_i}$为高，作出$n$个小矩形. 这时，

$$\Delta s_i = \Delta a_i \cdot \frac{f_i}{\Delta a_i} = f_i, \quad i = 1, 2, \cdots, k.$$

也就是，每个小矩形的面积$\Delta s_i$就等于数据落入第$i$个小区间的频率.

于是有

$$\sum_{i=1}^{k} \Delta s_i = \sum_{i=1}^{k} f_i = \frac{\sum\limits_{i=1}^{k} n_i}{n} = \frac{n}{n} = 1.$$

这样就作成了频率直方图.

当样本容量$n$充分大时，根据伯努利大数定律，随机变量$X$落入子区间$(a_{i-1}, a_i]$内的频率近似地等于其概率，即有

$$f_i \approx P\{a_{i-1} < X \leqslant a_i\}, i = 1, 2, \cdots, k.$$

因此，直观上可以大致看出总体$X$的分布规律.

**例 8.4.1**　一台数控车床连续用刀具加工某种零件，从换上新刀具到损坏为止加工的零件个数称为刀具的寿命. 现记录 100 把刀具的寿命如下：

| | | | | | | | | | |
|---|---|---|---|---|---|---|---|---|---|
| 344 | 352 | 340 | 351 | 353 | 348 | 353 | 354 | 351 | 355 |
| 350 | 345 | 352 | 349 | 355 | 341 | 351 | 355 | 352 | 349 |
| 353 | 348 | 341 | 346 | 349 | 350 | 351 | 348 | 353 | 362 |
| 338 | 355 | 352 | 356 | 350 | 351 | 349 | 357 | 348 | 358 |
| 353 | 346 | 352 | 350 | 352 | 345 | 347 | 354 | 351 | 347 |
| 346 | 343 | 347 | 343 | 357 | 349 | 353 | 345 | 350 | 358 |
| 354 | 344 | 340 | 345 | 359 | 348 | 350 | 346 | 357 |
| 359 | 349 | 355 | 354 | 344 | 353 | 346 | 351 | 354 | 347 |
| 352 | 344 | 347 | 363 | 355 | 342 | 366 | 352 | 350 | 347 |
| 346 | 349 | 350 | 360 | 346 | 358 | 350 | 345 | 349 | 355 |

计算刀具寿命的频率分布并作出直方图.

**解**　这些样本观测值中最小值是 338,最大值是 366,所以我们把数据的分布区间定为 $(336.5, 366.5]$,并把这个区间分成 10 等分,各组组距为 $\Delta x = 3$,得 10 个小区间:

$$(336.5, 339.5], (339.5, 342.5], \cdots, (363.5, 366.5].$$

分别求出各组频数 $n_i$ 及频率 $f_i$,列出表 8-1.

表 8-1　例 8.4.1 数据分布频数与频率

| 组号 | 寿命区间 | 频数 $n_i$ | 频率 $f_i$ |
|---|---|---|---|
| 1 | $(336.5, 339.5]$ | 1 | 0.01 |
| 2 | $(339.5, 342.5]$ | 5 | 0.05 |
| 3 | $(342.5, 345.5]$ | 11 | 0.11 |
| 4 | $(345.5, 348.5]$ | 18 | 0.18 |
| 5 | $(348.5, 351.5]$ | 24 | 0.24 |
| 6 | $(351.5, 354.5]$ | 20 | 0.20 |
| 7 | $(354.5, 357.5]$ | 12 | 0.12 |
| 8 | $(357.5, 360.5]$ | 6 | 0.06 |
| 9 | $(360.5, 363.5]$ | 2 | 0.02 |
| 10 | $(363.5, 366.5]$ | 1 | 0.01 |
| 合计 | | 100 | 1.00 |

绘出直方图如图 8-13 所示.

从图 8-13 中可以看出,直方图呈现"两头低,中间高",而且比较对称,大致可以认为刀具寿命服从某个正态分布,其数学期望大致在 350 附近.在理论上是否可以推断"刀具寿命服从某个正态分布",还需要进行总体分布的假设检验.关于总体分布的假

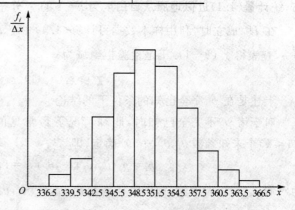

图 8-13　例 8.4.1 数据直方图

设检验见下面分析讨论.

## 二、$\chi^2$ 拟合优度检验法及其拒绝域

设总体 $X$ 的分布函数 $F(x)$ 未知,$X_1,X_2,\cdots,X_n$ 为来自该总体的样本,检验假设:

$$H_0:F(x)=F_0(x),H_1:F(x)\neq F_0(x). \tag{4.1}$$

这里 $F_0(x)$ 是待接受的总体分布函数.

若总体为离散型,则需检验假设:

$$H_0:总体 X 的分布律为 P\{X=x_i\}=p_i,i=1,2,\cdots,p_i 已知. \tag{4.2}$$

若总体为连续型,则待检验假设是

$$H_0:X 的概率密度为 f(x)(f(x)已知). \tag{4.3}$$

至于概率密度 $f(x)$ 或分布律的具体形式,可由以往经验或根据样本的观测值利用直方图来推测.

$\chi^2$ 检验法的**基本思想**是:将随机试验的可能结果的全体分为 $k$ 个互不相容的事件 $A_1,A_2,\cdots,A_k$,在 $H_0$ 成立的条件下计算 $P(A_i)=p_i,i=1,2,\cdots,k$.

在 $n$ 次试验中,事件 $A_i$ 出现的频率 $\dfrac{n_i}{n}$(其中 $\sum\limits_{i=1}^{k}n_i=n$)与 $p_i$ 常有差异,但由伯努利大数定律可知,如果试验次数很多,在 $H_0$ 成立的条件下,$\left|\dfrac{n_i}{n}-p_i\right|=\left|\dfrac{n_i-np_i}{n}\right|$ 的值应该比较小.若该值较大,应拒绝原假设.基于此,皮尔逊选用统计量

$$\chi^2=\sum_{i=1}^{k}\frac{(n_i-np_i)^2}{np_i}, \tag{4.4}$$

并证明了如下定理[18].

**定理**　若 $n$ 充分大(一般要求 $n\geqslant 50$),则当 $H_0$ 成立时,不论总体 $X$ 服从何种分布,统计量(4.4)近似地服从自由度为 $k-1$ 的 $\chi^2$ 分布.

在 $H_0$ 成立时,利用样本数据可计算(4.4)中 $\chi^2$ 的观测值,对于给定的显著性水平 $\alpha$,查表得 $\chi_\alpha^2(k-1)$.于是检验拒绝域为

$$\chi^2\geqslant\chi_\alpha^2(k-1). \tag{4.5}$$

上述是在 $p_i$ 完全已知的条件下的结论.

对于诸 $p_i$ 不完全已知时,此种情况下最常见的情形是诸 $p_i,i=1,\cdots,k$ 可由 $r(r<k)$ 个未知参数 $\theta_1,\theta_2,\cdots,\theta_r$ 确定,即

$$p_i=p_i(\theta_1,\theta_2,\cdots,\theta_r),i=1,\cdots,k.$$

为对假设(4.1)做检验,首先由样本给出 $\theta_1,\theta_2,\cdots,\theta_r$ 的最大似然估计 $\hat{\theta}_1,\hat{\theta}_2,\cdots,\hat{\theta}_r$,然后给出诸 $p_i(i=1,2,\cdots,k)$ 的最大似然估计 $\hat{p}_i=p_i(\hat{\theta}_1,\hat{\theta}_2,\cdots,\hat{\theta}_r)$.费歇耳(Fisher)证明了如下检验统计量

$$\chi^2 = \sum_{i=1}^{k} \frac{(n_i - n\hat{p}_i)^2}{n\hat{p}_i} \tag{4.6}$$

在 $H_0$ 成立时近似服从自由度为 $k-r-1$ 的 $\chi^2$ 分布,于是检验拒绝域为

$$\chi^2 \geqslant \chi_\alpha^2(k-r-1). \tag{4.7}$$

## 三、$\chi^2$ 拟合优度检验法的基本步骤

$\chi^2$ 拟合优度检验法实施步骤是:

(1) 提出原假设 $H_0 : F(x) = F_0(x)$(或 $H_0 : X$ 服从某种分布);

(2) 将实数轴分为 $k$ 个不相交的区间 $(a_0, a_1], (a_1, a_2], \cdots, (a_{k-1}, a_k)$,其中 $a_0$ 可取至 $-\infty$,$a_k$ 可取至 $+\infty$,一般取 $8 \leqslant k \leqslant 15$;

(3) 计算观测值频数 $n_i$,即 $n$ 个样本观测值 $x_1, x_2, \cdots, x_n$ 中落入第 $i$ 个区间 $(a_{i-1}, a_i]$ 中的个数 $n_i (i = 1, 2, \cdots, k)$;

(4) 在 $H_0$ 成立的条件下,计算 $X$ 落入各区间的概率 $p_i = P\{a_{i-1} < X \leqslant a_i\} = F_0(a_i) - F_0(a_{i-1})$,进而得到理论频数 $np_i (i = 1, 2, \cdots, k)$;

(5) 将 $n_i, np_i$ 代入(4.4)式或(4.6)式求出 $\chi^2$ 的值;

(6) 查 $\chi^2$ 分布表得 $\chi_\alpha^2(k-1)$ 或 $\chi_\alpha^2(k-r-1)$;

(7) 作出推断结论:若 $\chi^2 \geqslant \chi_\alpha^2(k-1)$ 或 $\chi^2 \geqslant \chi_\alpha^2(k-r-1)$,则拒绝 $H_0$,否则接受 $H_0$.

应**注意**的是,利用 $\chi^2$ 拟优合度检验法时一般要求 $np_i \geqslant 5 (i = 1, 2, \cdots, k)$,否则应适当地将相邻的区间合并,以满足此要求.

**例 8.4.2** 检验例 8.4.1 中刀具寿命是否服从正态分布? 取显著性水平 $\alpha = 0.05$.

**解** 根据频率直方图的分布形状,我们可以推断总体可能服从正态分布.

以随机变量 $X$ 表示刀具寿命,需要检验原假设

$$H_0 : X \sim N(\mu, \sigma^2).$$

既然待检验正态总体 $N(\mu, \sigma^2)$ 中的两个参数 $\mu$ 与 $\sigma^2$ 都是未知的,那么我们先用最大似然法求其估计值

$$\hat{\mu} = \overline{x}, \quad \hat{\sigma^2} = \frac{1}{n} \sum_{i=1}^{n} (x_i - \overline{x})^2.$$

将例 8.4.1 中的样本观测值代入上述公式,计算得到

$$\hat{\mu} = \overline{x} = 350.38, \quad \hat{\sigma^2} = 5.2^2.$$

因此,现在需要检验假设

$$H_0 : X \sim N(350.38, 5.2^2).$$

将实数轴分为 10 个区间,第一个区间是 $(-\infty, 339.5]$,最后一个区间为 $(363.5, +\infty)$,其他各区间保持不变.

下面计算落入各区间的概率. 由于

$$\hat{p}_i = P\{a_{i-1} < X \leqslant a_i\} = \Phi\left(\frac{a_i - 350.38}{5.2}\right) - \Phi\left(\frac{a_{i-1} - 350.38}{5.2}\right), i = 1, 2, \cdots, 10,$$

所以　$\hat{p}_1 = P\{X \leqslant 339.5\} = \Phi\left(\dfrac{339.5 - 350.38}{5.2}\right) = \Phi(-2.09) = 0.018\ 3,$

$$\hat{p}_2 = P\{339.5 < X \leqslant 342.5\} = \Phi\left(\frac{342.5 - 350.38}{5.2}\right) - \Phi\left(\frac{339.5 - 350.38}{5.2}\right)$$

$$= \Phi(-1.52) - \Phi(-2.09) = 0.046.$$

类似地,计算可得 $\hat{p}_3, \hat{p}_4, \cdots, \hat{p}_{10}$ 的值,结果见表 8-2.

表 8-2　　　　　例 8.4.2 频率,概率与统计量值

| 组号 | 区间 | $n_i$ | $\hat{p}_i$ | $n\hat{p}_i$ | $(n_i - n\hat{p}_i)^2 / n\hat{p}_i$ |
|---|---|---|---|---|---|
| 1 | $(-\infty, 339.5]$ | 1⎫ | 0.018 3 | 1⎫ | 0.028 8 |
| 2 | $(339.5, 342.5]$ | 5⎭ | 0.046 | 5⎭6.43 | |
| 3 | $(342.5, 345.5]$ | 11 | 0.109 3 | 10.93 | 0.000 4 |
| 4 | $(345.5, 348.5]$ | 18 | 0.185 8 | 18.58 | 0.018 1 |
| 5 | $(348.5, 351.5]$ | 24 | 0.227 7 | 22.77 | 0.066 4 |
| 6 | $(351.5, 354.5]$ | 20 | 0.198 1 | 19.81 | 0.001 8 |
| 7 | $(354.5, 357.5]$ | 12 | 0.129 5 | 12.95 | 0.069 7 |
| 8 | $(357.5, 360.5]$ | 6⎫ | 0.059 7 | 5.97⎫ | 0.025 9 |
| 9 | $(360.5, 363.5]$ | 2⎬ | 0.019 7 | 1.97⎬8.53 | |
| 10 | $(363.5, +\infty]$ | 1⎭ | 0.005 9 | 0.59⎭ | |
| 合计 | | 100 | | | 0.211 1 |

合并后区间个数 $k = 7$,这里有两个待估参数,所以 $r = 2$. 对于 $\alpha = 0.05$,查表得

$$\chi_\alpha^2(k - r - 1) = \chi_{0.05}^2(4) = 9.488.$$

因为样本观测值 $\chi^2 = 0.211 < \chi_{0.05}^2(4) = 9.488$,没有落入拒绝域 $\chi^2 \geqslant \chi_{0.05}^2(4)$,所以接受 $H_0$,即认为刀具寿命服从正态分布 $N(350.38, 5.2^2)$.

# 思考题

1. 如何理解总体分布假设的 $\chi^2$ 拟合优度检验法的检验统计量?

2. 为什么要进行总体分布假设检验? 所得结论能否与正态总体均值、方差的假设检验方法结合使用?

# 习题 8-4

1. 从总体 $X$ 中抽取一个容量为 80 的样本,得频数分布如下表所示:

| 区 间 | $\left(0,\dfrac{1}{4}\right]$ | $\left(\dfrac{1}{4},\dfrac{1}{2}\right]$ | $\left(\dfrac{1}{2},\dfrac{3}{4}\right]$ | $\left(\dfrac{3}{4},1\right]$ |
|---|---|---|---|---|
| 频数 | 6 | 18 | 20 | 36 |

试在显著性水平 $\alpha=0.025$ 下检验 $H_0:X$ 的概率密度

$$f(x)=\begin{cases}2x, & 0<x<1,\\ 0, & 其他.\end{cases}$$

2. 考察某地区 110 kV 电网在某天内电压的波动情况,记录了当天的 100 个电压数据(单位:kV),经分组整理后如下表所示:

| 区 间 | 频 数 | 区 间 | 频 数 |
|---|---|---|---|
| $(-\infty,106.55]$ | 6 | $(109.55,110.55]$ | 23 |
| $(106.55,107.55]$ | 8 | $(110.55,111.55]$ | 15 |
| $(107.55,108.55]$ | 13 | $(111.55,112.55]$ | 9 |
| $(108.55,109.55]$ | 21 | $(112.55,+\infty)$ | 5 |

且得样本均值的观察值 $\bar{x}=109.52$,样本标准差的观察值 $s=1.88$. 在显著性水平 $\alpha=0.05$ 下,试问:该电网电压是否服从正态分布?

3. 在一批灯泡中做寿命试验,其结果如下表所示.

| 寿命 $t$ | $[0,100)$ | $[100,200)$ | $[200,300)$ | $[300,+\infty)$ |
|---|---|---|---|---|
| 个 数 | 121 | 78 | 43 | 58 |

在显著性水平 $\alpha=0.05$ 下,检验假设 $H_0$:灯泡寿命服从指数分布

$$f(t)=\begin{cases}0.005\mathrm{e}^{-0.005t}, & t>0,\\ 0, & t\leqslant0.\end{cases}$$

4. 一枚骰子掷了 100 次,得结果如下表所示:

| 点数 | 1 | 2 | 3 | 4 | 5 | 6 |
|---|---|---|---|---|---|---|
| 频数 $f_i$ | 13 | 14 | 20 | 17 | 15 | 21 |

在显著性水平 $\alpha=0.05$ 下,检验这枚骰子是否均匀.

# 第八章内容小结

## 一、研究问题的思路

（1）当正态总体分布中含未知参数时，我们可以先对未知参数提出某种假设，最后对假设做出检验和判断.

（2）结合具体实例来学习假设检验中的基本概念和基础理论，明确我们在做判断时常犯的两类错误.通过控制犯第一类错误的概率不超过给定的比较小的正数 $\alpha$，我们可以确定出假设检验所用的拒绝域.同时我们还学习了双侧假设检验及单侧假设检验的方法.

（3）总结例题后给出了假设检验的基本步骤：先对总体的分布类型或者未知参数做出某种假设，然后抽取样本，根据检验统计量及显著性水平做出拒绝还是不拒绝原假设的判断.

（4）重点学习了有关正态总体均值和方差的假设检验方法.

*（5）了解了总体分布假设的 $\chi^2$ 拟合优度检验法.

## 二、释疑解惑

**如何理解假设检验所做出的"拒绝原假设 $H_0$"和"接受原假设 $H_0$"的判断？**

拒绝原假设 $H_0$ 是有说服力的，接受原假设 $H_0$ 是缺乏说服力的.假设检验的方法是概率性的反证法.作为反证法就必须要找出矛盾，才能得出"拒绝原假设 $H_0$"的结论，这是有说服力的.如果"找不出矛盾"，这时只能说"目前还找不到拒绝 $H_0$ 的充分理由"，因此只好"不拒绝 $H_0$"或"不得不接受 $H_0$".这并没有肯定 $H_0$ 一定成立.由于样本是随机的，因此拒绝 $H_0$，也不意味着 $H_0$ 是假的；接受 $H_0$ 也不意味着 $H_0$ 是真的，这两个选择方安都存在着错误决策的可能，而不是在推理逻辑上"证明"了该命题的正确性或者不正确性.

由于我们在检验中主要是控制犯第一类错误的概率不至于太大，因而根据小概率原理，拒绝 $H_0$ 的结论是可靠的，而接受 $H_0$ 是不大可靠的，其原因是不知道犯第二类错误的概率有多大，所以我们下结论通常是用"不拒绝 $H_0$"来代替"接受 $H_0$".

特别提示：在实际应用问题中，情况比较复杂.如何选择 $H_0$ 和 $H_1$，只能在实践中积累经验，根据实际情况去确定了.

## 三、学习与研究方法

### 关于假设检验与区间估计的联系与区别

两者提法虽然不同,但解决问题的目的是相同的.

下面我们以方差未知,关于单个正态总体均值的假设检验与区间估计为例来说明.

提出假设:$H_0:\mu=\mu_0$,$H_1:\mu\neq\mu_0$.

在 $H_0$ 为真的条件下,我们选用检验统计量

$$t=\frac{\overline{X}-\mu_0}{S/\sqrt{n}}\sim t(n-1).$$

根据给定的显著性水平 $\alpha$,由 $P\{|t|\geqslant t_{\alpha/2}(n-1)\}=\alpha$,确定出拒绝域为

$$|t|=\left|\frac{\overline{X}-\mu_0}{S/\sqrt{n}}\right|\geqslant t_{\alpha/2}(n-1),$$

所以其接受域为

$$\left(\overline{X}-t_{\alpha/2}(n-1)\frac{S}{\sqrt{n}},\overline{X}+t_{\alpha/2}(n-1)\frac{S}{\sqrt{n}}\right).$$

而均值 $\mu$ 的置信水平为 $1-\alpha$ 的置信区间也是

$$\left(\overline{X}-t_{\alpha/2}(n-1)\frac{S}{\sqrt{n}},\overline{X}+t_{\alpha/2}(n-1)\frac{S}{\sqrt{n}}\right).$$

由此看出:假设检验的接受域与区间估计的置信区间是相同的.

在总体分布已知的情况下,假设检验与区间估计是从不同的角度解决了同一问题.假设检验是判断取值关系式是否成立,区间估计解决的是值的变化范围.前者是定性的,后者是定量的.

# 总习题八

## A 组

1. 下面列出的是某工厂随机选出的 20 只部件的装配时间(单位:min):

9.8,10.4,10.6,9.6,9.7,9.9,10.9,11.1,9.6,10.2,

10.3,9.6,9.9,11.2,10.6,9.8,10.5,10.1,10.5,9.7.

设装配时间的总体服从正态分布 $N(\mu,\sigma^2)$,$\mu$ 和 $\sigma^2$ 均未知.在显著性水平 $\alpha=0.05$ 下,是否可以认为装配时间的均值显著地大于 10?

2. 从某种试验物中取出 24 个样品,测量其发热量,算得平均值 $\overline{x}=11\,958$,样本

标准差 $s=316$. 设发热量服从正态分布. 在显著性水平 $0.05$ 下, 是否可以认为该试验物发热量的期望值为 $12\ 100$?

3. 下面列出某工艺品工厂随机抽出的 20 个矩形工艺品的宽度与长度的比值:

$$0.693, 0.749, 0.654, 0.670, 0.662, 0.672, 0.615, 0.606, 0.690, 0.628,$$
$$0.668, 0.611, 0.606, 0.609, 0.601, 0.553, 0.570, 0.884, 0.576, 0.993.$$

设这一工厂生产的矩形工艺品的宽度与长度的比值总体服从正态分布, 其均值为 $\mu$, 方差为 $\sigma^2$, $\mu$ 和 $\sigma^2$ 均未知. 取显著性水平 $\alpha=0.05$. 试检验假设 $H_0: \sigma^2=0.11^2$, $H_1: \sigma^2 \neq 0.11^2$.

4. 为测定某种溶液中的水分, 由它的 10 个测定值算得样本标准差, 得到观测值 $s=0.037\%$. 设测定值总体服从正态分布, $\sigma^2$ 为总体方差, $\sigma^2$ 未知. 试在 $\alpha=0.05$ 下检验假设 $H_0: \sigma \geqslant 0.04\%$, $H_1: \sigma < 0.04\%$.

*5. 检查产品质量时, 每次抽取 10 个产品来检查, 共取 100 次, 得到每 10 个产品中次品数的分布如下表所示:

| 每次取出的次品数 $x_i$ | 0 | 1 | 2 | 3 | 4 | 5 | 6 | 7 | 8 | 9 | 10 |
|---|---|---|---|---|---|---|---|---|---|---|---|
| 频数 $v_i$ | 35 | 40 | 18 | 5 | 1 | 1 | 0 | 0 | 0 | 0 | 0 |

利用 $\chi^2$ 拟合优度检验法检验生产过程中出现次品的概率是否可以认为是不变的, 即次品数是否服从二项分布, 取显著性水平 $\alpha=0.05$.

## B 组

1. 设总体 $X$ 服从正态分布 $N(\mu, \sigma^2)$, $\sigma^2$ 已知. $X_1, X_2, \cdots, X_n$ 是来自总体 $X$ 的简单随机样本, 据此样本检验假设: $H_0: \mu=\mu_0$, $H_1: \mu \leqslant \mu_0$, 则(　　).

(A) 如果在检验水平 $\alpha=0.05$ 下拒绝 $H_0$, 那么在检验水平 $\alpha=0.01$ 下必拒绝 $H_0$.

(B) 如果在检验水平 $\alpha=0.05$ 下拒绝 $H_0$, 那么在检验水平 $\alpha=0.01$ 下必接受 $H_0$.

(C) 如果在检验水平 $\alpha=0.05$ 下接受 $H_0$, 那么在检验水平 $\alpha=0.01$ 下必拒绝 $H_0$.

(D) 如果在检验水平 $\alpha=0.05$ 下接受 $H_0$, 那么在检验水平 $\alpha=0.01$ 下必接受 $H_0$.

# ＊第九章

回归分析

# 回归分析

回归分析是研究随机变量与可控制的变量之间相互关系的一种统计方法,它在数理统计的实际应用中占有重要的地位,回归分析在数据处理等问题中应用十分普遍. 本章主要内容是一元线性回归分析的基本方法以及可线性化为一元线性回归的基本模型的应用问题.

## 第一节　回归分析的含义

大家知道,人的血压 $Y$ 与年龄 $x$ 有关,这里 $x$ 是一个普通变量,$Y$ 是一个随机变量. $Y$ 与 $x$ 之间的相互关系 $f(x)$ 受随机误差 $\varepsilon$ 的干扰使之不能完全确定,因此,我们可设有关系

$$Y = f(x) + \varepsilon, \tag{1.1}$$

式中 $f(x)$ 称作**回归函数**,$\varepsilon$ 为**随机误差**或**随机干扰**,它是一个与 $x$ 无关的随机变量,根据 $\varepsilon$ 的实际意义和中心极限定理,我们常假定它是均值为 0 的正态变量.

为了得到 $Y$ 与 $x$ 之间的回归函数 $f(x)$,我们通常进行 $n$ 次独立观测,得到 $x$ 与 $Y$ 的 $n$ 对实测数据

$$(x_i, y_i), i = 1, 2, \cdots, n,$$

将观察值 $(x_i, y_i)(i=1,2,\cdots,n)$ 在平面直角坐标系下用点标出,所得的图称为**散点图(scatter diagram)**. 利用这些数据及其所得的散点图对回归函数 $f(x)$ 进行估计和假设检验.

在实际问题中,常遇到的是多个自变量的情形.

例如,在考察某化学反应时,发现反应速度 $Y$ 与催化剂用量 $x_1$,反应温度 $x_2$,所加压力 $x_3$ 等多种因素有关. 这里 $x_1, x_2, \cdots$ 都是可控制的普通变量,$Y$ 是随机变量,$Y$ 与诸 $x_i$ 间的相互关系受随机干扰或随机误差的影响,可假设有关系

$$Y = f(x_1, x_2, \cdots, x_k) + \varepsilon. \tag{1.2}$$

这里 $\varepsilon$ 是随机误差,它是与 $x_1,x_2,\cdots,x_k$ 无关的随机变量,一般设其均值为 0. 这里的多元函数 $f(x_1,x_2,\cdots,x_k)$ 称为**回归函数**. 为了确定具体的回归函数,同样可作 $n$ 次独立观察,基于观测值去寻求 $f(x_1,x_2,\cdots,x_k)$ 的形式.

在以下的讨论中,我们总称自变量 $x_1,x_2,\cdots,x_k$ 为**控制变量**,$Y$ 为**响应变量**. 不难想象,如对回归函数 $f(x_1,x_2,\cdots,x_k)$ 的形式不作任何假设,会使问题过于一般,将难以处理. 所以本章将主要讨论 $Y$ 和控制变量 $x_1,x_2,\cdots,x_k$ 呈现线性相关关系的情形,即假定

$$f(x_1,x_2,\cdots,x_k)=b_0+b_1x_1+\cdots+b_kx_k,$$

并称由它确定的模型(1.1)(当 $k=1$ 时)及(1.2)为**线性回归模型**,否则,称其为**非线性回归模型**. 对于线性回归模型,估计回归函数 $f(x_1,x_2,\cdots,x_k)$ 就转化为估计系数 $b_0,b_i,i=1,2,\cdots,k$.

当线性回归模型只有一个控制变量时,称为**一元线性回归模型**,有多个控制变量时称为**多元线性回归模型**.

# 思考题

1. 回归分析要解决的是哪些变量之间的相互关系? 得到这种关系可以有哪些用途?
2. 回归分析研究的主要问题有哪些?

# 习题 9-1

1. 根据回归函数的类型,我们可以定义哪些回归模型?
2. 为进行回归分析,我们通常先进行 $n$ 次独立观测,得到 $x$ 与 $Y$ 的 $n$ 对实测数据

$$(x_i,y_i),i=1,2,\cdots,n,$$

利用这些数据对回归函数 $f(x)$ 进行估计. 问题是如何选定回归函数 $f(x)$ 的类型呢?

# 第二节　一元线性回归分析

## 一、一元线性回归模型

前面我们曾提到,在一元线性回归中,有两个变量:其中 $x$ 是可观测、可控制的

普通变量,常称它为自变量或控制变量;$Y$ 为随机变量,常称其为响应变量.通过散点图判定 $Y$ 与 $x$ 之间是否存在线性关系,即 $Y$ 与 $x$ 之间是否存在如下关系:

$$Y = a + bx + \varepsilon. \tag{2.1}$$

通常认为 $\varepsilon \sim N(0, \sigma^2)$,且假设 $\sigma^2$ 与 $x$ 无关.将观测数据 $(x_i, y_i)(i=1,2,\cdots,n)$ 代入 (2.1)式,再注意样本为简单随机样本,得:

$$\begin{cases} y_i = a + bx_i + \varepsilon_i, i=1,2,\cdots,n, \\ \varepsilon_1, \varepsilon_2, \cdots, \varepsilon_n \text{ 相互独立且服从同一正态分布 } N(0, \sigma^2). \end{cases} \tag{2.2}$$

称(2.2)式所确定的模型为**一元线性回归模型**,对其进行统计分析称为**一元线性回归分析**.

不难理解,在模型(2.1)中,$E(Y) = a + bx$. 若记 $y = E(Y)$,则我们获得关系式 $y = a + bx$,此等式就是所谓的**一元线性回归方程**,其图像就是**回归直线**,$b$ 为**回归系数**,$a$ 称为**回归常数**,也称其为**回归系数** $a$ 和 $b$.

## 二、最小二乘估计及经验公式

现讨论如何根据观测值 $(x_i, y_i)(i=1,2,\cdots,n)$ 估计模型(2.2)中回归函数 $f(x) = a + bx$ 的回归系数 $a$ 和 $b$.

采用最小二乘法,记平方和

$$Q(a,b) = \sum_{i=1}^{n} (y_i - a - bx_i)^2. \tag{2.3}$$

我们寻找使 $Q(a,b)$ 达到最小的 $a,b$ 作为其估计,即

$$Q(\hat{a}, \hat{b}) = \min Q(a,b).$$

为此,对 $Q(a,b)$ 求偏导,令

$$\begin{cases} \dfrac{\partial Q}{\partial a} = -2 \sum_{i=1}^{n} (y_i - a - bx_i) = 0, \\ \dfrac{\partial Q}{\partial b} = -2 \sum_{i=1}^{n} (y_i - a - bx_i)x_i = 0. \end{cases}$$

化简,得到如下方程组(称为**模型的正规方程组**),

$$\begin{cases} na + \left(\sum_{i=1}^{n} x_i\right)b = \sum_{i=1}^{n} y_i, \\ \left(\sum_{i=1}^{n} x_i\right)a + \left(\sum_{i=1}^{n} x_i^2\right)b = \sum_{i=1}^{n} x_i y_i. \end{cases}$$

解得

$$\begin{cases} \hat{b} = \dfrac{S_{xy}}{S_{xx}}, \\ \hat{a} = \overline{y} - \hat{b}\,\overline{x}. \end{cases} \tag{2.4}$$

其中

$$S_{xx} = \sum_{i=1}^{n} (x_i - \overline{x})^2 = \sum_{i=1}^{n} x_i^2 - \frac{1}{n}\left(\sum_{i=1}^{n} x_i\right)^2,$$

$$S_{yy} = \sum_{i=1}^{n} (y_i - \overline{y})^2 = \sum_{i=1}^{n} y_i^2 - \frac{1}{n}\left(\sum_{i=1}^{n} y_i\right)^2,$$

$$S_{xy} = \sum_{i=1}^{n} (x_i - \overline{x})(y_i - \overline{y}) = \sum_{i=1}^{n} x_i y_i - \frac{1}{n}\left(\sum_{i=1}^{n} x_i\right)\left(\sum_{i=1}^{n} y_i\right).$$

(2.4)式的 $\hat{a}, \hat{b}$ 分别称为 $a, b$ 的**最小二乘估计值**,将其中的 $y$ 改写为随机变量 $Y$,就得到 $a, b$ 的**最小二乘估计量**.

☆**例 9.2.1**　某种合成纤维的强度与其拉伸倍数有关.下表是 24 个纤维样品的强度与相应的拉伸倍数的实测记录.试求这两个变量间的经验公式.

| 编号 | 1 | 2 | 3 | 4 | 5 | 6 | 7 | 8 | 9 | 10 | 11 | 12 |
|---|---|---|---|---|---|---|---|---|---|---|---|---|
| 拉伸倍数 $x$ | 1.9 | 2.0 | 2.1 | 2.5 | 2.7 | 2.7 | 3.5 | 3.5 | 4.0 | 4.0 | 4.5 | 4.6 |
| 强度 $Y$(Mpa) | 1.4 | 1.3 | 1.8 | 2.5 | 2.8 | 2.5 | 3.0 | 2.7 | 4.0 | 3.5 | 4.2 | 3.5 |
| 编号 | 13 | 14 | 15 | 16 | 17 | 18 | 19 | 20 | 21 | 22 | 23 | 24 |
| 拉伸倍数 $x$ | 5.0 | 5.2 | 6.0 | 6.3 | 6.5 | 7.1 | 8.0 | 8.0 | 8.9 | 9.0 | 9.5 | 10.0 |
| 强度 $Y$(Mpa) | 5.5 | 5.0 | 5.5 | 6.4 | 6.0 | 5.3 | 6.5 | 7.0 | 8.5 | 8.0 | 8.1 | 8.1 |

**解**　从本例的散点图看出(见图 9-1),强度 $Y$ 与拉伸倍数 $x$ 之间大致呈现线性关系,因此选用一元线性回归模型是适用 $Y$ 与 $x$ 的关系的.

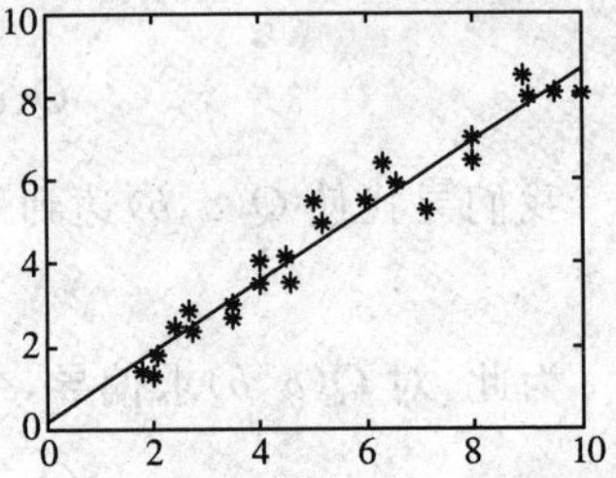

现用公式(2.4)求 $\hat{a}, \hat{b}$,这里 $n=24$,

$$\sum_{i=1}^{24} x_i = 127.5, \quad \sum_{i=1}^{24} y_i = 113.1,$$

图 9-1　例 9.2.1 数据散点图

$$\sum_{i=1}^{24} x_i^2 = 829.61, \quad \sum_{i=1}^{24} y_i^2 = 650.93,$$

$$\sum_{i=1}^{24} x_i y_i = 731.6,$$

$$S_{xx} = 829.61 - \frac{1}{24} \times (127.5)^2 = 152.266,$$

$$S_{xy} = 731.6 - \frac{1}{24} \times 127.5 \times 113.1 = 130.756,$$

$$S_{yy} = 650.93 - \frac{1}{24} \times (113.1)^2 = 117.946,$$

$$\overline{x} = \frac{1}{24} \times 127.5 = 5.313,$$

$$\overline{y} = \frac{1}{24} \times 113.1 = 4.713.$$

所以　　　　　　　$\hat{b} = \dfrac{S_{xy}}{S_{xx}} = 0.859, \quad \hat{a} = \overline{y} - \hat{b}\,\overline{x} = 0.15.$

由此得到强度 $Y$ 与拉伸倍数 $x$ 之间的经验公式为

$$\hat{y} = 0.15 + 0.859x.$$

## 三、线性相关性的检验

前面的讨论都是在假设 $Y$ 与 $x$ 呈现线性关系的前提下进行的. 若这个假设不成立,则我们建立的经验回归直线方程也就完全失去实际意义. 为此必须对 $Y$ 与 $x$ 之间的线性关系作出理论上的检验.

**1. 偏差平方和分解及其实际意义**

已知 $S_{yy} = \sum\limits_{i=1}^{n}(y_i - \overline{y})^2$,将其中的 $y_i$ 改写为 $Y_i$,$\overline{y}$ 改写为 $\overline{Y}$,并记

$$S_{YY} = \sum_{i=1}^{n}(Y_i - \overline{Y})^2,$$

人们称它为**总偏差平方和**,它反映数据 $Y_i$ 的总波动.

简单计算易得 $S_{yy}$ 有如下分解式:

$$S_{yy} = \sum_{i=1}^{n}(y_i - \hat{y_i} + \hat{y_i} - \overline{y})^2 = \sum_{i=1}^{n}(y_i - \hat{y_i})^2 + \sum_{i=1}^{n}(\hat{y_i} - \overline{y})^2,$$

通常记为

$$S_{yy} = Q_e + U. \tag{2.5}$$

其中:

(1) $U = \sum\limits_{i=1}^{n}(\hat{y_i} - \overline{y})^2$ 称为**回归平方和**,它反映了回归方程 $\hat{y} = \hat{a} + \hat{b}x$ 的理论值 $\hat{y_1}, \hat{y_2}, \cdots, \hat{y_n}$ 对平均值 $\overline{y}$ 的离散程度;

(2) $Q_e = \sum\limits_{i=1}^{n}(y_i - \hat{y_i})^2$ 称为**剩余平方和或残差平方和**,它是实际观察值 $y_i$ 与回归值 $\hat{y_i}$ 的**离差平方和**,反映了随机因素对 $Y$ 取值的影响.

**2. 线性相关的 $F$ 检验法**

由上述分析可知,若 $U$ 越大,则 $Q_e$ 就越小,从而 $x$ 与 $Y$ 之间线性关系就越显著;反之,$x$ 与 $Y$ 之间的线性关系越不显著. 因此,考虑回归方程是否有显著意义,自然地可以考察 $L = \dfrac{U}{Q_e}$ 的大小:其比值大,则 $L$ 中 $U$ 占的比重大,回归方程 $\hat{y} = \hat{a} + \hat{b}x$ 有显著意义;否则,回归方程无显著意义.

根据上述分析的思想来构造检验统计量.

注意到 $\overline{y} = \hat{a} - \hat{b}\,\overline{x}$ 及 $\hat{y_i} = \hat{a} - \hat{b}x_i$,$\hat{b} = \dfrac{S_{xy}}{S_{xx}}$,将其代入到 $U = \sum\limits_{i=1}^{n}(\hat{y_i} - \overline{y})^2$ 中,得到

$$U = \sum_{i=1}^{n} (\hat{y_i} - \overline{y})^2 = \sum_{i=1}^{n} [(\hat{a} + \hat{b} x_i) - (\hat{a} + \hat{b}\,\overline{x})]^2 = \hat{b}^2 S_{xx} = \hat{b} S_{xy}.$$

(2.6)

再由(2.5)式得到随机变量关系式

$$Q_e = S_{YY} - U = S_{YY} - \hat{b} S_{xY}.$$ 

(2.7)

理论研究表明[19],检验统计量

$$F = \frac{U}{Q_e/(n-2)} \sim F(1, n-2).$$

(2.8)

因此可选它作为检验假设 $H_0 : b = 0, H_1 : b \neq 0$ 的检验统计量. 当 $H_0$ 为真时由 $U$ 和 $Q_e$ 的实际含义知,$F$ 的值不应太大,所以对选定的显著性水平 $\alpha(0 < \alpha < 1)$,由

$$P\{F \geqslant F_\alpha(1, n-2)\} = \alpha$$

查 $F(1, n-2)$ 分布表,确定临界值 $F_\alpha$,当观测数据代入(2.8)式算出的 $F$ 值满足

$$F \geqslant F_\alpha(1, n-2)$$

时拒绝 $H_0$,也就是认为建立的回归方程有显著意义.

**例 9.2.2** (续例 9.2.1)数据见例 9.2.1,取显著性水平 $\alpha = 0.05$,检验回归方程 $\hat{y} = 0.15 + 0.859x$ 的显著性.

**解** 检验 $H_0 : b = 0, H_1 : b \neq 0$.

选用检验统计量

$$F = \frac{U}{Q_e/(n-2)} \sim F(1, 22).$$

由 $P\{F \geqslant F_\alpha(1, 22)\} = \alpha = 0.05$,查表得 $F_{0.05}(1, 22) = 4.3$.

现计算 $F$ 值,由

$$S_{yy} = 117.95, U = \hat{b}^2 S_{xx} = (0.859)^2 \times 152.266 \approx 112.35, Q_e = S_{yy} - U = 5.661\,4,$$

得

$$F = \frac{112.28}{5.661\,4/22} = 436.34.$$

因为 $F > F_{0.05}(1, 22)$,所以拒绝原假设 $H_0 : b = 0$,即认为所得的经验回归方程有显著意义.

## 四、预测

对于一元线性回归模型

$$\begin{cases} y = a + bx + \varepsilon, \\ \varepsilon \sim N(0, \sigma^2), \end{cases}$$

我们根据观测数据 $(x_i, y_i), i = 1, 2, \cdots, n$,得到经验回归方程 $\hat{y} = \hat{a} + \hat{b} x$. 当控制变量 $x$ 取值 $x_0$ 时,如何估计或预测相应的 $y_0$ 呢?这就是所谓的预测问题.

**1. 点预测**

自然我们想到用经验公式 $\hat{y} = \hat{a} + \hat{b}x$，取 $\hat{y_0} = \hat{a} + \hat{b}x_0$ 来估计实际的
$$y_0 = a + bx_0 + \varepsilon,$$
并称 $\hat{y_0}$ 为 $y_0$ 的**点估计**或**点预测**.

在实际应用中,若响应变量 $Y$ 比较难观测,而控制变量 $x$ 却比较容易观察或测量,那么根据观测资料得到经验公式后,只要确定控制变量 $x$ 就能求得相应变量 $Y$ 的估计和预测值,这是回归分析最重要的应用之一. 例如在例 9.2.1 中,若确定拉伸倍数 $x_0 = 7.5$,则可预测强度
$$\hat{y_0} = 0.15 + 0.859 \times 7.5 = 6.59.$$

**2. 区间预测**

但是,上面这样的点估计用来预测 $Y$ 究竟好不好呢? 它的可信程度和精度如何? 我们希望知道估计的可信程度,于是就有给出一个类似于置信区间的预测区间的想法.

理论研究的结果是[20]: 选取检验统计量
$$t = \frac{Y_0 - \hat{Y}_0}{\hat{\sigma} \sqrt{1 + \dfrac{1}{n} + \dfrac{(x_0 - \overline{x})^2}{S_{xx}}}} \sim t(n-2).$$

其中 $\hat{\sigma}^2 = \dfrac{Q_e}{n-2} = \dfrac{S_{YY} - \hat{b}S_{xY}}{n-2}$ 是总体 $N(0, \sigma^2)$ 的方差 $\sigma^2 = D(\varepsilon)$ 的无偏估计.

对于给定的置信水平 $1-\alpha$,查自由度为 $n-2$ 的 $t$ 分布表可得满足
$$P\{|t| < t_{\alpha/2}\} = 1 - \alpha$$
的临界值 $t_{\alpha/2}$. 利用不等式的恒等变形,可得 $y_0$ 的置信水平为 $1-\alpha$ 的置信区间为
$$\left( \hat{Y}_0 - t_{\alpha/2}\hat{\sigma}\sqrt{1 + \frac{1}{n} + \frac{(x_0-\overline{x})^2}{S_{xx}}}, \quad \hat{Y}_0 + t_{\alpha/2}\hat{\sigma}\sqrt{1 + \frac{1}{n} + \frac{(x_0-\overline{x})^2}{S_{xx}}} \right). \quad (2.9)$$

这就是 $y_0$ 的置信度为 $1-\alpha$ 的**预测区间**,区间的中点 $\hat{y_0} = \hat{a} + \hat{b}x_0$ 随 $x_0$ 而线性变化,区间的长度在 $x_0 = \overline{x}$ 处最短,$x_0$ 越远离 $\overline{x}$,预测区间的长度就越长. 预测区间的上限与下限落在关于经验回归直线对称的两条曲线上,呈现喇叭形状,见图 9-2.

当 $n$ 较大,$S_{xx}$ 充分大时,$1 + \dfrac{1}{n} + \dfrac{(x_0-\overline{x})^2}{S_{xx}} \approx 1$,可得 $y_0$ 的**近似预测区间**
$$(\hat{Y}_0 - t_{\alpha/2}\hat{\sigma}, \hat{Y}_0 + t_{\alpha/2}\hat{\sigma}). \quad (2.10)$$

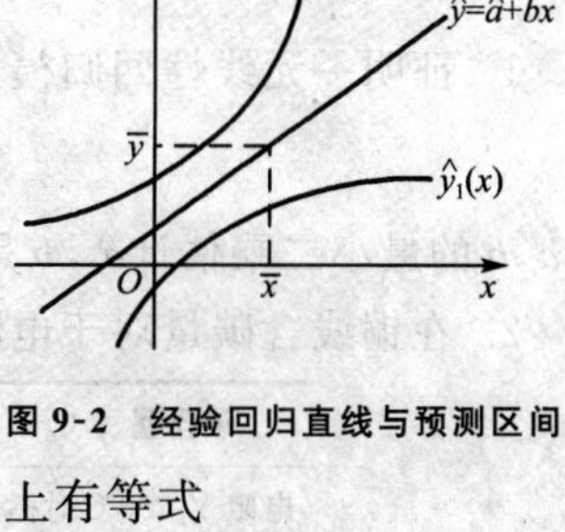

上式说明预测区间的长度,即预测的精度主要由 $\hat{\sigma}$ 确定,因此在预测中,$\hat{\sigma}$ 是一个基本而重要的量,在计算上有等式

图 9-2　经验回归直线与预测区间

$$\hat{\sigma}^2 = \frac{Q_e}{n-2} = \frac{S_{YY} - \hat{b} S_{xY}}{n-2}. \tag{2.11}$$

**例 9.2.3**　（续例 9.2.1)例 9.2.1 得到回归方程 $\hat{y} = 0.15 + 0.859x$. 考虑拉伸倍数 $x_0 = 7.5$ 时,得到预测强度 $\hat{y_0} = 6.59$. 现在取置信水平 $1 - \alpha = 0.95$,再考虑拉伸倍数 $x_0 = 7.5$ 时对应强度的预测区间.

**解**　在例 9.2.1 和例 9.2.2 中,已经求得 $\hat{y} = 0.15 + 0.859x$,$\hat{y_0} = 6.59$,$S_{xx} = 152.266$,$Q_e = 5.6614$,$\overline{x} = 5.313$.

所以
$$\hat{\sigma}^2 = \frac{Q_e}{n-2} = \frac{5.6614}{24-2} = 0.257.$$

查表得到 $t_{0.05/2}(24-2) = t_{0.025}(22) = 2.0739$. 计算得到

$$t_{\alpha/2} \hat{\sigma} \sqrt{1 + \frac{1}{n} + \frac{(x_0 - \overline{x})^2}{S_{xx}}} = 2.0739 \times \sqrt{0.257} \times \sqrt{1 + \frac{1}{24} + \frac{(7.5 - 5.313)^2}{152.266}}$$
$$= 1.0898.$$

所以拉伸倍数 $x_0 = 7.5$ 时,强度的置信水平为 0.95 的预测区间为

$$\left( \hat{y_0} - t_{\alpha/2} \hat{\sigma} \sqrt{1 + \frac{1}{n} + \frac{(x_0 - \overline{x})^2}{S_{xx}}}, \quad \hat{y_0} + t_{\alpha/2} \hat{\sigma} \sqrt{1 + \frac{1}{n} + \frac{(x_0 - \overline{x})^2}{S_{xx}}} \right)$$
$$= (6.59 - 1.0898, 6.59 + 1.0898) = (5.5012, 7.6808).$$

因此,对于拉伸倍数 $x_0 = 7.5$ 时,对应强度 $Y$ 的置信水平为 0.95 的预测区间是 $(5.5012, 7.6808)$.

# 思考题

1. 用线性回归分析方法解决实际问题的基本步骤有哪些?

# 习题 9-2

1. 证明一元线性回归模型的(2.4)式中,$a,b$ 的最小二乘估计量 $\hat{a},\hat{b}$ 满足:
$$E(\hat{a}) = a, E(\hat{b}) = b.$$
即 $a,b$ 的最小二乘估计 $\hat{a},\hat{b}$ 是无偏估计.

2. 在铜线含碳量对于电阻的效应的研究中,得到如下表所示的一批数据.

| 碳含量 $x_i(\%)$ | 0.10 | 0.30 | 0.40 | 0.55 | 0.70 | 0.80 | 0.95 |
|---|---|---|---|---|---|---|---|
| 电阻 $Y_i$(20℃时微欧) | 15 | 18 | 19 | 21 | 22.6 | 23.8 | 26 |

求线性回归方程 $\hat{y} = \hat{a} + \hat{b}x$.

3. 某医院用光电比色计检验尿汞时,得尿汞含量(单位:毫克/升)与消光系数如下表:

| 尿汞含量 $x$ | 2 | 4 | 6 | 8 | 10 |
|---|---|---|---|---|---|
| 消光系数 $Y$ | 64 | 138 | 205 | 285 | 360 |

由检验知道 $Y=a+bx+\varepsilon$,取显著性水平 $\alpha=0.05$,试求回归方程并检验 $b$ 是否显著为 0.

4. 在镁合金 X 光探伤中,要考虑透视电压 $U$ 与透视厚度 $l$ 的关系,作了 5 次实验,得到对应数据如下表所示:

| $l$ | 8 | 16 | 20 | 34 | 54 |
|---|---|---|---|---|---|
| $U$ | 45 | 52.5 | 55 | 62.5 | 70 |

求 $U$ 对 $l$ 的回归直线方程,取显著性水平 $\alpha=0.01$,并检验回归方程的显著性.

5. 设 $x$ 固定时,$Y$ 为正态变量,对 $x,Y$ 有下表所示观察值:

| $x$ | −2.0 | 0.6 | 1.4 | 1.3 | 0.1 | −1.6 | −1.7 | 0.7 | −1.8 | −1.1 |
|---|---|---|---|---|---|---|---|---|---|---|
| $Y$ | −6.1 | −0.5 | 7.2 | 6.9 | −0.2 | −2.1 | −3.9 | 3.8 | −7.5 | −2.1 |

(1) 求 $Y$ 对 $x$ 的线性回归方程;

(2) 检验线性关系的显著性(已知 $F_{0.01}(1,8)=1.26$);

(3) 当 $x=0.5$ 时,求 $Y$ 的置信水平为 0.95 的预测区间.

# 第三节　可线性化为线性回归模型的基本类型

下面简介一些通过变量代换可以化为线性函数的曲线回归模型.

常用的非线性函数表达式及其图像,以及"线性化变换"见表 9-1.

表 9-1　　　　　部分常用的非线性函数图形及线性化代换

| 函数名称 | 函数表达式 | 图像 | 线性化变换 |
|---|---|---|---|
| 双曲线函数 | $\dfrac{1}{y}=a+\dfrac{b}{x}$ | | $u=\dfrac{1}{y}$ $v=\dfrac{1}{x}$ |
| 幂函数 | $y=ax^b$ | | $u=\ln y$ $v=\ln x$ |

（续表）

| 函数名称 | 函数表达式 | 图像 | 线性化变换 |
|---|---|---|---|
| 指数函数 | $y=a\mathrm{e}^{bx}$ | | $u=\ln y$ $v=x$ |
| | $y=a\mathrm{e}^{b/x}$ | | $u=\ln y$ $v=\dfrac{1}{x}$ |
| 对数函数 | $y=a+b\ln x$ | | $u=y$ $v=\ln x$ |
| S 形曲线 | $y=\dfrac{1}{a+c\mathrm{e}^{-x}}$ | | $u=\dfrac{1}{y}$ $v=\mathrm{e}^{-x}$ |

可化为线性函数的曲线回归模型的步骤是：

(1) 利用观测数据$(x_i,y_i),i=1,2,\cdots,n$,作出散点图；

(2) 通过散点图判断和选择曲线回归函数的类型；

(3) 通过变量代换化上述曲线回归函数为线性函数,并对原始观测数据$(x_i,y_i),i=1,2,\cdots,n$,进行对应地变换得到数据$(x_i',y_i'),i=1,2,\cdots,n$;

(4) 利用上述数据$(x_i',y_i'),i=1,2,\cdots,n$,计算线性回归模型的经验公式,进行显著性检验、点预测和区间预测等统计分析；

(5) 将上述线性回归模型的经验公式、点预测和预测区间通过逆变量代换转化为原曲线回归模型的对应结果；

(6) 选用几种不同的曲线进行拟合,比较残差平方和

$$Q_e=\sum_{i=1}^{n}(y_i-\hat{y_i})^2 \ \text{或} \ \hat{\sigma^2}=\frac{Q_e}{n-2},$$

其最小者为更优拟合.

☆**例 9.3.1**　炼钢过程中用来盛钢水的钢包,由于受钢水的浸蚀作用,容积会不断扩大.下表给出了使用次数和容积增大量的 15 对试验数据：

| 使用次数($x_i$) | 增大容积($y_i$) | 使用次数($x_i$) | 增大容积($y_i$) |
|---|---|---|---|
| 2 | 6.42 | 10 | 10.49 |
| 3 | 8.20 | 11 | 10.59 |
| 4 | 9.58 | 12 | 10.60 |
| 5 | 9.50 | 13 | 10.80 |
| 6 | 9.70 | 14 | 10.60 |
| 7 | 10.00 | 15 | 10.90 |
| 8 | 9.93 | 16 | 10.76 |
| 9 | 9.99 | | |

试求钢包容积 $Y$ 关于使用次数 $x$ 的经验公式.

**解**　首先要知道 $Y$ 关于 $x$ 的回归函数是什么类型,我们先作散点图.参见图 9-3,从散点图上看到,开始浸蚀速度较快,然后逐渐减缓,变化趋势呈双曲线状(参见表 9-1 双曲线函数).

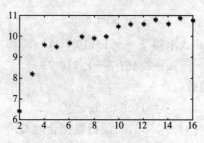

图 9-3　例 9.3.1 数据散点图

因此可设 $y$ 与 $x$ 之间具有如下双曲线关系

$$\frac{1}{y} = a + b\frac{1}{x},$$

这是一种非线性回归问题.

令 $v = \frac{1}{x}, u = \frac{1}{y}$,则可得到线性回归方程 $u = a + bv$.

由 $x, y$ 的数据利用变换 $v = \frac{1}{x}, u = \frac{1}{y}$,可得 $v, u$ 的数据

$$(0.500\,0, 0.155\,8), \cdots, (0.062\,5, 0.092\,9).$$

对得到的 15 对新数据,用最小二乘法(2.4)式可得线性回归方程

$$\hat{u} = 0.082\,3 + 0.131\,2v.$$

代回原变量得

$$\frac{1}{y} = 0.082\,3 + 0.131\,2\frac{1}{x} = \frac{0.131\,2 + 0.082\,3x}{x}.$$

所以

$$\hat{y} = \frac{x}{0.131\ 2 + 0.082\ 3x}$$

为 $Y$ 关于 $x$ 的经验公式.

在例 9.3.1 中,假设了 $y$ 与 $x$ 之间满足双曲线回归模型,显然这是一种主观判断,因此所求得的回归曲线不一定是最佳的拟合曲线. 在实际应用中,往往是选用不同的几种曲线进行拟合,然后分别计算相应的残差平方和 $Q_e = \sum_{i=1}^{n}(y_i - \hat{y}_i)^2$ 或 $\hat{\sigma}^2$ 进行比较,$Q_e$ 或 $\hat{\sigma}^2$ 最小者为更优拟合.

**例 9.3.2**    (续例 9.3.1)由例 9.3.1 的散点图看出,除双曲线拟合外,本例还可选择倒指数拟合:$y = ae^{b/x}$(参见表 9-1 指数函数).

**解**    对 $y = ae^{b/x}$ 两边取对数得

$$\ln y = \ln a + b \cdot \frac{1}{x},$$

令 $u = \ln y, v = \dfrac{1}{x}, A = \ln a$,则 $y = ae^{b/x}$ 变为如下的线性回归方程

$$u = A + bv.$$

利用最小二乘法(2.4)式求得 $\hat{b} = -1.110\ 7, \hat{A} = 2.457\ 8$,因此线性回归方程为

$$u = 2.457\ 8 - 1.110\ 7v.$$

代回原变量得到倒指数拟合关系

$$\hat{y} = 11.648\ 9e^{-1.110\ 7/x}.$$

经计算,双曲线拟合时 $Q_e = 1.55$,而倒指数拟合时 $Q_e = 0.96$,可见倒指数拟合效果更好些.

# 思考题

1. 用回归分析方法得到的回归方程是否唯一? 如果不唯一,如何判定哪一个回归方程拟合效果更好呢?

2. 哪些因素影响预测区间的精度? 怎样提高预测精度?

# 习题 9-3

1. 电容器充电达到某电压值时串联一个电阻开始放电,测定各时刻的电压值 $U$.测量结果见下表:

| $t_i$ | 0 | 1 | 2 | 3 | 4 | 5 | 6 | 7 | 8 | 9 | 10 |
|-------|-----|----|----|----|----|----|----|----|----|----|----|
| $u_i$ | 100 | 75 | 55 | 40 | 30 | 20 | 15 | 10 | 10 | 5 | 5 |

已知 $U$ 与 $t$ 成立经验关系式 $U=u_0 e^{-ct}$，$u_0$ 与 $c$ 未知，求 $U$ 对 $t$ 的回归方程.

2. 某邮局从 1979 年－1984 年发行报刊年累计份数（单位：千万份）为

$$7.8, \quad 8.2, \quad 8.9, \quad 9.4, \quad 10.7, \quad 11.3.$$

试用

（1）线性函数 $Y=A+Bx$，

（2）双曲线函数 $U=A+\dfrac{B}{v}$，

（3）指数函数 $U=ce^{\frac{B}{v}}$

分别预测 1986 年报刊发行累计份数，并分析上述三个模型中哪一个回归方程拟合得更精确？

# 第九章内容小结

## 一、研究问题的思路

回归分析是确定随机变量与可控制变量之间统计规律的一种常用方法，它在数理统计的实际应用中占有重要的地位.

我们对一元线性回归模型主要讨论如下四个问题：

（1）寻求形如 $\hat{y}=\hat{a}+\hat{b}x$ 的经验回归直线方程；

（2）检验所得经验回归直线方程的合理性，即 $Y$ 与 $x$ 之间线性相关性是否显著；

（3）利用求得的经验回归方程，通过 $x$ 对 $Y$ 进行点预测和区间预测.

（4）分析可以化为线性函数的非线性回归模型问题.

## 二、释疑解惑

### （1）更优拟合问题

对来自同一总体的样本数据，采用不同的回归函数类型会得到不同的回归方程，如何分析它们中哪一个更好呢？

在实际应用中，往往是选用不同的几种曲线进行拟合，然后分别计算相应的残差平方和 $Q_e=\sum\limits_{i=1}^{n}(y_i-\hat{y_i})^2$ 或方差 $D(\varepsilon)$ 的估计值 $\hat{\sigma^2}$ 进行比较，$Q_e$ 或 $\hat{\sigma^2}$ 最小者为更优拟合.

### （2）预测精度的影响因素

当线性回归方程 $\hat{y} = \hat{a} + \hat{b}x$ 已经确定、并经检验确认线性相关性显著后，对事先选定的 $x_0$，置信水平为 $1-\alpha$ 的置信区间（预测区间）为

$$\left( \hat{Y}_0 - t_{\alpha/2}\hat{\sigma}\sqrt{1 + \frac{1}{n} + \frac{(x_0 - \overline{x})^2}{S_{xx}}}, \quad \hat{Y}_0 + t_{\alpha/2}\hat{\sigma}\sqrt{1 + \frac{1}{n} + \frac{(x_0 - \overline{x})^2}{S_{xx}}} \right).$$

由此可知，影响预测精度的主要因素有：

（i）残差平方和 $Q_e$ 或 $\hat{\sigma}$：它们越小，预测精度越高；

（ii）样本容量 $n$：$n$ 越大，预测精度越高；

（iii）自变量的取值 $x_i$：$x_i$ 应尽量避免过于集中；预测点 $x_0$ 离 $\overline{x}$ 越近时预测精度越高.

## 三、学习与研究方法

### 关于回归分析与相关分析的联系与区别

变量之间的关系分为确定性关系（如圆面积与半径关系：$S = \pi r^2$）和相关关系（如人的身高与体重关系）. 相关关系是一种不确定类型的关系，如随机变量之间、随机变量与非随机变量之间的线性关系、平方关系、指数函数关系等. 相关关系的特征是：变量之间的关系很难用一种精确的方法或公式表示出来.

回归分析与相关分析的联系与区别表现在：回归分析研究随机变量与非随机变量之间的相互关系；相关分析一般是研究随机变量与随机变量之间的相互关系. 两者所使用的概念、理论与方法有所不同，所得到的结果含义也不相同，但是结果的形式却几乎完全一致. 因此，从应用与计算的角度看，两者没有必要加以严格区别.

# 总习题九

1. 今随机抽测某地区 10 组母亲、女儿的身高（单位：cm），其数据如下表所示：

| 母亲身高 $x$ | 159 | 160 | 160 | 163 | 159 | 154 | 159 | 158 | 159 | 157 |
|---|---|---|---|---|---|---|---|---|---|---|
| 女儿身高 $Y$ | 158 | 159 | 160 | 161 | 161 | 155 | 162 | 157 | 162 | 156 |

试求：

（1）女儿身高 $Y$ 对母亲身高 $x$ 的线性回归方程；

（2）取显著性水平 $\alpha = 0.05$，检验回归方程的显著性；

（3）预测母亲身高为 163 cm 时女儿的身高.

2. 炼铝厂测得所产铸模用的铝的硬度 $x$ 与抗张强度 $Y$ 数据如下表所示：

| $x_i$ | 68 | 53 | 70 | 84 | 60 | 72 | 51 | 83 | 70 | 64 |
|---|---|---|---|---|---|---|---|---|---|---|
| $y_i$ | 288 | 293 | 349 | 343 | 290 | 354 | 283 | 324 | 340 | 286 |

（1）求线性回归方程 $\hat{y} = \hat{a} + \hat{b}x$；

（2）在 $\alpha=0.05$ 时检验所得线性回归方程的显著性（已知 $F_{0.95}(1,8)=5.32$）；

（3）当铝的硬度 $x=65$ 时，求抗张强度的置信水平为 0.95 的预测区间.

3. 在某种产品的表面进行腐蚀刻线，腐蚀深度 $U$（单位：$\mu$m）与腐蚀时间 $t$（单位：s）有关，测得结果如下：

| $t_i$ | 5 | 10 | 15 | 20 | 30 | 40 | 50 | 60 | 70 | 90 | 120 |
|---|---|---|---|---|---|---|---|---|---|---|---|
| $u_i$ | 5 | 8 | 10 | 13 | 16 | 17 | 19 | 23 | 25 | 29 | 46 |

（1）检验腐蚀深度 $U$ 与腐蚀时间 $t$ 之间是否存在显著的线性相关关系；如果存在，求 $U$ 关于 $t$ 的线性回归方程；

（2）取置信水平为 0.95，预测时间 $t=100$ s 时腐蚀深度的变化区间.

4. 我国 1981 年～1988 年 8 年间，某地区居民人均消费水平 $Y$（单位：元）有如下统计资料：

| $t=x-1980$ | 1 | 2 | 3 | 4 | 5 | 6 | 7 | 8 |
|---|---|---|---|---|---|---|---|---|
| $y$ | 249 | 267 | 289 | 329 | 406 | 451 | 513 | 643 |

表中 $x$ 表示年度，$t=1,2,\cdots,8$ 分别表示 1981，1982，$\cdots$，1988. 试建立该地区年人均消费水平 $Y$ 对年度 $x$ 的回归方程.

# *第十章

# 应用 MATLAB 软件

针对高等院校、科研单位和厂矿企业等进行教学、科学研究和生产试验过程中试验数据处理、寻求统计规律以及验证科学结论的需求,把概率论与数理统计的方法和常用数学软件 MATLAB 的应用相结合,借助于前九章的有关例题,优选设置了 13 个实验案例.这些案例对使用 MATLAB 软件大有益处.

## 第一节　概率论问题与 MATLAB 命令

**1. 例 4.1.1:一维离散型随机变量的数学期望 $E(X)$,$E(Y)$计算**

**解**　在命令窗口中输入:

X=[11 3 −3];

Px=[0.2 0.7 0.1];

Y=[6 4 −1];

Py=[0.2 0.7 0.1];

Ex=sum(X. * Px)

Ey=Y * P′y　　　　注:计算离散型随机变量的数学期望的两个命令

回车后显示:

Ex=

　　4

Ey=

　　3.9000

计算结果:可见 Ex>Ey,所得结果为期望 $E(X)$ 和 $E(Y)$值.

**2. 例 4.1.2:已知二维随机变量概率密度计算数学期望 $E(X)$ 和 $E(X^2)$**

**解**　(1)在命令窗口中输入:

syms x;　注:定义符号变量 x

syms y;

Ex＝int(int(x/pi,x,－sqrt(1－y^2),sqrt(1－y^2)),y,－1,1)　注:用二次积分计算连续型随机变量 X 的期望 E(X)

回车后显示:

Ex＝

0

计算结果:由对称性,可见随机变量 X 和 Y 的数学期望 E(X)和 E(Y)都是 0.

(2) 在命令窗口中输入:

Ex2＝int(int(x^2/pi,x,－sqrt(1－y^2),sqrt(1－y^2)),y,－1,1)　注:计算连续型随机变量 X² 的期望值 E(X²).

回车后显示:

Ex2＝

1/4

**3. 例 4.2.2:二维离散型随机变量的数学期望 E(X)与方差 D(X)计算**

**解**　在命令窗口中输入:

format rat　　　注:显示结果为分数形式

X＝[0 1];

Y＝[1 2];

Px＝[1/3 2/3];　注:边缘概率

Py＝[1/2 1/2];　注:边缘概率

Ex＝X∗P′x

Ex2＝X.^2∗P′x　　　　　　　注:计算 E(X²)

Dx＝X.^2∗P′x－(X∗P′X)^2　注:计算 D(x)

回车后显示:

Ex＝

2/3

Ex2＝

2/3

Dx＝

2/9

计算结果:得到所求的期望 E(X),E(X²)和方差 D(X).

**4. 例 4.2.3:二维连续型随机变量概率密度的方差 D(X)计算**

**解**　已知随机变量(X,Y)的概率密度为 f(x,y)＝4∗x∗y,所以 fx(x,y)＝2x,fy(x,y)＝2y,

(1) 求解 E(X),在命令窗口中输入:

format rat

```
syms x;
Ex=int(2*x^2,x,0,1)    注:2*x^2 事实上是 fx(x,y)和 x 的乘积
```
回车后显示:
```
Ex=
    2/3
```
计算结果:随机变量 X 的期望 $E(X)=\dfrac{2}{3}$.

(2) 为求解 $E(X^2)$,在命令窗口中输入:
```
Ex2=int(2*x^3,x,0,1)    注:2*x^3 事实上是 fx(x,y)和 x^2 的乘积
```
回车后显示:
```
Ex2=
    1/2
```
在命令窗口中输入:
```
Dx=Ex2-Ex^2    注:方差用公式 D(X)=E(X^2)-[E(X)]^2 计算
```
回车后显示:
```
Dx=
    1/18
```
计算结果:由对称性来,可以得到 Dy=Dx=1/18.

**5. 例 4.3.2:二维离散型随机变量的协方差 Cov(X,Y)与相关系数 $\rho_{XY}$ 等数字特征计算**

解　在命令窗口中输入:
```
X=[0 1];
Y=[1 2];
A=[1/6,1/3 ;1/6,1/3];            注:(X,Y)的联合概率分布
Px=sum(A,1);                     注:X 的边缘概率分布
Py= sum(A,2);                    注:Y 的边缘概率分布
Ex=X*Px'                         注:X 的数学期望
Ey=Y*Py                          注:Y 的数学期望
Dx= X.^2*Px'-(X*Px')^2           注:X 的方差
Dy= Y.^2*Py-(Y*Py)^2             注:Y 的方差
for i=1 : length(X)
    for j=1 : length (Y)
        Exy= Exy+X(i)*Y(j)*A(j,i)    注:计算 E(XY)
    end
end
covxy=Exy-Ex*Ey        注:公式 Cov(X,Y)=E(XY)-E(X)E(Y),计
```
算 X 与 Y 的协方差 Cov(X,Y)

rouxy＝(Exy－Ex * Ey)/sqrt(Dx * Dy)　注:X 与 Y 的相关系数 $\rho_{XY}$

回车后显示:

Ex ＝

2/3

Ey ＝

3/2

Dx ＝

2/9

Dy ＝

1/4

Exy＝

1

covxy ＝

0

rouxy ＝

0

计算结果:此处算得相关系数 $\rho_{XY}=0$,随机变量 X 与 Y 不相关.

# 第二节　数理统计问题与 MATLAB 命令

**6. 例 7.4.2**:正态总体的均值、标准差的点估计和置信区间

**解**　在命令窗口中输入:

X＝[506 508 499 503 504 510 497 512 514 505 493 496 506 502 509 496];

[muhat,sigmahat,muci,sigmaci]＝normfit(X,0.05);　注:默认置信水平为 0.95

回车后显示:

muhat＝

503.7500

sigmahat＝

6.2022

muci＝

500.4451

507.0549

sigmaci＝

4.5816

$$9.5990$$

计算结果：muhat 表示的是均值的点估计，sigmahat 是标准差的点估计，muci 是置信度为 0.95 的置信区间，sigmaci 是标准差的置信度为 0.95 的置信区间.

### 7. 例 7.4.4：两个正态总体的方差比、均值差的置信区间估计

**解**　在命令窗口中输入：

A＝[185.82 175.10 217.30 213.86 198.40]；
B＝[152.10 139.89 121.50 129.96 154.82 165.60]；
[muhat,sigmahat,muci,sigmaci]＝normfit(A,0.05)；
[muhat2,sigmahat2,muci2,sigmaci2]＝normfit(B,0.05)；
a1＝finv(0.975,4,5)；　注：自由度为 4 和 5 的上分位数 $F_{0.025}(4,5)$
a2＝finv(0.975,5,4)；　注：自由度为 5 和 4 的上分位数 $F_{0.025}(5,4)$
a＝sigmahat /(sigmahat2 * sqrt(a1))
b＝sigmahat /(sigmahat2 * sqrt(a2))

回车后显示：

a＝
　0.400 3
b＝
　3.329 4

计算结果：所得置信区间为(0.400 3,3.329 4).

### 8. 例 8.2.1：正态总体方差已知时关于均值双侧假设检验

**解**　在命令窗口中输入：

n＝25；
d＝200；
E＝1500；
Ex＝1675；
z＝norminv(0.975)；　　注：计算上分位点 $z_{0.025}$.
z2＝norminv(0.95)；
zx＝(Ex−E)/(d/sqrt(n))

回车后显示：

zx＝
　　4.375 0

计算结果：zx＝4.375 0＞z＝1.960 0，故认为采用新工艺灯管寿命有显著变化，同时，$z_{0.05}$＝1.65＜zx，即采用新工艺后灯管寿命有显著提高.

### 9. 例 8.2.2：正态总体方差未知时关于均值的双侧假设检验

**解**　在命令窗口中输入：

n＝36；　　　注：样本容量

$\quad$ Ex=70；$\qquad$注：假设中的 $\mu_0=70$

$\quad$ E=66.5；$\qquad$注：样本均值

$\quad$ d=15；$\qquad$注：标准差

$\quad$ ta=tinv(0.975,35)；$\quad$注：计算上分位点 $t_{0.025}(35)$

$\quad$ t=abs((E−Ex)/(d/sqrt(n)))

回车后显示：

$\quad$ t=

$\qquad$ 1.400 0

计算结果：t=1.400<ta=2.030 1，故可以接受假设，可以认为参加这次考试的全体考生平均成绩为 70 分.

**10. 例 8.3.1：正态总体关于标准差的右侧假设检验**

**解**　检验统计量服从自由度为 4 的 $\chi^2$ 分布，设 S 为标准差.

在命令窗口中输入：

$\quad$ d0=0.5；

$\quad$ n=5；

$\quad$ k=chi2inv(0.95,4)；$\qquad$注：计算上分位点 $\chi^2_{0.05}(4)$，拒绝域为 $V\{\chi^2>=k\}=\{4*S^2/0.5^2>=k\}=\{S>=0.77\}$

结果显示：样本标准差的观测值 S>=0.77 时认为机床的精度降低了.

**11. 例 8.3.2：正态总体关于方差是否相等及均值的双侧假设检验**

**解**　在命令窗口中输入：

$\quad$ s1=15；

$\quad$ s2=12；

$\quad$ k1=finv(0.95,30,29)；

$\quad$ k2=1/finv(0.95,29,30)；

$\quad$ F=(s1/s2)^2

回车后显示：

$\quad$ F=

$\qquad$ 1.562 5

计算结果：可见 F 不在拒绝域内，故认为两样本来自方差没有显著差异的正态总体.

在命令窗口中输入：

$\quad$ a=0.1；

$\quad$ s1=15；

$\quad$ s2=12；

$\quad$ n1=31；

$\quad$ n2=30；

E1＝88；

E2＝82；

sw＝((n1－1) * s1^2＋(n2－1) * s2^2)/(n1＋n2－2)；

t＝(E1－E2)/(sqrt(sw) * sqrt(1/n1＋1/n2))

回车后显示：

t＝

1.721 6

计算结果：样本观察值 $t=1.721\ 6 > z_{0.05} = 1.644\ 9$，因此拒绝原假设，即两种不同的数学方法的教学效果产生了显著性差异.

**12. 例 9.2.1：回归直线方程（经验公式）计算及线性相关性检验**

某种合成纤维的强度与其拉伸倍数有关，下表是 24 个纤维样品的强度与相应的拉伸倍数的实测记录，试求这两个变量间的经验公式.

| 编号 | 1 | 2 | 3 | 4 | 5 | 6 | 7 | 8 | 9 | 10 | 11 | 12 |
|---|---|---|---|---|---|---|---|---|---|---|---|---|
| 拉伸倍数 x | 1.9 | 2.0 | 2.1 | 2.5 | 2.7 | 2.7 | 3.5 | 3.5 | 4.0 | 4.0 | 4.5 | 4.6 |
| 强度 Y(Mpa) | 1.4 | 1.3 | 1.8 | 2.5 | 2.8 | 2.5 | 3.0 | 2.7 | 4.0 | 3.5 | 4.2 | 3.5 |
| 编号 | 13 | 14 | 15 | 16 | 17 | 18 | 19 | 20 | 21 | 22 | 23 | 24 |
| 拉伸倍数 x | 5.0 | 5.2 | 6.0 | 6.3 | 6.5 | 7.1 | 8.0 | 8.0 | 8.9 | 9.0 | 9.5 | 10.0 |
| 强度 Y(Mpa) | 5.5 | 5.0 | 5.5 | 6.4 | 6.0 | 5.3 | 6.5 | 7.0 | 8.5 | 8.0 | 8.1 | 8.1 |

**解**　在命令窗口中输入：

x＝[1.9；2.0；2.1；2.5；2.7；2.7；3.5；3.5；4.0；4.0；4.5；4.6；5.0；5.2；6.0；6.3；6.5；7.1；8.0；8.0；8.9；9.0；9.5；10]；

Y＝[1.4；1.3；1.8；2.5；2.8；2.5；3.0；2.7；4.0；3.5；4.2；3.5；5.5；5.0；5.5；6.4；6.0；5.3；6.5；7.0；8.5；8.0；8.1；8.1]；

plot(x,Y,'*')；

回车后显示：

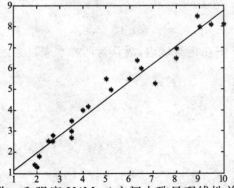

可以看出拉伸倍数 x 和强度 Y(Mpa)之间大致呈现线性关系.

在命令窗口中输入：

X＝[ones(length(x),1),x];

[b,bint,r,rint,stats]＝regress(Y,X)

回车后显示：

b＝

0.150 5

0.858 7

bint＝

$$-0.350\ 8 \quad 0.651\ 7$$

$$0.773\ 5 \quad 0.944\ 0$$

r＝

$-0.382\ 1$

$-0.567\ 9$

⋮

$-0.637\ 8$

rint＝

$$-1.378\ 4 \qquad 0.614\ 2$$

$$-1.548\ 5 \qquad 0.412\ 6$$

⋮ 　　　　⋮

$$-1.565\ 5 \qquad 0.289\ 5$$

stats＝

0.952 0　　436.337 0　　0.000 0　　0.257 3

计算结果：输出结果中的 $b$ 就是回归方程的系数，所以回归方程是：

$$\hat{Y}=0.150\ 5+0.858\ 7x.$$

输出结果中的 bint 是回归方程系数的置信水平为 0.95 的置信区间. $r$ 是残差；rin 是残差的置信水平为 0.95 置信区间.

从输出结果的 stats 中的值可以知道：可决系数是 0.952 0，非常接近于 1，说明回归效果非常好. 回归的 $p$ 值为 0，说明回归效果高度显著. 这里需要说明的是，$p$ 值为 0，通常只是 $p$ 值接近于 0，因为显示的小数点位数的关系，所以表示为 0.

**13. 例 9.3.1：不同拟合曲线的回归效果对比**

炼钢过程中盛放钢水的钢包，由于受钢水的浸蚀作用，容积会不断扩大，下表给出使用次数和容积增大量的 15 对试验数据. 试求钢包容积 Y 和使用次数 x 的经验公式.

| 使用次数 | 增大容积 | 使用次数 | 增大容积 |
|---|---|---|---|
| 2 | 6.42 | 10 | 10.49 |
| 3 | 8.20 | 11 | 10.59 |
| 4 | 9.58 | 12 | 10.60 |
| 5 | 9.50 | 13 | 10.80 |
| 6 | 9.70 | 14 | 10.60 |
| 7 | 10.00 | 15 | 10.90 |
| 8 | 9.93 | 16 | 10.76 |
| 9 | 9.99 | | |

**解**　在命令窗口中输入：

Y=[6.42;8.20;9.58;9.50;9.70;10.00;9.93;9.99;10.49;10.59;10.60;
10.80;10.60;10.90;10.76];

　　X=2:16;

　　X=X′;

　　plot(X,Y,′∗′)

回车后显示：

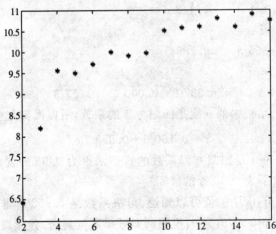

可见图线呈现出双曲线状.

在命令窗口中继续输入：

　　x=1./X;

　　y=1./Y;

　　XX=[ones(length(x),1),x];

　　[b,bint,r,rint,stats]=regress(y,XX)

回车后显示：

      b=

        0.082 3

        0.131 2

计算结果:可得到线性回归方程

$$y=0.082\ 3+0.131\ 2x.$$

带回到原变量中,可以得到

$$\frac{1}{Y}=0.1312\ \frac{1}{X}+0.082\ 3.$$

整理后得到

$$\hat{Y}=\frac{X}{0.131\ 2+0.082\ 3X}.$$

即为 $Y$ 关于 $X$ 的经验公式.

    继续上例,使用倒指数拟合:

    在命令窗口中继续输入:

      y=log(Y);

      XX=[ones(length(x),1),x];

      [b,bint,r,rint,stats]=regress(y,XX)

    回车后显示:

      b=

        2.457 8

      −1.110 7

计算结果:可得到线性回归方程

$$y=2.457\ 8-1.110\ 7x.$$

带回到原变量中,可以得到

$$\hat{Y}=11.648\ 9e^{-1.110\ 7/X}.$$

即为 $Y$ 关于 $x$ 在倒指数拟合下的经验公式.

    用命令:sum((Y−$\hat{Y}$).∧2),得到 $Q_{e_1}=1.439\ 6$,$Q_{e_2}=0.900\ 1$.可见,倒指数函数拟合效果更优.

# 习题答案与提示

## 第一章

**习题 1-1(第 3 页)**

1. (1),(2)是随机现象;(3)是确定性现象;(4)既不是随机现象也不是确定性现象.

2. (1),(2)是随机试验;(3),(4),(5)不是随机试验.

**习题 1-2(第 10 页)**

1. (1) {黑球,白球};　(2) {黑黑,黑白,白黑,白白};　(3) {0,1,2};
   (4) {$10+n|n=0,1,2,\cdots$}.

2. (1) $AB\bar{C}$;　(2) $A\cup B\cup C$;　(3) $A\bar{B}\bar{C}\cup\bar{A}B\bar{C}\cup\bar{A}\bar{B}C$;
   (4) $\bar{A}B C\cup A\bar{B}C\cup AB\bar{C}\cup ABC$;　(5) $\overline{ABC}$;　(6) $\bar{A}(B\cup C)$.

3. (1) 射手第一次或第二次击中目标;　(2) 射手三次射击中至少击中目标一次;　(3) 射手第三次没有击中目标;　(4) 射手第二次击中目标,但是第三次没有击中目标;　(5) 射手第二次和第三次都没有击中目标;　(6) 射手第一次或第二次没有击中目标.

4. (1) $A_1\bar{A}_2\bar{A}_3$;　(2) $A_1\cup A_2\cup A_3$;　(3) $A_1A_2\bar{A}_3\cup A_1\bar{A}_2A_3\cup\bar{A}_1A_2A_3\cup A_1A_2A_3$;　(4) $\bar{A}_1\bar{A}_2\bar{A}_3$.

5. (1) $AB=\{b,d,f\}$;　(2) $A\cup B=\{b,c,d,e,f,g,h\}$;　(3) $A-B=\{h\}$;
   (4) $\bar{A}=\{a,c,e,g\}$.

6. (1) $\{x|4\leqslant x<6\}$;　(2) $\{x|3<x\leqslant7\}$;　(3) $\{x|3<x<4$ 或 $6\leqslant x\leqslant7\}$;
   (4) $\{x|1<x<4$ 或 $6\leqslant x<9\}$.

7. (1) 提示:填加两个$\cup ABC$,用结合律;　(2) 提示:展开$(\bar{A}\cup B)(A\cup B)$.

**习题 1-3(第 16 页)**

1. $P(B)=1-p$.　2. $P(A\bar{B})=0.1$.　3. $P(\overline{AB})=0.6$.

4. (1) 当 $A\subset B$ 时,$P(AB)$ 有最大值 0.6;　(2) 当 $A\cup B=\Omega$ 时,$P(AB)$ 有最小值 0.3.

5. $P(\bar{A}\bar{B}\bar{C})=\dfrac{5}{12}$.　6. 用概率加法公式与概率减法公式.

**习题 1-4(第 20 页)**

1. $P(A)=\dfrac{3}{8}$.　2. $\dfrac{C_{48}^5}{C_{52}^5}$.　3. $\dfrac{C_6^3}{C_7^3}$.

4. (1) $\dfrac{C_5^1 C_{45}^2}{C_{50}^3}$；　(2) $\dfrac{C_5^2 C_{45}^1}{C_{50}^3}$；　(3) $1-\dfrac{C_5^0 C_{45}^3}{C_{50}^3}$；　(4) $\dfrac{C_5^0 C_{45}^3}{C_{50}^3}+\dfrac{C_5^1 C_{45}^2}{C_{50}^3}$；

(5) $\dfrac{C_5^2 C_{45}^1}{C_{50}^3}+\dfrac{C_5^3 C_{45}^0}{C_{50}^3}$.

5. $\dfrac{13}{21}$.　6. (1) $\dfrac{C_4^2}{C_9^2}$；　(2) $\dfrac{C_5^1 C_4^1}{C_9^2}$；　(3) $1-\dfrac{C_4^2}{C_9^2}$.

7. (1) $\dfrac{17}{25}$；　(2) $\dfrac{1}{4}+\dfrac{1}{2}\ln 2$；　(3) $\approx 0.593$；　(4) $\dfrac{3}{4}$.　8. $\dfrac{1}{4}$.　9. $\dfrac{A_6^6 A_5^5}{A_{10}^{10}}$.

10. (1) $C_{10}^2 (0.25)^2 (0.75)^8$；　(2) $1-C_{10}^1 (0.25)^1 (0.75)^9-(0.75)^{10}$；

(3) $(0.75)^{10}$；　(4) $(0.25)^{10}$.

## 习题 1-5（第 26 页）

1. $P(A|B)=\dfrac{3}{4}$.　2. $P(A|A\cup\overline{B})=\dfrac{25}{37}$.　3. 用条件概率定义.

4. 用条件概率公式.　5. 用条件概率公式与概率加法公式.

6. 提示：条件概率与概率加法公式.　7. $\dfrac{3}{4}$.　8. $P(A\cup B)=0.7$.　9. $\dfrac{1}{3}$.

10. $\dfrac{b}{b+r}\cdot\dfrac{b+a}{b+r+a}\cdot\dfrac{r}{b+r+2a}\cdot\dfrac{r+a}{b+r+3a}$.　11. 概率都是 $\dfrac{m}{n}$.　12. $\dfrac{13}{132}$.

13. (1) $\dfrac{53}{120}$；　(2) $\dfrac{20}{53}$.

## 习题 1-6（第 30 页）

1. 用 $P(\overline{A}\,\overline{B})=P(\overline{A\cup B})=1-P(A\cup B)$.　2. 提示：用独立性定义.

3. 提示：条件概率公式变形.　4. $\dfrac{a-b}{1-b}$.　5. $3p^2(1-p)^2$.

6. (1) 0.56；　(2) 0.38；　(3) 0.94.　7. 6 门

## 总习题一（第 32 页）

A 组：

1. (1) $\dfrac{C_5^2}{C_{10}^3}$；　(2) $\dfrac{C_4^2}{C_{10}^3}$.　2. $\dfrac{1}{1\,960}$.　3. 0.059.　4. (1) $\dfrac{19}{396}$；　(2) $\dfrac{19}{198}$.

5. 0.458.　6. (1) 0.24；　(2) 0.424　7. 0.18.　8. $\dfrac{3}{5}$.　9. $\dfrac{11}{30}$.

10. $\dfrac{1}{10}$, 0.008 2, 0.007 7.　11. $\dfrac{49}{75}$.　12. 0.025.　13. 0.862 9.

14. $\dfrac{9}{1\,008}$, 0.075, 0.092.　15. $\dfrac{29}{90}$, $\dfrac{20}{61}$.　16. 0.9.

17. $\dfrac{196}{197}$.　18. 1.040 7×$10^{-4}$, 7.014 38×$10^{-6}$, 14.57.

B 组：

1. 选(D).　2. 选(D).　3. 选(D).　4. 选(C).　5. 选(D).　6. 选(D).

7. 选(B).　8. 选(B).　9. 选(D).　10. 选(C).　11. 选(B).　12. 选(C).

13. 选(A).

# 第二章

**习题 2-1**(第 38 页)

1. 略. 2. $X(A,B)=\begin{cases}2, & A,B\text{ 都发生}, \\ 1, & A\text{ 发生},B\text{ 不发生}, \\ 0, & A\text{ 不发生},B\text{ 发生}, \\ -1, & A,B\text{ 都不发生}.\end{cases}$

**习题 2-2**(第 44 页)

1. $P\{X=1\}=p$, $P\{X=0\}=1-p$. 2. $c=\dfrac{37}{16},\dfrac{8}{25}$. 3. $\dfrac{19}{27}$. 4. $p=\dfrac{1}{3}$.

5. $\lambda=\sqrt{6}$ 6. $P\{X=k\}=\mathrm{C}_5^k\left(\dfrac{1}{10}\right)^k\left(\dfrac{9}{10}\right)^{5-k},k=0,1,\cdots,5$.

7. $P\{X=3\}=\dfrac{1}{10},P\{X=4\}=\dfrac{3}{10},P\{X=5\}=\dfrac{3}{5}$.

8. (1) $P\{X=0\}=\dfrac{22}{35},P\{X=1\}=\dfrac{12}{35},P\{X=2\}=\dfrac{1}{35}$; (2) 图略. 9. 略.

10. 略.

**习题 2-3**(第 48 页)

1. (1) $F(x)=\begin{cases}0, & x<-1, \\ 0.15, & -1\leqslant x<0, \\ 0.35, & 0\leqslant x<1, \\ 1, & x\geqslant 1.\end{cases}$ (2) 0.15; (3) 1; (4) 0.35.

2. (1) $A=\dfrac{1}{2},B=\dfrac{1}{\pi}$; (2) $\dfrac{1}{2}$.

3. $P\{X=-1\}=0.4,P\{X=1\}=0.4,P\{X=3\}=0.2$.

4. $P\{X\leqslant -1\}=0,P\{0.3<X\leqslant 0.7\}=0.2,P\{0<X\leqslant 2\}=1$.

5. (1) $F(x)=\begin{cases}0, & x<-1, \\ \dfrac{5x+7}{16}, & -1\leqslant x<1, \\ 1, & x\geqslant 1.\end{cases}$ (2) $\dfrac{7}{16}$. 6. (1) $1-\mathrm{e}^{-\lambda t}$; (2) $\mathrm{e}^{-8\lambda}$.

**习题 2-4**(第 58 页)

1. $k=\dfrac{\ln 2}{\lambda}$. 2. $a=\dfrac{1}{\sqrt[4]{2}}$. 3. (1) $f(x)=\begin{cases}2x, & 0<x<1, \\ 0, & \text{其他}.\end{cases}$ (2) 0.4.

4. $\dfrac{1}{4},\dfrac{15}{16}$. 5. (1) $A=2$; (2) $F(x)=\begin{cases}0, & x\leqslant 0, \\ \dfrac{1}{2}x^2, & 0<x\leqslant 1, \\ 2x-\dfrac{x^2}{2}-1, & 1<x\leqslant 2, \\ 1, & 2<x.\end{cases}$ 6. $1-\dfrac{1}{\mathrm{e}}$.

7. (1) $1-\mathrm{e}^{-0.8}, 1-\mathrm{e}^{-1.2}, \mathrm{e}^{-0.8}-\mathrm{e}^{-1}$；　(2) $f_X(x)=\begin{cases} 0.4\mathrm{e}^{-0.4x}, & x>0, \\ 0, & \text{其他}. \end{cases}$

8. (1) $F(x)=\begin{cases} 0, & x<3, \\ \dfrac{1}{16}(x-3)^2, & 3\leqslant x<7, \\ 1, & x\geqslant 7. \end{cases}$　(2) $f(x)=\begin{cases} \dfrac{1}{8}(x-3), & 3<x<7, \\ 0, & \text{其他}. \end{cases}$

(3) $\dfrac{3}{16}$.　9. $\dfrac{175}{256}$.　10. (1) $\dfrac{2}{3}$,　(2) $\dfrac{16}{81}$,　(3) $\dfrac{80}{81}$,　(4) $\dfrac{3}{4}$.

11. (1) $P(x)=\begin{cases} \dfrac{1}{1\,000}\mathrm{e}^{-\frac{x}{1\,000}}, & x>0, \\ 0, & \text{其他}. \end{cases}$　(2) $\mathrm{e}^{-1}$.　12. $1-\dfrac{\sqrt{2}}{5}$.　13. $0.35$.

14. 用条件概率公式.

**习题 2-5**（第 **63** 页）

1. $Z\sim N(5,8), f(z)=\dfrac{1}{4\sqrt{\pi}}\mathrm{e}^{-\frac{(z-5)^2}{16}}, -\infty<z<+\infty$.

2. (1) $2-X$ 依次等于 $-5,-1,1,2,3$ 时, $P$ 分别等于 $0.25,0.13,0.2,0.05,0.37$.

(2) $3+X^2$ 依次等于 $3,4,12,52$ 时, $P$ 分别等于 $0.05,0.57,0.13,0.25$.

3. $f_Y(y)=\begin{cases} \dfrac{1}{2(2-y)\ln 2}, & -2<y<1, \\ 0, & \text{其他}. \end{cases}$　4. $f_Y(y)=\begin{cases} \dfrac{1}{2}\mathrm{e}^{-\frac{y}{2}}, & y>0, \\ 0, & \text{其他}. \end{cases}$

5. $f(y)=\begin{cases} \dfrac{1}{4\sqrt{y}}, & 0<y<4, \\ 0, & \text{其他}. \end{cases}$　6. $G(y)=\begin{cases} 0, & y<0, \\ y, & 0\leqslant y<1, \\ 1, & y\geqslant 1. \end{cases}$

7. 略.　8. $F_Y(y)=\begin{cases} 0, & y<0, \\ y, & 0\leqslant y<1, \\ 1, & y\geqslant 1. \end{cases}$　$f_Y(y)=\begin{cases} 1, & 0<y<1, \\ 0, & \text{其他}, \end{cases}$ $Y\sim U(0,1)$.

9. (1) $F_Y(y)=\begin{cases} 0, & y<1, \\ \dfrac{1}{27}y^3+\dfrac{2}{3}, & 1\leqslant y<2, \\ 1, & y\geqslant 2. \end{cases}$　(2) $\dfrac{8}{27}$.

**总习题二**（第 **66** 页）

A 组：

1. $P\{X=0\}=\dfrac{28}{45}, P\{X=1\}=\dfrac{16}{45}, P\{X=2\}=\dfrac{1}{45}$.

2. (1) $C_5^3 0.2^3 0.8^2$；　(2) $\sum\limits_{k=0}^{3} C_5^k 0.2^k 0.8^{5-k}$.

3. (1) $C_5^2 (0.1)^2 (0.9)^3$；　(2) $1-(0.9)^5$；　(3) $0.999\,5$；　(4) $0.008\,6$.

4. $P\{X=k\}=\dfrac{13-2k}{36}, k=1,2,\cdots,6$.　5. $1-\sum\limits_{k=0}^{4} C_{100}^k 0.04^k 0.96^{100-k}$.

6. 0.045 6.　　7. $k=1, \theta=\dfrac{1}{\ln 2}$.

8. (1) $\ln 2, 1, \ln\dfrac{5}{4}$;　　(2) $f_X(x)=\begin{cases} \dfrac{1}{x}, & 1<x<\mathrm{e}, \\ 0, & \text{其他}. \end{cases}$

9. $\sigma \leqslant 31.01$.　　10. (1) $A=\dfrac{1}{2}$;　　(2) $\dfrac{1-\mathrm{e}^{-1}}{2}$;　　(3) $F(x)=\begin{cases} \dfrac{1}{2}\mathrm{e}^x, & x<0, \\ 1-\dfrac{1}{2}\mathrm{e}^{-x}, & x\geqslant 0. \end{cases}$

11. $C_n^m(0.01)^m(1-0.01)^{n-m}\ (m=0,1,2,\cdots,n)$.

12. (1) 0.257 8, (2) 188 cm.

13. $f_Y(y)=aby^{b-1}\exp(-ay^b), y>0$.

14. $f_Y(y)=\dfrac{1}{\sqrt{2\pi}\,\sigma_y}\exp\left[-\dfrac{(\ln y-\mu)^2}{2\sigma^2}\right], y>0$.

B组:

1. 选(C).　2. 选(B).　3. 选(D).　4. 选(A).　5. 选(B).　6. 选(A).

7. 选(C).　8. 选(A).　9. 选(C).　10. 选(A).　11. 选(A).　12. 选(B).

# 第三章

### 习题 3-1(第 78 页)

1. (1) $f_X(x)=\begin{cases} 2x, & 0<x<1, \\ 0, & \text{其他}. \end{cases}$　$f_Y(y)=\begin{cases} 1-\dfrac{y}{2}, & 0<y<2, \\ 0, & \text{其他}. \end{cases}$　(2) $\dfrac{3}{4}$.

2. (1) $C_n^m p^m(1-p)^{n-m}, 0\leqslant m\leqslant n, n=0,1,2,\cdots$.

(2) $C_n^m p^m(1-p)^{n-m}\cdot\dfrac{\lambda^n\mathrm{e}^{-\lambda}}{n!}, 0\leqslant m\leqslant n, n=0,1,2,\cdots$.

3. $P\{X=0,Y=0\}=0, P\{X=0,Y=1\}=0, P\{X=0,Y=2\}=\dfrac{1}{35}$;

$P\{X=1,Y=0\}=0, P\{X=1,Y=1\}=\dfrac{6}{35}, P\{X=1,Y=2\}=\dfrac{6}{35}$;

$P\{X=2,Y=0\}=\dfrac{3}{35}, P\{X=2,Y=1\}=\dfrac{12}{35}, P\{X=2,Y=2\}=\dfrac{3}{35}$;

$P\{X=3,Y=0\}=\dfrac{2}{35}, P\{X=3,Y=1\}=\dfrac{2}{35}, P\{X=3,Y=2\}=0$.

4. (1) $\dfrac{1}{8}$;　(2) $\dfrac{3}{8}$;　(3) $\dfrac{27}{32}$;　(4) $\dfrac{2}{3}$.　5. $k=6, \dfrac{1}{4}$.

6. $P\{X=i,Y=j\}=(1-p)^{j-2}p^2, i=2,3,\cdots, j\geqslant i$;　对于其余的 $i,j$, $P\{X=i, Y=j\}=0$.

7. (1) $P\{X=0,Y=0\}=\dfrac{1}{8}, P\{X=0,Y=1\}=\dfrac{1}{8}, P\{X=0,Y=2\}=0$,

$P\{X=0,Y=3\}=0$;

$P\{X=1,Y=0\}=0, P\{X=1,Y=1\}=\dfrac{1}{4}, P\{X=1,Y=2\}=\dfrac{1}{4}$,

$P\{X=1,Y=3\}=0$;

$P\{X=2,Y=0\}=0, P\{X=2,Y=1\}=0, P\{X=2,Y=2\}=\dfrac{1}{8}$,

$P\{X=2,Y=3\}=\dfrac{1}{8}$;

(2) $P\{X=0\}=\dfrac{1}{4}, P\{X=1\}=\dfrac{1}{2}, P\{X=2\}=\dfrac{1}{4}$;

(3) $P\{Y=0\}=\dfrac{1}{8}, P\{Y=1\}=\dfrac{3}{8}, P\{Y=2\}=\dfrac{3}{8}, P\{Y=3\}=\dfrac{1}{8}$.

8. $f_X(x)=\begin{cases} 2.4(2-x)x^2, & 0<x<1, \\ 0, & \text{其他.} \end{cases}$

$f_Y(y)=\begin{cases} 2.4y(3-4y+y^2), & 0<y<1, \\ 0, & \text{其他.} \end{cases}$

9. (1) $P\{X=-1,Y=-1\}=\dfrac{1}{4}, P\{X=-1,Y=1\}=0$;

$P\{X=1,Y=-1\}=\dfrac{1}{2}, P\{X=1,Y=1\}=\dfrac{1}{4}$.

(2) $\dfrac{3}{4}$.

**习题 3-2（第 84 页）**

1. (1) $P\{Y=1|X=2\}=\dfrac{1}{2}, P\{Y=2|X=2\}=0, P\{Y=3|X=2\}=\dfrac{1}{6}$,

$P\{Y=4|X=2\}=\dfrac{1}{3}$.　(2) $\dfrac{5}{6}$.　2. $\dfrac{1}{4}$.

3. $c=1$，对于 $-1<x<0$, $f_{Y|X}(y|x)=\begin{cases} -\dfrac{1}{2x}, & x<y<-x, \\ 0, & \text{其他.} \end{cases}$

对于 $-1<y<1$, $f_{X|Y}(x|y)=\begin{cases} \dfrac{1}{1-|y|}, & -1<x<-|y|, \\ 0, & \text{其他.} \end{cases}$

4. (1) $f(x,y)=\begin{cases} \dfrac{1}{2}, & (x,y)\in G, \\ 0, & (x,y)\notin G. \end{cases}$ 　(2) $\dfrac{3}{4}$;

(3) $f_X(x)=\begin{cases} \dfrac{1}{2}(1-x), & x\in[1,3], \\ 0, & \text{其他.} \end{cases}$

5. (1) $f(x,y)=\begin{cases} \dfrac{1}{x}, & 0<y<x<1, \\ 0, & \text{其他.} \end{cases}$ 　(2) $f_Y(y)=\begin{cases} -\ln y, & 0<y<1, \\ 0, & \text{其他.} \end{cases}$

(3) $1-\ln 2$.

**习题 3-3（第 89 页）**

1. $P\{X=-1,Y=0\}=\dfrac{1}{8}$，$P\{X=-1,Y=2\}=\dfrac{1}{8}$，$P\{X=-1,Y=5\}=\dfrac{1}{5}$，

$P\{X=-1,Y=6\}=\dfrac{1}{20}$；

$P\{X=-\dfrac{1}{2},Y=0\}=\dfrac{1}{12}$，$P\{X=-\dfrac{1}{2},Y=2\}=\dfrac{1}{12}$，$P\{X=-\dfrac{1}{2},Y=5\}=\dfrac{2}{15}$，

$P\{X=-\dfrac{1}{2},Y=6\}=\dfrac{1}{30}$；

$P\{X=0,Y=0\}=\dfrac{1}{24}$，$P\{X=0,Y=2\}=\dfrac{1}{24}$，$P\{X=0,Y=5\}=\dfrac{1}{15}$，

$P\{X=0,Y=6\}=\dfrac{1}{60}$.

2. $X$ 与 $Y$ 不独立.　3. $\alpha=\dfrac{2}{9}$，$\beta=\dfrac{1}{9}$.

4. (1) $b=\dfrac{1}{1-\mathrm{e}^{-1}}$；　(2) $f_X(x)=\begin{cases}\dfrac{\mathrm{e}^{-x}}{1-\mathrm{e}^{-1}},&0<x<1,\\[2mm]0,&\text{其他}.\end{cases}$　$f_Y(y)=\begin{cases}\mathrm{e}^{-y},&y>0,\\0,&\text{其他}.\end{cases}$

(3) $X$ 与 $Y$ 相互独立.

5. (1) $f(x,y)=\begin{cases}\dfrac{1}{2}\mathrm{e}^{-\frac{y}{2}},&0<x<1,y>0,\\[2mm]0,&\text{其他}.\end{cases}$

(2) $1-\sqrt{2\pi}\big[\varPhi(1)-0.5\big]\approx0.144\ 5$.

**习题 3-4（第 96 页）**

1. $a=0.4,b=0.1$.

2. $P\{Z=3\}=0.18,P\{Z=5\}=0.54,P\{Z=7\}=0.28$.

3. (1) $P\{X=0,Y=0\}=\dfrac{2}{3}$，$P\{X=0,Y=1\}=\dfrac{1}{12}$，$P\{X=1,Y=0\}=\dfrac{1}{6}$，

$P\{X=1,Y=1\}=\dfrac{1}{12}$.　(2) $P\{Z=0\}=\dfrac{2}{3}$，$P\{Z=1\}=\dfrac{1}{4}$，$P\{Z=2\}=\dfrac{1}{12}$.

4. (1) $X,Y$ 不相互独立；　(2) $f_Z(z)=\begin{cases}\dfrac{1}{2}z^2\mathrm{e}^{-z},&z>0,\\[2mm]0,&\text{其他}.\end{cases}$　5. $\dfrac{1}{9}$.

6. $\dfrac{1}{4}$.　7. (1) $f_Y(y)=F'_Y(y)=\begin{cases}\dfrac{3}{8\sqrt{y}},&0<y<1,\\[3mm]\dfrac{1}{8\sqrt{y}},&1\leqslant y<4,\\[3mm]0,&\text{其他}.\end{cases}$　(2) $\dfrac{1}{4}$.

8. $f_Z(z) = \begin{cases} \dfrac{z}{\sigma^2} e^{-\frac{z^2}{2\sigma^2}}, & z > 0, \\ 0, & \text{其他.} \end{cases}$

9. $F(z) = \begin{cases} 1 - e^{-z} - z e^{-z}, & z > 0, \\ 0, & z \leqslant 0. \end{cases}$ 　　$f(z) = \begin{cases} z e^{-z}, & z > 0, \\ 0, & z \leqslant 0. \end{cases}$

10. $f_Z(z) = \dfrac{1}{2a}\left[ \Phi\left(\dfrac{z+a-\mu}{\sigma}\right) - \Phi\left(\dfrac{z-a-\mu}{\sigma}\right) \right].$

11. $f(u) = \begin{cases} \dfrac{1}{2}(2-u), & 0 < u < 2, \\ 0, & \text{其他.} \end{cases}$

**总习题三（第 98 页）**

1. 当 $0 < y < 1$ 时，$f_{X|Y}(x|y) = \begin{cases} \dfrac{1}{1-y}, & y < x < 1, \\ 0, & x \text{ 取其他值.} \end{cases}$

　　当 $-1 < y \leqslant 0$ 时，$f_{X|Y}(x|y) = \begin{cases} \dfrac{1}{1+y}, & -y < x < 1, \\ 0, & x \text{ 取其他值.} \end{cases}$

　　当 $0 < x < 1$ 时，$f_{Y|X}(y|x) = \begin{cases} \dfrac{1}{2x}, & |y| < x, \\ 0, & y \text{ 取其他值.} \end{cases}$

2. $P\{X = x_1, Y = y_1\} = \dfrac{1}{24}, P\{X = x_1, Y = y_2\} = \dfrac{1}{8}, P\{X = x_1, Y = y_3\} = \dfrac{1}{12};$

　　$P\{X = x_2, Y = y_1\} = \dfrac{1}{8}, P\{X = x_2, Y = y_2\} = \dfrac{3}{8}, P\{X = x_2, Y = y_3\} = \dfrac{1}{4};$

　　$P\{X = x_1\} = \dfrac{1}{4}, P\{X = x_2\} = \dfrac{3}{4};$

　　$P\{Y = y_1\} = \dfrac{1}{6}, P\{Y = y_2\} = \dfrac{1}{2}, P\{Y = y_3\} = \dfrac{1}{3}.$

3. (1) 12；　(2) $F(x,y) = \begin{cases} (1 - e^{-3x})(1 - e^{-4y}), & x > 0, y > 0, \\ 0, & \text{其他.} \end{cases}$；

　　(3) $(1 - e^{-3})(1 - e^{-8})$；

　　(4) $f_X(x) = \begin{cases} 3e^{-3x}, & x > 0, \\ 0, & \text{其他.} \end{cases}$　$f_Y(y) = \begin{cases} 4e^{-4y}, & y > 0, \\ 0, & \text{其他.} \end{cases}$

　　(5) $X$ 与 $Y$ 相互独立.

4. (1) 略.　(2) $P\{Z = 3\} = \dfrac{1}{3}, P\{Z = 4\} = \dfrac{1}{3}, P\{Z = 5\} = \dfrac{1}{3}.$

　　(3) $P\{V = 2\} = \dfrac{1}{2}, P\{V = 3\} = \dfrac{1}{2}.$　(4) $P\{U = 1\} = \dfrac{1}{2}, P\{U = 2\} = \dfrac{1}{2}.$

　　(5) $P\{W = 3\} = \dfrac{1}{3}, P\{W = 4\} = \dfrac{1}{3}, P\{W = 5\} = \dfrac{1}{3}.$

5. $\dfrac{1}{48}$.　6. (1) $\dfrac{7}{24}$;　(2) $f_Z(z) = \begin{cases} 2z - z^2, & 0 < z < 1, \\ (2-z)^2, & 1 \leqslant z < 2, \\ 0, & \text{其他}. \end{cases}$

7. (1) $F(x,y) = \begin{cases} 0, & x \leqslant 0 \text{ 或 } y \leqslant 0, \\ \dfrac{1}{3} x^2 y \left( x + \dfrac{y}{4} \right), & 0 < x \leqslant 1, 0 < y \leqslant 2, \\ \dfrac{1}{3} x^2 (2x + 1), & 0 < x \leqslant 1, y > 2, \\ \dfrac{1}{12} y(4 + y), & x > 1, 0 < y \leqslant 2, \\ 1, & x > 1, y > 2. \end{cases}$

(2) $f_X(x) = \begin{cases} 2x^2 + \dfrac{2}{3} x, & 0 \leqslant x \leqslant 1, \\ 0, & \text{其他}. \end{cases}$　$f_Y(y) = \begin{cases} \dfrac{1}{3} + \dfrac{1}{6} y, & 0 \leqslant y \leqslant 2, \\ 0, & \text{其他}. \end{cases}$

(3) 当 $0 \leqslant y \leqslant 2$ 时，$f_{X|Y}(x \mid y) = \dfrac{f(x,y)}{f_Y(y)} = \dfrac{6x^2 + 2xy}{2 + y}$.

当 $0 \leqslant x \leqslant 1$ 时，$f_{X|Y}(y \mid x) = \dfrac{f(x,y)}{f_Y(y)} = \dfrac{3x + y}{6x + 2}$.　(4) $\dfrac{65}{72}, \dfrac{17}{24}, \dfrac{5}{32}$.

8. 串联情况：$f_{\min}(z) = \begin{cases} (\alpha + \beta) e^{-(\alpha + \beta) z}, & z > 0, \\ 0, & z \leqslant 0. \end{cases}$

并联情况：$f_{\max}(z) = \begin{cases} \alpha e^{-\alpha z} + \beta e^{-\beta z} - (\alpha + \beta) e^{-(\alpha + \beta) z}, & z > 0, \\ 0, & z \leqslant 0. \end{cases}$

备用情况：$f(z) = \begin{cases} \dfrac{\alpha \beta}{\beta - \alpha} (e^{-\alpha z} - e^{-\beta z}), & z > 0, \\ 0, & z \leqslant 0. \end{cases}$

9. (1) $f(x,y) = \begin{cases} 3, & 0 < x < 1, x^2 < y < \sqrt{x}, \\ 0, & \text{其他} \end{cases}$　(2) $U$ 与 $X$ 不独立，因为

$P \left\{ U \leqslant \dfrac{1}{2}, X \leqslant \dfrac{1}{2} \right\} \neq P \left\{ U \leqslant \dfrac{1}{2} \right\} P \left\{ X \leqslant \dfrac{1}{2} \right\}$;　(3) $Z$ 的分布函数

$F_Z(z) = \begin{cases} 0, & z < 0, \\ \dfrac{3}{2} z^2 - z^3, & 0 \leqslant z < 1, \\ \dfrac{1}{2} + 2(z - 1)^{\frac{3}{2}} - \dfrac{3}{2} (z - 1)^2, & 1 \leqslant z < 2, \\ 1, & z \geqslant 2. \end{cases}$

B 组：

1. 选(A).　2. 选(B).　3. 选(A).　4. 选(B).　5. 选(D).

# 第四章

**习题 4-1(第 109 页)**

1. $-0.2$;　$2.6$;　$2.8$;　$13.4$.

2. (1) $P\{Y=k\}=\dfrac{1}{8}\times C_{k-1}^1\dfrac{1}{8}\times\left(1-\dfrac{1}{8}\right)^{k-2}=\dfrac{1}{64}(k-1)\left(\dfrac{7}{8}\right)^{k-2}$, $k=2,3,4,\cdots$,

(2) 16.   3. 不对.   4. 1.25.   5. $-0.76$.   6. $\dfrac{nM}{N}$.   7. $\dfrac{\pi}{24}(a+b)(a^2+b^2)$.

8. $2,\dfrac{1}{3}$.   9. (1) $a=0,b=2$;  (2) $\dfrac{1}{4}$.   10. 略.

11. (1) $F(y)=\begin{cases}0, & y<0,\\[2mm]\dfrac{3}{4}y, & 0\leqslant y<1,\\[2mm]\dfrac{1}{2}+\dfrac{y}{4}, & 1\leqslant y<2,\\[2mm]1, & y\leqslant 2.\end{cases}$   (2) $\dfrac{3}{4}$.

12. 11.67.   13. $(0.1+p)a$.   14. 约 14 166.67 元.

**习题 4-2（第 117 页）**

1. 7,37.25.   2. 2,13.   3. 4,20.   4. $\sqrt{\dfrac{2}{\pi}}, 1-\dfrac{2}{\pi}$.

5. $E(X)=\displaystyle\sum_{i=1}^n p_i, D(X)=\sum_{i=1}^n p_i(1-p_i)$.

6. 提示:方差定义和二次不等式.   7. $\dfrac{9}{2},\dfrac{27}{4},0,3$.   8. $\dfrac{1}{3},\dfrac{8}{9}$.

9. (1) $P\{X=-1,Y=-1\}=\dfrac{1}{4}$, $P\{X=-1,Y=1\}=0$, $P\{X=1,Y=-1\}=\dfrac{1}{2}$, $P\{X=1,Y=1\}=\dfrac{1}{4}$;  (2) 0,2.

10. $\dfrac{1}{3},\dfrac{1}{18}$.   11. $\dfrac{26}{3},21.42$.   12. 0.6,0.46.   13. 5.

**习题 4-3（第 124 页）**

1. 24.727.   2. 6.   3. $\dfrac{\alpha^2-\beta^2}{\alpha^2+\beta^2}$.   4. $a=0.1,b=0.3,0.1$.   5. 25,8,0.8.

6. $\dfrac{1}{2}$.   7. $\dfrac{2}{3},\dfrac{1}{18},0,0$.   8. (1) $\dfrac{1}{4}$;  (2) $-\dfrac{2}{3},0$.

9. (1) $P\{U=1,V=1\}=\dfrac{4}{9}$, $P\{U=1,V=2\}=0$, $P\{U=2,V=1\}=\dfrac{4}{9}$, $P\{U=2,V=2\}=\dfrac{1}{9}$;  (2) $\dfrac{4}{81}$.   10. 略.

11. $P\{X=0,Y=0\}=\dfrac{2}{3}$, $P\{X=1,Y=0\}=\dfrac{1}{6}$, $P\{X=0,Y=1\}=\dfrac{1}{12}$, $P\{X=1,Y=1\}=\dfrac{1}{12},\dfrac{\sqrt{15}}{15}$.   12. (1) 用事件独立性定义;  (2) 引入示性函数.

**总习题四（第 127 页）**

A 组：

1. 2.4.

2. (1) $P\{U=1,V=1\}=\dfrac{1}{9}$，$P\{U=1,V=2\}=0$，$P\{U=1,V=3\}=0$；

　　　 $P\{U=2,V=1\}=\dfrac{2}{9}$，$P\{U=2,V=2\}=\dfrac{1}{9}$，$P\{U=2,V=3\}=0$；

　　　 $P\{U=3,V=1\}=\dfrac{2}{9}$，$P\{U=3,V=2\}=\dfrac{2}{9}$，$P\{U=3,V=3\}=\dfrac{1}{9}$；

　(2) $\dfrac{22}{9}$. 　3. 45. 　4. $\dfrac{6}{5}$. 　5. $\dfrac{4}{5},\dfrac{3}{5},\dfrac{1}{2},\dfrac{16}{15}$.

6. $\dfrac{1}{p},\dfrac{1-p}{p^{2}}$. 　7. 22 200 元. 　8. (1) 1 200，1 225；　(2) 1 282 kg.

9. (1) $\sqrt{\dfrac{2}{\pi}},1-\dfrac{2}{\pi}$;　(2) $\dfrac{1}{\sqrt{2\pi}},-\dfrac{1}{\sqrt{2\pi}}$.

10. $\dfrac{7}{6},\dfrac{7}{6},-\dfrac{1}{36},-\dfrac{1}{11},\dfrac{5}{9}$. 　11. (1) $f(t)=\begin{cases}25te^{-5t},&t>0\\0,&\text{其他}\end{cases},\dfrac{2}{5},\dfrac{2}{25}$.

12. 最少进货量为 21 单位.

13. (1) $f_{1}(x)=\dfrac{1}{\sqrt{2\pi}}\mathrm{e}^{-\frac{x^{2}}{2}}$，$f_{2}(y)=\dfrac{1}{\sqrt{2\pi}}\mathrm{e}^{-\frac{y^{2}}{2}}$，　0；　(2) $X$ 和 $Y$ 不相互独立.

14. (1) $\mathrm{Cov}(X,Z)=\lambda$；(2) 当 $k=1,2,\cdots$ 时，$P\{Z=k\}=\dfrac{1}{2}\dfrac{\lambda^{k}}{k!}\mathrm{e}^{-\lambda}$；当 $k=0$，

$P\{Z=0\}=\mathrm{e}^{-\lambda}$；当 $k=-1,-2,\cdots$ 时，$P\{Z=k\}=\dfrac{1}{2}\dfrac{\lambda^{-k}}{(-k)!}\mathrm{e}^{-\lambda}$.

B 组：

1. 选(D). 　2. 选(C). 　3. 选(D). 　4. 选(B). 　5. 选(D). 　6. 选(D).

7. 选(D). 　8. 选(D). 　9. 选(D). 　10. 选(A).

# 第五章

**习题 5-1（第 134 页）**

1. $\dfrac{1}{2}$. 　2. $\dfrac{1}{12}$. 　3. $\dfrac{1}{9}$. 　4. 放大被积函数，放大积分区间.

5. 服从辛钦大数定律，$\dfrac{1}{2}$. 　6. 服从辛钦大数定律. 　7. 服从大数定律.

**\*习题 5-2（第 139 页）**

1. 满足服从同一分布，有相同的期望与方差，且要相互独立.

2. $S_{n}$ 近似服从 $N\left(n\dfrac{1}{\lambda},n\dfrac{1}{\lambda^{2}}\right)$.

3. $\Phi\left(\dfrac{x_{2}-np}{\sqrt{np(1-p)}}\right)-\Phi\left(\dfrac{x_{1}-np}{\sqrt{np(1-p)}}\right)$.

4. 0.000 2.　5. 0.11.　6. 最少装 18 条.　7. 121 只.　8. 0.211 9.

9. 0.999 5.

**总习题五（第 141 页）**

A 组：

1. $\leqslant \dfrac{8}{n\varepsilon^2}, 1-\dfrac{1}{2n}$.　2. $\dfrac{1}{n}\sum\limits_{i=1}^{n}X_i^2 \xrightarrow{P} \delta^2$.　3. $n \geqslant 18\,750$.　4. 0.943 1.

5. 0.022 8.　6. 0.348.

7. (1) $X$ 服从参数为 100，0.2 的二项分布；　(2) 0.927.

8. 最少供应 142 千瓦电力.

B 组：

1. 选(C).　2. 选(C).

## 第六章

**习题 6-1（第 146 页）**

1. $B(3,0.01)$.　2. $N(2,117)$.　3. $p^{\sum\limits_{i=1}^{n}x_i} \cdot (1-p)^{n-\sum\limits_{i=1}^{n}x_i}$.

4. $p\{x_1,x_2,\cdots,x_n\} = \dfrac{\lambda^{\sum\limits_{i=1}^{n}x_i}}{\prod\limits_{i=1}^{n}(x_i!)}e^{-n\lambda}, x_i=0,1,2,\cdots$.

**习题 6-2（第 150 页）**

1. $\dfrac{\sum\limits_{i=1}^{n}X_i-\mu}{\sigma}$.　2. $2\lambda$.　3. $F_4(X)=\begin{cases}0, & x<0,\\ \dfrac{1}{2}, & 0\leqslant x<1,\\ \dfrac{3}{4}, & 1\leqslant x<3,\\ 1, & x\geqslant 3.\end{cases}$　4. 略.

**习题 6-3（第 158 页）**

1. (1) $2, \dfrac{1}{4}$，统计量 $\overline{X}\sim N\left(2,\dfrac{1}{4}\right)$；　(2) 标准正态，自由度为 $n-1$ 的 $t$，服从自由度为 $n-1$ 的 $\chi^2$，服从自由度为 $n$ 的 $\chi^2$；　(3) $F(n,m)$.

2. (1) 0.10；　(2) 0.25.　3. 0.829 3.　4. 35.

**总习题六（第 160 页）**

A 组：

1. $\sigma^2$.　2. $2(n-1)\sigma^2$.　3. 0.99.　4. 分母 $S^2$ 与 $\chi^2$ 分布有关，对分子、分母的形式化为 $t$ 分布的结构形式.　5. 0.002 1.

B 组：

1. 选(A).　2. 选(C).　3. 选(C).　4. 选(B).　5. 选(C).　6. 选(C).

7. 选(B).

# 第七章

**习题 7-1（第 173 页）**

1. $\hat{\theta} = \dfrac{1-\overline{X}}{5}$.　2. $\dfrac{5}{6}, \dfrac{5}{6}$.　3. $\hat{\lambda} = \overline{X}, \hat{\lambda} = \overline{X}$.　4. $\hat{p} = \dfrac{1}{\overline{X}}, \hat{p} = \dfrac{1}{\overline{X}}$.

5. 矩估计量为 $\hat{\theta} = \dfrac{2\overline{X}-1}{1-\overline{X}}$，最大似然估计量为 $\hat{\theta} = -1 - \dfrac{n}{\sum\limits_{i=1}^{n} \ln X_i}$.

6. $\hat{\lambda} = \dfrac{1}{\overline{X}}, \hat{\lambda} = \dfrac{1}{\overline{X}}$.　7. (1) $\theta = -\overline{X}$，(2) $\overline{\theta} = \dfrac{2n}{\sum\limits_{i=1}^{n} \dfrac{1}{X_i}}$.

8. (1) $\hat{\theta} = 2\overline{X} - 1$，(2) $\hat{\theta} = \min\{X_1, X_2, \cdots, X_n\}$.

**习题 7-2（第 179 页）**

1. 不对.　2. 不对.　3. $\dfrac{5}{12}$.　4. $c = \dfrac{1}{2(n-1)}$.　5. 用无偏估计定义.

6. 用无偏估计定义.　7. 用无偏估计定义，$C = \dfrac{2}{5n}$.

8. (1) $f(z; \sigma^2) = \dfrac{1}{\sqrt{10\pi}\sigma} e^{-\frac{z^2}{10\sigma^2}}$，$-\infty < z < +\infty$.　(2) $\hat{\sigma^2} = \dfrac{1}{5n}\sum\limits_{i=1}^{n} Z_i^2$.

(3) 用无偏估计定义.　9. (1) $\dfrac{\sqrt{\pi\theta}}{2}, \theta$，　(2) $\hat{\theta} = \dfrac{\sum\limits_{i=1}^{n} X_i^2}{n}$.

**习题 7-3（第 183 页）**

1. $(39.51, 40.49)$.　2. $(990.68, 1\,009.32)$.　3. $(2.120\,9, 2.129\,1)$.

4. (1) $b = e^{\mu + \frac{1}{2}}$，　(2) $(-0.98, 0.98)$，　(3) $(e^{-0.48}, e^{1.48})$.

**习题 7-4（第 192 页）**

1. $(1\,082.31, 1\,199.91)$.　2. $(19.561\,7, 20.438\,3)$.　3. $(96.045, 113.955)$.

4. $(9.34, 16.691)$.　5. (1) $(5.608, 6.329)$；　(2) $(5.558, 6.442)$.

6. $(0.479, 7.403)$.　7. $(-0.40, 2.60)$.　8. $(3.07, 4.93)$.　9. $(0.36, 2.2)$.

10. $\overline{\mu} = 6.329$.　11. $\overline{\mu} = 6.365$.　12. $\mu = 10.65$.　13. $(5, +\infty), \mu = 5$.

**习题 7-5（第 196 页）**

1. $(\underline{p}, \overline{p}) = (0.026\,99, 0.138\,08)$.　2. $(0.158, 0.251)$.

3. $\left( \dfrac{\sqrt{n}\overline{X}}{\sqrt{n} + z_{\alpha/2}}, \dfrac{\sqrt{n}\overline{X}}{\sqrt{n} - z_{\alpha/2}} \right)$.　4. $(0.15, 0.22)$.

**总习题七（第 197 页）**

A 组：

1. (1) $\hat{\theta} = \dfrac{3}{2} - \overline{X}$，　(2) $\hat{\theta} = \dfrac{N}{n}$.

2. (1) $\hat{\beta} = \dfrac{\overline{X}}{\overline{X}-1}$；  (2) $\hat{\beta} = \dfrac{n}{\sum\limits_{i=1}^{n}\ln X_i}$；  (3) $\hat{\alpha} = \min\{X_1, X_2, \cdots, X_n\}$.

3. (1) $\hat{\theta} = 2\overline{X}$；  (2) $\dfrac{\theta^2}{5n}$.  4. (1) $\hat{\theta} = 2\overline{X} - \dfrac{1}{2}$；  (2) 不是 $\theta^2$ 的无偏估计量.

5. $\hat{\theta} = \min\{X_1, X_2, \cdots, X_n\}$.

6. (1) 金球测定时，$(6.675, 6.681)$，$(6.8\times10^{-6}, 6.5\times10^{-5})$；
   (2) 铂球测定时，$(6.661, 6.667)$，$(3.8\times10^{-6}, 5.06\times10^{-5})$.

7. $(-0.125, 5.125)$.  8. (1) $(9.2275, 10.7725)$；  (2) 最少要准备 92 275 kg.

9. (1) $T$ 的概率密度 $f_T(x) = \begin{cases} \dfrac{9x^8}{\theta^9}, & 0 < x < \theta, \\ 0, & \text{其他}. \end{cases}$  (2) $a = \dfrac{10}{9}$.

10. (1) $f_z(z) = \begin{cases} \dfrac{2}{\sqrt{2\pi}\sigma} e^{-\frac{z^2}{2\sigma^2}}, & z > 0, \\ 0, & \text{其他}. \end{cases}$

   (2) 矩估计量 $\hat{\sigma} = \dfrac{1}{n}\sqrt{\dfrac{\pi}{2}}\sum\limits_{i=1}^{n}|X_i - \mu|$；

   (3) 最大似然估计量 $\hat{\sigma} = \sqrt{\dfrac{1}{n}\sum\limits_{i=1}^{n}(X_i - \mu)^2}$.

11. (1) $\hat{\sigma} = \dfrac{1}{n}\sum\limits_{i=1}^{n}|X_i|$；  (2) $E(\hat{\sigma}) = \sigma$, $D(\hat{\sigma}) = \dfrac{\sigma^2}{n}$.

B组：

1. 选(B).  2. 选(C).  3. 选(D).  4. 选(C).

# 第八章

**习题 8-1（第 206 页）**

1. 不能认为.  2. (1) $(-\infty, 39.51) \bigcup (40.49, +\infty)$；  (2) $(39.51, 40.49)$；
   (3) 显著性水平相同时 $\mu$ 的双侧假设检验的接受域恰为 $\mu$ 的置信水平为 0.95 的置信区间.  3. 可以认为.

**习题 8-2（第 212 页）**

1. (1) $t = \dfrac{\overline{X}-\mu}{S/\sqrt{n}}$，自由度为 $n-1$ 的 $t$，$|t| \geqslant t_{\alpha/2}, t \leqslant -t_\alpha, t \geqslant t_\alpha$；

   (2) $Z = \dfrac{\overline{X}-\mu_0}{\sigma_0/\sqrt{n}}$，标准正态，$|Z| \geqslant z_{\alpha/2}, Z \leqslant -z_\alpha, Z \geqslant z_\alpha$.

2. 有显著差异.  3. 无显著差异.  4. 可以接受.  5. 高于市人均月收入.
6. 不合格.  7. 可以认为相同.

**习题 8-3（第 218 页）**

1. $\chi^2 = \dfrac{(n-1)S^2}{\sigma_0^2}$，$\chi^2(n-1)$，$\chi^2 \leqslant \chi^2_{1-\alpha/2}(n-1)$ 或 $\chi^2 \geqslant \chi^2_{\alpha/2}(n-1)$，

$\chi^2 \leqslant \chi^2_{1-\alpha}(n-1), \chi^2 \geqslant \chi^2_{\alpha}(n-1).$

2. 认为 $\sigma^2 = 2.5$.　3. (1) 可以认为平均成绩是 70 分；　(2) 可以认为 $\sigma^2 = 16^2$.

4. 未有显著变化.　5. 认为方差大于 80.　6. 没有发生显著变化.

**＊习题 8-4（第 225 页）**

1. 接受 $H_0$.　2. 认为该日电网电压服从正态分布 $N(109.52, 1.88^2)$.

3. 接受 $H_0$，认为灯泡寿命服从指数分布.　4. 认为骰子是均匀的.

**总习题八（第 227 页）**

A 组：

1. 显著大于 10.　2. 不能认为.　3. 认为 $\sigma^2 = 0.11^2$.　4. 认为 $\sigma \geqslant 0.04\%$.

＊5. 认为次品数服从二项分布 $B(10, 0.1)$.

B 组：

1. 选 (D).

# ＊第九章

**习题 9-1（第 230 页）**

1. 略.　2. 略.

**习题 9-2（第 236 页）**

1. 略.　2. $\hat{Y} = 13.96 + 12.55x$.　3. $\hat{Y} = -11.3 + 36.95x$，线性相关性显著.

4. $\hat{U} = 43.25 + 0.521l$，线性关系显著.

5. $\hat{Y} = 0.96 + 3.44x$，线性关系显著，预测区间为 $(-3.25, 8.61)$.

**习题 9-3（第 240 页）**

1. $\hat{U} = 100.9e^{-0.315t}$.

2. (1) $\hat{Y} = 0.728\,6x - 1\,434.3, 12.70$；　(2) $\hat{U} = 1\,452.9 - \dfrac{2\,860\,360}{v}, 12.64$；

(3) $\hat{U} = 3.211\,7 \times 10^{67} \cdot e^{\frac{-303\,588}{v}}$；　13.14，指数函数拟合最优.

**总习题九（第 242 页）**

1. $\hat{Y} = 0.7815x + 34.996$，线性关系显著，162.38.

2. $\hat{Y} = 188.78 + 1.87x$，线性关系显著，预测区间 $(255.86, 364.80)$.

3. $\hat{U} = 4.67 + 0.313t$，线性相关性特别显著，变化区间 $(31.66, 40.28)$.

4. $\hat{Y} = 240 + 8.602e^{0.506\,2(x-1980)}$.

# 参考文献

[1]  张从军,刘亦农,等.概率论与数理统计(第二版).上海:复旦大学出版社,2012,32-33.

[2]  严士键,王隽骧,刘秀芳.概率论基础(第二版).北京:科学出版社,2009,102-103.

[3]  张从军,刘亦农,等.概率论与数理统计(第二版).上海:复旦大学出版社,2012,76-77.

[4]  何书元.概率论与数理统计(第二版).北京:高等教育出版社,2013.57-58,63-64.

[5]  茆诗松,周纪芗.概率论与数理统计(第二版).北京:高等教育出版社,2000.130-130.

[6]  盛骤,谢式千,潘承毅.概率论与数理统计(第四版)简明本.北京:高等教育出版社,2009.75-75.

[7]  韦来生.数理统计.北京:科学出版社,2008.24-25.

[8]  盛骤,谢式千,潘承毅.概率论与数理统计(第四版)简明本.北京:高等教育出版社,2009.93-93.

[9]  严士键,王隽骧,刘秀芳.概率论基础(第二版).北京:科学出版社,2009,179-180.

[10]  魏宗舒,等.概率论与数理统计教程(第二版).北京:高等教育出版社,2008.213-214.

[11]  魏宗舒,等.概率论与数理统计教程(第二版).北京:高等教育出版社,2008.217-218.

[12]  茆诗松,王静龙,濮晓龙.高等数理统计.北京:高等教育出版社,1998.8-8.

[13]  茆诗松,周纪芗.概率论与数理统计(第二版).北京:高等教育出版社,2000.138-139.

[14]  魏宗舒,等.概率论与数理统计教程(第二版).北京:高等教育出版社,2000.145-146.

[15]  魏宗舒,等.概率论与数理统计教程(第二版).北京:高等教育出版社,2008.139-140.

[16]  魏宗舒,等.概率论与数理统计教程(第二版).北京:高等教育出版社,2008.243-245.

[17]　魏宗舒,等.概率论与数理统计教程(第二版).北京:高等教育出版社, 2008.246-247.

[18]　克拉美 H 著.魏宗舒等译.统计学数学方法.上海:上海科学技术出版社, 1966.

[19]　王松桂,陈敏,陈立萍.线性统计模型.北京:高等教育出版社,1999.

[20]　王松桂,张忠占,程维虎,高旅端.概率论与数理统计(第三版).北京:科学 出版社,2011,184-186.

[21]　王梓坤.概率论基础及其应用.北京:北京师范大学出版社,1996.

[22]　郑一,戚云松,王玉敏.概率论与数理统计学习指导书.大连:大连理工大 学出版社,2015.

[23]　郑一,王玉敏,冯宝成.概率论与数理统计.北京:中国科学技术出版社, 2007.

[24]　郑一,王玉敏,戚云松.概率论与数理统计教学辅助教材.北京:中国科学 技术出版社,2007.

[25]　王玉敏,郑一,林强.概率论与数理统计教学实验教材.北京:中国科学技 术出版社,2007.

[26]　Saeed G. Fundamentals of Probability. New Jersey:Prentice-Hall,Inc USA,2000.

[27]　Richard J L and Morris L M. An Introduction to Mathematical Statistics and its Applications. New Jersey:Prentice-Hall,Inc,1986.

[28]　A. 帕普里斯,S. U. 佩莱著.保铮等译.概率、随机变量与随机过程(第四 版).西安:西安大学出版社,2004.

[29]　《数学辞海》编辑部.数学辞海(第四卷).太原:山西教育出版社;广州:东 南大学出版社;北京:中国科学出版社,2002.

[30]　《现代数学手册》编撰委员会.现代数学手册(随机数学卷).武汉:华中科 技大学出版社,1992.

[31]　教育部高等学校数学与统计学教学指导委员会.工科类、经济管理类、医 科类本科概率论与数理统计课程教学基本要求.北京:高等学校理工科教 学指导委员会通讯,第 4 期(总第 35 期),2006 年 4 月.

# 附录

## 几种常用的概率分布表

| 分布 | 参数 | 分布律或概率密度 | 数学期望 | 方差 |
|---|---|---|---|---|
| 0-1 分布 | $0<p<1$ | $P\{X=k\}=p^k(1-p)^{1-k},k=0,1.$ | $p$ | $p(1-p)$ |
| 二项 分布 | $n\geq 1$ $0<p<1$ | $P\{X=k\}=C_n^k p^k(1-p)^{n-k},k=0,1,\cdots,n,$ | $np$ | $np(1-p)$ |
| 负二项 分布 | $r\geq 1$ $0<p<1$ | $P\{X=k\}=C_{k-1}^{r-1}p^r(1-p)^{k-r},k=r,r+1,\cdots.$ | $\dfrac{r}{p}$ | $\dfrac{r(1-p)}{p^2}$ |
| 几何 分布 | $0<p<1$ | $P\{X=k\}=p(1-p)^{k-1},k=1,2,\cdots.$ | $\dfrac{1}{p}$ | $\dfrac{1-p}{p^2}$ |
| 超几何 分布 | $N,M,n$ $(n\leq M)$ | $P\{X=k\}=\dfrac{C_M^k C_{N-M}^{n-k}}{C_N^n},k=0,1,\cdots,n.$ | $\dfrac{nM}{N}$ | $\dfrac{nM}{N}\left(1-\dfrac{M}{N}\right)\left(\dfrac{N-n}{N-1}\right)$ |
| 泊松 分布 | $\lambda>0$ | $P\{X=k\}=\dfrac{\lambda^k e^{-\lambda}}{k!},k=0,1,\cdots.$ | $\lambda$ | $\lambda$ |
| 均匀 分布 | $a<b$ | $f(x)=\begin{cases}\dfrac{1}{b-a}, & a<x<b,\\ 0, & \text{其他.}\end{cases}$ | $\dfrac{a+b}{2}$ | $\dfrac{(b-a)^2}{12}$ |
| 正态 分布 | $\mu$ $\sigma>0$ | $f(x)=\dfrac{1}{\sqrt{2\pi}\sigma}e^{-\frac{(x-\mu)^2}{2\sigma^2}}.$ | $\mu$ | $\sigma^2$ |
| $\Gamma$分布 | $\alpha>0$ $\beta>0$ | $f(x)=\begin{cases}\dfrac{\beta^\alpha}{\Gamma(\alpha)}x^{\alpha-1}e^{-\beta x}, & x>0,\\ 0, & \text{其他.}\end{cases}$ | $\dfrac{\alpha}{\beta}$ | $\dfrac{\alpha}{\beta^2}$ |
| 指数 分布 | $\theta>0$ | $f(x)=\begin{cases}\theta e^{-\theta x}, & x>0,\\ 0, & \text{其他.}\end{cases}$ | $\dfrac{1}{\theta}$ | $\dfrac{1}{\theta^2}$ |

（续表）

| 分　布 | 参　数 | 分布律或概率密度 | 数学期望 | 方　差 |
|---|---|---|---|---|
| $\chi^2$ 分布 | $n\geqslant 1$ | $f(x)=\begin{cases}\dfrac{1}{2^{n/2}\Gamma(n/2)}x^{n/2-1}\mathrm{e}^{-x/2}, & x>0,\\ 0, & \text{其他.}\end{cases}$ | $n$ | $2n$ |
| 威布尔分布 | $\eta>0$ $\beta>0$ | $f(x)=\begin{cases}\dfrac{\beta}{\eta}\left(\dfrac{x}{\eta}\right)^{\beta-1}\mathrm{e}^{-\left(\frac{x}{\eta}\right)^{\beta}}, & x>0,\\ 0, & \text{其他.}\end{cases}$ | $\eta\,\Gamma\left(\dfrac{1}{\beta}+1\right)$ | $\eta^2\left\{\Gamma\left(\dfrac{2}{\beta}+1\right)-\left[\Gamma\left(\dfrac{1}{\beta}+1\right)\right]^2\right\}$ |
| 瑞利分布 | $\sigma>0$ | $f(x)=\begin{cases}\dfrac{x}{\sigma^2}\mathrm{e}^{-x^2/(2\sigma^2)}, & x>0,\\ 0, & \text{其他.}\end{cases}$ | $\sqrt{\dfrac{\pi}{2}}\,\sigma$ | $\dfrac{4-\pi}{2}\sigma^2$ |
| $\beta$ 分布 | $\alpha>0$ $\beta>0$ | $f(x)=\begin{cases}\dfrac{\Gamma(\alpha+\beta)}{\Gamma(\alpha)\Gamma(\beta)}x^{\alpha-1}(1-x)^{\beta-1}, & 0<x<1,\\ 0, & \text{其他.}\end{cases}$ | $\dfrac{\alpha}{\alpha+\beta}$ | $\dfrac{\alpha\beta}{(\alpha+\beta)^2(\alpha+\beta+1)}$ |
| 对数正态分布 | $\mu$ $\sigma>0$ | $f(x)=\begin{cases}\dfrac{1}{\sqrt{2\pi}\sigma x}\mathrm{e}^{-\frac{(\ln x-\mu)^2}{2\sigma^2}}, & x>0,\\ 0, & \text{其他.}\end{cases}$ | $\mathrm{e}^{\mu+\frac{\sigma^2}{2}}$ | $\mathrm{e}^{2\mu+\sigma^2}\left(\mathrm{e}^{\sigma^2}-1\right)$ |
| 柯西分布 | $\alpha,\lambda>0$ | $f(x)=\dfrac{1}{\pi}\dfrac{\lambda}{\lambda^2+(x-a)^2}.$ | 不存在 | 不存在 |
| $t$ 分布 | $n\geqslant 1$ | $f(x)=\dfrac{\Gamma\left(\dfrac{n+1}{2}\right)}{\sqrt{n\pi}\,\Gamma\left(\dfrac{n}{2}\right)}\left(1+\dfrac{x^2}{n}\right)^{-\frac{n+1}{2}}$ | $0,n>1$ | $\dfrac{n}{n-2},n>2$ |
| $F$ 分布 | $n_1,n_2$ | $f(x)=\begin{cases}\dfrac{\Gamma\left(\dfrac{n_1+n_2}{2}\right)}{\Gamma\left(\dfrac{n_1}{2}\right)\Gamma\left(\dfrac{n_2}{2}\right)}\left(\dfrac{n_1}{n_2}\right)^{\frac{n_1}{2}}x^{\frac{n_1}{2}-1}\cdot\left(1+\dfrac{n_1}{n_2}x\right)^{-\frac{(n_1+n_2)}{2}}, & x>0,\\ 0, & \text{其他.}\end{cases}$ | $\dfrac{n_2}{n_2-2}(n_2>2)$ | $\dfrac{2n_2^2(n_1+n_2-2)}{n_1(n_2-2)^2(n_2-4)}$ $(n_2>4)$ |

附录二　正态总体均值、方差的置信区间与单侧置信限表

|  | 待估参数 | 前提条件 | 样本函数及其分布 | 置信区间 | 单侧置信上限与下限 |
|---|---|---|---|---|---|
| 单个正态总体 | $\mu$ | $\sigma^2$ 已知 | $Z=\dfrac{\overline{X}-\mu}{\sigma/\sqrt{n}}\sim N(0,1)$ | $\left(\overline{X}\pm\dfrac{\sigma}{\sqrt{n}}z_{\alpha/2}\right)$ | $\overline{\mu}=\overline{X}+\dfrac{\sigma}{\sqrt{n}}z_\alpha$,　$\underline{\mu}=\overline{X}-\dfrac{\sigma}{\sqrt{n}}z_\alpha$ |
|  | $\mu$ | $\sigma^2$ 未知 | $t=\dfrac{\overline{X}-\mu}{S/\sqrt{n}}\sim t(n-1)$ | $\left(\overline{X}\pm\dfrac{S}{\sqrt{n}}t_{\alpha/2}(n-1)\right)$ | $\overline{\mu}=\overline{X}+\dfrac{S}{\sqrt{n}}t_\alpha(n-1)$,　$\underline{\mu}=\overline{X}-\dfrac{S}{\sqrt{n}}t_\alpha(n-1)$ |
|  | $\sigma^2$ | $\mu$ 未知 | $\chi^2=\dfrac{(n-1)S^2}{\sigma^2}\sim\chi^2(n-1)$ | $\left(\dfrac{(n-1)S^2}{\chi^2_{\alpha/2}(n-1)},\dfrac{(n-1)S^2}{\chi^2_{1-\alpha/2}(n-1)}\right)$ | $\overline{\sigma^2}=\dfrac{(n-1)S^2}{\chi^2_{1-\alpha}(n-1)}$,　$\underline{\sigma^2}=\dfrac{(n-1)S^2}{\chi^2_{\alpha}(n-1)}$ |
| 两个正态总体 | $\mu_1-\mu_2$ | $\sigma_1^2,\sigma_2^2$ 已知 | $Z=\dfrac{(\overline{X}-\overline{Y})-(\mu_1-\mu_2)}{\sqrt{\dfrac{\sigma_1^2}{n_1}+\dfrac{\sigma_2^2}{n_2}}}\sim N(0,1)$ | $\left(\overline{X}-\overline{Y}\pm z_{\alpha/2}\sqrt{\dfrac{\sigma_1^2}{n_1}+\dfrac{\sigma_2^2}{n_2}}\right)$ | $\overline{(\mu_1-\mu_2)}=\overline{X}-\overline{Y}+z_\alpha\sqrt{\dfrac{\sigma_1^2}{n_1}+\dfrac{\sigma_2^2}{n_2}}$,　$\underline{(\mu_1-\mu_2)}=\overline{X}-\overline{Y}-z_\alpha\sqrt{\dfrac{\sigma_1^2}{n_1}+\dfrac{\sigma_2^2}{n_2}}$ |
|  | $\mu_1-\mu_2$ | $\sigma_1^2=\sigma_2^2=\sigma^2$，未知 | $t=\dfrac{(\overline{X}-\overline{Y})-(\mu_1-\mu_2)}{S_w\sqrt{\dfrac{1}{n_1}+\dfrac{1}{n_2}}}\sim t(n_1+n_2-2)$　$S_w^2=\dfrac{(n_1-1)S_1^2+(n_2-1)S_2^2}{n_1+n_2-2}$ | $\left(\overline{X}-\overline{Y}\pm t_{\alpha/2}(n_1+n_2-2)S_w\sqrt{\dfrac{1}{n_1}+\dfrac{1}{n_2}}\right)$ | $\overline{(\mu_1-\mu_2)}=\overline{X}-\overline{Y}+t_\alpha(n_1+n_2-2)S_w\sqrt{\dfrac{1}{n_1}+\dfrac{1}{n_2}}$,　$\underline{(\mu_1-\mu_2)}=\overline{X}-\overline{Y}-t_\alpha(n_1+n_2-2)S_w\sqrt{\dfrac{1}{n_1}+\dfrac{1}{n_2}}$ |
|  | $\dfrac{\sigma_1^2}{\sigma_2^2}$ | $\mu_1,\mu_2$ 未知 | $F=\dfrac{S_1^2/S_2^2}{\sigma_1^2/\sigma_2^2}\sim F(n_1-1,n_2-1)$ | $\left(\dfrac{S_1^2}{S_2^2}\dfrac{1}{F_{\alpha/2}(n_1-1,n_2-1)},\dfrac{S_1^2}{S_2^2}\dfrac{1}{F_{1-\alpha/2}(n_1-1,n_2-1)}\right)$ | $\overline{\left(\dfrac{\sigma_1^2}{\sigma_2^2}\right)}=\dfrac{S_1^2}{S_2^2}\dfrac{1}{F_{1-\alpha}(n_1-1,n_2-1)}$,　$\underline{\left(\dfrac{\sigma_1^2}{\sigma_2^2}\right)}=\dfrac{S_1^2}{S_2^2}\dfrac{1}{F_{\alpha}(n_1-1,n_2-1)}$ |

附录三　正态总体均值与方差双侧、单侧假设检验及其拒绝域表

| | 检验参数 | 前提条件 | 原假设 $H_0$ | 检验酮剂量 | 备择假设 | 拒绝域 |
|---|---|---|---|---|---|---|
| 单个正态总体 | $\mu$ | $\sigma^2$ 已知 | $\mu\leq\mu_0$<br>$\mu\geq\mu_0$<br>$\mu=\mu_0$ | $Z=\dfrac{\overline{X}-\mu_0}{\sigma/\sqrt{n}}$ | $\mu>\mu_0$<br>$\mu<\mu_0$<br>$\mu\neq\mu_0$ | $Z\geq z_\alpha$<br>$Z\leq -z_\alpha$<br>$|Z|\geq z_{\alpha/2}$ |
| | | $\sigma^2$ 未知 | $\mu\leq\mu_0$<br>$\mu\geq\mu_0$<br>$\mu=\mu_0$ | $t=\dfrac{\overline{X}-\mu_0}{S/\sqrt{n}}$ | $\mu>\mu_0$<br>$\mu<\mu_0$<br>$\mu\neq\mu_0$ | $t\geq t_\alpha\ (n-1)$<br>$t\leq -t_\alpha(n-1)$<br>$|t|\geq t_{\alpha/2}(n-1)$ |
| | $\sigma^2$ | $\mu$ 未知 | $\sigma^2\leq\sigma_0^2$<br>$\sigma^2\geq\sigma_0^2$<br>$\sigma^2=\sigma_0^2$ | $\chi^2=\dfrac{(n-1)S^2}{\sigma_0^2}$ | $\sigma^2>\sigma_0^2$<br>$\sigma^2<\sigma_0^2$<br>$\sigma^2\neq\sigma_0^2$ | $\chi^2\geq\chi_\alpha^2(n-1)$<br>$\chi^2\leq\chi_{1-\alpha}^2(n-1)$<br>$\chi^2\geq\chi_{\alpha/2}^2(n-1)$ 或 $\chi^2\leq\chi_{1-\alpha/2}^2(n-1)$ |
| 两个正态总体 | $\mu_1-\mu_2$ | $\sigma_1^2,\sigma_2^2$ 均为已知 | $\mu_1-\mu_2\leq\delta$<br>$\mu_1-\mu_2\geq\delta$<br>$\mu_1-\mu_2=\delta$ | $Z=\dfrac{\overline{X}-\overline{Y}-\delta}{\sqrt{\dfrac{\sigma_1^2}{n_1}+\dfrac{\sigma_2^2}{n_2}}}$ | $\mu_1-\mu_2>\delta$<br>$\mu_1-\mu_2<\delta$<br>$\mu_1-\mu_2\neq\delta$ | $Z\geq z_\alpha$<br>$Z\leq -z_\alpha$<br>$|Z|\geq z_{\alpha/2}$ |
| | | $\sigma_1^2=\sigma_2^2=$ $\sigma^2$，但 $\sigma^2$ 为未知 | $\mu_1-\mu_2\leq\delta$<br>$\mu_1-\mu_2\geq\delta$<br>$\mu_1-\mu_2=\delta$ | $t=\dfrac{\overline{X}-\overline{Y}-\delta}{S_w\sqrt{\dfrac{1}{n_1}+\dfrac{1}{n_2}}}$<br>$S_w^2=\dfrac{(n_1-1)S_1^2+(n_2-1)S_2^2}{n_1+n_2-2}$ | $\mu_1-\mu_2>\delta$<br>$\mu_1-\mu_2<\delta$<br>$\mu_1-\mu_2\neq\delta$ | $t\geq t_\alpha(n_1+n_2-2)$<br>$t\leq -t_\alpha(n_1+n_2-2)$ ·<br>$|t|\geq t_{\alpha/2}(n_1+n_2-2)$ |
| | $\dfrac{\sigma_1^2}{\sigma_2^2}$ | $\mu_1,\mu_2$ 未知 | $\sigma_1^2\leq\sigma_2^2$<br>$\sigma_1^2\geq\sigma_2^2$<br>$\sigma_1^2=\sigma_2^2$ | $F=\dfrac{S_1^2}{S_2^2}$ | $\sigma_1^2>\sigma_2^2$<br>$\sigma_1^2<\sigma_2^2$<br>$\sigma_1^2\neq\sigma_2^2$ | $F\geq F_\alpha(n_1-1,n_2-1)$<br>$F\leq F_{1-\alpha}(n_1-1,n_2-1)$<br>$F\geq F_{\alpha/2}(n_1-1,n_2-1)$<br>或 $F\leq F_{1-\alpha/2}(n_1-1,n_2-1)$ |

附录四　　　　标准正态分布表

$$\Phi(x) = P\{X \leqslant x\} = \frac{1}{\sqrt{2\pi}} \int_{-\infty}^{x} e^{-\frac{u^2}{2}} du$$

| $x$ | 0.00 | 0.01 | 0.02 | 0.03 | 0.04 | 0.05 | 0.06 | 0.07 | 0.08 | 0.09 |
|---|---|---|---|---|---|---|---|---|---|---|
| 0.0 | 0.500 0 | 0.504 0 | 0.508 0 | 0.512 0 | 0.516 0 | 0.519 9 | 0.523 9 | 0.527 9 | 0.531 9 | 0.535 9 |
| 0.1 | 0.539 8 | 0.543 8 | 0.547 8 | 0.551 7 | 0.555 7 | 0.559 6 | 0.563 6 | 0.567 5 | 0.571 4 | 0.575 3 |
| 0.2 | 0.579 3 | 0.583 2 | 0.587 1 | 0.591 0 | 0.594 8 | 0.598 7 | 0.602 6 | 0.606 4 | 0.610 3 | 0.614 1 |
| 0.3 | 0.617 9 | 0.621 7 | 0.625 5 | 0.629 3 | 0.633 1 | 0.636 8 | 0.640 6 | 0.644 3 | 0.648 0 | 0.651 7 |
| 0.4 | 0.655 4 | 0.659 1 | 0.662 8 | 0.666 4 | 0.670 0 | 0.673 6 | 0.677 2 | 0.680 8 | 0.684 4 | 0.687 9 |
| 0.5 | 0.691 5 | 0.695 0 | 0.698 5 | 0.701 9 | 0.705 4 | 0.708 8 | 0.712 3 | 0.715 7 | 0.719 0 | 0.722 4 |
| 0.6 | 0.725 7 | 0.729 1 | 0.732 4 | 0.735 7 | 0.738 9 | 0.742 2 | 0.745 4 | 0.748 6 | 0.751 7 | 0.754 9 |
| 0.7 | 0.758 0 | 0.761 1 | 0.764 2 | 0.767 3 | 0.770 3 | 0.773 4 | 0.776 4 | 0.779 4 | 0.782 3 | 0.785 2 |
| 0.8 | 0.788 1 | 0.791 0 | 0.793 9 | 0.796 7 | 0.799 5 | 0.802 3 | 0.805 1 | 0.807 8 | 0.810 6 | 0.813 3 |
| 0.9 | 0.815 9 | 0.818 6 | 0.821 2 | 0.823 8 | 0.826 4 | 0.828 9 | 0.831 5 | 0.834 0 | 0.836 5 | 0.838 9 |
| 1.0 | 0.841 3 | 0.843 8 | 0.846 1 | 0.848 5 | 0.850 8 | 0.853 1 | 0.855 4 | 0.857 7 | 0.859 9 | 0.862 1 |
| 1.1 | 0.864 3 | 0.866 5 | 0.868 6 | 0.870 8 | 0.872 9 | 0.874 9 | 0.877 0 | 0.879 0 | 0.881 0 | 0.883 0 |
| 1.2 | 0.884 9 | 0.886 9 | 0.888 8 | 0.890 7 | 0.892 5 | 0.894 4 | 0.896 2 | 0.898 0 | 0.899 7 | 0.901 5 |
| 1.3 | 0.903 2 | 0.904 9 | 0.906 6 | 0.908 2 | 0.909 9 | 0.911 5 | 0.913 1 | 0.914 7 | 0.916 2 | 0.917 7 |
| 1.4 | 0.919 2 | 0.920 7 | 0.922 2 | 0.923 6 | 0.925 1 | 0.926 5 | 0.927 8 | 0.929 2 | 0.930 6 | 0.931 9 |

（续表）

| $x$ | 0.00 | 0.01 | 0.02 | 0.03 | 0.04 | 0.05 | 0.06 | 0.07 | 0.08 | 0.09 |
|---|---|---|---|---|---|---|---|---|---|---|
| 1.5 | 0.933 2 | 0.934 5 | 0.935 7 | 0.937 0 | 0.938 2 | 0.939 4 | 0.940 6 | 0.941 8 | 0.943 0 | 0.944 1 |
| 1.6 | 0.945 2 | 0.946 3 | 0.947 4 | 0.948 4 | 0.949 5 | 0.950 5 | 0.951 5 | 0.952 5 | 0.953 5 | 0.954 5 |
| 1.7 | 0.955 4 | 0.956 4 | 0.957 3 | 0.958 2 | 0.959 1 | 0.959 9 | 0.960 8 | 0.961 6 | 0.962 5 | 0.963 3 |
| 1.8 | 0.964 1 | 0.964 8 | 0.965 6 | 0.966 4 | 0.967 1 | 0.967 8 | 0.968 6 | 0.969 3 | 0.970 0 | 0.970 6 |
| 1.9 | 0.971 3 | 0.971 9 | 0.972 6 | 0.973 2 | 0.973 8 | 0.974 4 | 0.975 0 | 0.975 6 | 0.976 2 | 0.976 7 |
| 2.0 | 0.977 2 | 0.977 8 | 0.978 3 | 0.978 8 | 0.979 3 | 0.979 8 | 0.980 3 | 0.980 8 | 0.981 2 | 0.981 7 |
| 2.1 | 0.982 1 | 0.982 6 | 0.983 0 | 0.983 4 | 0.983 8 | 0.984 2 | 0.984 6 | 0.985 0 | 0.985 4 | 0.985 7 |
| 2.2 | 0.986 1 | 0.986 4 | 0.986 8 | 0.987 1 | 0.987 4 | 0.987 8 | 0.988 1 | 0.988 4 | 0.988 7 | 0.989 0 |
| 2.3 | 0.989 3 | 0.989 6 | 0.989 8 | 0.990 1 | 0.990 4 | 0.990 6 | 0.990 9 | 0.991 1 | 0.991 3 | 0.991 6 |
| 2.4 | 0.991 8 | 0.992 0 | 0.992 2 | 0.992 5 | 0.992 7 | 0.992 9 | 0.993 1 | 0.993 2 | 0.993 4 | 0.993 6 |
| 2.5 | 0.993 8 | 0.994 0 | 0.994 1 | 0.994 3 | 0.994 5 | 0.994 6 | 0.994 8 | 0.994 9 | 0.995 1 | 0.995 2 |
| 2.6 | 0.995 3 | 0.995 5 | 0.995 6 | 0.995 7 | 0.995 9 | 0.996 0 | 0.996 1 | 0.996 2 | 0.996 3 | 0.996 4 |
| 2.7 | 0.996 5 | 0.996 6 | 0.996 7 | 0.996 8 | 0.996 9 | 0.997 0 | 0.997 1 | 0.997 2 | 0.997 3 | 0.997 4 |
| 2.8 | 0.997 4 | 0.997 5 | 0.997 6 | 0.997 7 | 0.997 7 | 0.997 8 | 0.997 9 | 0.997 9 | 0.998 0 | 0.998 1 |
| 2.9 | 0.998 1 | 0.998 2 | 0.998 2 | 0.998 3 | 0.998 4 | 0.998 4 | 0.998 5 | 0.998 5 | 0.998 6 | 0.998 6 |
| 3.0 | 0.998 7 | 0.998 7 | 0.998 7 | 0.998 8 | 0.998 8 | 0.998 9 | 0.998 9 | 0.998 9 | 0.999 0 | 0.999 0 |

注：表中末行系标准正态分布函数值 $\Phi(3.0),\Phi(3.1),\cdots,\Phi(3.9)$.

t 分布表

$$P\{t>t_\alpha(n)\}=\alpha$$

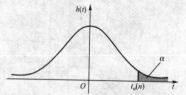

| n | α=0.25 | 0.20 | 0.15 | 0.10 | 0.05 | 0.025 | 0.01 | 0.005 |
|---|---|---|---|---|---|---|---|---|
| 1 | 1.000 | 1.376 | 1.963 | 3.077 7 | 6.313 8 | 12.706 2 | 31.820 7 | 63.657 4 |
| 2 | 0.816 5 | 1.061 | 1.386 | 1.885 6 | 2.920 0 | 4.302 7 | 6.964 6 | 9.924 8 |
| 3 | 0.764 9 | 0.978 | 1.250 | 1.637 7 | 2.353 4 | 3.182 4 | 4.540 7 | 5.840 9 |
| 4 | 0.740 7 | 0.941 | 1.190 | 1.533 2 | 2.131 8 | 2.776 4 | 3.746 9 | 4.604 1 |
| 5 | 0.726 7 | 0.920 | 1.156 | 1.475 9 | 2.015 0 | 2.570 6 | 3.364 9 | 4.032 2 |
| 6 | 0.717 6 | 0.906 | 1.134 | 1.439 8 | 1.943 2 | 2.446 9 | 3.142 7 | 3.707 4 |
| 7 | 0.711 1 | 0.896 | 1.119 | 1.414 9 | 1.894 6 | 2.364 6 | 2.998 0 | 3.499 5 |
| 8 | 0.706 4 | 0.889 | 1.108 | 1.396 8 | 1.859 5 | 2.306 0 | 2.896 5 | 3.355 4 |
| 9 | 0.702 7 | 0.883 | 1.100 | 1.383 0 | 1.833 1 | 2.262 2 | 2.821 4 | 3.249 8 |
| 10 | 0.699 8 | 0.879 | 1.093 | 1.372 2 | 1.812 5 | 2.228 1 | 2.763 8 | 3.169 3 |
| 11 | 0.697 4 | 0.876 | 1.088 | 1.363 4 | 1.795 9 | 2.201 0 | 2.718 1 | 3.105 8 |
| 12 | 0.695 5 | 0.873 | 1.083 | 1.356 2 | 1.782 3 | 2.178 8 | 2.681 0 | 3.054 5 |
| 13 | 0.693 8 | 0.870 | 1.097 | 1.350 2 | 1.770 9 | 2.160 4 | 2.650 3 | 3.012 3 |
| 14 | 0.692 4 | 0.868 | 1.076 | 1.345 0 | 1.761 3 | 2.144 8 | 2.624 5 | 2.976 8 |
| 15 | 0.691 2 | 0.866 | 1.074 | 1.340 6 | 1.753 1 | 2.131 5 | 2.602 5 | 2.946 7 |
| 16 | 0.690 1 | 0.865 | 1.071 | 1.336 8 | 1.745 9 | 2.119 9 | 2.583 5 | 2.920 8 |
| 17 | 0.689 2 | 0.863 | 1.069 | 1.333 4 | 1.739 6 | 1.109 8 | 2.566 9 | 2.898 2 |
| 18 | 0.688 4 | 0.862 | 1.067 | 1.330 4 | 1.734 1 | 2.100 9 | 2.552 4 | 2.878 4 |
| 19 | 0.687 6 | 0.861 | 1.066 | 1.327 7 | 1.729 1 | 2.093 0 | 2.539 5 | 2.860 9 |
| 20 | 0.687 0 | 0.860 | 1.064 | 1.325 3 | 1.724 7 | 2.086 0 | 2.528 0 | 2.845 3 |
| 21 | 0.686 4 | 0.859 | 1.063 | 1.323 2 | 1.720 7 | 2.079 6 | 2.517 7 | 2.831 4 |
| 22 | 0.685 8 | 0.858 | 1.061 | 1.321 2 | 1.717 1 | 2.073 9 | 2.508 3 | 2.818 8 |
| 23 | 0.685 3 | 0.858 | 1.060 | 1.319 5 | 1.713 9 | 2.068 7 | 2.499 9 | 2.807 3 |
| 24 | 0.684 8 | 0.857 | 1.059 | 1.317 8 | 1.710 9 | 2.063 9 | 2.492 2 | 2.796 9 |
| 25 | 0.684 4 | 0.856 | 1.058 | 1.316 3 | 1.708 1 | 2.059 5 | 2.485 1 | 2.787 4 |
| 26 | 0.684 0 | 0.856 | 1.058 | 1.315 0 | 1.705 8 | 2.055 5 | 2.478 6 | 2.778 7 |
| 27 | 0.683 7 | 0.855 | 1.057 | 1.313 7 | 1.703 3 | 2.051 8 | 2.472 7 | 2.770 7 |
| 28 | 0.683 4 | 0.855 | 1.056 | 1.312 5 | 1.701 1 | 2.048 4 | 2.467 1 | 2.763 3 |
| 29 | 0.683 0 | 0.854 | 1.055 | 1.311 4 | 1.699 1 | 2.045 2 | 2.462 0 | 2.756 4 |
| 30 | 0.682 8 | 0.854 | 1.055 | 1.310 4 | 1.697 3 | 2.042 3 | 2.457 3 | 2.750 0 |
| 31 | 0.682 5 | 0.853 5 | 1.054 1 | 1.309 5 | 1.695 5 | 2.039 5 | 2.452 8 | 2.744 0 |
| 32 | 0.682 2 | 0.853 1 | 1.053 6 | 1.308 6 | 1.693 9 | 2.036 9 | 2.448 7 | 2.738 5 |
| 33 | 0.682 0 | 0.852 7 | 1.053 1 | 1.307 7 | 1.692 4 | 2.034 5 | 2.444 8 | 2.733 3 |
| 34 | 0.681 8 | 0.852 4 | 1.052 6 | 1.307 0 | 1.690 9 | 2.032 2 | 2.441 1 | 2.728 4 |
| 35 | 0.681 6 | 0.852 1 | 1.052 1 | 0.306 2 | 1.689 6 | 2.030 1 | 2.437 7 | 2.723 8 |
| 36 | 0.681 4 | 0.851 8 | 1.051 6 | 1.305 5 | 1.688 3 | 2.028 1 | 2.434 5 | 2.715 9 |
| 37 | 0.681 2 | 0.851 5 | 1.051 2 | 1.304 9 | 1.687 1 | 2.026 2 | 2.431 4 | 2.715 4 |
| 38 | 0.681 0 | 0.851 2 | 1.050 8 | 1.304 2 | 1.686 0 | 2.024 4 | 0.242 8 6 | 2.711 6 |
| 39 | 0.680 8 | 0.851 0 | 1.050 4 | 1.302 6 | 1.684 9 | 2.022 7 | 2.425 8 | 2.707 9 |
| 40 | 0.680 7 | 0.850 7 | 1.050 1 | 1.303 1 | 1.683 9 | 2.021 1 | 2.423 3 | 2.704 5 |
| 41 | 0.680 5 | 0.850 5 | 1.049 8 | 1.302 5 | 1.682 9 | 2.019 5 | 2.420 8 | 2.701 2 |
| 42 | 0.680 4 | 0.850 3 | 1.049 4 | 1.302 0 | 1.682 0 | 2.018 1 | 2.418 5 | 2.698 1 |
| 43 | 0.680 2 | 0.850 1 | 1.049 1 | 1.301 6 | 1.681 1 | 2.016 7 | 2.416 3 | 2.695 1 |
| 44 | 0.680 1 | 0.849 9 | 1.048 8 | 1.301 1 | 1.680 2 | 2.015 4 | 2.414 1 | 2.692 3 |
| 45 | 0.680 0 | 0.849 7 | 1.048 5 | 1.300 6 | 1.679 4 | 2.014 1 | 2.412 1 | 2.689 6 |

附录六

## χ² 分布表

$$P\{\chi^2 > \chi^2_\alpha(n)\} = \alpha$$

| $n$ | $\alpha=0.995$ | 0.99 | 0.975 | 0.95 | 0.90 | 0.25 | 0.10 | 0.05 | 0.025 | 0.01 | 0.005 |
|---|---|---|---|---|---|---|---|---|---|---|---|
| 1 | 0.000 | 0.000 | 0.001 | 0.004 | 0.016 | 1.323 | 2.706 | 3.841 | 5.024 | 6.635 | 7.879 |
| 2 | 0.010 | 0.020 | 0.051 | 0.103 | 0.211 | 2.773 | 4.605 | 5.991 | 7.378 | 9.210 | 10.597 |
| 3 | 0.072 | 0.115 | 0.216 | 0.352 | 0.584 | 4.108 | 6.251 | 7.815 | 9.348 | 11.345 | 12.838 |
| 4 | 0.207 | 0.297 | 0.484 | 0.711 | 1.064 | 5.385 | 7.779 | 9.488 | 11.143 | 13.277 | 14.860 |
| 5 | 0.412 | 0.554 | 0.831 | 1.145 | 1.610 | 6.626 | 9.236 | 11.071 | 12.833 | 15.086 | 16.750 |
| 6 | 0.676 | 0.872 | 1.237 | 1.635 | 2.204 | 7.841 | 10.645 | 12.592 | 14.449 | 16.812 | 18.548 |
| 7 | 0.989 | 1.239 | 1.690 | 2.167 | 2.833 | 9.037 | 12.017 | 14.067 | 16.013 | 18.475 | 20.278 |
| 8 | 1.344 | 1.646 | 2.180 | 2.733 | 3.490 | 10.219 | 13.362 | 15.507 | 17.535 | 20.090 | 21.955 |
| 9 | 1.735 | 2.088 | 2.700 | 3.325 | 4.168 | 11.389 | 14.684 | 16.919 | 19.023 | 21.666 | 23.589 |
| 10 | 2.156 | 2.558 | 3.247 | 3.940 | 4.865 | 12.549 | 15.987 | 18.307 | 20.483 | 23.209 | 25.188 |
| 11 | 2.603 | 3.053 | 3.816 | 4.575 | 5.578 | 13.701 | 17.275 | 19.675 | 21.920 | 24.725 | 26.757 |
| 12 | 3.074 | 3.571 | 4.404 | 5.226 | 6.304 | 14.845 | 18.549 | 21.026 | 23.337 | 26.217 | 28.299 |
| 13 | 3.565 | 4.107 | 5.009 | 5.892 | 7.042 | 15.984 | 19.812 | 22.362 | 24.736 | 27.688 | 29.819 |
| 14 | 4.075 | 4.660 | 5.629 | 6.571 | 7.790 | 17.117 | 21.064 | 23.685 | 26.119 | 29.141 | 31.319 |
| 15 | 4.601 | 5.229 | 6.262 | 7.261 | 8.547 | 18.245 | 22.307 | 24.996 | 27.488 | 30.578 | 32.801 |
| 16 | 5.142 | 5.812 | 6.908 | 7.962 | 9.312 | 19.369 | 23.542 | 26.296 | 28.845 | 32.000 | 34.267 |
| 17 | 5.697 | 6.408 | 7.564 | 8.672 | 10.085 | 20.489 | 24.769 | 27.587 | 30.191 | 33.409 | 35.718 |
| 18 | 6.265 | 7.015 | 8.231 | 9.390 | 10.865 | 21.605 | 25.989 | 28.869 | 31.526 | 34.805 | 37.156 |
| 19 | 6.844 | 7.633 | 8.907 | 10.117 | 11.651 | 22.718 | 27.204 | 30.144 | 32.852 | 36.191 | 38.582 |
| 20 | 7.434 | 8.260 | 9.591 | 10.851 | 12.443 | 23.828 | 28.412 | 31.410 | 34.170 | 37.566 | 39.997 |

（续表）

| n | $\alpha$=0.995 | 0.99 | 0.975 | 0.95 | 0.90 | 0.25 | 0.10 | 0.05 | 0.025 | 0.01 | 0.005 |
|---|---|---|---|---|---|---|---|---|---|---|---|
| 21 | 8.034 | 8.897 | 10.283 | 11.591 | 13.240 | 24.935 | 29.615 | 32.671 | 35.479 | 38.932 | 41.401 |
| 22 | 8.643 | 9.542 | 10.982 | 12.338 | 14.042 | 26.039 | 30.813 | 33.924 | 36.781 | 40.289 | 42.796 |
| 23 | 9.260 | 10.196 | 11.689 | 13.091 | 14.848 | 27.141 | 32.007 | 35.172 | 38.076 | 41.638 | 44.181 |
| 24 | 9.886 | 10.856 | 12.401 | 13.848 | 15.659 | 28.241 | 33.196 | 36.415 | 39.364 | 42.980 | 45.559 |
| 25 | 10.520 | 11.524 | 13.120 | 14.611 | 16.473 | 29.339 | 34.382 | 37.652 | 40.646 | 44.314 | 46.928 |
| 26 | 11.160 | 12.198 | 13.844 | 15.379 | 17.292 | 30.435 | 35.563 | 38.885 | 41.923 | 45.642 | 48.290 |
| 27 | 11.808 | 12.879 | 14.573 | 16.151 | 18.114 | 31.528 | 36.741 | 40.113 | 43.194 | 46.963 | 49.645 |
| 28 | 12.461 | 13.565 | 15.308 | 16.928 | 18.939 | 32.620 | 37.916 | 41.337 | 44.461 | 48.278 | 50.993 |
| 29 | 13.121 | 14.257 | 16.047 | 17.708 | 19.768 | 33.711 | 39.087 | 42.557 | 45.722 | 49.588 | 52.336 |
| 30 | 13.787 | 14.954 | 16.791 | 18.493 | 20.599 | 34.800 | 40.256 | 43.773 | 46.979 | 50.892 | 53.672 |
| 31 | 14.458 | 15.655 | 17.539 | 19.281 | 21.434 | 35.887 | 41.422 | 44.985 | 48.232 | 52.191 | 55.003 |
| 32 | 15.134 | 16.362 | 18.291 | 20.072 | 22.271 | 36.973 | 42.585 | 46.194 | 49.480 | 53.486 | 56.328 |
| 33 | 15.815 | 17.074 | 19.047 | 20.807 | 23.110 | 38.053 | 43.745 | 47.400 | 50.725 | 54.776 | 57.648 |
| 34 | 16.501 | 17.789 | 19.806 | 21.664 | 23.952 | 39.141 | 44.903 | 48.602 | 51.966 | 56.061 | 58.964 |
| 35 | 17.192 | 18.509 | 20.569 | 22.465 | 24.797 | 40.223 | 46.059 | 49.802 | 53.203 | 57.342 | 60.275 |
| 36 | 17.887 | 19.233 | 21.336 | 23.269 | 25.613 | 41.304 | 47.212 | 50.998 | 54.437 | 58.619 | 61.581 |
| 37 | 18.586 | 19.960 | 22.106 | 24.075 | 26.492 | 42.383 | 18.363 | 52.192 | 55.668 | 59.892 | 62.883 |
| 38 | 19.289 | 20.691 | 22.878 | 24.884 | 27.343 | 43.462 | 49.513 | 53.384 | 56.896 | 61.162 | 64.181 |
| 39 | 19.996 | 21.426 | 23.654 | 25.695 | 38.196 | 44.539 | 50.660 | 54.572 | 58.120 | 62.428 | 65.476 |
| 40 | 20.707 | 22.164 | 24.433 | 26.509 | 29.051 | 45.616 | 51.805 | 55.758 | 59.342 | 63.691 | 66.766 |
| 41 | 21.421 | 22.906 | 25.215 | 27.326 | 29.907 | 46.692 | 52.949 | 53.942 | 60.561 | 64.950 | 68.053 |
| 41 | 22.138 | 23.650 | 25.999 | 28.144 | 30.765 | 47.766 | 54.090 | 58.124 | 61.777 | 66.206 | 69.336 |
| 43 | 22.859 | 24.398 | 26.785 | 28.965 | 31.625 | 48.840 | 55.230 | 59.304 | 62.990 | 67.459 | 70.606 |
| 44 | 23.584 | 25.143 | 27.575 | 29.787 | 32.487 | 49.913 | 56.369 | 60.481 | 64.201 | 68.710 | 71.893 |
| 45 | 24.311 | 25.901 | 28.366 | 30.612 | 33.350 | 50.985 | 57.505 | 61.656 | 65.410 | 69.957 | 73.166 |

附录七

**F 分布表**

$$P\{F>F_\alpha(n_1,n_2)\}=\alpha$$

$\alpha=0.10$

| $n_2 \backslash n_1$ | 1 | 2 | 3 | 4 | 5 | 6 | 7 | 8 | 9 | 10 | 12 | 15 | 20 | 24 | 30 | 40 | 60 | 120 | ∞ |
|---|---|---|---|---|---|---|---|---|---|---|---|---|---|---|---|---|---|---|---|
| 1 | 39.86 | 49.50 | 53.59 | 55.83 | 57.24 | 58.20 | 58.91 | 59.44 | 59.86 | 60.19 | 60.71 | 61.22 | 61.74 | 62.00 | 62.26 | 62.53 | 62.79 | 63.06 | 63.33 |
| 2 | 8.53 | 9.00 | 9.16 | 9.24 | 9.29 | 9.33 | 9.35 | 9.37 | 9.38 | 9.39 | 9.41 | 9.42 | 9.44 | 9.45 | 9.46 | 9.47 | 9.47 | 9.48 | 9.49 |
| 3 | 5.54 | 5.46 | 5.39 | 5.34 | 5.31 | 5.28 | 5.27 | 5.25 | 5.24 | 5.23 | 5.22 | 5.20 | 5.18 | 5.18 | 5.17 | 5.16 | 5.15 | 5.14 | 5.13 |
| 4 | 4.54 | 4.32 | 4.19 | 4.11 | 4.05 | 4.01 | 3.98 | 3.95 | 3.94 | 3.92 | 3.90 | 3.87 | 3.84 | 3.83 | 3.82 | 3.80 | 3.79 | 3.78 | 3.76 |
| 5 | 4.06 | 3.78 | 3.62 | 3.52 | 3.45 | 3.40 | 3.37 | 3.34 | 3.32 | 3.30 | 3.27 | 3.24 | 3.21 | 3.19 | 3.17 | 3.16 | 3.14 | 3.12 | 3.10 |
| 6 | 3.78 | 3.46 | 3.29 | 3.18 | 3.11 | 3.05 | 3.01 | 2.98 | 2.96 | 2.94 | 2.90 | 2.87 | 2.84 | 2.82 | 2.80 | 2.78 | 2.76 | 2.74 | 2.72 |
| 7 | 3.59 | 3.26 | 3.07 | 2.96 | 2.88 | 2.83 | 2.78 | 2.75 | 2.72 | 2.70 | 2.67 | 2.63 | 2.59 | 2.58 | 2.56 | 2.54 | 2.51 | 2.49 | 2.47 |
| 8 | 3.46 | 3.11 | 2.92 | 2.81 | 2.73 | 2.67 | 2.62 | 2.59 | 2.56 | 2.54 | 2.50 | 2.46 | 2.42 | 2.40 | 2.38 | 2.36 | 2.34 | 2.32 | 2.29 |
| 9 | 3.36 | 3.01 | 2.81 | 2.69 | 2.61 | 2.55 | 2.51 | 2.47 | 2.44 | 2.42 | 2.38 | 2.34 | 2.30 | 2.28 | 2.25 | 2.23 | 2.21 | 2.18 | 2.16 |
| 10 | 3.29 | 2.92 | 2.73 | 2.61 | 2.52 | 2.46 | 2.41 | 2.38 | 2.35 | 2.32 | 2.28 | 2.24 | 2.20 | 2.18 | 2.16 | 2.13 | 2.11 | 2.08 | 2.06 |
| 11 | 3.23 | 2.86 | 2.66 | 2.54 | 2.45 | 2.39 | 2.34 | 2.30 | 2.27 | 2.25 | 2.21 | 2.17 | 2.12 | 2.10 | 2.08 | 2.05 | 2.03 | 2.00 | 1.97 |
| 12 | 3.18 | 2.81 | 2.61 | 2.48 | 2.39 | 2.33 | 2.28 | 2.24 | 2.21 | 2.19 | 2.15 | 2.10 | 2.06 | 2.04 | 2.01 | 1.99 | 1.96 | 1.93 | 1.90 |
| 13 | 3.14 | 2.76 | 2.56 | 2.43 | 2.35 | 2.28 | 2.23 | 2.20 | 2.16 | 2.14 | 2.10 | 2.05 | 2.01 | 1.98 | 1.96 | 1.93 | 1.90 | 1.88 | 1.85 |
| 14 | 3.10 | 2.73 | 2.52 | 2.39 | 2.31 | 2.24 | 2.19 | 2.15 | 2.12 | 2.10 | 2.05 | 2.01 | 1.96 | 1.94 | 1.91 | 1.89 | 1.86 | 1.83 | 1.80 |
| 15 | 3.07 | 2.70 | 2.49 | 2.36 | 2.27 | 2.21 | 2.16 | 2.12 | 2.09 | 2.06 | 2.02 | 1.97 | 1.92 | 1.90 | 1.87 | 1.85 | 1.82 | 1.79 | 1.76 |
| 16 | 3.05 | 2.67 | 2.46 | 2.33 | 2.24 | 2.18 | 2.13 | 2.09 | 2.06 | 2.03 | 1.99 | 1.94 | 1.89 | 1.87 | 1.84 | 1.81 | 1.78 | 1.75 | 1.72 |
| 17 | 3.03 | 2.64 | 2.44 | 2.31 | 2.22 | 2.15 | 2.10 | 2.06 | 2.03 | 2.00 | 1.96 | 1.91 | 1.86 | 1.84 | 1.81 | 1.78 | 1.75 | 1.72 | 1.69 |
| 18 | 3.01 | 2.62 | 2.42 | 2.29 | 2.20 | 2.13 | 2.08 | 2.04 | 2.00 | 1.98 | 1.93 | 1.89 | 1.84 | 1.81 | 1.78 | 1.75 | 1.72 | 1.69 | 1.66 |
| 19 | 2.99 | 2.61 | 2.40 | 2.27 | 2.18 | 2.11 | 2.06 | 2.02 | 1.98 | 1.96 | 1.91 | 1.86 | 1.81 | 1.79 | 1.76 | 1.73 | 1.70 | 1.67 | 1.63 |
| 20 | 2.97 | 2.59 | 2.38 | 2.25 | 2.16 | 2.09 | 2.04 | 2.00 | 1.96 | 1.94 | 1.89 | 1.84 | 1.79 | 1.77 | 1.74 | 1.71 | 1.68 | 1.64 | 1.61 |
| 21 | 2.96 | 2.57 | 2.36 | 2.23 | 2.14 | 2.08 | 2.02 | 1.98 | 1.95 | 1.92 | 1.87 | 1.83 | 1.78 | 11.75 | 1.72 | 1.69 | 1.66 | 1.62 | 1.59 |
| 22 | 2.95 | 2.56 | 2.35 | 2.22 | 2.13 | 2.06 | 2.01 | 1.97 | 1.93 | 1.90 | 1.86 | 1.81 | 1.76 | 1.73 | 1.70 | 1.67 | 1.64 | 1.60 | 1.57 |
| 23 | 2.94 | 2.55 | 2.34 | 2.21 | 2.11 | 2.05 | 1.99 | 1.95 | 1.92 | 1.89 | 1.84 | 1.80 | 1.74 | 1.72 | 1.69 | 1.66 | 1.62 | 1.59 | 1.55 |
| 24 | 2.93 | 2.54 | 2.33 | 2.19 | 2.10 | 2.04 | 1.98 | 1.94 | 1.91 | 1.88 | 1.83 | 1.78 | 1.73 | 1.70 | 1.67 | 1.64 | 1.61 | 1.57 | 1.53 |
| 25 | 2.92 | 2.53 | 2.32 | 2.18 | 2.09 | 2.02 | 1.97 | 1.93 | 1.89 | 1.87 | 1.82 | 1.77 | 1.72 | 1.69 | 1.66 | 1.63 | 1.59 | 1.56 | 1.52 |

（续表）

| $n_1$ \ $n_2$ | 1 | 2 | 3 | 4 | 5 | 6 | 7 | 8 | 9 | 10 | 12 | 15 | 20 | 24 | 30 | 40 | 60 | 120 | ∞ |
|---|---|---|---|---|---|---|---|---|---|---|---|---|---|---|---|---|---|---|---|
| 26 | 2.91 | 2.52 | 2.31 | 2.17 | 2.08 | 2.01 | 1.96 | 1.92 | 1.88 | 1.86 | 1.81 | 1.76 | 1.71 | 1.68 | 1.65 | 1.61 | 1.58 | 1.54 | 1.50 |
| 27 | 2.90 | 2.51 | 2.30 | 2.17 | 2.07 | 2.00 | 1.95 | 1.91 | 1.87 | 1.85 | 1.80 | 1.75 | 1.70 | 1.67 | 1.64 | 1.60 | 1.57 | 1.53 | 1.49 |
| 28 | 2.89 | 2.50 | 2.29 | 2.16 | 2.06 | 2.00 | 1.94 | 1.90 | 1.87 | 1.84 | 1.79 | 1.74 | 1.69 | 1.66 | 1.63 | 1.59 | 1.56 | 1.52 | 1.48 |
| 29 | 2.89 | 2.50 | 2.28 | 2.15 | 2.06 | 1.99 | 1.93 | 1.89 | 1.86 | 1.83 | 1.78 | 1.73 | 1.68 | 1.65 | 1.62 | 1.58 | 1.55 | 1.51 | 1.47 |
| 30 | 2.88 | 2.49 | 2.28 | 2.14 | 2.05 | 1.98 | 1.93 | 1.88 | 1.85 | 1.82 | 1.77 | 1.72 | 1.67 | 1.64 | 1.61 | 1.57 | 1.54 | 1.50 | 1.46 |
| 40 | 2.84 | 2.44 | 2.23 | 2.09 | 2.00 | 1.93 | 1.87 | 1.83 | 1.79 | 1.76 | 1.71 | 1.66 | 1.61 | 1.57 | 1.54 | 1.51 | 1.47 | 1.42 | 1.38 |
| 60 | 2.79 | 2.39 | 2.18 | 2.04 | 1.95 | 1.87 | 1.82 | 1.77 | 1.74 | 1.71 | 1.66 | 1.60 | 1.54 | 1.51 | 1.48 | 1.44 | 1.40 | 1.35 | 1.29 |
| 120 | 2.75 | 2.35 | 2.13 | 1.99 | 1.90 | 1.82 | 1.77 | 1.72 | 1.68 | 1.65 | 1.60 | 1.55 | 1.48 | 1.45 | 1.41 | 1.37 | 1.32 | 1.26 | 1.19 |
| ∞ | 2.71 | 2.30 | 2.08 | 1.94 | 1.85 | 1.77 | 1.72 | 1.67 | 1.63 | 1.60 | 1.55 | 1.49 | 1.42 | 1.38 | 1.34 | 1.30 | 1.24 | 1.17 | 1.00 |

$\alpha = 0.05$

| $n_1$ \ $n_2$ | 1 | 2 | 3 | 4 | 5 | 6 | 7 | 8 | 9 | 10 | 12 | 15 | 20 | 24 | 30 | 40 | 60 | 120 | ∞ |
|---|---|---|---|---|---|---|---|---|---|---|---|---|---|---|---|---|---|---|---|
| 1 | 161.4 | 199.5 | 215.7 | 224.6 | 230.2 | 234.0 | 236.8 | 238.9 | 240.5 | 241.9 | 243.9 | 245.9 | 248.0 | 249.1 | 250.1 | 251.1 | 252.2 | 253.3 | 254.3 |
| 2 | 18.51 | 19.00 | 19.16 | 19.25 | 19.30 | 19.33 | 19.35 | 19.37 | 19.38 | 19.40 | 19.41 | 19.43 | 19.45 | 19.45 | 19.46 | 19.47 | 19.48 | 19.49 | 19.50 |
| 3 | 10.13 | 9.55 | 9.28 | 9.12 | 9.01 | 8.94 | 8.89 | 8.85 | 8.81 | 8.79 | 8.74 | 8.70 | 8.66 | 8.64 | 8.62 | 8.59 | 8.57 | 8.55 | 8.53 |
| 4 | 7.71 | 6.94 | 6.59 | 6.39 | 6.26 | 6.16 | 6.09 | 6.04 | 6.00 | 5.96 | 5.91 | 5.86 | 5.80 | 5.77 | 5.75 | 5.72 | 5.69 | 5.66 | 5.63 |
| 5 | 6.61 | 5.79 | 5.41 | 5.19 | 5.05 | 4.95 | 4.88 | 4.82 | 4.77 | 4.74 | 4.68 | 4.62 | 4.56 | 4.53 | 4.50 | 4.46 | 4.43 | 4.40 | 4.36 |
| 6 | 5.99 | 5.14 | 4.76 | 4.53 | 4.39 | 4.28 | 4.21 | 4.15 | 4.10 | 4.06 | 4.00 | 3.94 | 3.87 | 3.84 | 3.81 | 3.77 | 3.74 | 3.70 | 3.67 |
| 7 | 5.59 | 4.74 | 4.35 | 4.12 | 3.97 | 3.87 | 3.79 | 3.73 | 3.68 | 3.64 | 3.57 | 3.51 | 3.44 | 3.41 | 3.38 | 3.34 | 3.30 | 3.27 | 3.23 |
| 8 | 5.32 | 4.46 | 4.07 | 3.84 | 3.69 | 3.58 | 3.50 | 3.44 | 3.39 | 3.35 | 3.28 | 3.22 | 3.15 | 3.12 | 3.08 | 3.04 | 3.01 | 2.97 | 2.93 |
| 9 | 5.12 | 4.26 | 3.86 | 3.63 | 3.48 | 3.37 | 3.29 | 3.23 | 3.18 | 3.14 | 3.07 | 3.01 | 2.94 | 2.90 | 2.86 | 2.83 | 2.79 | 2.75 | 2.71 |
| 10 | 4.96 | 4.10 | 3.71 | 3.48 | 3.33 | 3.22 | 3.14 | 3.07 | 3.02 | 2.98 | 2.91 | 2.85 | 2.77 | 2.74 | 2.70 | 2.66 | 2.62 | 2.58 | 2.54 |
| 11 | 4.84 | 3.98 | 3.59 | 3.36 | 3.20 | 3.09 | 3.01 | 2.95 | 2.90 | 2.85 | 2.79 | 2.72 | 2.65 | 2.61 | 2.57 | 2.53 | 2.49 | 2.45 | 2.40 |
| 12 | 4.75 | 3.89 | 3.49 | 3.26 | 3.11 | 3.00 | 2.91 | 2.85 | 2.80 | 2.75 | 2.69 | 2.62 | 2.54 | 2.51 | 2.47 | 2.43 | 2.38 | 2.34 | 2.30 |
| 13 | 4.67 | 3.81 | 3.41 | 3.18 | 3.03 | 2.92 | 2.83 | 2.77 | 2.71 | 2.67 | 2.60 | 2.53 | 2.46 | 2.42 | 2.38 | 2.34 | 2.30 | 2.25 | 2.21 |
| 14 | 4.60 | 3.74 | 3.34 | 3.11 | 2.96 | 2.85 | 2.76 | 2.70 | 2.65 | 2.60 | 2.53 | 2.46 | 2.39 | 2.35 | 2.31 | 2.27 | 2.22 | 2.18 | 2.13 |
| 15 | 4.54 | 3.68 | 3.29 | 3.06 | 2.90 | 2.79 | 2.71 | 2.64 | 2.59 | 2.54 | 2.48 | 2.40 | 2.33 | 2.29 | 2.25 | 2.20 | 2.16 | 2.11 | 2.07 |
| 16 | 4.49 | 3.63 | 3.24 | 3.01 | 2.85 | 2.74 | 2.66 | 2.59 | 2.54 | 2.49 | 2.42 | 2.35 | 2.28 | 2.24 | 2.19 | 2.15 | 2.11 | 2.06 | 2.01 |
| 17 | 4.45 | 3.59 | 3.20 | 2.96 | 2.81 | 2.70 | 2.61 | 2.55 | 2.49 | 2.45 | 2.38 | 2.31 | 2.23 | 2.19 | 2.15 | 2.10 | 2.06 | 2.01 | 1.96 |
| 18 | 4.41 | 3.55 | 3.16 | 2.93 | 2.77 | 2.66 | 2.58 | 2.51 | 2.46 | 2.41 | 2.34 | 2.27 | 2.19 | 2.15 | 2.11 | 2.06 | 2.02 | 1.97 | 1.92 |
| 19 | 4.38 | 3.52 | 3.13 | 2.90 | 2.74 | 2.63 | 2.54 | 2.48 | 2.42 | 2.38 | 2.31 | 2.23 | 2.16 | 2.11 | 2.07 | 2.03 | 1.98 | 1.93 | 1.88 |
| 20 | 4.35 | 3.49 | 3.10 | 2.87 | 2.71 | 2.60 | 2.51 | 2.45 | 2.39 | 2.35 | 2.28 | 2.20 | 2.12 | 2.08 | 2.04 | 1.99 | 1.95 | 1.90 | 1.84 |
| 21 | 4.32 | 3.47 | 3.07 | 2.84 | 2.68 | 2.57 | 2.49 | 2.42 | 2.37 | 2.32 | 2.25 | 2.18 | 2.10 | 2.05 | 2.01 | 1.96 | 1.92 | 1.87 | 1.81 |
| 22 | 4.30 | 3.44 | 3.05 | 2.82 | 2.66 | 2.55 | 2.46 | 2.40 | 2.34 | 2.30 | 2.23 | 2.15 | 2.07 | 2.03 | 1.98 | 1.94 | 1.89 | 1.84 | 1.78 |
| 23 | 4.28 | 3.42 | 3.03 | 2.80 | 2.64 | 2.53 | 2.44 | 2.37 | 2.32 | 2.27 | 2.20 | 2.13 | 2.05 | 2.01 | 1.96 | 1.91 | 1.86 | 1.81 | 1.76 |
| 24 | 4.26 | 3.40 | 3.01 | 2.78 | 2.62 | 2.51 | 2.42 | 2.36 | 2.30 | 2.25 | 2.18 | 2.11 | 2.03 | 1.98 | 1.94 | 1.89 | 1.84 | 1.79 | 1.73 |
| 25 | 4.24 | 3.39 | 2.99 | 2.76 | 2.60 | 2.49 | 2.40 | 2.34 | 2.28 | 2.24 | 2.16 | 2.09 | 2.01 | 1.96 | 1.92 | 1.87 | 1.82 | 1.77 | 1.71 |

（续表）

$\alpha = 0.025$

| $n_2$ \ $n_1$ | 1 | 2 | 3 | 4 | 5 | 6 | 7 | 8 | 9 | 10 | 12 | 15 | 20 | 24 | 30 | 40 | 60 | 120 | ∞ |
|---|---|---|---|---|---|---|---|---|---|---|---|---|---|---|---|---|---|---|---|
| 26 | 4.23 | 3.37 | 2.98 | 2.74 | 2.59 | 2.47 | 2.39 | 2.32 | 2.27 | 2.22 | 2.15 | 2.07 | 1.99 | 1.95 | 1.90 | 1.85 | 1.80 | 1.75 | 1.69 |
| 27 | 4.21 | 3.35 | 2.96 | 2.73 | 2.57 | 2.46 | 2.37 | 2.31 | 2.25 | 2.20 | 2.13 | 2.06 | 1.97 | 1.93 | 1.88 | 1.84 | 1.79 | 1.73 | 1.67 |
| 28 | 4.20 | 3.34 | 2.95 | 2.71 | 2.56 | 2.45 | 2.36 | 2.29 | 2.24 | 2.19 | 2.12 | 2.04 | 1.96 | 1.91 | 1.87 | 1.82 | 1.77 | 1.71 | 1.65 |
| 29 | 4.18 | 3.33 | 2.93 | 2.70 | 2.55 | 2.43 | 2.35 | 2.28 | 2.22 | 2.18 | 2.10 | 2.03 | 1.94 | 1.90 | 1.85 | 1.81 | 1.75 | 1.70 | 1.64 |
| 30 | 4.17 | 3.32 | 2.92 | 2.69 | 2.53 | 2.42 | 2.33 | 2.27 | 2.21 | 2.16 | 2.09 | 2.01 | 1.93 | 1.89 | 1.84 | 1.79 | 1.74 | 1.68 | 1.62 |
| 40 | 4.08 | 3.23 | 2.84 | 2.61 | 2.45 | 2.34 | 2.25 | 2.18 | 2.12 | 2.08 | 2.00 | 1.92 | 1.84 | 1.79 | 1.74 | 1.69 | 1.64 | 1.58 | 1.51 |
| 60 | 4.00 | 3.15 | 2.76 | 2.53 | 2.37 | 2.25 | 2.17 | 2.10 | 2.04 | 1.99 | 1.92 | 1.84 | 1.75 | 1.70 | 1.65 | 1.59 | 1.53 | 1.47 | 1.39 |
| 120 | 3.92 | 3.07 | 2.68 | 2.45 | 2.29 | 2.17 | 2.09 | 2.02 | 1.96 | 1.91 | 1.83 | 1.75 | 1.66 | 1.61 | 1.55 | 1.50 | 1.43 | 1.35 | 1.25 |
| ∞ | 3.84 | 3.00 | 2.60 | 2.37 | 2.21 | 2.10 | 2.01 | 1.94 | 1.88 | 1.83 | 1.75 | 1.67 | 1.57 | 1.52 | 1.46 | 1.39 | 1.32 | 1.22 | 1.00 |
| 1 | 647.8 | 799.5 | 864.2 | 899.6 | 921.8 | 937.1 | 948.2 | 956.7 | 963.3 | 968.6 | 976.7 | 984.9 | 993.1 | 997.2 | 1001 | 1006 | 1010 | 1014 | 1018 |
| 2 | 38.51 | 39.00 | 39.17 | 39.25 | 39.30 | 39.33 | 39.36 | 39.37 | 39.39 | 39.40 | 39.41 | 39.43 | 39.45 | 39.46 | 39.46 | 39.47 | 39.48 | 39.49 | 39.50 |
| 3 | 17.44 | 16.04 | 15.44 | 15.10 | 14.88 | 14.73 | 14.62 | 14.54 | 14.47 | 14.42 | 14.34 | 14.25 | 14.17 | 14.12 | 14.08 | 14.04 | 13.99 | 13.95 | 13.90 |
| 4 | 12.22 | 10.65 | 9.98 | 9.60 | 9.36 | 9.20 | 9.07 | 8.98 | 8.90 | 8.84 | 8.75 | 8.66 | 8.56 | 8.51 | 8.46 | 8.41 | 8.36 | 8.31 | 8.26 |
| 5 | 10.01 | 8.43 | 7.76 | 7.39 | 7.15 | 6.98 | 6.85 | 6.76 | 6.68 | 6.62 | 6.52 | 6.43 | 6.33 | 6.28 | 6.23 | 6.18 | 6.12 | 6.07 | 6.02 |
| 6 | 8.81 | 7.26 | 6.60 | 6.23 | 5.99 | 5.82 | 5.70 | 5.60 | 5.52 | 5.46 | 5.37 | 5.27 | 5.17 | 5.12 | 5.07 | 5.01 | 4.96 | 4.90 | 4.85 |
| 7 | 8.07 | 6.54 | 5.89 | 5.52 | 5.29 | 5.12 | 4.99 | 4.90 | 4.82 | 4.76 | 4.67 | 4.57 | 4.47 | 4.42 | 4.36 | 4.31 | 4.25 | 4.20 | 4.14 |
| 8 | 7.57 | 6.06 | 5.42 | 5.05 | 4.82 | 4.65 | 4.53 | 4.43 | 4.36 | 4.30 | 4.20 | 4.10 | 4.00 | 3.95 | 3.89 | 3.84 | 3.78 | 3.73 | 3.67 |
| 9 | 7.21 | 5.71 | 5.08 | 4.72 | 4.48 | 4.32 | 4.20 | 4.10 | 4.03 | 3.96 | 3.87 | 3.77 | 3.67 | 3.61 | 3.56 | 3.51 | 3.45 | 3.39 | 3.33 |
| 10 | 6.94 | 5.46 | 4.83 | 4.47 | 4.24 | 4.07 | 3.95 | 3.85 | 3.78 | 3.72 | 3.62 | 3.52 | 3.42 | 3.37 | 3.31 | 3.26 | 3.20 | 3.14 | 3.08 |
| 11 | 6.72 | 5.26 | 4.63 | 4.28 | 4.04 | 3.88 | 3.76 | 3.66 | 3.59 | 3.53 | 3.43 | 3.33 | 3.23 | 3.17 | 3.12 | 3.06 | 3.00 | 2.94 | 2.88 |
| 12 | 6.55 | 5.10 | 4.47 | 4.12 | 3.89 | 3.73 | 3.61 | 3.51 | 3.44 | 3.37 | 3.28 | 3.18 | 3.07 | 3.02 | 2.96 | 2.91 | 2.85 | 2.79 | 2.72 |
| 13 | 6.41 | 4.97 | 4.35 | 4.00 | 3.77 | 3.60 | 3.48 | 3.39 | 3.31 | 3.25 | 3.15 | 3.05 | 2.95 | 2.89 | 2.84 | 2.78 | 2.72 | 2.66 | 2.60 |
| 14 | 6.30 | 4.86 | 4.24 | 3.89 | 3.66 | 3.50 | 3.38 | 3.29 | 3.21 | 3.15 | 3.05 | 2.95 | 2.84 | 2.79 | 2.73 | 2.67 | 2.61 | 2.55 | 2.49 |
| 15 | 6.20 | 4.77 | 4.15 | 3.80 | 3.58 | 3.41 | 3.29 | 3.20 | 3.12 | 3.06 | 2.96 | 2.86 | 2.76 | 2.70 | 2.64 | 2.59 | 2.52 | 2.46 | 2.40 |
| 16 | 6.12 | 4.69 | 4.08 | 3.73 | 3.50 | 3.34 | 3.22 | 3.12 | 3.05 | 2.99 | 2.89 | 2.79 | 2.68 | 2.63 | 2.57 | 2.51 | 2.45 | 2.38 | 2.32 |
| 17 | 6.04 | 4.62 | 4.01 | 3.66 | 3.44 | 3.28 | 3.16 | 3.06 | 2.98 | 2.92 | 2.82 | 2.72 | 2.62 | 2.56 | 2.50 | 2.44 | 2.38 | 2.32 | 2.25 |
| 18 | 5.98 | 4.56 | 3.95 | 3.61 | 3.38 | 3.22 | 3.10 | 3.01 | 2.93 | 2.87 | 2.77 | 2.67 | 2.56 | 2.50 | 2.44 | 2.38 | 2.32 | 2.26 | 2.19 |
| 19 | 5.92 | 4.51 | 3.90 | 3.56 | 3.33 | 3.17 | 3.05 | 2.96 | 2.88 | 2.82 | 2.72 | 2.62 | 2.51 | 2.45 | 2.39 | 2.33 | 2.27 | 2.20 | 2.13 |
| 20 | 5.87 | 4.46 | 3.86 | 3.51 | 3.29 | 3.13 | 3.01 | 2.91 | 2.84 | 2.77 | 2.68 | 2.57 | 2.46 | 2.41 | 2.35 | 2.29 | 2.22 | 2.16 | 2.09 |
| 21 | 5.83 | 4.42 | 3.82 | 3.48 | 3.25 | 3.09 | 2.97 | 2.87 | 2.80 | 2.73 | 2.64 | 2.53 | 2.42 | 2.37 | 2.31 | 2.25 | 2.18 | 2.11 | 2.04 |
| 22 | 5.79 | 4.38 | 3.78 | 3.44 | 3.22 | 3.05 | 2.93 | 2.84 | 2.76 | 2.70 | 2.60 | 2.50 | 2.39 | 2.33 | 2.27 | 2.21 | 2.14 | 2.08 | 2.00 |
| 23 | 5.75 | 4.35 | 3.75 | 3.41 | 3.18 | 3.02 | 2.90 | 2.81 | 2.73 | 2.67 | 2.57 | 2.47 | 2.36 | 2.30 | 2.24 | 2.18 | 2.11 | 2.04 | 1.97 |
| 24 | 5.72 | 4.32 | 3.72 | 3.38 | 3.15 | 2.99 | 2.87 | 2.78 | 2.70 | 2.64 | 2.54 | 2.44 | 2.33 | 2.27 | 2.21 | 2.15 | 2.08 | 2.01 | 1.94 |
| 25 | 5.69 | 4.29 | 3.69 | 3.35 | 3.13 | 2.97 | 2.85 | 2.75 | 2.68 | 2.61 | 2.51 | 2.41 | 2.30 | 2.24 | 2.18 | 2.12 | 2.05 | 1.98 | 1.91 |
| 26 | 5.66 | 4.27 | 3.67 | 3.33 | 3.10 | 2.94 | 2.82 | 2.73 | 2.65 | 2.59 | 2.49 | 2.39 | 2.28 | 2.22 | 2.16 | 2.09 | 2.03 | 1.95 | 1.88 |
| 27 | 5.63 | 4.24 | 3.65 | 3.31 | 3.08 | 2.92 | 2.80 | 2.71 | 2.63 | 2.57 | 2.47 | 2.36 | 2.25 | 2.19 | 2.13 | 2.07 | 2.00 | 1.93 | 1.85 |
| 28 | 5.61 | 4.22 | 3.63 | 3.29 | 3.06 | 2.90 | 2.78 | 2.69 | 2.61 | 2.55 | 2.45 | 2.34 | 2.23 | 2.17 | 2.11 | 2.05 | 1.98 | 1.91 | 1.83 |
| 29 | 5.59 | 4.20 | 3.61 | 3.27 | 3.04 | 2.88 | 2.76 | 2.67 | 2.59 | 2.53 | 2.43 | 2.32 | 2.21 | 2.15 | 2.09 | 2.03 | 1.96 | 1.89 | 1.81 |
| 30 | 5.57 | 4.18 | 3.59 | 3.25 | 3.03 | 2.87 | 2.75 | 2.65 | 2.57 | 2.51 | 2.41 | 2.31 | 2.20 | 2.14 | 2.07 | 2.01 | 1.94 | 1.87 | 1.79 |

（续表）

| $n_1$ \ $n_2$ | 1 | 2 | 3 | 4 | 5 | 6 | 7 | 8 | 9 | 10 | 12 | 15 | 20 | 24 | 30 | 40 | 60 | 120 | ∞ |
|---|---|---|---|---|---|---|---|---|---|---|---|---|---|---|---|---|---|---|---|
| 40 | 5.42 | 4.05 | 3.46 | 3.13 | 2.90 | 2.74 | 2.62 | 2.53 | 2.45 | 2.39 | 2.29 | 2.18 | 2.07 | 2.01 | 1.94 | 1.88 | 1.80 | 1.72 | 1.64 |
| 60 | 5.29 | 3.93 | 3.34 | 3.01 | 2.79 | 2.63 | 2.51 | 2.41 | 2.33 | 2.27 | 2.17 | 2.06 | 1.94 | 1.88 | 1.82 | 1.74 | 1.67 | 1.58 | 1.48 |
| 120 | 5.15 | 3.80 | 3.23 | 2.89 | 2.67 | 2.52 | 2.39 | 2.30 | 2.22 | 2.16 | 2.05 | 1.94 | 1.82 | 1.76 | 1.69 | 1.61 | 1.53 | 1.43 | 1.31 |
| ∞ | 5.02 | 3.69 | 3.12 | 2.79 | 2.57 | 2.41 | 2.29 | 2.19 | 2.11 | 2.05 | 1.94 | 1.83 | 1.71 | 1.64 | 1.57 | 1.48 | 1.39 | 1.27 | 1.00 |

$\alpha = 0.01$

| $n_1$ \ $n_2$ | 1 | 2 | 3 | 4 | 5 | 6 | 7 | 8 | 9 | 10 | 12 | 15 | 20 | 24 | 30 | 40 | 60 | 120 | ∞ |
|---|---|---|---|---|---|---|---|---|---|---|---|---|---|---|---|---|---|---|---|
| 1 | 4 052 | 4 999.5 | 5 403 | 5 625 | 5 764 | 5 859 | 5 928 | 5 982 | 6 022 | 6 056 | 6 106 | 6 157 | 6 209 | 6 235 | 6 261 | 6 287 | 6 313 | 6 339 | 6 366 |
| 2 | 98.50 | 99.00 | 99.17 | 99.25 | 99.30 | 99.33 | 99.36 | 99.37 | 99.39 | 99.40 | 99.42 | 99.43 | 99.45 | 99.46 | 99.47 | 99.47 | 99.48 | 99.49 | 99.50 |
| 3 | 34.12 | 30.82 | 29.46 | 28.71 | 28.24 | 27.91 | 27.67 | 27.49 | 27.35 | 27.23 | 27.05 | 26.87 | 26.69 | 26.60 | 26.50 | 26.41 | 26.32 | 26.22 | 26.13 |
| 4 | 21.20 | 18.00 | 16.69 | 15.98 | 15.52 | 15.21 | 14.98 | 14.80 | 14.66 | 14.55 | 14.37 | 14.20 | 14.02 | 13.93 | 13.84 | 13.75 | 13.65 | 13.56 | 13.46 |
| 5 | 16.26 | 13.27 | 12.06 | 11.39 | 10.97 | 10.67 | 10.46 | 10.29 | 10.16 | 10.05 | 9.89 | 9.72 | 9.55 | 9.47 | 9.38 | 9.29 | 9.20 | 9.11 | 9.02 |
| 6 | 13.75 | 10.92 | 9.78 | 9.15 | 8.75 | 8.47 | 8.26 | 8.10 | 7.98 | 7.87 | 7.72 | 7.56 | 7.40 | 7.31 | 7.23 | 7.14 | 7.06 | 6.97 | 6.88 |
| 7 | 12.25 | 9.55 | 8.45 | 7.85 | 7.46 | 7.19 | 6.99 | 6.84 | 6.72 | 6.62 | 6.47 | 6.31 | 6.16 | 6.07 | 5.99 | 5.91 | 5.82 | 5.74 | 5.65 |
| 8 | 11.26 | 8.65 | 7.59 | 7.01 | 6.63 | 6.37 | 6.18 | 6.03 | 5.91 | 5.81 | 5.67 | 5.52 | 5.36 | 5.28 | 5.20 | 5.12 | 5.03 | 4.95 | 4.86 |
| 9 | 10.56 | 8.02 | 6.99 | 6.42 | 6.06 | 5.80 | 5.61 | 5.47 | 5.35 | 5.26 | 5.11 | 4.96 | 4.81 | 4.73 | 4.65 | 4.57 | 4.48 | 4.40 | 4.31 |
| 10 | 10.04 | 7.56 | 6.55 | 5.99 | 5.64 | 5.39 | 5.20 | 5.06 | 4.94 | 4.85 | 4.71 | 4.56 | 4.41 | 4.33 | 4.25 | 4.17 | 4.08 | 4.00 | 3.91 |
| 11 | 9.65 | 7.21 | 6.22 | 5.67 | 5.32 | 5.07 | 4.89 | 4.74 | 4.63 | 4.54 | 4.40 | 4.25 | 4.10 | 4.02 | 3.94 | 3.86 | 3.78 | 3.69 | 3.60 |
| 12 | 9.33 | 6.93 | 5.95 | 5.41 | 5.06 | 4.82 | 4.64 | 4.50 | 4.39 | 4.30 | 4.16 | 4.01 | 3.86 | 3.78 | 3.70 | 3.62 | 3.54 | 3.45 | 3.36 |
| 13 | 9.07 | 6.70 | 5.74 | 5.21 | 4.86 | 4.62 | 4.44 | 4.30 | 4.19 | 4.10 | 3.96 | 3.82 | 3.66 | 3.59 | 3.51 | 3.43 | 3.34 | 3.25 | 3.17 |
| 14 | 8.86 | 6.51 | 5.56 | 5.04 | 4.69 | 4.46 | 4.28 | 4.14 | 4.03 | 3.94 | 3.80 | 3.66 | 3.51 | 3.43 | 3.35 | 3.27 | 3.18 | 3.09 | 3.00 |
| 15 | 8.68 | 6.36 | 5.42 | 4.89 | 4.56 | 4.32 | 4.14 | 4.00 | 3.89 | 3.80 | 3.67 | 3.52 | 3.37 | 3.29 | 3.21 | 3.13 | 3.05 | 2.96 | 2.87 |
| 16 | 8.53 | 6.23 | 5.29 | 4.77 | 4.44 | 4.20 | 4.03 | 3.89 | 3.78 | 3.69 | 3.55 | 3.41 | 3.26 | 3.18 | 3.10 | 3.02 | 2.93 | 2.84 | 2.75 |
| 17 | 8.40 | 6.11 | 5.18 | 4.67 | 4.34 | 4.10 | 3.93 | 3.79 | 3.68 | 3.59 | 3.46 | 3.31 | 3.16 | 3.08 | 3.00 | 2.92 | 2.83 | 2.75 | 2.65 |
| 18 | 8.29 | 6.01 | 5.09 | 4.58 | 4.25 | 4.01 | 3.84 | 3.71 | 3.60 | 3.51 | 3.37 | 3.23 | 3.08 | 3.00 | 2.92 | 2.84 | 2.75 | 2.66 | 2.57 |
| 19 | 8.18 | 5.93 | 5.01 | 4.50 | 4.17 | 3.94 | 3.77 | 3.63 | 3.52 | 3.43 | 3.30 | 3.15 | 3.00 | 2.92 | 2.84 | 2.76 | 2.67 | 2.58 | 2.49 |
| 20 | 8.10 | 5.85 | 4.94 | 4.43 | 4.10 | 3.87 | 3.70 | 3.56 | 3.46 | 3.37 | 3.23 | 3.09 | 2.94 | 2.86 | 2.78 | 2.69 | 2.61 | 2.52 | 2.42 |
| 21 | 8.02 | 5.78 | 4.87 | 4.37 | 4.04 | 3.81 | 3.64 | 3.51 | 3.40 | 3.31 | 3.17 | 3.03 | 2.88 | 2.80 | 2.72 | 2.64 | 2.55 | 2.46 | 2.36 |
| 22 | 7.95 | 5.72 | 4.82 | 4.31 | 3.99 | 3.76 | 3.59 | 3.45 | 3.35 | 3.26 | 3.12 | 2.98 | 2.83 | 2.75 | 2.67 | 2.58 | 2.50 | 2.40 | 2.31 |
| 23 | 7.88 | 5.66 | 4.76 | 4.26 | 3.94 | 3.71 | 3.54 | 3.41 | 3.30 | 3.21 | 3.07 | 2.93 | 2.78 | 2.70 | 2.62 | 2.54 | 2.45 | 2.35 | 2.26 |
| 24 | 7.82 | 5.61 | 4.72 | 4.22 | 3.90 | 3.67 | 3.50 | 3.36 | 3.26 | 3.17 | 3.03 | 2.89 | 2.74 | 2.66 | 2.58 | 2.49 | 2.40 | 2.31 | 2.21 |
| 25 | 7.77 | 5.57 | 4.68 | 4.18 | 3.85 | 3.63 | 3.46 | 3.32 | 3.22 | 3.13 | 2.99 | 2.85 | 2.70 | 2.62 | 2.54 | 2.45 | 2.36 | 2.27 | 2.17 |
| 26 | 7.72 | 5.53 | 4.64 | 4.14 | 3.82 | 3.59 | 3.42 | 3.29 | 3.18 | 3.09 | 2.96 | 2.81 | 2.66 | 2.58 | 2.50 | 2.42 | 2.33 | 2.23 | 2.13 |
| 27 | 7.68 | 5.49 | 4.60 | 4.11 | 3.78 | 3.56 | 3.39 | 3.26 | 3.15 | 3.06 | 2.93 | 2.78 | 2.63 | 2.55 | 2.47 | 2.38 | 2.29 | 2.20 | 2.10 |
| 28 | 7.64 | 5.45 | 4.57 | 4.07 | 3.75 | 3.53 | 3.36 | 3.23 | 3.12 | 3.03 | 2.90 | 2.75 | 2.60 | 2.52 | 2.44 | 2.35 | 2.26 | 2.17 | 2.06 |
| 29 | 7.60 | 5.42 | 4.54 | 4.04 | 3.73 | 3.50 | 3.33 | 3.20 | 3.09 | 3.00 | 2.87 | 2.73 | 2.57 | 2.49 | 2.41 | 2.33 | 2.23 | 2.14 | 2.03 |
| 30 | 7.56 | 5.39 | 4.51 | 4.02 | 3.70 | 3.47 | 3.30 | 3.17 | 3.07 | 2.98 | 2.84 | 2.70 | 2.55 | 2.47 | 2.39 | 2.30 | 2.21 | 2.11 | 2.01 |

（续表）

$\alpha = 0.005$

| $n_1$ \ $n_2$ | 1 | 2 | 3 | 4 | 5 | 6 | 7 | 8 | 9 | 10 | 12 | 15 | 20 | 24 | 30 | 40 | 60 | 120 | ∞ |
|---|---|---|---|---|---|---|---|---|---|---|---|---|---|---|---|---|---|---|---|
| 40 | 7.31 | 5.18 | 4.31 | 3.83 | 3.51 | 3.29 | 3.12 | 2.99 | 2.89 | 2.80 | 2.66 | 2.52 | 2.37 | 2.29 | 2.20 | 2.11 | 2.02 | 1.92 | 1.80 |
| 60 | 7.08 | 4.98 | 4.13 | 3.65 | 3.34 | 3.12 | 2.95 | 2.82 | 2.72 | 2.63 | 2.50 | 2.35 | 2.20 | 2.12 | 2.03 | 1.94 | 1.84 | 1.73 | 1.60 |
| 120 | 6.85 | 4.79 | 3.95 | 3.48 | 3.17 | 2.96 | 2.79 | 2.66 | 2.56 | 2.47 | 2.34 | 2.19 | 2.03 | 1.95 | 1.86 | 1.76 | 1.66 | 1.53 | 1.38 |
| ∞ | 6.63 | 4.61 | 3.78 | 3.32 | 3.02 | 2.80 | 2.64 | 2.51 | 2.41 | 2.32 | 2.18 | 2.04 | 1.88 | 1.79 | 1.70 | 1.59 | 1.47 | 1.32 | 1.00 |
| 1 | 16 211 | 20 000 | 21 625 | 22 500 | 23 056 | 23 437 | 23 715 | 23 925 | 24 091 | 24 224 | 24 426 | 24 630 | 24 836 | 24 940 | 25 044 | 25 148 | 25 253 | 25 359 | 25 465 |
| 2 | 198.5 | 199.0 | 199.2 | 199.2 | 199.3 | 199.3 | 199.4 | 199.4 | 199.4 | 199.4 | 199.4 | 199.4 | 199.4 | 199.5 | 199.5 | 199.5 | 199.5 | 199.5 | 199.5 |
| 3 | 55.55 | 49.80 | 47.47 | 46.19 | 45.39 | 44.84 | 44.43 | 44.13 | 43.88 | 43.69 | 43.39 | 43.08 | 42.78 | 42.62 | 42.47 | 42.31 | 42.15 | 41.99 | 41.83 |
| 4 | 31.33 | 26.28 | 24.26 | 23.15 | 22.46 | 21.97 | 21.62 | 21.35 | 21.14 | 20.97 | 20.70 | 20.44 | 20.17 | 20.03 | 19.89 | 19.75 | 19.61 | 19.47 | 19.32 |
| 5 | 22.78 | 18.31 | 16.53 | 15.56 | 14.94 | 14.51 | 14.20 | 13.96 | 13.77 | 13.62 | 13.38 | 13.15 | 12.90 | 12.78 | 12.66 | 12.53 | 12.40 | 12.27 | 12.14 |
| 6 | 18.63 | 14.54 | 12.92 | 12.03 | 11.46 | 11.07 | 10.79 | 10.57 | 10.39 | 10.25 | 10.03 | 9.81 | 9.59 | 9.47 | 9.36 | 9.24 | 9.12 | 9.00 | 8.88 |
| 7 | 16.24 | 12.40 | 10.88 | 10.05 | 9.52 | 9.16 | 8.89 | 8.68 | 8.51 | 8.38 | 8.18 | 7.97 | 7.75 | 7.65 | 7.53 | 7.42 | 7.31 | 7.19 | 7.08 |
| 8 | 14.69 | 11.04 | 9.60 | 8.81 | 8.30 | 7.95 | 7.69 | 7.50 | 7.34 | 7.21 | 7.01 | 6.81 | 6.61 | 6.50 | 6.40 | 6.29 | 6.18 | 6.06 | 5.95 |
| 9 | 13.61 | 10.11 | 8.72 | 7.96 | 7.47 | 7.13 | 6.88 | 6.69 | 6.54 | 6.42 | 6.23 | 6.03 | 5.83 | 5.73 | 5.62 | 5.52 | 5.41 | 5.30 | 5.19 |
| 10 | 12.83 | 9.43 | 8.08 | 7.34 | 6.87 | 6.54 | 6.30 | 6.12 | 5.97 | 5.85 | 5.66 | 5.47 | 5.27 | 5.17 | 5.07 | 4.97 | 4.86 | 4.75 | 4.64 |
| 11 | 12.23 | 8.91 | 7.60 | 6.88 | 6.42 | 6.10 | 5.86 | 5.68 | 5.54 | 5.42 | 5.24 | 5.05 | 4.86 | 4.76 | 4.65 | 4.55 | 4.44 | 4.34 | 4.23 |
| 12 | 11.75 | 8.51 | 7.23 | 6.52 | 6.07 | 5.76 | 5.52 | 5.35 | 5.20 | 5.09 | 4.91 | 4.72 | 4.53 | 4.43 | 4.33 | 4.23 | 4.12 | 4.01 | 3.90 |
| 13 | 11.37 | 8.19 | 6.93 | 6.23 | 5.79 | 5.48 | 5.25 | 5.08 | 4.96 | 4.82 | 4.64 | 4.46 | 4.27 | 4.17 | 4.07 | 3.97 | 3.87 | 3.76 | 3.65 |
| 14 | 11.06 | 7.92 | 6.68 | 6.00 | 5.56 | 5.26 | 5.03 | 4.86 | 4.72 | 4.60 | 4.43 | 4.25 | 4.06 | 3.96 | 3.86 | 3.76 | 3.66 | 3.55 | 3.44 |
| 15 | 10.80 | 7.70 | 6.48 | 5.80 | 5.37 | 5.07 | 4.85 | 4.67 | 4.54 | 4.42 | 4.25 | 4.07 | 3.88 | 3.79 | 3.69 | 3.58 | 3.48 | 3.37 | 3.26 |
| 16 | 10.58 | 7.51 | 6.30 | 5.64 | 5.21 | 4.91 | 4.69 | 4.52 | 4.38 | 4.27 | 4.10 | 3.92 | 3.73 | 3.64 | 3.54 | 3.44 | 3.33 | 3.22 | 3.11 |
| 17 | 10.38 | 7.35 | 6.16 | 5.50 | 5.07 | 4.78 | 4.56 | 4.39 | 4.25 | 4.14 | 3.97 | 3.79 | 3.61 | 3.51 | 3.41 | 3.31 | 3.21 | 3.10 | 2.98 |
| 18 | 10.22 | 7.21 | 6.03 | 5.37 | 4.96 | 4.66 | 4.44 | 4.28 | 4.14 | 4.03 | 3.86 | 3.68 | 3.50 | 3.40 | 3.30 | 3.20 | 3.10 | 2.99 | 2.87 |
| 19 | 10.07 | 7.09 | 5.92 | 5.27 | 4.85 | 4.56 | 4.34 | 4.18 | 4.04 | 3.93 | 3.76 | 3.59 | 3.40 | 3.31 | 3.21 | 3.11 | 3.00 | 2.89 | 2.78 |
| 20 | 9.94 | 6.99 | 5.82 | 5.17 | 4.76 | 4.47 | 4.26 | 4.09 | 3.96 | 3.85 | 3.68 | 3.50 | 3.32 | 3.22 | 3.12 | 3.02 | 2.92 | 2.81 | 2.69 |
| 21 | 9.83 | 6.89 | 5.72 | 5.09 | 4.68 | 4.39 | 4.18 | 4.01 | 3.88 | 3.77 | 3.60 | 3.43 | 3.24 | 3.15 | 3.05 | 2.95 | 2.84 | 2.73 | 2.61 |
| 22 | 9.73 | 6.81 | 5.65 | 5.02 | 4.61 | 4.32 | 4.11 | 3.94 | 3.81 | 3.70 | 3.54 | 3.36 | 3.18 | 3.08 | 2.98 | 2.88 | 2.77 | 2.66 | 2.55 |
| 23 | 9.63 | 6.73 | 5.58 | 4.95 | 4.54 | 4.26 | 4.05 | 3.88 | 3.75 | 3.64 | 3.47 | 3.30 | 3.12 | 3.02 | 2.92 | 2.82 | 2.71 | 2.60 | 2.48 |
| 24 | 9.55 | 6.66 | 5.52 | 4.89 | 4.49 | 4.20 | 3.99 | 3.83 | 3.69 | 3.59 | 3.42 | 3.25 | 3.06 | 2.97 | 2.87 | 2.77 | 2.66 | 2.55 | 2.43 |
| 25 | 9.48 | 6.60 | 5.46 | 4.84 | 4.43 | 4.15 | 3.94 | 3.78 | 3.64 | 3.54 | 3.37 | 3.20 | 3.01 | 2.92 | 2.82 | 2.72 | 2.61 | 2.50 | 2.38 |
| 26 | 9.41 | 6.54 | 5.41 | 4.79 | 4.38 | 4.10 | 3.89 | 3.73 | 3.60 | 3.49 | 3.33 | 3.15 | 2.97 | 2.87 | 2.77 | 2.67 | 2.56 | 2.45 | 2.33 |
| 27 | 9.34 | 6.49 | 5.36 | 4.74 | 4.34 | 4.06 | 3.85 | 3.69 | 3.56 | 3.45 | 3.28 | 3.11 | 2.93 | 2.83 | 2.73 | 2.63 | 2.53 | 2.41 | 2.29 |
| 28 | 9.28 | 6.44 | 5.32 | 4.70 | 4.30 | 4.02 | 3.81 | 3.65 | 3.52 | 3.41 | 3.25 | 3.07 | 2.89 | 2.79 | 2.69 | 2.59 | 2.48 | 2.37 | 2.25 |
| 29 | 9.23 | 6.40 | 5.28 | 4.66 | 4.26 | 3.98 | 3.77 | 3.61 | 3.48 | 3.38 | 3.21 | 3.04 | 2.86 | 2.76 | 2.66 | 2.56 | 2.45 | 2.33 | 2.21 |
| 30 | 9.18 | 6.35 | 5.24 | 4.62 | 4.23 | 3.95 | 3.74 | 3.58 | 3.45 | 3.34 | 3.18 | 3.01 | 2.82 | 2.73 | 2.63 | 2.52 | 2.42 | 2.30 | 2.18 |
| 40 | 8.83 | 6.07 | 4.98 | 4.37 | 3.99 | 3.71 | 3.51 | 3.35 | 3.22 | 3.12 | 2.95 | 2.78 | 2.60 | 2.50 | 2.40 | 2.30 | 2.18 | 2.06 | 1.93 |
| 60 | 8.49 | 5.79 | 4.73 | 4.14 | 3.76 | 3.49 | 3.29 | 3.13 | 3.01 | 2.90 | 2.74 | 2.57 | 2.39 | 2.29 | 2.19 | 2.08 | 1.96 | 1.83 | 1.69 |
| 120 | 8.18 | 5.54 | 4.50 | 3.92 | 3.55 | 3.28 | 3.09 | 2.93 | 2.81 | 2.71 | 2.54 | 2.37 | 2.19 | 2.09 | 1.98 | 1.87 | 1.75 | 1.61 | 1.43 |
| ∞ | 7.88 | 5.30 | 4.28 | 3.72 | 3.35 | 3.09 | 2.90 | 2.74 | 2.62 | 2.52 | 2.36 | 2.19 | 2.00 | 1.90 | 1.79 | 1.67 | 1.53 | 1.36 | 1.00 |

# 术语索引

说明：以拼音字母为序，字典排序法

# 符号说明

| | |
|---|---|
| $\varnothing$ | 不可能事件 |
| $\approx$ | 约等于 |
| $(X,Y)$ | 二维随机向量,$X$ 是第一随机分量,$Y$ 是第二随机分量 |
| $(X,Y) \sim N(\mu_1,\mu_2;\sigma_1^2,\sigma_2^2;\rho)$ 或 $(X,Y) \sim N(\mu_1,\mu_2,\sigma_1^2,\sigma_2^2,\rho)$ | $(X,Y)$ 服从参数为 $\mu_1,\mu_2,\sigma_1^2,\sigma_2^2,\rho$ 的二维正态分布 |
| $A \subset B$ 或 $A \subseteq B$ | 随机事件 $A$ 是 $B$ 的子事件 |
| $A \bigcup B$ 或 $A+B$ | 随机事件 $A$ 与 $B$ 的和事件 |
| $A \bigcap B$ 或 $AB$ | 随机事件 $A$ 与 $B$ 的积事件 |
| $A-B$ | 随机事件 $A$ 与 $B$ 的差事件 |
| $\overline{A}$ 或 $A^c$ | 事件 $A$ 的对立事件,逆事件 |
| $\text{Cov}(X,Y)$ | 随机变量 $X$ 与 $Y$ 的协方差 |
| $D(X)$ 或 $DX$ | 随机变量 $X$ 的方差 |
| $E(X)$ 或 $EX$ | 随机变量 $X$ 的数学期望,期望,均值 |
| $F(x)=P\{X \leqslant x\}$ | 随机变量 $X$ 的分布函数 |
| $f_{X|Y}(x|y)$ | 随机变量 $X$ 在条件 $Y=y$ 下的条件概率密度 |
| $F_{X|Y}(x|y)$ | 随机变量 $X$ 在条件 $Y=y$ 下的条件分布函数 |
| $F \sim F(n_1,n_2)$ | 随机变量 $F$ 服从自由度为 $n_1,n_2$ 的 $F$ 分布 |
| $H_0:\mu=\mu_0$ | 零假设或原假设 $\mu=\mu_0$ |
| $H_1:\mu \neq \mu_0$ | 备择假设 $\mu \neq \mu_0$ |
| $I_A$ | 事件 $A$ 的示性函数,指示函数 |
| $m(A)$ | 区域 $A$ 的度量(一维为长度,二维为面积,三维为体积) |
| $P(A)$ | 事件 $A$ 的概率 |
| $P(B|A)$ | 事件 $A$ 发生条件下事件 $B$ 发生的条件概率 |
| $P\{X=x_k\}$ 或 $P(X=x_k)$ | 随机变量 $X$ 取值 $x_k$ 的概率 |
| $\mathbf{R}=(-\infty,+\infty)$ | 实数集合 |
| $t \sim t(n)$ | 随机变量 $t$ 服从自由度为 $n$ 的 $t$ 分布 |
| $S^2$ | 样本方差 |
| $\text{Var}(X)$ | 随机变量 $X$ 的方差 |

| | |
|---|---|
| $X(\omega)$ | 与样本点 $\omega$ 对应的随机变量 $X$ |
| $X \sim B(n, p)$ | 随机变量 $X$ 服从参数为 $n, p$ 的二项分布 |
| $X \sim B(1, p)$ | 随机变量 $X$ 服从 0-1 分布 |
| $X \sim E(\lambda)$ | 随机变量 $X$ 服从参数为 $\lambda$ 的指数分布 |
| $X \sim N(\mu, \sigma^2)$ | 随机变量 $X$ 服从参数为 $\mu$ 和 $\sigma^2$ 的正态分布 |
| $X \sim P(\lambda)$ | 随机变量 $X$ 服从参数为 $\lambda$ 的泊松分布 |
| $X \sim U(a, b)$ | 随机变量 $X$ 在区间 $(a, b)$ 上服从均匀分布 |
| $X_1, X_2, \cdots, X_n$ 或 $(X_1, X_2, \cdots, X_n)$ | 简单随机样本，$n$ 维随机向量 |
| $\overline{X}$ | 样本均值，算术平均 |
| $Y_n \xrightarrow{P} a$ | 随机变量序列 $Y_n$ 依概率收敛到常数 $a$ |
| $\hat{\theta}(X_1, X_2, \cdots, X_n)$ | 参数 $\theta$ 的一个估计量 |
| $\rho_{XY}$ 或 $\rho(X, Y)$ | 随机变量 $X$ 与 $Y$ 的相关系数 |
| $\sigma, \sigma(X)$ 或 $\sigma_X, \sqrt{D(X)}$ | 随机变量 $X$ 的标准差 |
| $\chi^2 \sim \chi^2(n)$ | 随机变量 $\chi^2$ 服从自由度为 $n$ 的 $\chi^2$ 分布 |
| $\Omega$ | 必然事件，样本空间 |